5

Schlüssel zur Mathematik

Rheinland-Pfalz

Unter Beratung von
Manuela Becker (Edenkoben)
Marion Heller (Bobenheim-Roxheim)
Martin M. Klauer (Emmelshausen)
Luitgard Schatral (Speyer)
Sebastian Schönthaler (Saarbrücken)
Diana Tibo (Winnweiler)

Cornelsen

Teile dieses Unterrichtswerkes basieren auf Inhalten bereits erschienener Lehrwerke.
Diese wurden herausgegeben von Reinhold Koullen † und Udo Wennekers
sowie erarbeitet von:
Helga Berkemeier, Ilona Gabriel, Wolfgang Hecht, Barbara Hoppert, Ines Knospe, Reinhold Koullen †, Jeannine Kreuz, Doris Ostrow, Hans-Helmut Paffen, Günther Reufsteck, Jutta Schaefer, Gabriele Schenk, Hermann Schneider, Sabine Schmidt, Willi Schmitz, Ingeborg Schönthaler, Christine Sprehe, Wolfgang Stindl, Herbert Strohmayer, Diana Tibo, Martina Verhoeven, Udo Wennekers, Ralf Wimmers, Rainer Zillgens

Unter Beratung von: Manuela Becker, Marion Heller, Martin M. Klauer, Luitgard Schatral, Sebastian Schönthaler, Diana Tibo

Redaktion: Inga Knoff, Viola Wilhelm

Illustration: Roland Beier

Grafik: Christian Böhning, Ulrich Sengebusch †

Umschlaggestaltung und Layoutkonzept:
Syberg | Kirstin Eichenberg und Torsten Symank

Layout und technische Umsetzung:
CMS – Cross Media Solutions GmbH

Begleitmaterialien zum Lehrwerk

für Schülerinnen und Schüler		**für Lehrerinnen und Lehrer**	
Arbeitsheft	978-3-06-040124-6	Lösungsheft	978-3-06-040125-3
		Handreichungen	978-3-06-040126-0

www.cornelsen.de

Alle Drucke dieser Auflage sind inhaltlich unverändert
und können im Unterricht nebeneinander verwendet werden.

Druck: Mohn Media Mohndruck, Gütersloh

1. Auflage, 1. Druck 2016
Schülerbuch
978-3-06-041368-3

PEFC
PEFC/04-31-1033

PEFC zertifiziert
Dieses Produkt stammt aus nachhaltig bewirtschafteten Wäldern und kontrollierten Quellen.

www.pefc.de

Inhalt

7 **Daten**

Noch fit? 8
Umfragen planen, Daten sammeln 9
Daten vergleichen 13
Daten in Diagrammen darstellen 17
Methode Diagramme zeichnen 20
Methode Diagramme mit dem Computer erstellen 23
Klar so weit? 24
Vermischte Übungen 26
Zusammenfassung 29
Teste dich! 30

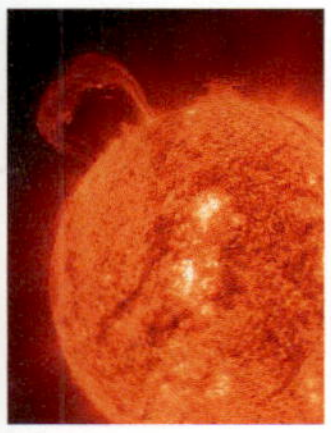

31 **Die natürlichen Zahlen**

Noch fit? 32
Natürliche Zahlen ordnen und vergleichen 33
Große natürliche Zahlen im Dezimalsystem 37
Thema Die römischen Zahlen 41
Thema Das Zweiersystem 42
Zahlen schätzen und runden 43
Methode Schätzen mit Professor Fermi 47
Klar so weit? 48
Vermischte Übungen 50
Zusammenfassung 53
Teste dich! 54

55 **Grundbegriffe der Geometrie**

Noch fit? 56
Das Koordinatensystem 57
Gerade Linien 61
Methode Parallele Linien erkennen und zeichnen 64
Methode Senkrechte Linien erkennen und zeichnen 65
Achsensymmetrische Figuren 67
Methode Kreise erkennen und zeichnen 70
Klar so weit? 72
Vermischte Übungen 74
Zusammenfassung 77
Teste dich! 78

79 **Natürliche Zahlen addieren und subtrahieren**

Noch fit? 80
Im Kopf addieren und subtrahieren 81
Rechengesetze und Rechenvorteile 85
Schriftlich addieren und subtrahieren 89
Thema Magische Quadrate 93
Klar so weit? 94
Vermischte Übungen 96
Zusammenfassung 99
Teste dich! 100

Partnerarbeit Gruppenarbeit * fakultative Lerneinheit

101 Größen

Noch fit? 102
*Größen im Alltag/Geld 103
Zeit 107
Gewicht (Masse) 111
Länge 115
Thema Maßstab 119
Klar so weit? 120
Vermischte Übungen 122
Zusammenfassung 127
Teste dich! 128

129 Natürliche Zahlen multiplizieren und dividieren

Noch fit? 130
Im Kopf multiplizieren und dividieren 131
Schriftlich multiplizieren und dividieren 135
Rechenregeln sinnvoll anwenden 139
Terme und Gleichungen 143
Methode Textaufgaben mit Rechenbäumen lösen 147
Klar so weit? 148
Vermischte Übungen 150
Zusammenfassung 153
Teste dich! 154

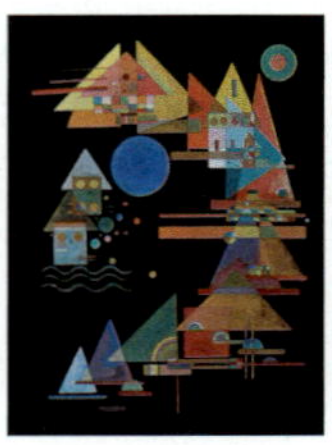

155 Flächen

Noch fit? 156
Flächenformen erkennen und benennen 157
Methode Argumentieren und Begründen 161
Umfang von Vielecken 163
Vergleichen und Messen von Flächen 167
Thema Mit dem Tangram Figuren legen 170
Methode Dreiecke mit dem Computer zeichnen 175
Klar so weit? 176
Vermischte Übungen 178
Zusammenfassung 181
Teste dich! 182

183 Bruchteile

Noch fit? 184
Brüche als Teile von Ganzen 185
Bruchteile von Größen 189
Thema Kreisel basteln 193
Klar so weit? 194
Vermischte Übungen 196
Zusammenfassung 199
Teste dich! 200

201 Anhang

Lösungen zu den Tests 202
Methoden Partnerarbeit und Gruppenarbeit 218
Methoden Sachaufgaben lösen und Plakate erstellen 219
Mathelexikon und Stichwortverzeichnis 220
Bildverzeichnis 224

Rallye durch dein Mathe-Buch

Auf diesen zwei Seiten findest du einige Hinweise zu deinem neuen Mathematikbuch.
Löse die Rätsel (ä, ö und ü sind erlaubt).
Das Lösungswort verrät dir, was das Bild auf dem Umschlag zeigt.

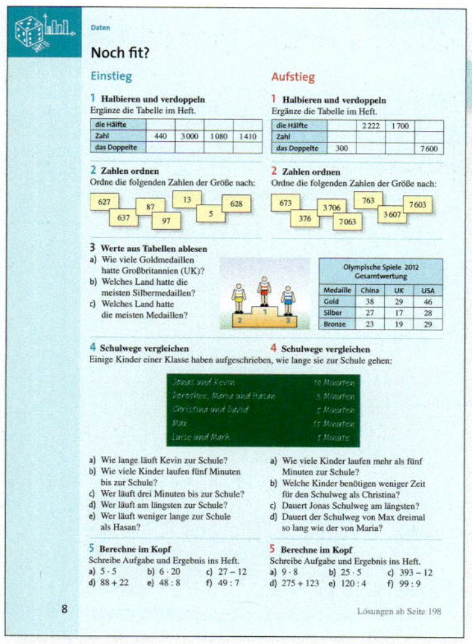

Noch fit?

Mit dem Einstiegstest kannst du dein bisher erworbenes Wissen testen. Deine Ergebnisse kannst du mit den Lösungen im Anhang vergleichen.

Rätsel zum Noch fit? im Kapitel Größen:

Welches der abgebildeten Dinge bringt dich am schnellsten voran? 12 5 _ _ _ _ _ _

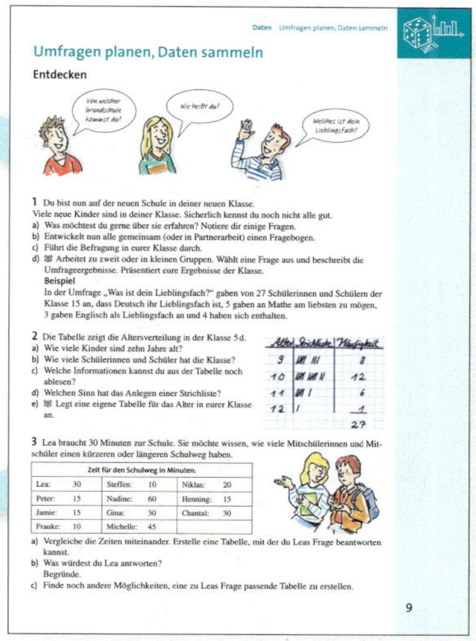

Entdecken

Jede Lerneinheit beginnt mit einführenden Aufgaben, die zum Ausprobieren und Entdecken anregen.

Rätsel zum Entdecken zum Thema Bruchteile - Bruchteile von Größen:

Von welcher Zutat sind $\frac{3}{10}$ ℓ im Kuchen?

_ 11 _ 7 _

Verstehen

Der neue Unterrichtsstoff wird anhand von Merksätzen und Beispielen erklärt.

Rätsel zum Verstehen zum Thema Daten – Daten vergleichen:

In welcher Stadt ist es 30° C warm?

_ 2 _ _ _ _ _

Üben und anwenden

Die Aufgaben trainieren den neu gelernten Unterrichtsstoff.

Rätsel zum Üben und anwenden zum Thema Flächen – Flächenformen erkennen und benennen:

Wie heißt das Holzbrett aus Aufgabe 4?

_ _ _ _ _ 13 _ _

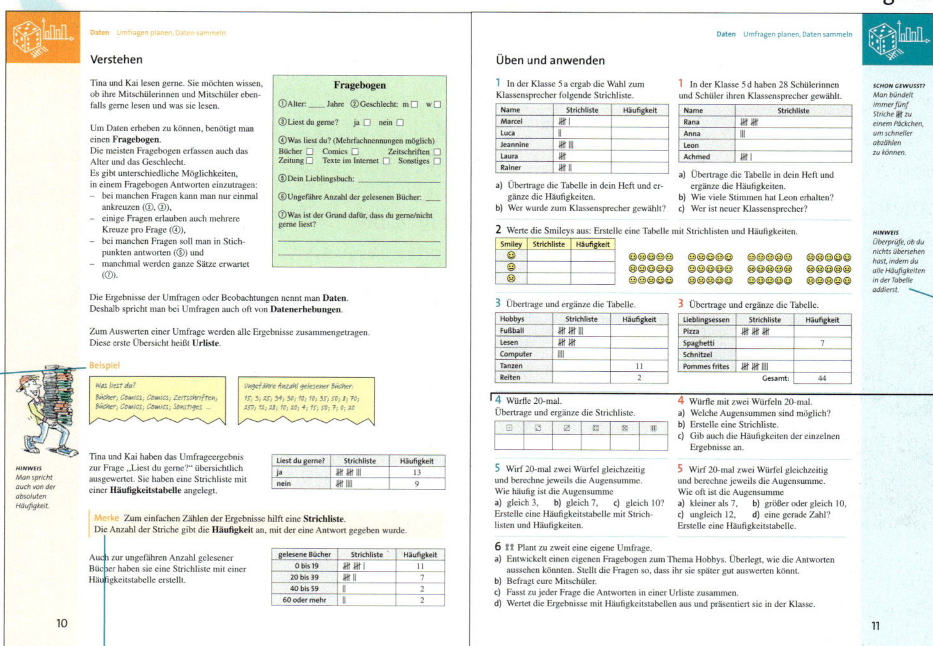

spiel

In der Randspalte stehen zusätzliche Informationen, Aufgaben und Lösungshinweise.

Mittelschwere Aufgaben haben eine schwarze Aufgabennummer.

Wichtiger Merkstoff

Die linke Spalte enthält leichtere Aufgaben.

Die rechte Spalte enthält schwierigere Aufgaben.

Die Symbole in den oberen Ecken stehen für bestimmte Bereiche in der Mathematik:

Zahlen und Variablen

Geometrie

Funktionen

Daten und Zufall

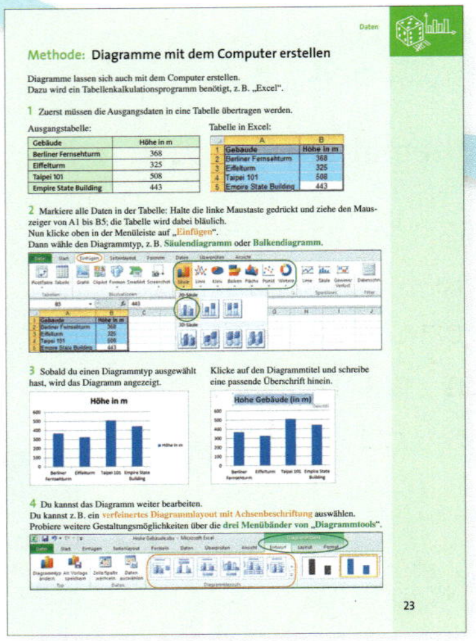

Methode und Thema

Auf den Methodenseiten werden die wichtigsten mathematischen Methoden vorgestellt und geübt. Die Themenseiten zeigen mathematische Inhalte aus verschiedenen Lebensbereichen.

Rätsel zum Thema: Magische Quadrate:
Wie heißt der Künstler, der das Bild „Melancholie" geschaffen hat, mit Vornamen?

_ _ _ _ 4 _ 8 _

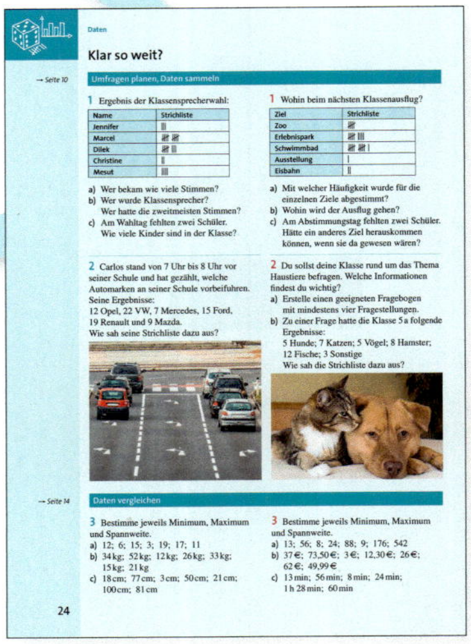

Klar so weit?

Mit dem Zwischentest kannst du überprüfen, ob du den neuen Unterrichtsstoff verstanden hast. Deine Ergebnisse kannst du mit den Lösungen im Anhang vergleichen.

Rätsel zum Klar so weit? im Kapitel Grundbegriffe der Geometrie:

Welches Tier ist in Aufgabe 1 abgebildet?

_ _ 6 _ _

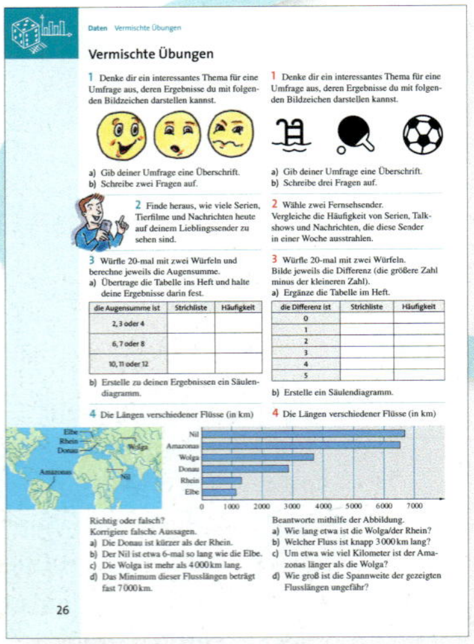

Vermischte Übungen

Die Seiten enthalten Aufgaben zu allen Lerneinheiten eines Kapitels.

Rätsel zu den Vermischten Übungen im Kapitel Die natürlichen Zahlen:
In welchem Berliner Gebäude steht das größte montierte Saurierskelett der Welt?

_ _ _ _ _ _ _ _ _ 10 _ _ _ _ _ 1

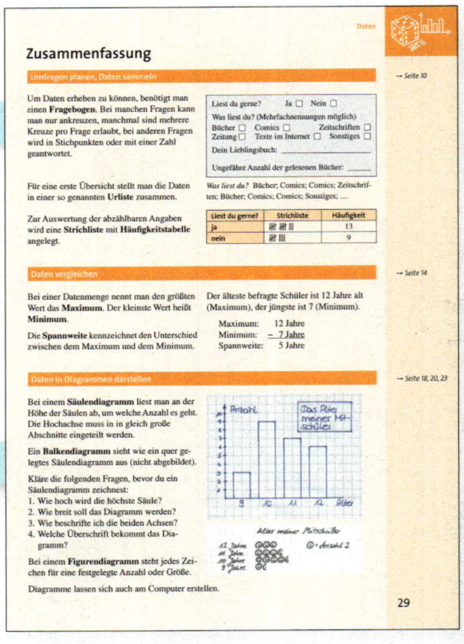

Zusammenfassung

Die Zusammenfassung am Ende eines Kapitels enthält die wichtigsten Merksätze zum Nachschlagen.

Rätsel zu der Zusammenfassung im Kapitel Natürliche Zahlen addieren und subtrahieren:
Minuend ist ein Fachbegriff der ...

3 _ _ _ _ _ _ _ _ _ _

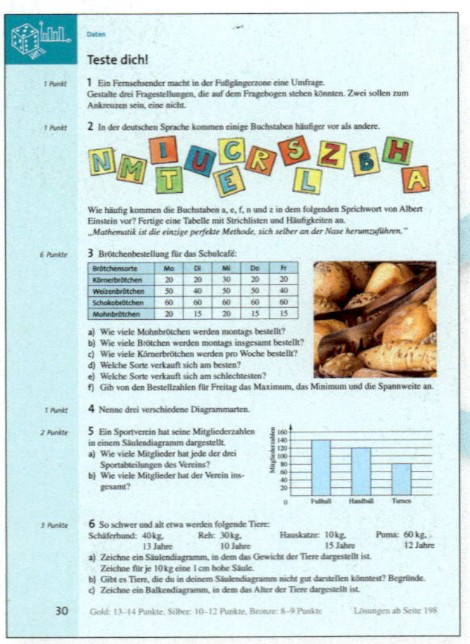

Teste dich!

Überprüfe zur Vorbereitung auf die Klassenarbeit dein Können. Die Lösungen zum Abschlusstest findest du im Anhang.

Rätsel zum Teste dich! im Kapitel Natürliche Zahlen multiplizieren und dividieren:
Welche Knobelei ist in Aufgabe 6 abgebildet?

_ _ _ _ _ _ _ _ _ _ _ _ _ _ 9

Wie lautet das Lösungswort?

_ _ _ _ _ _ _ _ _ _

Daten

Was weißt du schon über deine neue Klasse und deine neuen Mitschülerinnen und Mitschüler? Was möchtest du gerne erfahren? In diesem Kapitel lernst du Daten zu sammeln, auszuwerten und übersichtlich darzustellen.

Noch fit?

Einstieg

1 Halbieren und verdoppeln
Ergänze die Tabelle im Heft.

die Hälfte				
Zahl	440	3 000	1 080	1 410
das Doppelte				

Aufstieg

1 Halbieren und verdoppeln
Ergänze die Tabelle im Heft.

die Hälfte		2 222	1 700	
Zahl				
das Doppelte	300			7 600

Einstieg

2 Zahlen ordnen
Ordne die folgenden Zahlen der Größe nach:

627 637 87 97 13 5 628

Aufstieg

2 Zahlen ordnen
Ordne die folgenden Zahlen der Größe nach:

673 376 3 706 7 063 763 3 607 7 603

3 Werte aus Tabellen ablesen
a) Wie viele Goldmedaillen hatte Großbritannien (UK)?
b) Welches Land hatte die meisten Silbermedaillen?
c) Welches Land hatte die meisten Medaillen?

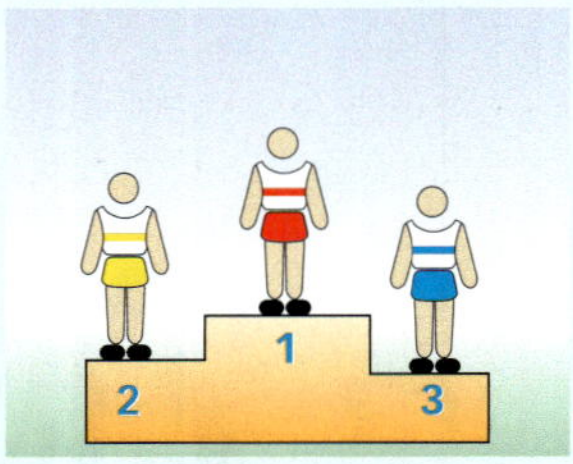

Olympische Spiele 2012 Gesamtwertung			
Medaille	China	UK	USA
Gold	38	29	46
Silber	27	17	28
Bronze	23	19	29

4 Schulwege vergleichen
Einige Kinder einer Klasse haben aufgeschrieben, wie lange sie zur Schule gehen:

Einstieg

a) Wie lange läuft Kevin zur Schule?
b) Wie viele Kinder laufen fünf Minuten bis zur Schule?
c) Wer läuft drei Minuten bis zur Schule?
d) Wer läuft am längsten zur Schule?
e) Wer läuft weniger lange zur Schule als Hasan?

Aufstieg

a) Wie viele Kinder laufen mehr als fünf Minuten zur Schule?
b) Welche Kinder benötigen weniger Zeit für den Schulweg als Christina?
c) Dauert Jonas Schulweg am längsten?
d) Dauert der Schulweg von Max dreimal so lang wie der von Maria?

Einstieg

5 Berechne im Kopf
Schreibe Aufgabe und Ergebnis ins Heft.

a) $5 \cdot 5$ b) $6 \cdot 20$ c) $27 - 12$
d) $88 + 22$ e) $48 : 8$ f) $49 : 7$

Aufstieg

5 Berechne im Kopf
Schreibe Aufgabe und Ergebnis ins Heft.

a) $9 \cdot 8$ b) $25 \cdot 5$ c) $393 - 12$
d) $275 + 123$ e) $120 : 4$ f) $99 : 9$

Lösungen ab Seite 202

Umfragen planen, Daten sammeln

Entdecken

1 Du bist nun auf der neuen Schule in deiner neuen Klasse.
Viele neue Kinder sind in deiner Klasse. Sicherlich kennst du noch nicht alle gut.

a) Was möchtest du gerne über sie erfahren?
Notiere dir einige Fragen.

b) Entwickelt nun alle gemeinsam (oder in Partnerarbeit) einen Fragebogen.

c) Führt die Befragung in eurer Klasse durch.

d) Arbeitet zu zweit oder in kleinen Gruppen. Wählt eine Frage aus und beschreibt die Umfrageergebnisse. Präsentiert eure Ergebnisse der Klasse.

2 Die Tabelle zeigt die Altersverteilung in der Klasse 5 d.

a) Wie viele Kinder sind zehn Jahre alt?

b) Wie viele Schülerinnen und Schüler hat die Klasse?

c) Welche Informationen kannst du aus der Tabelle noch ablesen?

d) Welchen Sinn hat das Anlegen einer Strichliste?

e) Legt eine eigene Tabelle für das Alter in eurer Klasse an.

Alter	Strichliste	Häufigkeit
9	𝍸 |||	8
10	𝍸 𝍸 ||	12
11	𝍸 |	6
12	|	1
		27

3 Lea möchte wissen, ob sie im Vergleich zu ihren Mitschülerinnen und Mitschülern einen kurzen oder langen Schulweg hat.

Zeit für den Schulweg in Minuten:					
Lea:	30	Steffen:	10	Niklas:	20
Peter:	15	Nadine:	60	Henning:	15
Jamie:	15	Gina:	30	Chantal:	30
Frauke:	10	Michelle:	45		

a) Vergleiche die Zeiten miteinander. Erstelle eine Tabelle, mit der du Leas Frage beantworten kannst.

b) Was würdest du Lea antworten? Begründe.

c) Finde noch andere Möglichkeiten, eine zu Leas Frage passende Tabelle zu erstellen.

Verstehen

Tina und Kai lesen gerne. Sie möchten wissen, ob ihre Mitschülerinnen und Mitschüler ebenfalls gerne lesen und was sie lesen.

Um Daten erheben zu können, benötigt man einen **Fragebogen**.
Die meisten Fragebogen erfassen auch das Alter und das Geschlecht.
Es gibt unterschiedliche Möglichkeiten, in einem Fragebogen Antworten einzutragen:
- bei manchen Fragen kann man nur einmal ankreuzen (②, ③),
- einige Fragen erlauben auch mehrere Kreuze pro Frage (④),
- bei manchen Fragen soll man in Stichpunkten antworten (⑤) und
- manchmal werden ganze Sätze erwartet (⑦).

Fragebogen

① Alter: ____ Jahre ② Geschlecht: m ☐ w ☐

③ Liest du gerne? ja ☐ nein ☐

④ Was liest du? (Mehrfachnennungen möglich)
Bücher ☐ Comics ☐ Zeitschriften ☐
Zeitung ☐ Texte im Internet ☐ Sonstiges ☐

⑤ Dein Lieblingsbuch: ____________________

⑥ Ungefähre Anzahl der gelesenen Bücher: ____

⑦ Was ist der Grund dafür, dass du gerne/nicht gerne liest?

____

____

Die Ergebnisse der Umfragen oder Beobachtungen nennt man **Daten**.
Deshalb spricht man bei Umfragen auch oft von **Datenerhebungen**.

Zum Auswerten einer Umfrage werden alle Ergebnisse zusammengetragen.
Diese erste Übersicht heißt **Urliste**.

Beispiel

Was liest du?
Bücher; Comics; Comics; Zeitschriften; Bücher; Comics; Comics; Sonstiges ...

Ungefähre Anzahl gelesener Bücher:
15; 3; 25; 34; 30; 10; 10; 35; 50; 8; 70; 250; 12; 28; 10; 20; 4; 15; 50; 7; 0; 20

Tina und Kai haben das Umfrageergebnis zur Frage „Liest du gerne?" übersichtlich ausgewertet. Sie haben eine Strichliste mit einer **Häufigkeitstabelle** angelegt.

Liest du gerne?	Strichliste	Häufigkeit
ja	卌 卌 |||	13
nein	卌 ||||	9

HINWEIS
Man spricht auch von der absoluten Häufigkeit.

Merke Zum einfachen Zählen der Ergebnisse hilft eine **Strichliste**.
Die Anzahl der Striche gibt die **Häufigkeit** an, mit der eine Antwort gegeben wurde.

Auch zur ungefähren Anzahl gelesener Bücher haben sie eine Strichliste mit einer Häufigkeitstabelle erstellt.

gelesene Bücher	Strichliste	Häufigkeit
0 bis 19	卌 卌 |	11
20 bis 39	卌 ||	7
40 bis 59	||	2
60 oder mehr	||	2

Üben und anwenden

1 In der Klasse 5 a ergab die Wahl zum Klassensprecher folgende Strichliste.

Name	Strichliste	Häufigkeit
Marcel	卌 I	
Luca	II	
Jeannine	卌 III	
Laura	卌	
Rainer	卌 II	

a) Übertrage die Tabelle in dein Heft und ergänze die Häufigkeiten.
b) Wer wurde zum Klassensprecher gewählt?

1 In der Klasse 5 d haben 28 Schülerinnen und Schüler ihren Klassensprecher gewählt.

Name	Strichliste
Rana	卌 卌
Anna	III
Leon	
Achmed	卌 I

a) Übertrage die Tabelle in dein Heft und ergänze die Häufigkeiten.
b) Wie viele Stimmen hat Leon erhalten?
c) Wer ist neuer Klassensprecher?

SCHON GEWUSST?
Man bündelt immer fünf Striche 卌 zu einem Päckchen, um schneller abzählen zu können.

2 Werte die Smileys aus: Erstelle eine Tabelle mit Strichlisten und Häufigkeiten.

Smiley	Strichliste	Häufigkeit
🙂		
😐		
🙁		

🙂🙁🙂😐😐 😐🙁🙂😐🙂 😐😐😐🙁😐 🙁🙁😐🙂🙂
🙁😐🙂😐🙂 😐😐🙂🙂😐 🙁🙂🙁😐🙁 🙁🙁🙂🙁🙁
😐😐🙁🙂🙂 🙁🙁🙁🙂🙂 😐🙂😐🙂🙂 🙁😐🙁😐🙂

HINWEIS
Überprüfe, ob du nichts übersehen hast, indem du alle Häufigkeiten in der Tabelle addierst.

3 Übertrage und ergänze die Tabelle.

Hobbys	Strichliste	Häufigkeit
Fußball	卌 卌 III	
Lesen	卌 卌	
Computer	IIII	
Tanzen		11
Reiten		2

3 Übertrage und ergänze die Tabelle.

Lieblingsessen	Strichliste	Häufigkeit
Pizza	卌 卌 卌	
Spaghetti		7
Schnitzel		
Pommes frites	卌 卌 IIII	
	Gesamt:	44

4 Würfle 20-mal.
Übertrage und ergänze die Strichliste.

⚀	⚁	⚂	⚃	⚄	⚅

4 Würfle mit zwei Würfeln 20-mal.
a) Welche Augensummen sind möglich?
b) Erstelle eine Strichliste.
c) Gib auch die Häufigkeiten der einzelnen Ergebnisse an.

5 Wirf 20-mal zwei Würfel gleichzeitig und berechne jeweils die Augensumme.
Wie häufig ist die Augensumme
a) gleich 3, b) gleich 7, c) gleich 10?
Erstelle eine Häufigkeitstabelle mit Strichlisten und Häufigkeiten.

5 Wirf 20-mal zwei Würfel gleichzeitig und berechne jeweils die Augensumme.
Wie oft ist die Augensumme
a) kleiner als 7, b) größer oder gleich 10,
c) ungleich 12, d) eine gerade Zahl?
Erstelle eine Häufigkeitstabelle.

6 Plant zu zweit eine eigene Umfrage.
a) Entwickelt einen eigenen Fragebogen zum Thema Hobbys. Überlegt, wie die Antworten aussehen könnten. Stellt die Fragen so, dass ihr sie später gut auswerten könnt.
b) Befragt eure Mitschüler.
c) Fasst zu jeder Frage die Antworten in einer Urliste zusammen.
d) Wertet die Ergebnisse mit Häufigkeitstabellen aus und präsentiert sie in der Klasse.

7 Die Kinder der 5 a wurden nach ihrem Alter und ihrem Hobby gefragt.

a) Ergänze die Häufigkeitstabelle im Heft.

Geschlecht	Strichliste	Häufigkeit
Mädchen		
Jungen		

b) Erstelle auch zu den Eigenschaften *Alter* und *Hobby* jeweils eine Häufigkeitstabelle.

c) Erstelle jeweils eine Häufigkeitstabelle zu den *Hobbys der Mädchen* und zu den *Hobbys der Elfjährigen*.

d) Was könntest du noch auswerten? Diskutiert miteinander.

8 Karsten hat die Lieblingsfarben seiner Mitschülerinnen und Mitschüler erfragt. Verbessere seine Fehler.

Lieblingsfarbe	Strichliste	Häufigkeit
Blau	卌 I	6
Rot	卌 III	7
Gelb	IIII	4
Grün	卌	
	III	3

8 Lea hat 27 Kinder zu ihrer Größe befragt.

Größe in cm	Strichliste	Häufigkeit
140–143	卌 II	7
144–147	卌 II	7
146–151	卌 卌 II	12
152–155	III	3

a) Finde die zwei Fehler, die sie gemacht hat.

b) Kannst du erklären, wie die beiden Fehler zusammenhängen?

9 Umfrage „Liest du gerne?“: Bisher wurden fünf Kinder befragt.
Dies sind ihre Antworten.

9 Umfrage „Liest du gerne?“: Bisher wurden fünf Kinder befragt.
Dies sind ihre Antworten.

Alter	m/w	Liest du gern?	Anzahl gelesener Bücher	Was liest du?
11	m	ja	30	Bücher, Comics
10	w	ja	22	Zeitung, Bücher
11	m	nein	6	–
12	m	ja	16	Bücher
10	w	nein	9	Comics

Erstelle eine Häufigkeitstabelle.

a) Wie viele Kinder sind wie alt?

b) Wie viele Kinder lesen gern?

c) Wie viele Jungen wurden befragt?

d) Was lesen die Kinder am liebsten?

Erstelle eine Häufigkeitstabelle.

a) Kinder, die mehr als zehn Bücher gelesen haben

b) Elfjährige, die nicht gerne lesen

c) Mädchen, die gerne lesen

Daten vergleichen

Entdecken

1

Bestimmt den Größenunterschied zwischen dem größten und dem kleinsten Kind in eurer Klasse. Wie könnt ihr geschickt vorgehen?
Beschreibt eure Arbeitsschritte und notiert die Zwischenergebnisse.

2 Schreibe alle Bundesländer Deutschlands auf und ordne sie.

a) Ordne sie nach der Größe ihrer Fläche. Schätze anhand der Karte.
b) Ordne sie nach der Einwohnerzahl. Atlas und Lexikon helfen dir weiter.
c) Ordne sie nach der Anzahl ihrer benachbarten Bundesländer.
d) Ordne sie nach der Anzahl der benachbarten Staaten.
e) Nach welchem Kriterium könntest du sie ordnen, damit Schleswig-Holstein an der Spitze steht?
f) Denke dir selbst ein Kriterium zum Ordnen der Bundesländer aus und lasse sie von einer Partnerin oder einem Partner ordnen.

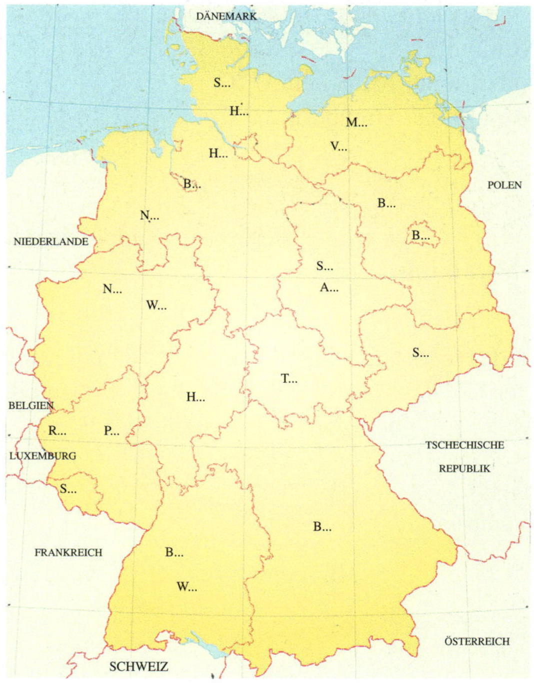

3 Bei den Bundesjugendspielen wird beim Ballwurf dreimal geworfen. Nur der beste Wurf wird gewertet. Die Ergebnisse wurden in einer Urliste festgehalten.

Anni	28 m	32 m	31 m
Jonas	36 m	35 m	38 m
Jenny	31 m	29 m	30 m
Halil	30 m	32 m	34 m

a) Wie weit war Jennys weitester Wurf?
b) Betrachte nur die gewerteten Würfe: Wer hat am weitesten geworfen, wer am kürzesten?
c) Bei wem ist der Unterschied zwischen *bestem* und *schlechtestem* Wurf am größten? Wie groß ist der Unterschied?

4 Die Grafik zeigt das wöchentliche Taschengeld der Kinder aus der Theater AG. Arbeitet zu zweit: Beschreibt in Sätzen, wie viel Taschengeld die Kinder bekommen. Nennt nicht die Beträge der einzelnen Kinder, sondern überlegt euch, welche Werte besonders erwähnenswert sind.

Verstehen

Viele Wissenschaftler glauben aufgrund ihrer Wetterbeobachtungen, dass sich unser Klima langsam verändert.

Die Wetterkarte zeigt die Temperaturen eines Sommertages.
Die höchste Temperatur erreichte München mit 37 °C.
Die niedrigste Temperatur wurde in Hamburg mit 23 °C gemessen.

Man spricht auch vom Maximum und vom Minimum.
Maximum: München 37 °C
Minimum: Hamburg 23 °C

Merke Der größte Wert einer Datenmenge heißt **Maximum**. Der kleinste Wert heißt **Minimum**.

In der folgenden Tabelle sind die Temperaturen der Größe nach sortiert.
Der Unterschied zwischen der höchsten und der niedrigsten Temperatur beträgt 14 °C.
Man sagt: Die **Spannweite** beträgt 14 °C.

Stadt	Hamburg	Essen	Frankfurt	Koblenz	Dresden	München
Temperatur	23 °C	25 °C	29 °C	30 °C	32 °C	37 °C

Minimum (Hamburg 23 °C) **Spannweite: 37 °C – 23 °C = 14 °C** **Maximum** (München 37 °C)

HINWEIS
Maximum, Minimum und Spannweite sind ***Kenngrößen*** *von Daten.*

Merke Der Unterschied zwischen Maximum und Minimum heißt **Spannweite**.

Üben und anwenden

1 In einem Telefongeschäft werden Smartphones zu verschiedenen Preisen angeboten.
a) Ordne die Preise der Höhe nach.
b) Gib das Maximum und das Minimum an.
c) Bestimme die Spannweite.

55 € 122 € 245 € 312 €
78 € 147 € 77 € 33 €

1 Einige Fünftklässler haben Geschichten geschrieben. Ihr Lehrer hat die Wörter gezählt. Die Angaben stehen in der Randspalte.
a) Ordne nach der Anzahl der Wörter.
b) Gib das Maximum und das Minimum an.
c) Bestimme die Spannweite.
d) Zwei Tage später gibt Sara ihre Geschichte mit 512 Wörtern ab. Ändern sich Minimum, Maximum und Spannweite? Begründe.

ZU AUFGABE 1

Lea:	*356 Wörter*
Dilay:	*809 W.*
Kirsten:	*256 W.*
Emre:	*1016 W.*
Moritz:	*536 W.*
Klara:	*415 W.*
Matteo:	*125 W.*
Anne:	*1106 W.*

2 Ordne den „gelben“ Begriffen die richtigen Inhalte zu. Begründe deine Entscheidung.

Minimum

Spannweite

Maximum

Laura hat mit Abstand die kleinsten Füße.

Der Größenunterschied zwischen dem größten und dem kleinsten Schüler in der Klasse beträgt 32 cm.

Maximilian ist der Älteste in der Klasse.

3 Temperaturen in Europa

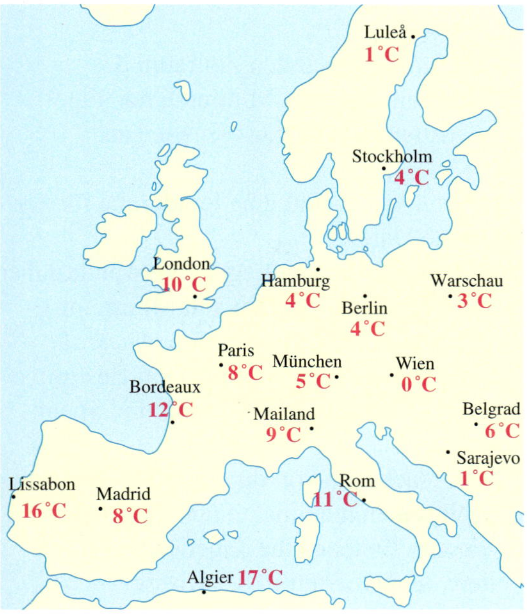

a) Bestimme das Maximum und das Minimum der Temperaturen.

b) In welchem Land wurde das Maximum bzw. das Minimum gemessen?

c) Gib die Spannweite der Temperaturen an.

3 An einem Tag im März wurden in europäischen Großstädten die hier zusammengestellten Temperaturen gemessen.

Amsterdam	7 °C
Athen	14 °C
Berlin	6 °C
Istanbul	13 °C
Brüssel	7 °C
Dresden	3 °C
Düsseldorf	7 °C
Frankfurt	6 °C
Hamburg	1 °C
Kopenhagen	3 °C

Las Palmas	21 °C
London	12 °C
Madrid	18 °C
Köln	8 °C
Palma	18 °C
München	6 °C
Paris	11 °C
Rom	15 °C
Rostock	4 °C
Zürich	7 °C

a) Bestimme das Maximum und das Minimum der Temperaturen.

b) Berechne die Spannweite der Temperaturen in Europa.

c) Berechne die Spannweite der Temperaturen in den deutschen Städten.

4 Bei einer Umfrage unter Kindern in einem Jugendheim sind folgende Angaben gemacht worden:

a) Gib Minimum und Maximum des Gewichts an.

b) Wie groß ist die Spannweite bei der Größe?

c) Denke dir weitere Aufgaben zu der Tabelle aus und löse sie.
Benutze dabei die Fachbegriffe.

Name	Alter (in Jahren)	Größe (in cm)	Gewicht (in kg)
Nadine	10	137	58
Eva	10	145	42
Max	11	138	38
Helena	10	129	36
Freddy	12	163	70
Klaus	10	146	41
Sara	11	155	49
David	10	154	61

5 Arbeitet zu zweit oder in Gruppen.

a) Erkundet mithilfe eines Fragebogens das Alter, die Schuhgröße und die Dauer des Schulwegs eurer Mitschülerinnen und Mitschüler.

b) Bestimmt für die drei erfragten Angaben jeweils Maximum, Minimum und Spannweite.

c) Lässt sich auch für die Lieblingsfarbe Maximum und Minimum bestimmen? Begründet.

6 Temperaturvorhersage über vier Tage

Neuwied Wochentag	Do	Fr	Sa	So
Maximum der Temperatur in °C	17	15	22	24
Minimum der Temperatur in °C	2	6	4	12

a) Bestimme für jeden Wochentag die Spannweite der Temperatur in Neuwied.
b) Bestimme für jeden Wochentag die Spannweite der Temperatur in Landau.
c) In welcher Stadt werden größere Temperaturschwankungen erwartet?

6 Temperaturvorhersage über vier Tage

Landau Wochentag	Do	Fr	Sa	So
Maximum der Temperatur in °C	22	20	19	15
Minimum der Temperatur in °C	16	14	15	13

a) Bestimme für Landau und für Neuwied jeweils Maximum, Minimum und Spannweite der Temperatur über den gesamten Zeitraum.
b) Gib für den gesamten Zeitraum das Maximum und das Minimum der Tageshöchsttemperatur von Neuwied an.

7 Quartettspiele sind eine Fundgrube für verschiedene Daten.
a) Beschreibe die Spielregeln. Verwende dabei die Begriffe Maximum und Minimum.
b) Betrachte die Werte für *Einwohnerzahl* und für *Verschuldung pro Kopf*. Bestimme jeweils Maximum, Minimum und Spannweite.
c) Untersuche ein von dir gewähltes Quartett nach seinen maximalen und minimalen Werten. Erstelle eine Tabelle und präsentiere dein Quartett in der Klasse.

8 Die Klasse 5 a vergleicht ihre Schuhgrößen. Das Maximum ist die Schuhgröße 39 von Hassan, das Minimum die Größe 32 von Clara.
a) Bestimme die Spannweite.
b) Welche Schuhgröße könnten die anderen Kinder haben? Denke dir fünf passende Werte aus.

8 Ein Elektrogeschäft verkauft sechs verschiedene MP3-Player. Der teuerste kostet 180 €, die Spannweite aller Preise beträgt 112 €.
a) Was kostet der günstigste MP3-Player?
b) Wie viel könnten die fünf anderen MP3-Player kosten? Denke dir passende Preise aus.

9 Steckbriefe deutscher Formel-1-Fahrer: Bestimme zu verschiedenen Daten das Maximum, das Minimum und die Spannweite. Zu welcher Angabe kann man dies nicht bestimmen?

Sebastian Vettel

Geburtsdatum: 03.07.1987
Geburtsort: Heppenheim
Größe: 1,74 m
Gewicht: 64 kg

Nico Hülkenberg

Geburtsdatum: 19.08.1987
Geburtsort: Emmerich
Größe: 1,84 m
Gewicht: 74 kg

Michael Schumacher

Geburtsdatum: 03.01.1969
Geburtsort: Kerpen
Größe: 1,74 m
Gewicht: 74 kg

Nico Rosberg

Geburtsdatum: 27.06.1985
Geburtsort: Wiesbaden
Größe: 1,78 m
Gewicht: 69 kg

Daten in Diagrammen darstellen

Entdecken

1 Die Abbildungen zeigen verschiedene Arten von Diagrammen.

① **Die höchsten Berge der Kontinente**

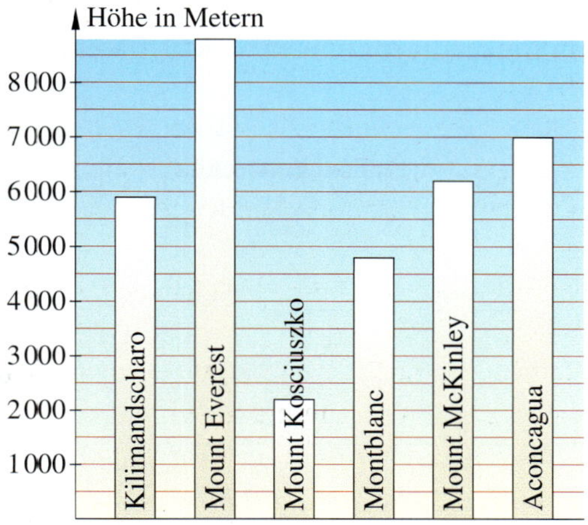

② **Wasserverbrauch einer Schule pro Woche**

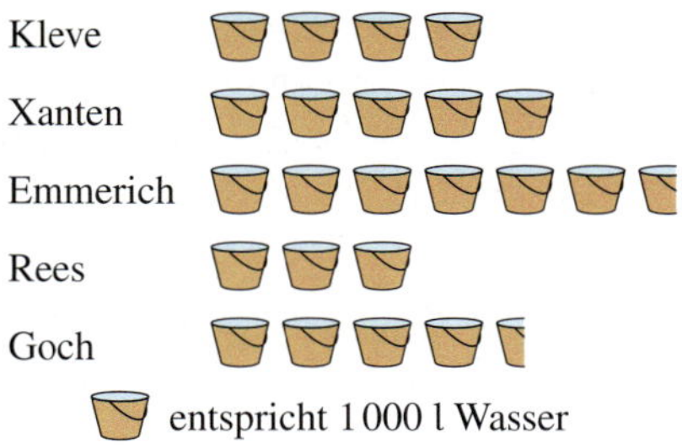

③ **Getränkeverbrauch in einem Lehrerzimmer**

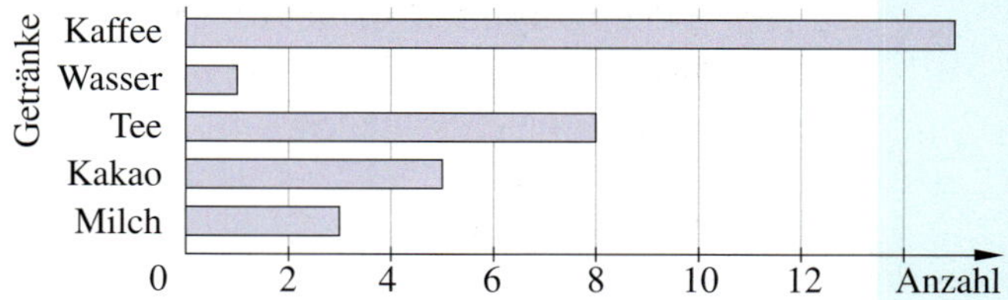

④ **Temperaturen an einem Märztag**

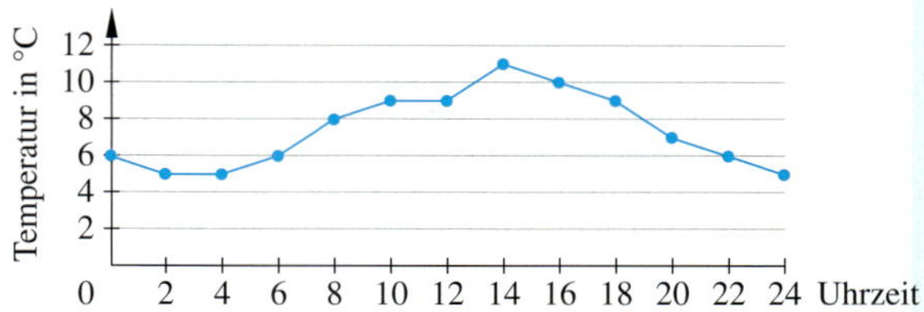

⑤ **Schulweg der Klasse 5 b**

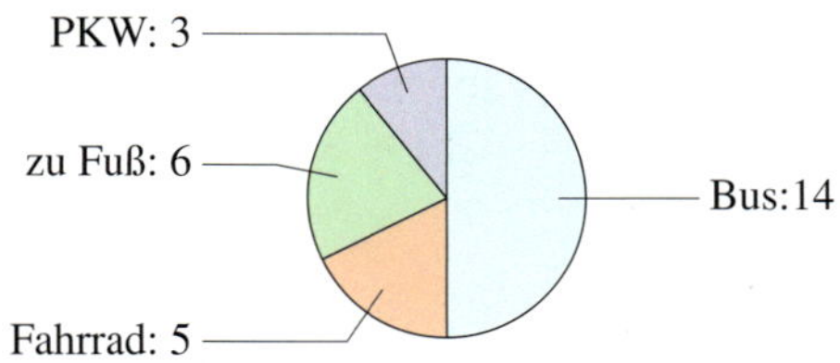

a) Suche dir ein Diagramm aus und erläutere, welche Informationen du ablesen kannst.
b) Beschreibe den Aufbau dieses Diagramms. Worin unterscheiden sich die Diagramme?
c) Warum werden Daten in Diagrammen dargestellt? Was ist der Vorteil?
Kann es auch Nachteile geben?

2 Diagramme werden oft fehlerhaft gezeichnet. Finde die Fehler!
a) Überlege zunächst alleine und notiere, welche Fehler du gefunden hast.
b) Tausche deine Ergebnisse mit einem Partner aus. Haltet euer gemeinsames Ergebnis fest.
c) Vergleicht eure Ergebnisse mit den übrigen Schülerinnen und Schülern der Klasse.
Überlegt zusammen: Worauf muss man beim Erstellen von Diagrammen achten?
d) Suche dir ein fehlerhaftes Diagramm aus. Zeichne es korrekt in dein Heft.

①

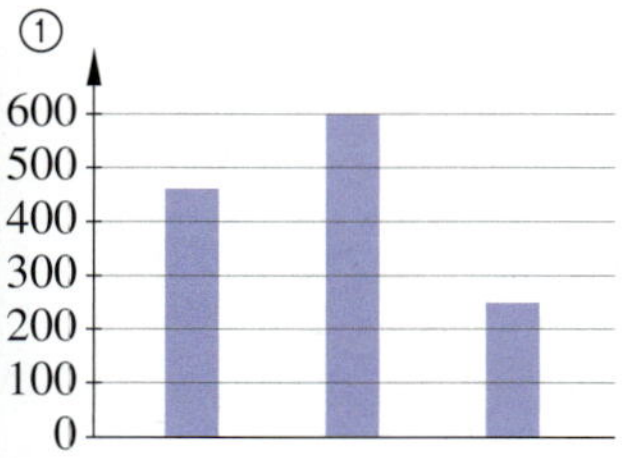

② Taschengeld pro Woche

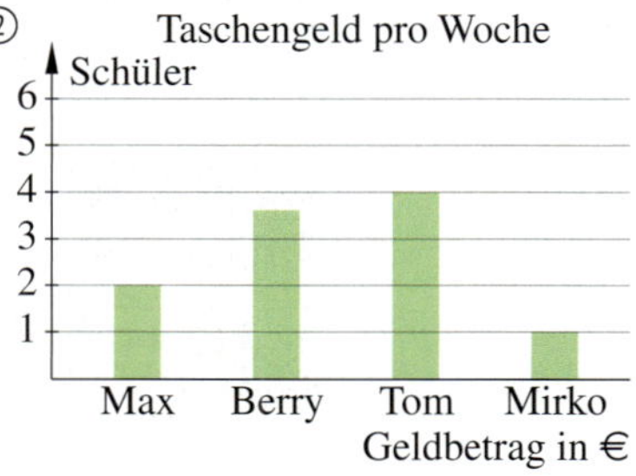

③ Schulwege

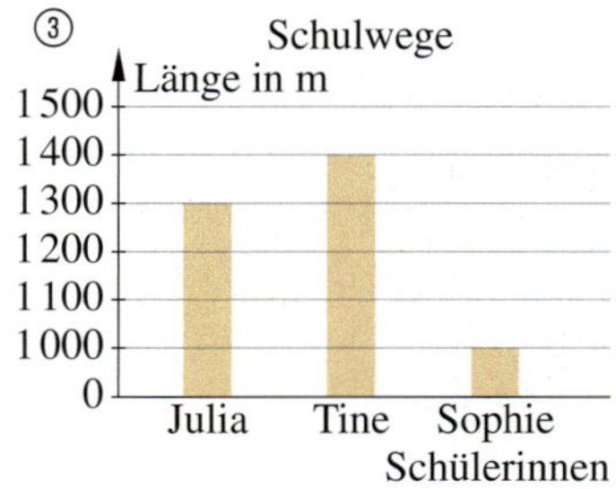

Verstehen

Leon, Niklas und Vanessa möchten gerne ihre Umfrageergebnisse aus der Tabelle zum Thema Fußball vorstellen.
Um ihre Ergebnisse interessanter und anschaulicher zu gestalten, stellen sie ihre Umfrageergebnisse in Diagrammen dar.

Fußball finde ich ...	Strichliste	Häufigkeit (Anzahl)
„cool“	𝍸 𝍸 |||	13
„egal“	𝍸 |||	8
„blöd“	||||	4

Leon hat sich für ein Säulendiagramm, Vanessa für ein Balkendiagramm und Niklas für ein Figurendiagramm entschieden.

HINWEIS
Mit Diagrammen werden nicht nur die Ergebnisse von Umfragen veranschaulicht, sondern auch viele andere Werte, z. B.:
- *Einwohnerzahlen von Städten,*
- *Ergebnisse bei Wahlen,*
- *Höhe von Gebäuden.*

Im **Säulendiagramm** stehen an der unteren (waagerechten) Achse die Antwortmöglichkeiten.
An der nach oben gezeichneten (senkrechten) Achse sind für die Anzahl der Antworten mögliche Häufigkeiten eingetragen.
An der Höhe der Säulen kann man die zugehörigen Häufigkeiten ablesen.

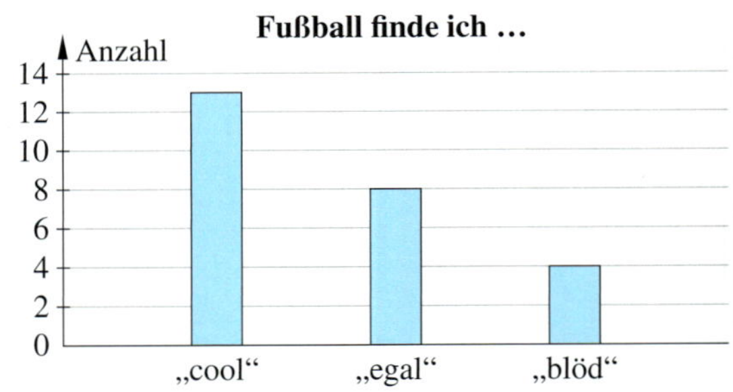

Ein **Balkendiagramm** sieht wie ein quer gelegtes Säulendiagramm aus.
Auch hier kann die Anzahl der Antworten an der Länge des Balkens abgelesen werden.

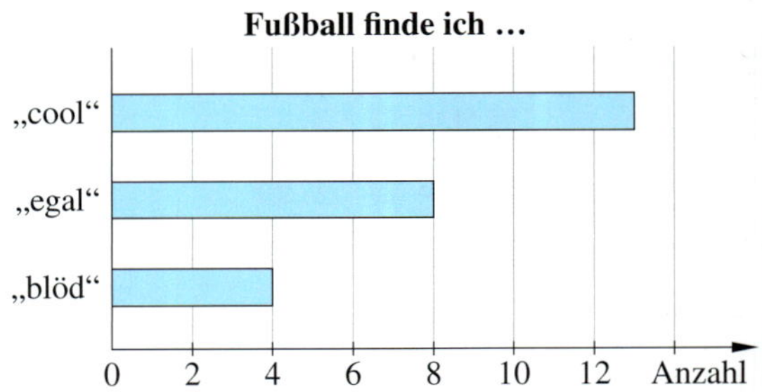

Mit einem **Figurendiagramm** lassen sich Zahlenangaben interessant darstellen.
Es werden passende kleine Symbole hintereinander gezeichnet.
Jedes Symbol steht für eine festgelegte Anzahl oder Größe.

Merke Wichtige Arten von Diagrammen sind **Säulendiagramm**, **Balkendiagramm** und **Figurendiagramm**. Bei diesen Diagrammen kann man die Werte mit der größten und der kleinsten Häufigkeit sofort erkennen.

HINWEIS
Bei dem Diagramm kann man die Werte nicht exakt ablesen. Es reichen ungefähre Angaben, z. B.: „egal“: ca. 550.

Bei Umfragen werden oft mehr als tausend Menschen befragt.
Damit das Diagramm nicht zu groß wird, werden die Häufigkeiten dann in größeren Schritten an die Achse geschrieben.
Das Säulendiagramm zu einer großen Umfrage zum Thema Fußball könnte so aussehen.

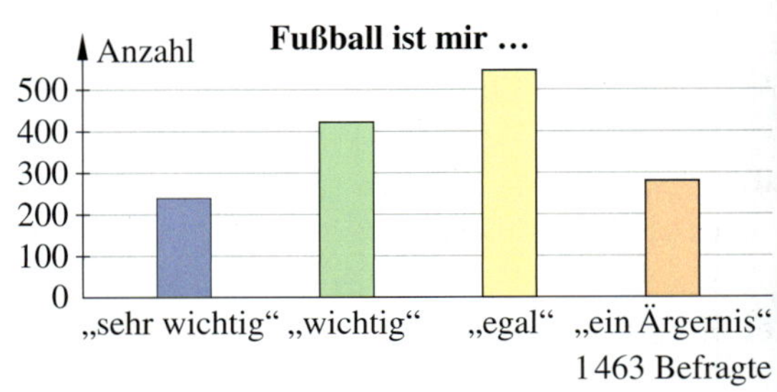

Üben und anwenden

1 Notiere, wie viele Nachkommen die einzelnen Tierarten haben.
Gib außerdem das Minimum, das Maximum und die Spannweite an.

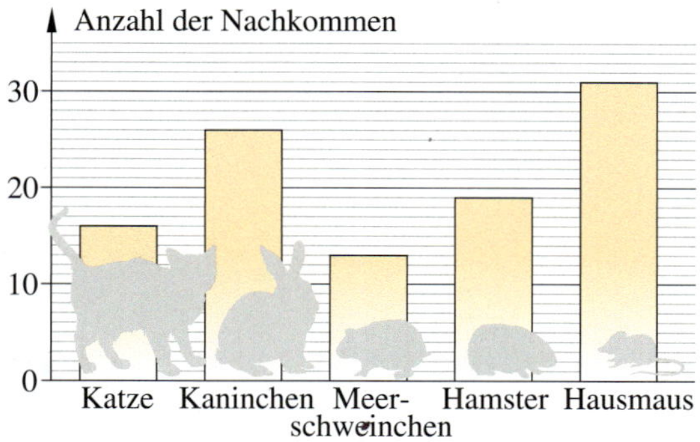

1 Notiere die Höchstgeschwindigkeiten der einzelnen Tiere. Gib außerdem Minimum, Maximum und Spannweite an.

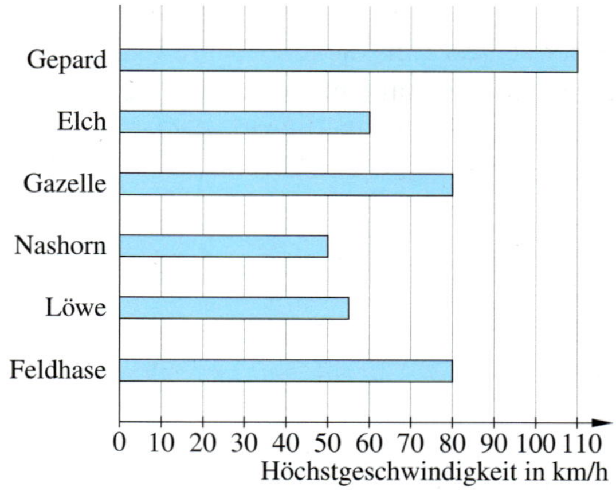

2 Kira und Luca haben eine Stunde lang Fahrzeuge gezählt und ein Figurendiagramm gezeichnet.
Jedes Symbol steht für 20 gezählte Fahrzeuge.

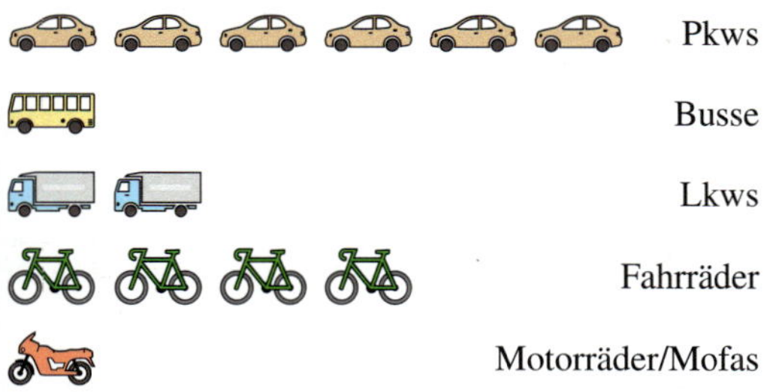

a) Bestimme für jede Fahrzeugart, wie viele Fahrzeuge sie ungefähr gezählt haben.
b) Wie viele Fahrzeuge waren es insgesamt?

2 In einem Jahr wurden in Deutschlands Baumschulen folgende Forstpflanzen angebaut.
Ein Baum steht für 10 Millionen Bäume.

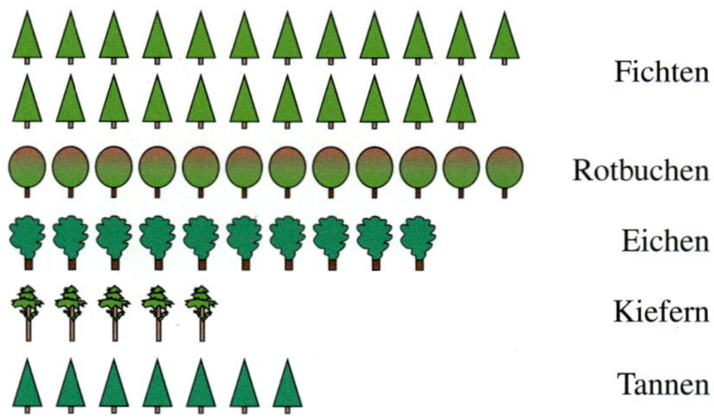

Bestimme für jede Baumart, wie viele Bäume ungefähr angepflanzt wurden.

3 Richtig oder falsch? Begründe mithilfe der Abbildung.
a) Igel werden etwa sieben Jahre alt.
b) Füchse werden etwa doppelt so alt wie Kaninchen.
c) Der Hirsch ist das gefährlichste Tier von allen.
d) Wildschweine werden etwa dreimal so alt wie Kaninchen.
e) Der Igel ist das kleinste Tier mit der kürzesten Lebenserwartung.

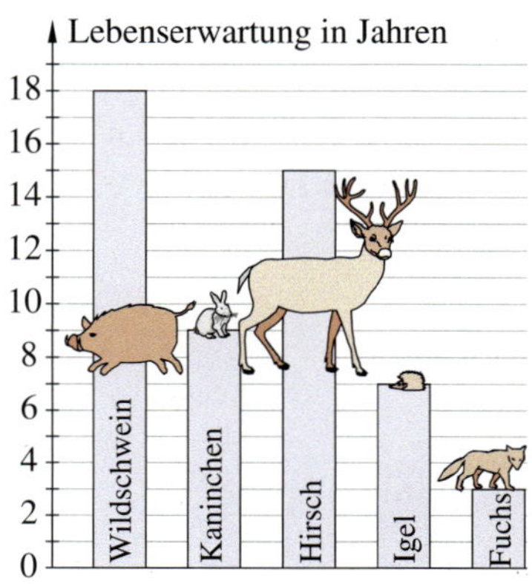

3 Antworte mithilfe der Abbildung:
a) Wie alt werden Igel im Durchschnitt?
b) Welches Tier hat die kürzeste Lebenserwartung?
c) Wie alt wird ein Wildschwein etwa?
d) Vergleiche Fuchs und Igel.
e) Bestimme die Spannweite der Lebenserwartungen der Tiere.
f) Ergänze den Satz: Wildschweine leben etwa ▒-mal so lang wie Füchse.

Methode: Diagramme zeichnen

Alter der Schüler	Strichliste	Häufigkeit (Anzahl)
9	~~||||~~ |||	8
10	~~||||~~ ~~||||~~ ||	12
11	~~||||~~		6
12			1

Jenny will das Alter ihrer Mitschülerinnen und Mitschüler mit einem **Säulendiagramm** darstellen. Zuerst hat sie eine Häufigkeitstabelle erstellt.

HINWEIS
Materialliste:
– kariertes Papier
– Lineal oder Geodreieck
– Bleistift
– evtl. Buntstifte

Jenny stellt sich folgende Fragen:

1. Wie hoch wird das Diagramm? Welches ist die größte Anzahl (Häufigkeit), die ich im Diagramm darstellen muss?

Die größte Anzahl ist 12, da 12 Schülerinnen und Schüler zehn Jahre alt sind.

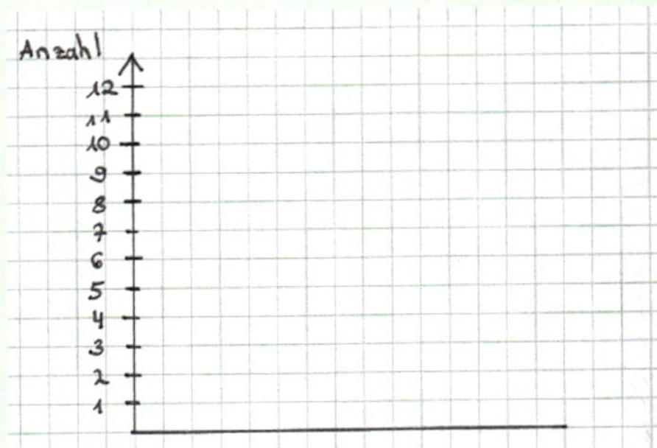

2. Was soll ich an die Hochachse schreiben?

Ich beschrifte die Hochachse mit „Anzahl" und trage die Werte 1 bis 12 ein.

3. Wie breit wird mein Diagramm?

Es gibt vier Säulen, jede zeichne ich zwei Kästchen breit, zwischen ihnen lasse ich ein Kästchen Platz.

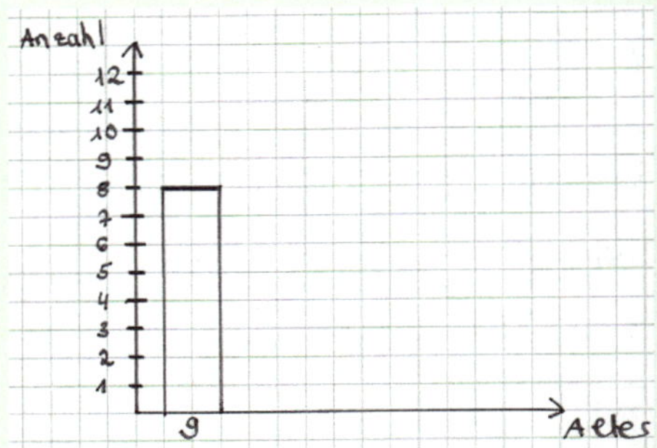

4. Was schreibe ich an die Rechtsachse?

Ich beschrifte die Rechtsachse mit „Alter".

5. Wie hoch muss ich die erste Säule zeichnen?

Ich zeichne die erste Säule 8 Kästchen hoch. Für jede Angabe zeichne ich eine weitere Säule.

6. Welche Überschrift passt zu meinem Diagramm?

Meine Überschrift lautet: „Alter der Klasse".

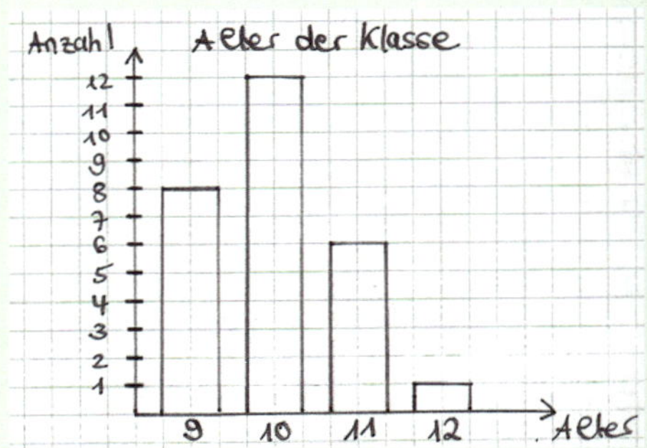

HINWEIS
Werden sehr viele Personen befragt, muss man sehr große Werte darstellen. Dann schreibt man die Anzahlen in größeren Schritten an die Achse. Die Schritte müssen an einer Achse immer gleich groß sein, z. B.: 0, 50, 100, 150, …

Beim Zeichnen eines **Balkendiagramms** geht man auf gleiche Weise vor. Der einzige Unterschied: Man vertauscht die Hochachse und die Rechtsachse.

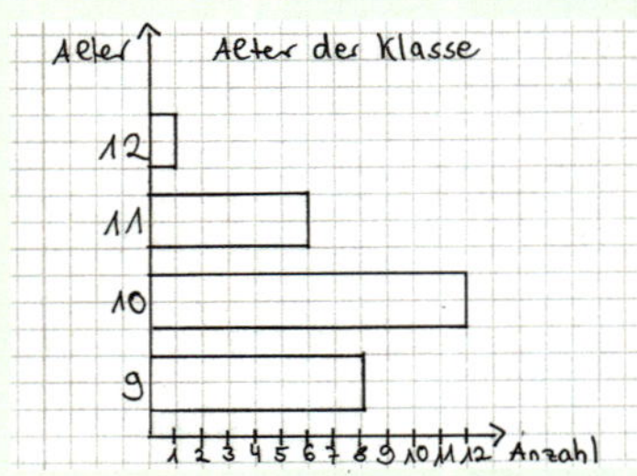

Beim Zeichnen eines **Figurendiagramms** schreibt man an den linken Rand die beobachteten Werte. Im Beispiel sind das „9 Jahre", „10 Jahre" … Dann muss man festlegen, für welche Anzahl das gewählte Symbol stehen soll.

4 Vervollständige das Säulendiagramm im Heft.

Lieblingsfach	Anzahl der Stimmen
Mathematik	7
Sport	8
Deutsch	5
Sonstiges	6

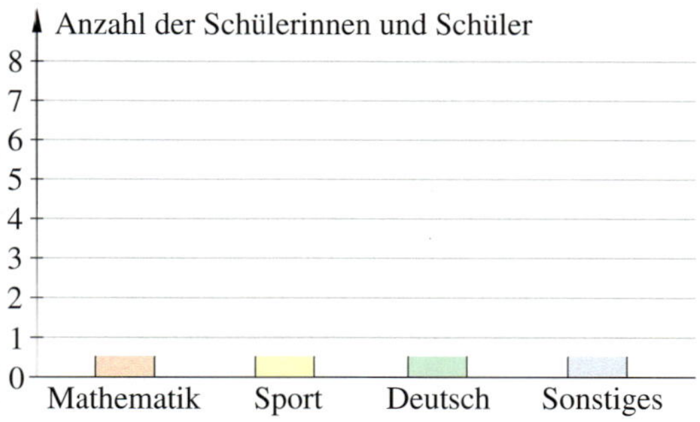

4 Zeichne jeweils ein Säulendiagramm.

a) Lieblingsfarben der Kunst-AG

Lieblingsfarbe	Anzahl der Stimmen
Blau	3
Rot	2
Grün	7
Violett	5
Gelb	0

b) Lieblingsfarben aller Kinder der fünften Klassen

Lieblingsfarbe	Anzahl der Stimmen
Blau	21
Rot	15
Grün	12
Violett	18
Gelb	5

5 Mehrere Schüler üben sich im Dauerlauf auf einem Sportplatz.

Anzahl Runden	Häufigkeit
5	4
6	7
7	8
8	3

a) Übertrage die Daten in ein Säulendiagramm und beschrifte es.

b) Nele hat das Diagramm anders gezeichnet: Die Säulen sind bei ihr 5, 6, 7 und 8 Kästchen hoch. Unter die Säulen hat sie *4*, *7*, *8* und *3* geschrieben. Erkläre ihr Vorgehen. Ist es falsch? Begründe.

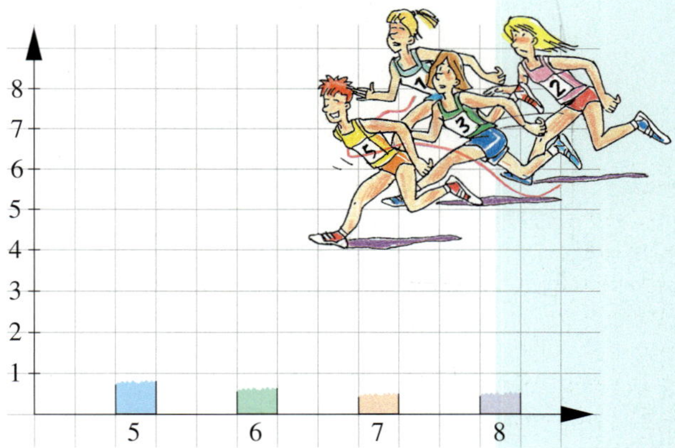

6 Bei diesen Diagrammen wurden Fehler gemacht. Benenne und erkläre sie.

a)

b)

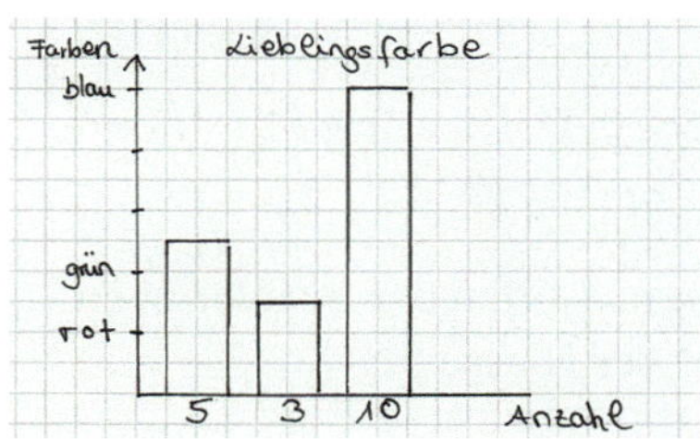

c)

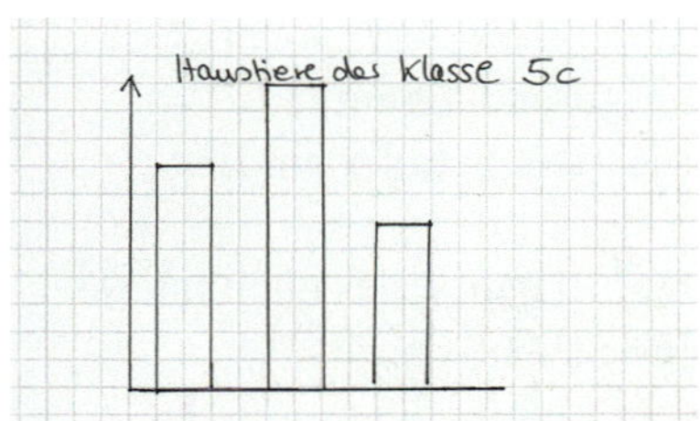

d) Teilnehmer an einem Mathe-Wettbewerb

ZUM WEITERARBEITEN
Probiere, die Aufgaben 8, 9 und 11 auch mit dem Computer zu lösen. Verwende ein geeignetes Diagramm deiner Wahl. Hilfe findest du auf der gegenüberliegenden Seite.

7 Wie viele Geschwister haben eure Mitschülerinnen und Mitschüler?
Arbeitet zu zweit: Haltet die Antworten in einer Strichliste fest. Stellt euer Ergebnis mit einem Balkendiagramm dar.

7 In welchem Monat wurden eure Mitschülerinnen und Mitschüler geboren.
Arbeitet zu zweit: Erstellt eine Häufigkeitstabelle und präsentiert euer Ergebnis mit einem Balkendiagramm.

8 Vier Kinder haben gezählt, wie viele Paar Schuhe sie besitzen:
Jana: 6 Paar Schuhe
Silas: 2 Paar Schuhe
Toni: 5 Paar Schuhe
Maja: 4 Paar Schuhe
Zeichne ein passendes Säulendiagramm.

8 Die Schüleranzahl von vier fünften Klassen wurde verglichen:
Klasse 5a: 27 Kinder
Klasse 5b: 30 Kinder
Klasse 5c: 22 Kinder
Klasse 5d: 25 Kinder
Zeichne ein passendes Säulendiagramm.

9 1 200 Personen wurden zu ihrem Lieblingsfernsehsender befragt.
a) Ergänze die Tabelle in deinem Heft. Nutze dazu das Balkendiagramm.
b) Übertrage das Diagramm in dein Heft. Zeichne die fehlenden Balken möglichst genau ein.

Lieblings-fernsehsender	Anzahl
Sender 1	300
Sender 2	
Sender 3	
Sender 4	210
Sender 5	

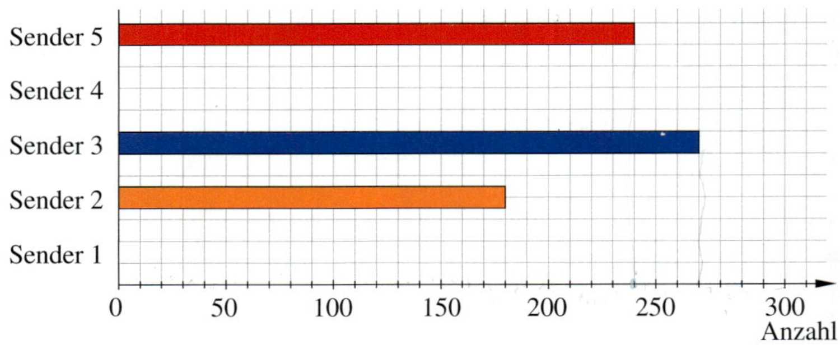

ZUM WEITERARBEITEN
Sammle Diagramme aus Zeitungen und Zeitschriften und klebe sie in dein Heft. Schreibe dazu, ob es ein Figuren-, ein Balken- oder ein Säulendiagramm ist. Findest du auch andere Arten von Diagrammen?

10 Lieblingseissorten der Schülerinnen und Schüler der Klasse 5 c

10 Lieblingseissorten der Schülerinnen und Schüler der Klasse 5 c

Eissorte	Vanille	Schokolade	Erdbeere	Haselnuss	Amarena	Zitrone
Häufigkeit	7	8	4	5	3	1

Erstelle ein Figurendiagramm.
Zeichne für je einen Schüler ein Eis: 

Erstelle ein Figurendiagramm.
Zeichne für je zwei Schüler ein Eis: 

11 Arbeitet zu zweit oder in einer Gruppe: Überlegt euch ein Thema, das euch interessiert. Plant eine Umfrage und führt sie durch. Erstellt dazu eine Strichliste.
Stellt eure Ergebnisse in einer Häufigkeitstabelle und mit einem Figurendiagramm dar.

Methode: Diagramme mit dem Computer erstellen

Diagramme lassen sich auch mit dem Computer erstellen.
Dazu wird ein Tabellenkalkulationsprogramm benötigt, z. B. „Excel“.

1 Zuerst müssen die Ausgangsdaten in eine Tabelle übertragen werden.

Ausgangstabelle:

Gebäude	Höhe in m
Berliner Fernsehturm	368
Eiffelturm	325
Taipei 101	508
Empire State Building	443

Tabelle in Excel:

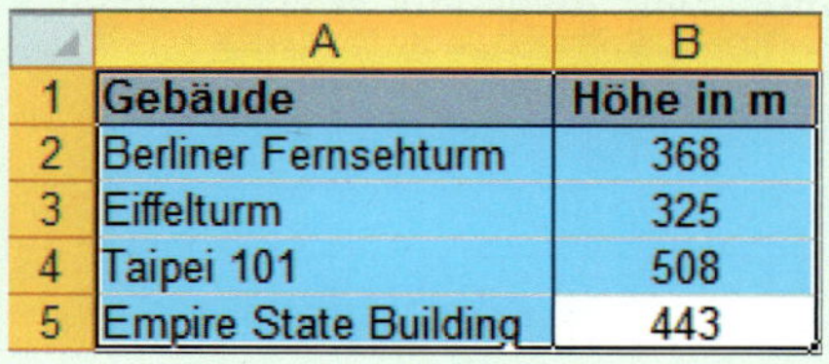

	A	B
1	Gebäude	Höhe in m
2	Berliner Fernsehturm	368
3	Eiffelturm	325
4	Taipei 101	508
5	Empire State Building	443

2 Markiere alle Daten in der Tabelle: Halte die linke Maustaste gedrückt und ziehe den Mauszeiger von A1 bis B5; die Tabelle wird dabei bläulich.
Nun klicke oben in der Menüleiste auf „**Einfügen**“.
Dann wähle den Diagrammtyp, z. B. **Säulendiagramm** oder **Balkendiagramm**.

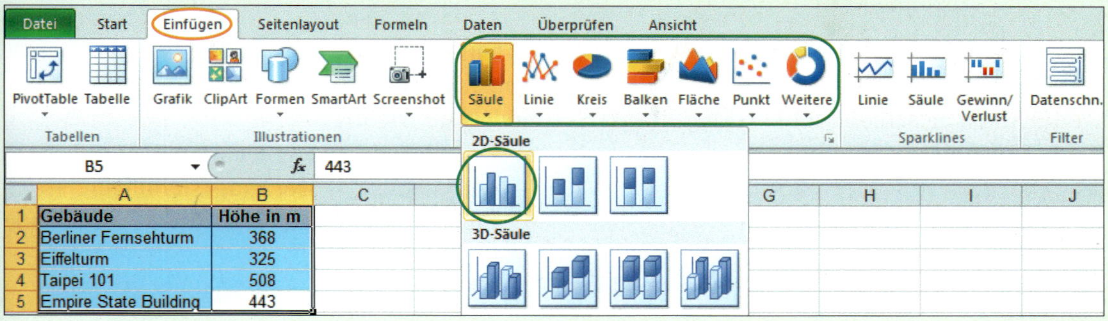

3 Sobald du einen Diagrammtyp ausgewählt hast, wird das Diagramm angezeigt.

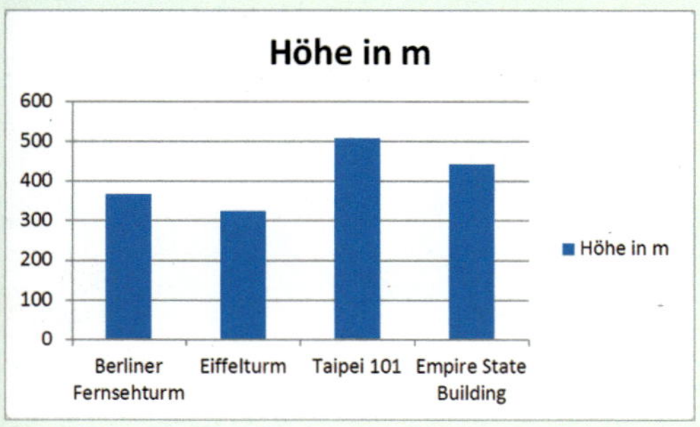

Klicke auf den Diagrammtitel und schreibe eine passende Überschrift hinein.

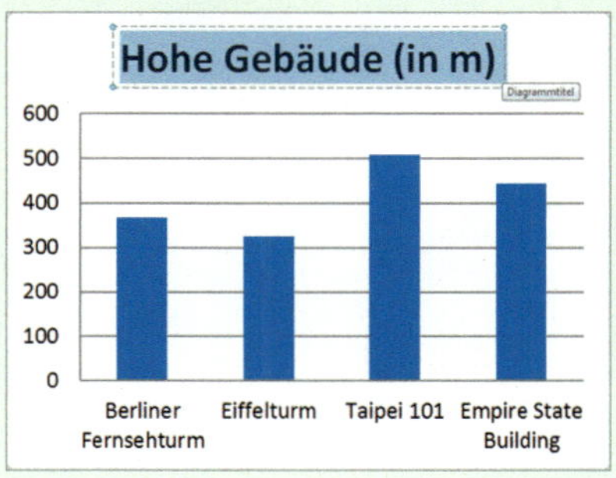

4 Du kannst das Diagramm weiter bearbeiten.
Du kannst z. B. ein **verfeinertes Diagrammlayout mit Achsenbeschriftung** auswählen.
Probiere weitere Gestaltungsmöglichkeiten über die **drei Menübänder von „Diagrammtools“**.

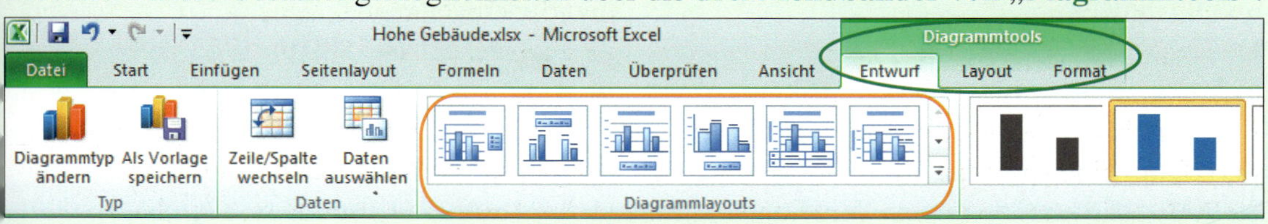

Klar so weit?

→ Seite 10

Umfragen planen, Daten sammeln

1 Ergebnis der Klassensprecherwahl:

Name	Strichliste
Jennifer	|||
Marcel	𝍸 𝍸
Dilek	𝍸 |||
Christine	||
Mesut	||||

a) Wer bekam wie viele Stimmen?
b) Wer wurde Klassensprecher?
Wer hatte die zweitmeisten Stimmen?
c) Am Wahltag fehlten zwei Schüler.
Wie viele Kinder sind in der Klasse?

2 Carlos stand von 7 Uhr bis 8 Uhr vor seiner Schule und hat gezählt, welche Automarken an seiner Schule vorbeifuhren. Seine Ergebnisse:
12 Opel, 22 VW, 7 Mercedes, 15 Ford, 19 Renault und 9 Mazda.
Wie sah seine Strichliste dazu aus?

1 Wohin beim nächsten Klassenausflug?

Ziel	Strichliste
Zoo	𝍸
Erlebnispark	𝍸 ||||
Schwimmbad	𝍸 𝍸 |
Ausstellung	|
Eisbahn	||

a) Mit welcher Häufigkeit wurde für die einzelnen Ziele abgestimmt?
b) Wohin wird der Ausflug gehen?
c) Am Abstimmungstag fehlten zwei Schüler. Hätte ein anderes Ziel herauskommen können, wenn sie da gewesen wären?

2 Du sollst deine Klasse rund um das Thema Haustiere befragen. Welche Informationen findest du wichtig?
a) Erstelle einen geeigneten Fragebogen mit mindestens vier Fragestellungen.
b) Zu einer Frage hatte die Klasse 5 a folgende Ergebnisse:
5 Hunde; 7 Katzen; 5 Vögel; 8 Hamster; 12 Fische; 3 Sonstige
Wie sah die Strichliste dazu aus?

→ Seite 14

Daten vergleichen

3 Bestimme jeweils Minimum, Maximum und Spannweite.
a) 12; 6; 15; 3; 19; 17; 11
b) 34 kg; 52 kg; 12 kg; 26 kg; 33 kg; 15 kg; 21 kg
c) 18 cm; 77 cm; 3 cm; 50 cm; 21 cm; 100 cm; 81 cm

3 Bestimme jeweils Minimum, Maximum und Spannweite.
a) 13; 56; 8; 24; 88; 9; 176; 542
b) 37 €; 73,50 €; 3 €; 12,30 €; 26 €; 62 €; 49,99 €
c) 13 min; 56 min; 8 min; 24 min; 1 h 28 min; 60 min

4 Die Karte zeigt die Höchsttemperaturen für einige Städte an einem Oktobertag.

a) Erstelle eine Tabelle mit den Städtenamen und den zugehörigen Temperaturwerten.
b) Welcher Temperaturwert ist das Maximum? In welcher Stadt wurde es gemessen?
c) Welche Temperatur ist das Minimum und wo wurde es gemessen?
d) Gib die Spannweite der Temperaturen an.
e) Ben sagt: „Wenn auch die Temperatur von Lissabon abgebildet wäre, dann würde die Spannweite 17 °C betragen.“ Wie warm war es in Lissabon?

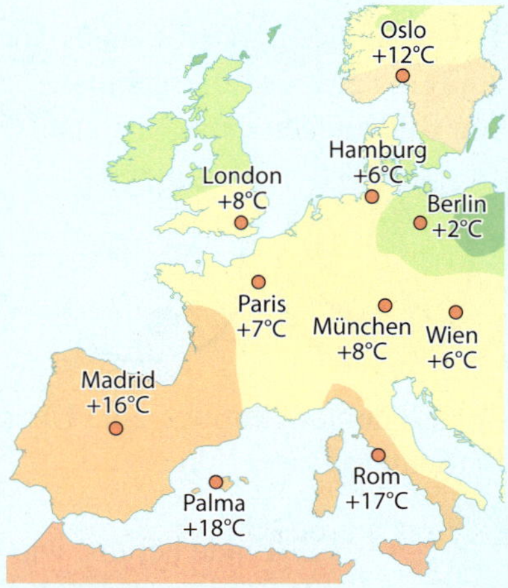

Daten in Diagrammen darstellen

→ Seiten 18, 20

5 Beschreibe den Inhalt des Diagramms in eigenen Worten.

5 Beschreibe den Inhalt des Diagramms.

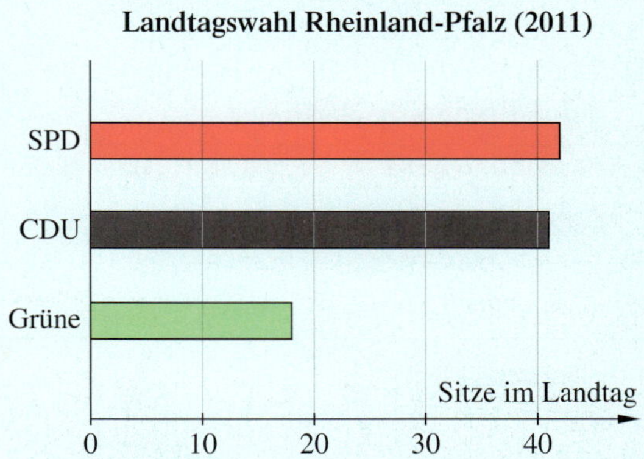

6 Marijke hat in einem Biologiebuch Angaben zur Lebenserwartung von Tieren gefunden. Erstelle zu den Daten ein Diagramm deiner Wahl.

Hund:	14 Jahre
Kaninchen:	9 Jahre
Kanarienvogel:	8 Jahre
Meerschweinchen:	6 Jahre
Hamster:	3 Jahre

6 Einige Vögel verbringen den Winter im warmen Süden. Dabei legen sie viele km zurück. Erstelle ein Diagramm deiner Wahl.

Vögel	Strecke in km
Storch	10 000
Kuckuck	9 000
Seeschwalbe	20 000
Kranich	7 000
Singdrossel	5 000
Star	2 000

Vermischte Übungen

1 Denke dir ein interessantes Thema für eine Umfrage aus, deren Ergebnisse du mit folgenden Bildzeichen darstellen kannst.

a) Gib deiner Umfrage eine Überschrift.
b) Schreibe zwei Fragen auf.

2 Finde heraus, wie viele Serien, Tierfilme und Nachrichten heute auf deinem Lieblingssender zu sehen sind.

NACHGEDACHT
Überlegt zu mehreren: Entdeckt ihr bei euren Diagrammen eine Ähnlichkeit? Findet ihr den Grund dafür?

3 Würfle 20-mal mit zwei Würfeln und berechne jeweils die Augensumme.
a) Übertrage die Tabelle ins Heft und halte deine Ergebnisse darin fest.

die Augensumme ist	Strichliste	Häufigkeit
2, 3 oder 4		
6, 7 oder 8		
10, 11 oder 12		

b) Erstelle zu deinen Ergebnissen ein Säulendiagramm.

4 Die Längen verschiedener Flüsse (in km)

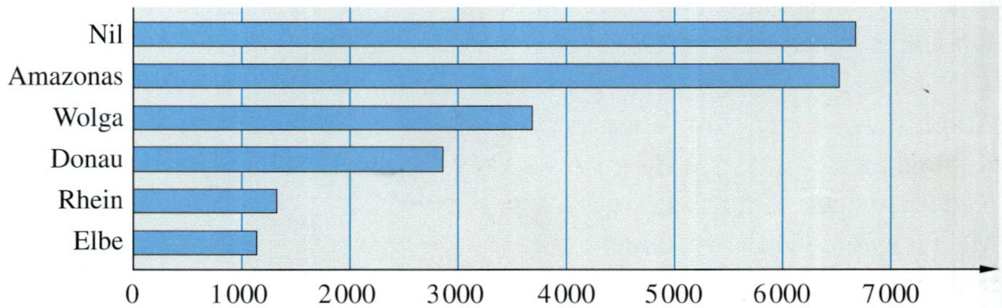

Richtig oder falsch?
Korrigiere falsche Aussagen.
a) Die Donau ist kürzer als der Rhein.
b) Der Nil ist etwa 6-mal so lang wie die Elbe.
c) Die Wolga ist mehr als 4 000 km lang.
d) Das Minimum dieser Flusslängen beträgt fast 7 000 km.

1 Denke dir ein interessantes Thema für eine Umfrage aus, deren Ergebnisse du mit folgenden Bildzeichen darstellen kannst.

a) Gib deiner Umfrage eine Überschrift.
b) Schreibe drei Fragen auf.

2 Wähle zwei Fernsehsender.
Vergleiche die Häufigkeit von Serien, Talkshows und Nachrichten, die diese Sender in einer Woche ausstrahlen.

3 Würfle 20-mal mit zwei Würfeln.
Bilde jeweils die Differenz (die größere Zahl minus der kleineren Zahl).
a) Ergänze die Tabelle im Heft.

die Differenz ist	Strichliste	Häufigkeit
0		
1		
2		
3		
4		
5		

b) Erstelle ein Säulendiagramm.

4 Die Längen verschiedener Flüsse (in km)

Beantworte mithilfe der Abbildung.
a) Wie lang etwa ist die Wolga/der Rhein?
b) Welcher Fluss ist knapp 3 000 km lang?
c) Um etwa wie viel Kilometer ist der Amazonas länger als die Wolga?
d) Wie groß ist die Spannweite der gezeigten Flusslängen ungefähr?

5 Betrachte die Diagramme. Erfinde jeweils eine Situation, die zu dem Diagramm passt. Schreibe sie in eigenen Worten auf.

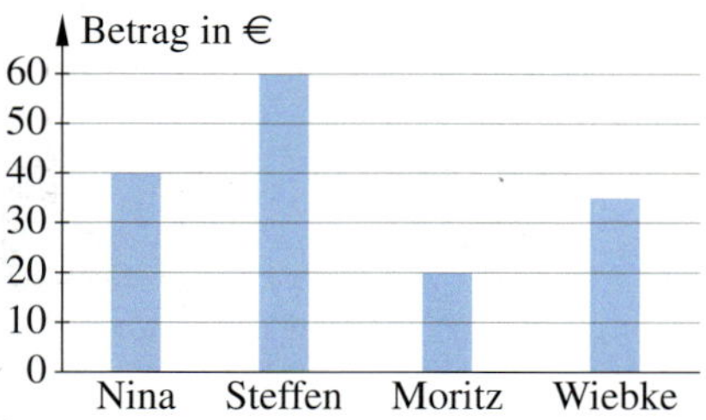

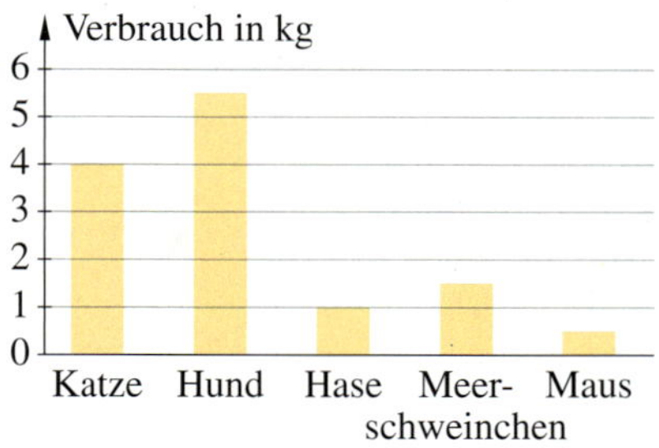

6 Merle beobachtet die Straße.
Es kommen 5 Opel, 7 VW, 5 Renault, 1 Mazda und 3 Mercedes vorbei.

a) Erstelle eine Häufigkeitstabelle.
b) Zeichne ein Säulendiagramm.

6 Georg beobachtet die Straße.
Es kommen vorbei: 12 Opel, 30 VW, 8 Mercedes, 10 Ford, 6 Mazda und 2 Toyota.
Zeichne ein Säulendiagramm. Überlege zuerst, wie du die Hochachse geschickt einteilst.

7 Wachstum der Weltbevölkerung

a) Beschreibe das Säulendiagramm.
b) Etwa wie viele Menschen lebten 1970 auf der Erde?
c) Um wie viel nahm die Weltbevölkerung von 1970 bis 1980 zu?
d) Was schätzt du: Wie viele Menschen werden im Jahr 2030 auf der Erde leben?

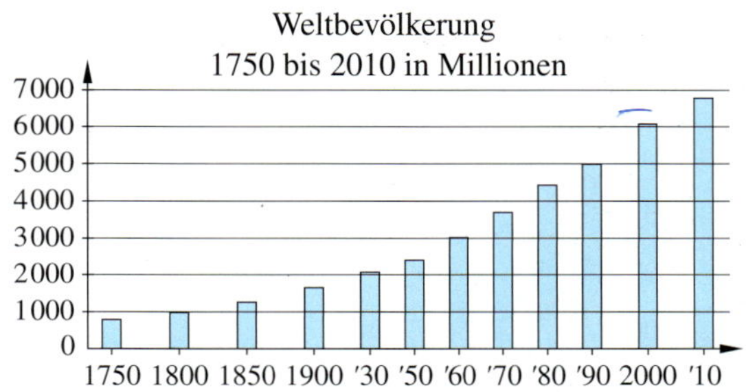

8 Beim Sportfest gab es folgende Ergebnisse:

Sportart \ Name	Max	Svenja	Lea	Mark	Yasmin	Marek	Jennifer
Seilspringen (Sprünge)	32	28	46	37	52	39	33
Sprünge auf einem Bein	9	30	21	8	19	11	24
Liegestütze	15	6	5	12	8	18	11

a) Notiere zu jedem Wettbewerb den Maximalwert, den Minimalwert und die Namen der Kinder, die diese Werte erreicht haben.
b) Wie groß ist bei den einzelnen Sportarten der Unterschied zwischen dem besten und dem schlechtesten Ergebnis? Schreibe es mit dem entsprechenden Fachbegriff auf.
c) Wähle eine der Sportarten aus und zeichne ein passendes Balkendiagramm. Überlege, bei welcher Sportart das am leichtesten ist.

ZUM WEITERARBEITEN
Berechne den Gesamtsieger: Bei jeder Sportart bekommt der Erste 7 Punkte, der Zweite 6 Punkte usw.

9 In den Jahren 2013, 2014 und 2015 wurden jeweils 16-Jährige über ihr monatliches Taschengeld befragt.

a) Welche Daten kannst du dem Diagramm entnehmen? Schreibe sie in eine Tabelle.
b) „Das Taschengeld ist von 2014 bis 2015 auf fast das Doppelte angestiegen." Stimmt diese Aussage? Begründe.
c) Beschreibe, was an der Zeichnung verändert werden müsste, damit das Diagramm korrekt ist.

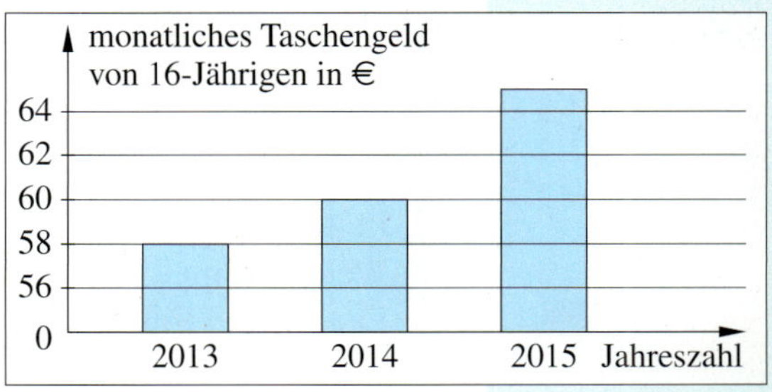

10 Befragungen von Kindern in Rheinland-Pfalz

a) Im Bild siehst du die Ergebnisse einer Befragung von Kindern zum Thema „Frühstück“.
   ① Beschreibe das Diagramm mit deinen eigenen Worten.
   ② Wie viele Kinder wurden befragt?
   ③ In welche Gruppe gehörst du?
   ④ Was meinst du: Warum wurden die Kinder nach ihrem Frühstück gefragt?

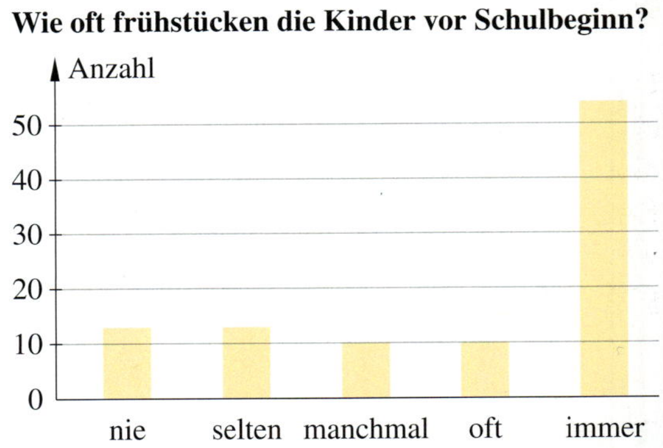

b) Bei einer anderen Befragung zum Thema „Insgesamt fühle ich mich wohl in meiner Haut“ antworteten von 100 befragten Kindern 2 Kinder mit „stimmt nicht“, 6 sagten „stimmt wenig“, 19 antworteten „stimmt teils/teils“, 29 sagten „stimmt ziemlich“ und 44 antworteten „stimmt völlig“.
   Erstelle zu dem Text ein Diagramm deiner Wahl.

HINWEIS
Bei der Darstellung von sehr großen Zahlen in einem Diagramm muss man manchmal einen bestimmten Bereich von Zahlen auslassen. Dies kennzeichnet man auf der Achse z. B. so:

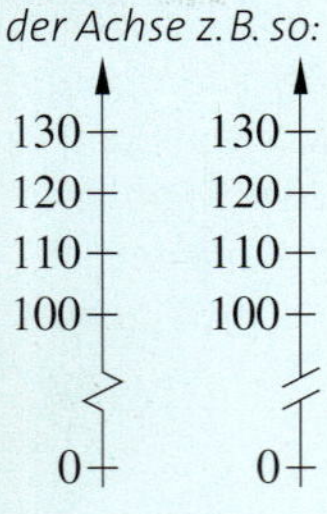

11 Geburten in Rheinland-Pfalz

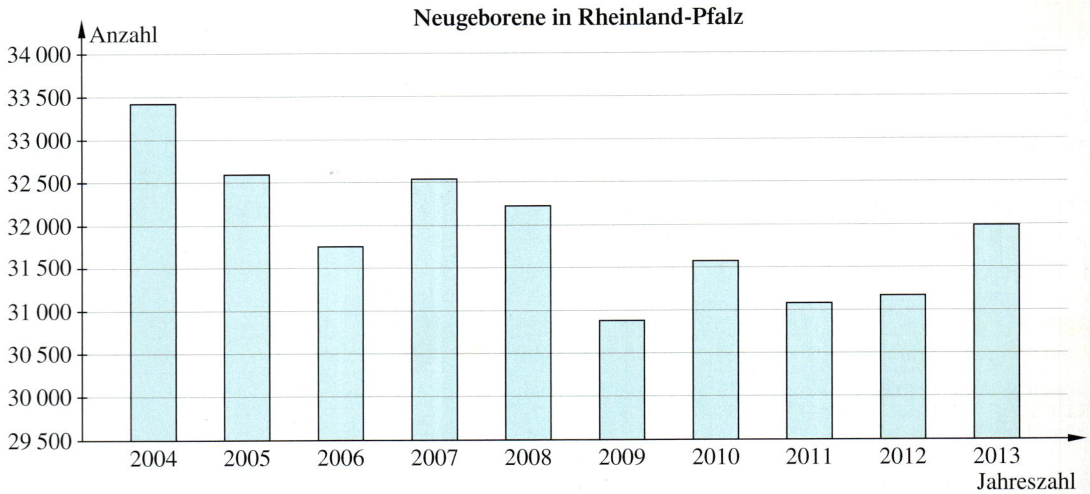

a) Beschreibe das Diagramm mit eigenen Worten.
b) Gibt das Diagramm die Geburtenentwicklung richtig wieder?
c) Lies die Werte für die Jahre 2004, 2008 und 2013 möglichst genau ab.
d) Schätze die Geburtenzahl in Rheinland-Pfalz im Jahr 2014.
e) Vergleiche deinen geschätzten Wert mit dem tatsächlichen Wert.

12 Bundesländer in Deutschland

In Nordrhein-Westfalen leben rund 18 Mio. Einwohner, in Baden-Württemberg rund 10 Mio., in Bayern 12 Mio., in Hessen 6 Mio., in Rheinland-Pfalz etwa 4 Mio. und in Sachsen rund 4,5 Mio.

a) Erstelle ein Säulendiagramm.
   Welche Einteilung wählst du für die Anzahl?
b) Erstelle ein Figurendiagramm.
   Wie viele Einwohner entsprechen einem Symbol?
   Begründe deine Wahl.

Zusammenfassung

Umfragen planen, Daten sammeln

→ Seite 10

Um Daten erheben zu können, benötigt man einen **Fragebogen**. Bei manchen Fragen kann man nur ankreuzen, manchmal sind mehrere Kreuze pro Frage erlaubt, bei anderen Fragen wird in Stichpunkten oder mit einer Zahl geantwortet.

Liest du gerne? Ja ☐ Nein ☐
Was liest du? (Mehrfachnennungen möglich)
Bücher ☐ Comics ☐ Zeitschriften ☐
Zeitung ☐ Texte im Internet ☐ Sonstiges ☐
Dein Lieblingsbuch: ______________
Ungefähre Anzahl der gelesenen Bücher: ______

Für eine erste Übersicht stellt man die Daten in einer so genannten **Urliste** zusammen.

Was liest du? Bücher; Comics; Comics; Zeitschriften; Bücher; Comics; Comics; Sonstiges; …

Zur Auswertung der abzählbaren Angaben wird eine **Strichliste** mit **Häufigkeitstabelle** angelegt.

Liest du gerne?	Strichliste	Häufigkeit
ja	卌 卌 III	13
nein	卌 IIII	9

Daten vergleichen

→ Seite 14

Bei einer Datenmenge nennt man den größten Wert das **Maximum**. Der kleinste Wert heißt **Minimum**.

Die **Spannweite** kennzeichnet den Unterschied zwischen dem Maximum und dem Minimum.

Der älteste befragte Schüler ist 12 Jahre alt (Maximum), der jüngste ist 7 (Minimum).

Maximum:	12 Jahre
Minimum:	− 7 Jahre
Spannweite:	5 Jahre

Daten in Diagrammen darstellen

→ Seite 18, 20, 23

Bei einem **Säulendiagramm** liest man an der Höhe der Säulen ab, um welche Anzahl es geht. Die Hochachse muss in in gleich große Abschnitte eingeteilt werden.

Ein **Balkendiagramm** sieht wie ein quer gelegtes Säulendiagramm aus (nicht abgebildet).

Kläre die folgenden Fragen, bevor du ein Säulendiagramm zeichnest:
1. Wie hoch wird die höchste Säule?
2. Wie breit soll das Diagramm werden?
3. Wie beschrifte ich die beiden Achsen?
4. Welche Überschrift bekommt das Diagramm?

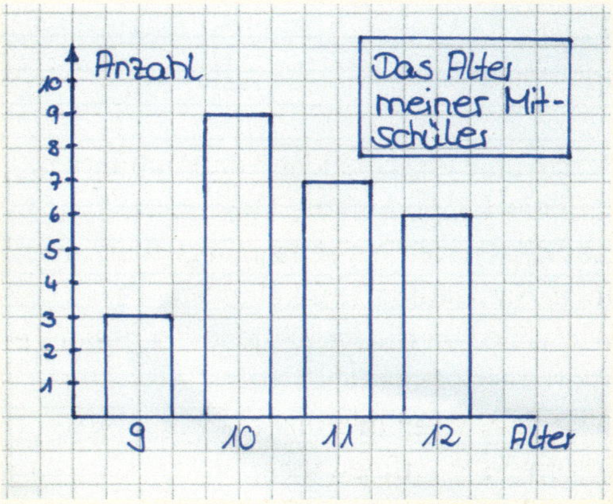

Bei einem **Figurendiagramm** steht jedes Zeichen für eine festgelegte Anzahl oder Größe.

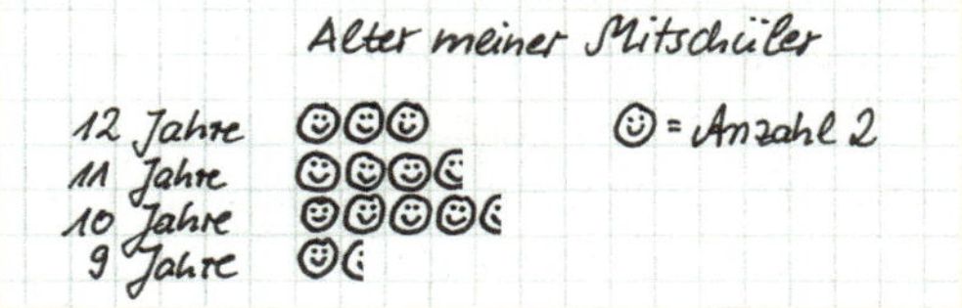

Diagramme lassen sich auch am Computer erstellen.

Teste dich!

1 Punkt

1 Ein Fernsehsender macht in der Fußgängerzone eine Umfrage.
Gestalte drei Fragestellungen, die auf dem Fragebogen stehen könnten. Zwei sollen zum Ankreuzen sein, eine nicht.

1 Punkt

2 In der deutschen Sprache kommen einige Buchstaben häufiger vor als andere.

Wie häufig kommen die Buchstaben a, e, f, n und z in dem folgenden Sprichwort von Albert Einstein vor? Fertige eine Tabelle mit Strichlisten und Häufigkeiten an.
„Mathematik ist die einzige perfekte Methode, sich selber an der Nase herumzuführen."

6 Punkte

3 Brötchenbestellung für das Schulcafé:

Brötchensorte	Mo	Di	Mi	Do	Fr
Körnerbrötchen	20	20	30	20	20
Weizenbrötchen	50	40	50	50	40
Schokobrötchen	60	60	60	60	60
Mohnbrötchen	20	15	20	15	15

a) Wie viele Mohnbrötchen werden montags bestellt?
b) Wie viele Brötchen werden montags insgesamt bestellt?
c) Wie viele Körnerbrötchen werden pro Woche bestellt?
d) Welche Sorte verkauft sich am besten?
e) Welche Sorte verkauft sich am schlechtesten?
f) Gib von den Bestellzahlen für Freitag das Maximum, das Minimum und die Spannweite an.

1 Punkt

4 Nenne drei verschiedene Diagrammarten.

2 Punkte

5 Ein Sportverein hat seine Mitgliederzahlen in einem Säulendiagramm dargestellt.
a) Wie viele Mitglieder hat jede der drei Sportabteilungen des Vereins?
b) Wie viele Mitglieder hat der Verein insgesamt?

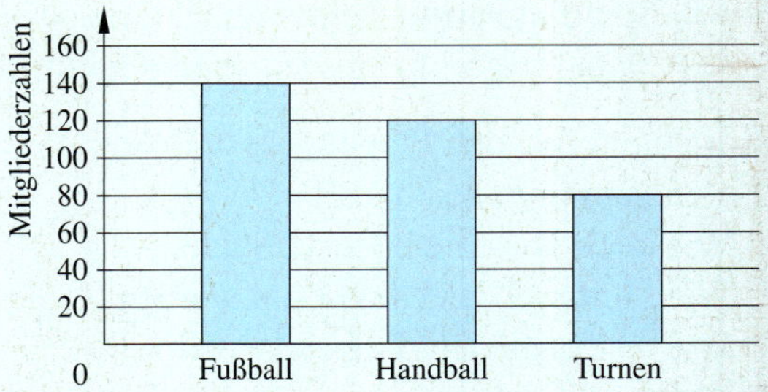

2 Punkte

6 So schwer etwa werden folgende Tiere:
Schäferhund: 40 kg   Reh: 30 kg   Hauskatze: 10 kg   Puma: 60 kg
a) Zeichne ein Säulendiagramm. Zeichne für je 10 kg eine 1 cm hohe Säule.
b) Gibt es Tiere, die du in deinem Säulendiagramm nicht gut darstellen könntest? Begründe.

Gold: 12–13 Punkte, Silber: 10–11 Punkte, Bronze: 8–9 Punkte

Lösungen ab Seite 20

Die natürlichen Zahlen

Die Sonne ist ein gewaltiger Himmelskörper von etwa einer Million vierhunderttausend Kilometer Durchmesser. In ihrem Inneren herrschen Temperaturen bis zu fünfzehn Millionen Grad Celsius, an der Oberfläche immer noch sechstausend Grad Celsius. Immer wieder kommt es zu gewaltigen Gasausbrüchen, die wie helle Fackeln aufleuchten.

1 400 000
15 000 000
6 000

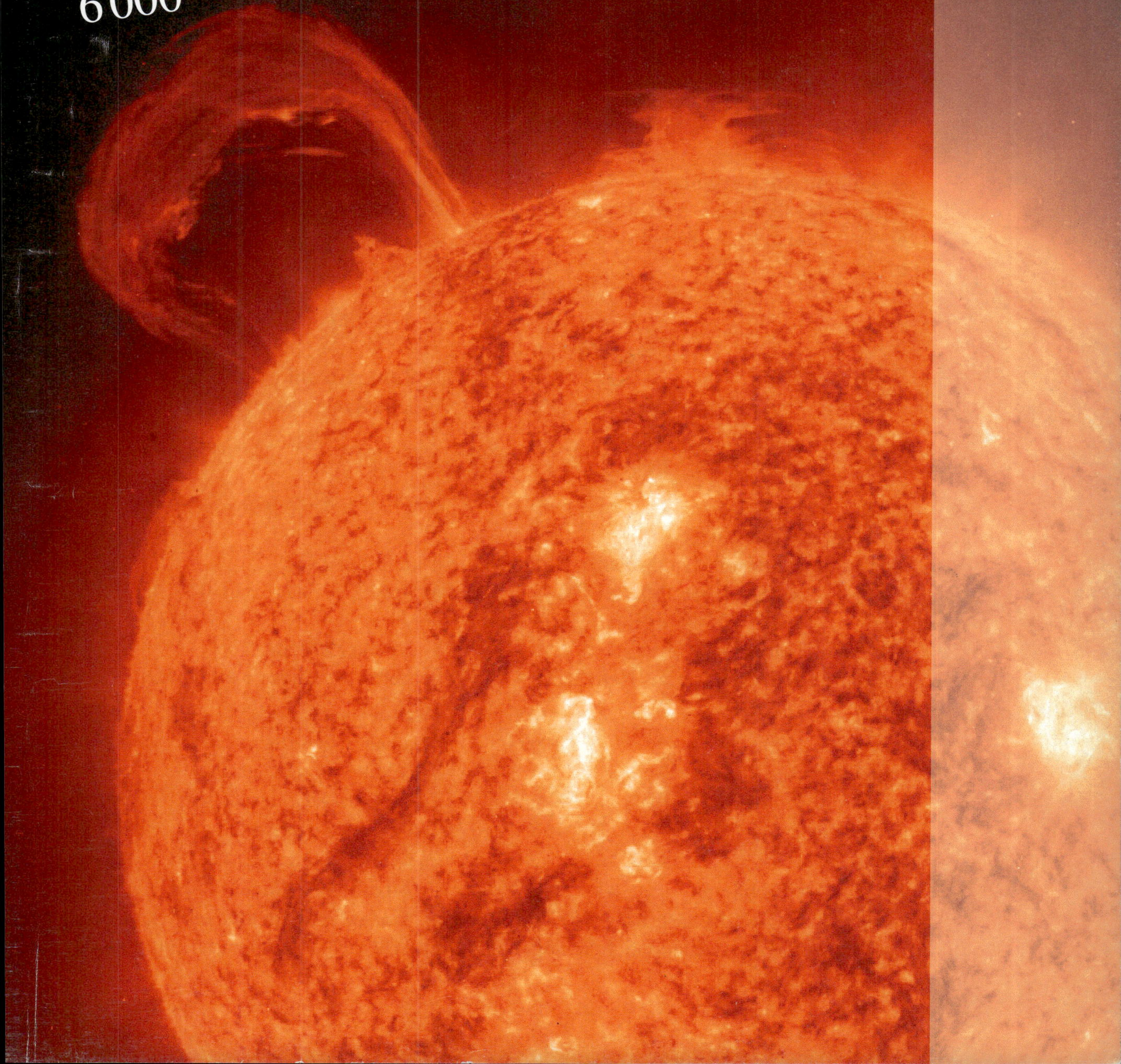

Noch fit?

Einstieg

1 Vorgänger und Nachfolger

a) Welche Zahl kommt vor 754?
b) Welche Zahl kommt nach 1 099?

2 Schrittweise zählen

Zähle von 7 500 weiter in …

a) Hunderter-Schritten bis 9 500.
b) Tausender-Schritten bis 20 500.
c) Fünfziger-Schritten bis 8 200.
d) Fünfhunderter-Schritten bis 24 500.

Aufstieg

1 Vorgänger und Nachfolger

a) Was kommt vor 37 615?
b) Was kommt nach 49 099?

2 Schrittweise zählen

Zähle von 97 500 weiter in …

a) Hunderter-Schritten bis 100 000.
b) Tausender-Schritten bis 106 500.
c) Fünfziger-Schritten bis 99 000.
d) Fünfhunderter-Schritten bis 102 000.

3 Verdopple immer weiter, bis du über 1 000 kommst.
Notiere die Zahlen folgendermaßen:

Beispiel für die Startzahl 10: 10, 20, 40, 80, 160, 320, 640, 1280

a) Startzahl 30 b) Startzahl 100 c) Startzahl 70 d) Startzahl 2

Einstieg

4 Zahlenreihen ergänzen

Ergänze die fehlenden Zahlen im Heft.

a) 1, 2, 3, 4, 5, 6, …, 8, 9, 10
b) 35, 36, 37, …, 39
c) 100, 101, …, 103, 104, 105, …, 109, 110
d) 2, 4, 6, …, 12

5 Zahlenstrahl

Welche Zahlen sind hier markiert?

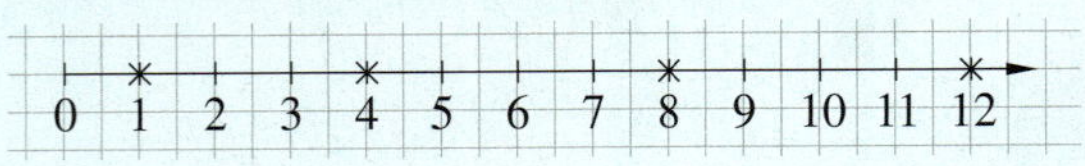

Aufstieg

4 Zahlenreihen ergänzen

Ergänze die fehlenden Zahlen im Heft.

a) 111, 113, …, 127, 129
b) 34, 36, …, 52
c) 3 254, …, 3 257, …, 3 261, 3 262
d) 520, 530, …, 600

5 Zahlenstrahl

Welche Zahlen sind hier markiert?

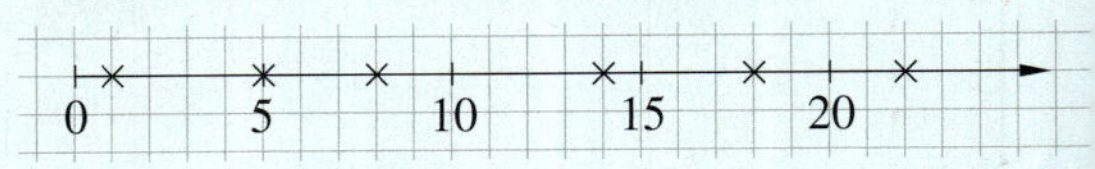

6 Zahlen ordnen

Ordne die Zahlen der Größe nach. Beginne mit der kleinsten Zahl.

a) 44, 102, 12, 300, 99, 199, 201, 78
b) 465, 333, 387, 3 333, 378, 456

Einstieg

7 Große Zahlen

Schreibe passende Paare ins Heft.

dreihundertachtzig
siebenhunderttausend
zwei Millionen
sechstausendfünfhundert
fünfzigtausend

2 000 000
50 000
380
700 000
6 500

8 Anzahlen schätzen

a) Wie viele T-Shirts hast du?
b) Wie viele Türen hat eure Schule ungefähr?

Aufstieg

7 Große Zahlen

Schreibe passende Paare ins Heft.

dreitausendachthundert
fünfhundertzwanzigtausend
vier Millionen achtzigtausend
sechzigtausendachthundert
dreiundzwanzigtausend

4 080 000
23 000
3 800
520 000
60 800

8 Anzahlen schätzen

a) Wie viele Fenster hat eure Schule ungefähr?
b) Wie viele Gummibärchen isst du pro Jahr?

Lösungen ab Seite 202

Natürliche Zahlen ordnen und vergleichen

Entdecken

1 Zahlen kommen in verschiedenen Zusammenhängen vor.

a) Die „29“ auf dem Abreißkalender steht für den 29. Tag des Monats.
Welche anderen Zahlen in den Beispielen werden zur Nummerierung verwendet?

b) Es gibt in den Beispielen auch Zahlen, die nicht zur Nummerierung verwendet werden.
Welche sind das und wofür werden sie verwendet?
Ordnet die Zahlen nach verschiedenen Gesichtspunkten.

c) Ergänzt in der Klasse die gefundenen Gesichtspunkte um jeweils drei weitere Beispiele.

2 Aus dem Kreuzworträtselheft

a) Setze die Zeichenfolgen im Heft fort.

① ✻✻●●●✻✻●●●✻✻●●●…

② ○●■■○●■■○●■■○●■■○…

③ ⊙⊙⊙□□○⊙⊙⊙□□○…

④ ▲▼□▲▼□□▲▼□□□▲▼□□□□▲▼…

b) Setze die Zahlenfolgen im Heft fort.

① 2, 4, 6, 8, 10, 12 …

② 36, 33, 30, 27, 24, 21 …

③ 11, 16, 21, 26, 31, 36, 41 …

④ 1, 2, 4, 8, 16, 32, 64 …

c) Erfinde eigene Zahlenfolgen.
Beschreibe deine Zahlenfolgen mit Worten im Heft.

d) Arbeitet zu zweit.
Einer schreibt den Anfang einer Zahlenfolge auf, der andere setzt die Folge fort.
Tauscht dann eure Rollen.

3 Schreibe die gesuchten Zahlen auf.

a) alle geraden Zahlen zwischen 20 und 40

b) alle ungeraden Zahlen zwischen 56 und 79

c) die Anzahl der natürlichen Zahlen von 13 bis 46

ERINNERE DICH
*Die Zahlen 1, 3, 5, 7, … nennt man **ungerade Zahlen**.*

*Die Zahlen 2, 4, 6, 8, … nennt man **gerade Zahlen**.*

Verstehen

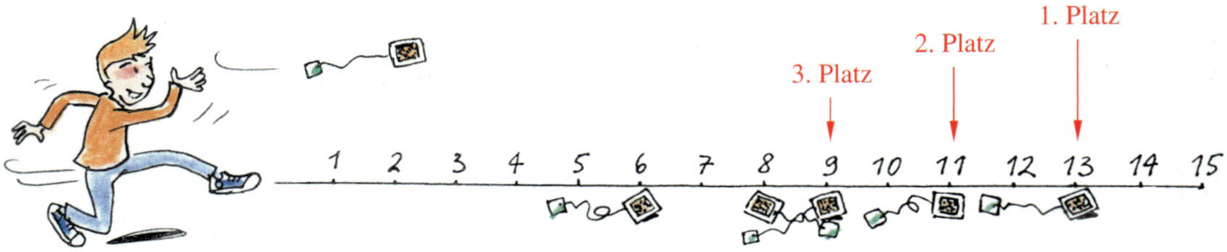

Auf einer Geburtstagsparty wird ein Spiel gespielt. Es heißt Teebeutel-Weitwurf.
Der Rekord liegt bei 13 Metern.

Überall im Alltag kommen Zahlen vor.

Zahlen werden auf verschiedene Weise benutzt. Man kann …

– Anzahlen angeben:	6 Kinder haben beim Teebeutel-Weitwurf mitgespielt.
– Reihenfolgen angeben:	Den 1. Platz erreicht das Kind mit dem weitesten Wurf.
– gemessene Werte angeben:	Die weiteste Länge beträgt 13 m.

Merke Die **Menge der natürlichen Zahlen** wird mit $\mathbb{N}$ bezeichnet.
$\mathbb{N} = \{0; 1; 2; 3; 4; \dots\}$

ERINNERE DICH
Beim Größer-Kleiner-Zeichen zeigt der Pfeil immer auf die kleinere Zahl: 3 < 12

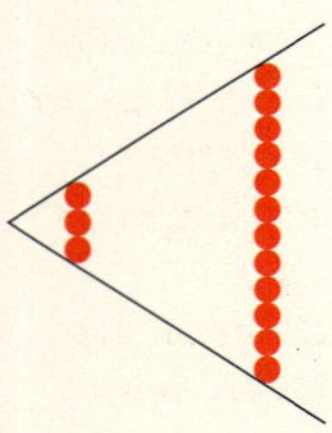

In die große Öffnung passt mehr, daher steht dort die größere Zahl.

Die Zahl 0 ist die kleinste natürliche Zahl.

Die natürlichen Zahlen können an einem **Zahlenstrahl** übersichtlich dargestellt werden.

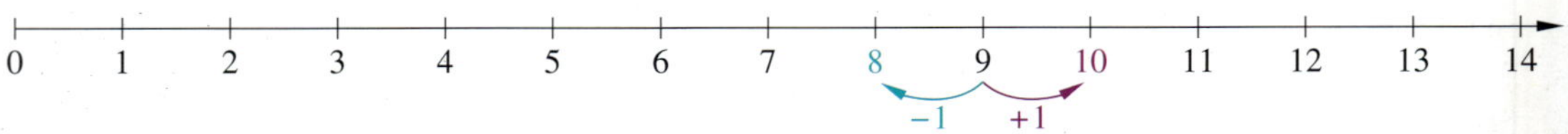

Der Vorgänger von 9 ist 8, da 8 direkt links von 9 steht.

Der Nachfolger von 9 ist 10, da 10 direkt rechts von 9 steht.

Beispiel
Am Zahlenstrahl kann man die Weiten beim Teebeutel-Weitwurf vergleichen.
Die größere Zahl steht immer rechts von der kleineren Zahl.

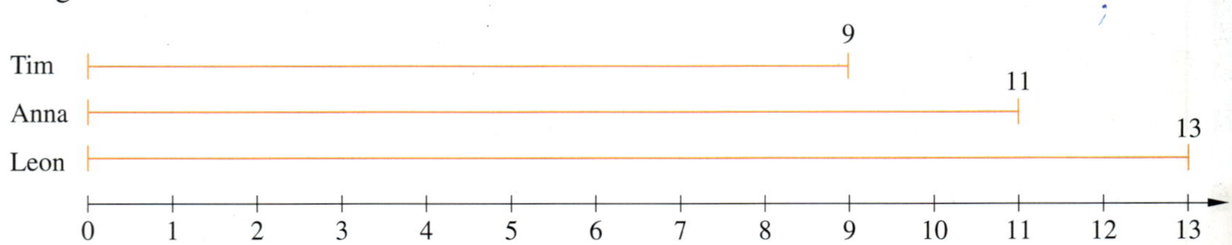

9 liegt auf dem Zahlenstrahl **links von** 11
9 ist **kleiner als** 11
9 < 11

13 liegt auf dem Zahlstrahl **rechts von** 11
13 ist **größer als** 11
13 > 11

Leon gewinnt.
Er hat den Teebeutel mit 13 m am weitesten geworfen.

Üben und anwenden

1 Wo begegnen dir zu Hause Zahlen? Vergleicht eure „Fundorte“ für Zahlen.

2 Im Restaurant:

Gast: *„Guten Tag, ich möchte einen Tisch für den 19. Februar reservieren.“*
Kellner: *„Für wie viele Personen?“*
Gast: *„Wir sind elf Leute.“*
Kellner: *„Kein Problem. Ich reserviere Ihnen einen Tisch für drei Stunden.“*
Gast: *„Vielen Dank.“*

Welche Zahlen hat der Gast, welche Zahlen hat der Kellner verwendet?

3 Welche Zahlen passen zu folgenden Angaben?

a) Dauer einer Unterrichtsstunde
b) Inhalt eines Wassereimers
c) Spielzeit beim Fußball
d) Anzahl der Tage im Jahr
e) Breite der Tafel
f) dein Alter
g) Anzahl deiner Geschwister

4 Schreibe die nächstkleinere und die nächstgrößere Zahl auf.

a) 24 b) 56 c) 167
d) 2992 e) 15 332 f) 1 001

5 Ergänze die Tabelle im Heft.

	Vorgänger	Zahl	Nachfolger
a)		100	
b)		999	
c)			500
d)			618
e)	729		
f)	123		

1 Sammle Beispiele mit Zahlen aus der Tageszeitung. Lege eine Liste an.

2 In der Bäckerei:

„Hallo, ich hätte gern 10 Brötchen.“
„Das macht 2,30 €.“
„Dazu möchte ich noch ein halbes Brot.“
„Dieses Brot wiegt 500 g.“

Welche Zahlen hat der Kunde, welche hat die Verkäuferin verwendet?

3 Ergänze die Wörter zu sinnvollen Sätzen mit Zahlenangaben.

Beispiel Die Höhe des Eiffelturms beträgt ca. 300 m.

a) Die Höhe …
b) Der Preis …
c) Die Spielzeit …
d) Die Länge …
e) Der Abstand …

4 Schreibe die nächstkleinere und die nächstgrößere Zahl auf.

a) 57 757 b) 33 333 c) 47 011
d) 68 982 e) 3 600 f) 108 982 002

5 Ergänze die Tabelle im Heft.

	Vorgänger	Zahl	Nachfolger
a)		0	
b)	899 999		
c)			10 000 000
d)		7 000	
e)	1 Mio.		
f)			10 101

6 Welche Zahlen sind hier markiert?

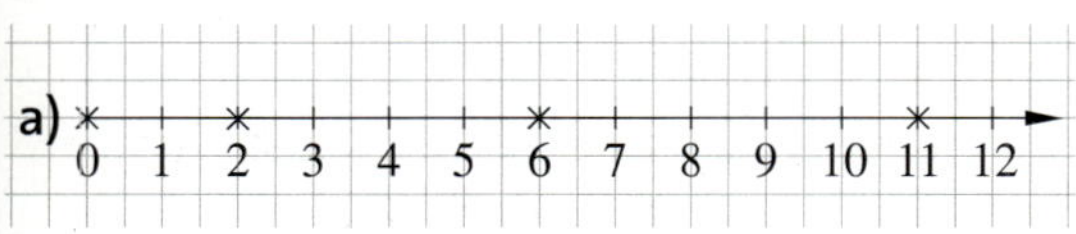

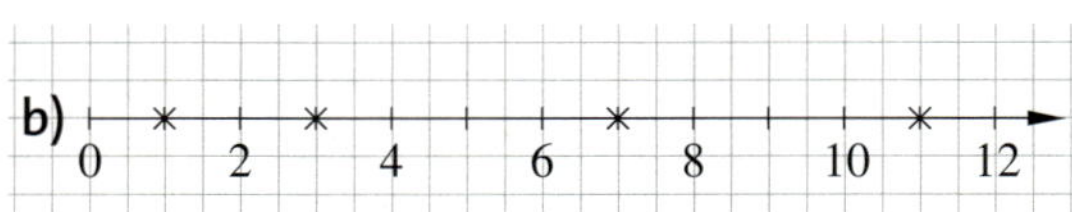

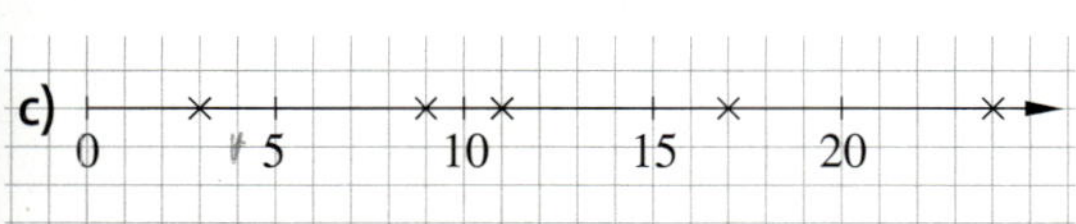

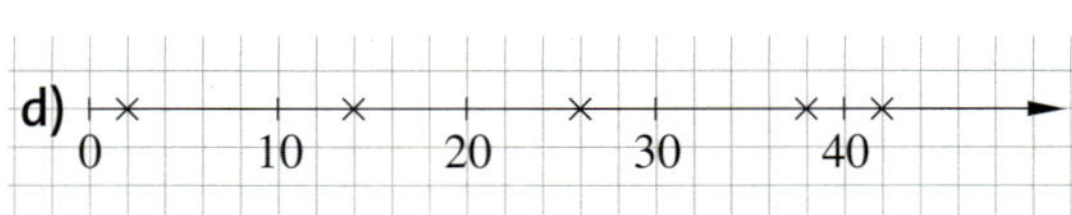

NACHGEDACHT
Anja ist jünger als Bettina, aber älter als Caro. David ist jünger als Bettina und jünger als Caro. Ordne die vier Kinder dem Alter nach.

HINWEIS
Beachte beim Zeichnen eines Zahlenstrahls, dass die Abstände zwischen den Zahlen gleich groß sind.

7 Zeichne den Zahlenstrahl in dein Heft. Markiere alle geraden Zahlen durch ein Kreuzchen.

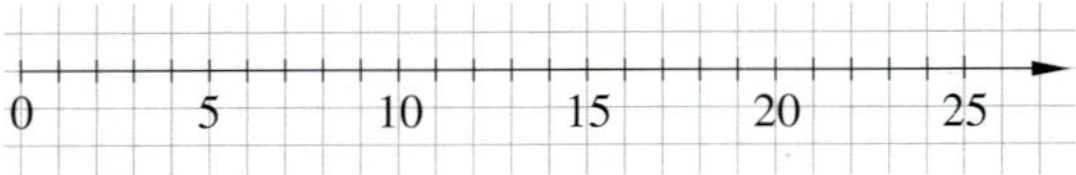

7 Für welche Zahlen stehen die Buchstaben?

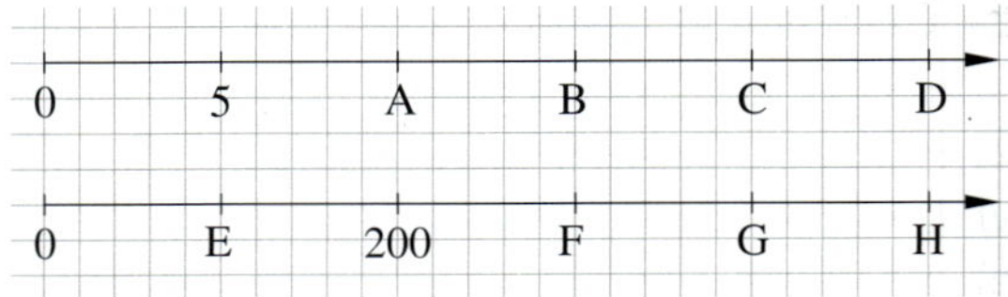

8 Zeichne den Zahlenstrahl in dein Heft. Markiere die Zahlen durch ein Kreuzchen.

3, 9, 11, 6, 14, 19, 12, 17, 23, 21

8 Zeichne einen geeigneten Zahlenstrahl in dein Heft.
Markiere die folgenden Zahlen durch ein Kreuzchen:
4, 7, 2, 15, 22, 17, 13, 5, 10, 0

9 Welche Zahlen sind auf dem Ausschnitt des Zahlenstrahls gekennzeichnet?

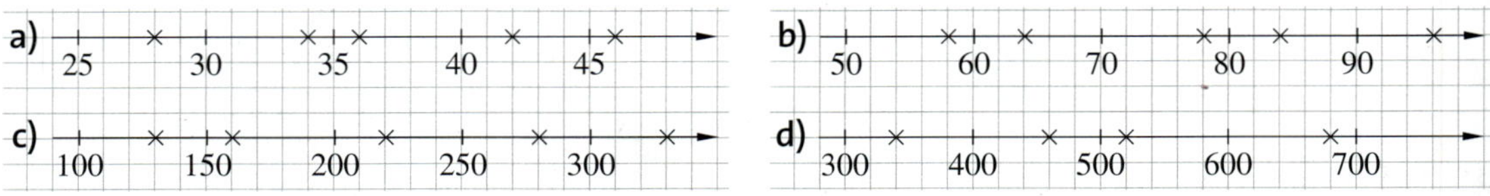

10 Zeichne jeweils einen Zahlenstrahl und markiere die Lage der Zahlen.

a) 4, 6, 11, 12, 15, 17
b) 5, 20, 25, 40, 45, 55
c) 20, 40, 50, 80, 85, 100
d) 7, 21, 42, 49, 77, 84
e) 13, 6, 27, 18, 35
f) 29, 27, 25, 23, 21

11 Zeichne einen 10 cm langen Ausschnitt eines Zahlenstrahls.
① Beginne bei 180 und höre bei 280 auf.
② Markiere die Lage der Zahlen 240, 270, 235, 195, 210, 275 und 185.
③ Schreibe dann die Zahlen geordnet auf.

11 Zeichne einen 12 cm langen Ausschnitt eines Zahlenstrahls von 236 bis 284 in dein Heft.
Markiere die Lage der Zahlen 270, 254, 240, 260, 275, 248 und 281.
Schreibe dann die Zahlen geordnet auf.

12 Sinja trainiert Weitwurf.
a) Vergleiche und verwende dabei die Begriffe „ist kleiner als" bzw. „ist größer als".
b) Ordne die Weiten der Größe nach: Beginne mit der kleinsten Weite und verwende das Symbol „<".

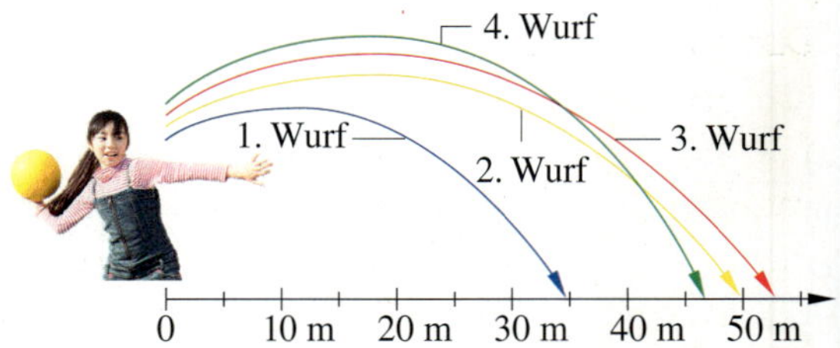

13 Setze im Heft zwischen die Zahlen das passende Zeichen (>, < oder =).

a) 13 ▢ 18
b) 876 ▢ 678
c) 4872 ▢ 8742
d) 75 199 ▢ 75 909
e) 87 699 ▢ 87 788
f) 17 876 ▢ 17 911

13 Setze im Heft zwischen die Zahlen das passende Zeichen (>, < oder =).

a) 1 013 ▢ 1 103
b) 8 706 ▢ 67 085
c) 9 354 ▢ 9 465
d) 30 934 ▢ 39 043
e) 99 999 ▢ 89 999
f) 120 213 ▢ 102 215

14 Ordne die Zahlen der Größe nach. Beginne mit der kleinsten Zahl.
Beispiel 3 < 5 < 10 < 16

7079 | 8000 | 8009 | 7999 | 7908 | 7889

14 Ordne die Zahlen der Größe nach.

17 324 | 17 234 | 17 423 | 17 243 | 41 723 | 71 432 | 41 327 | 710 423

Große natürliche Zahlen im Dezimalsystem

Entdecken

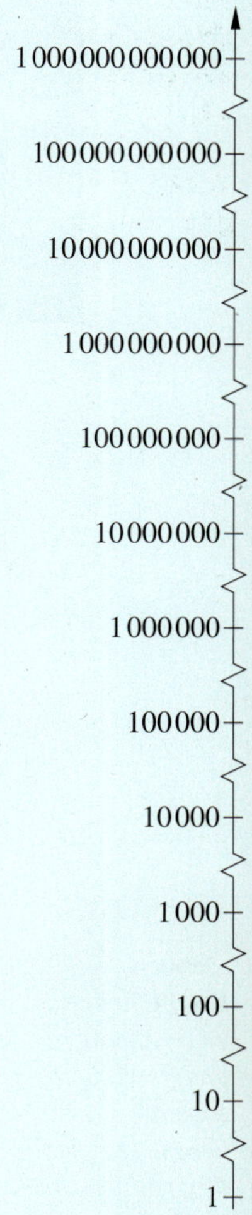

1 Es gibt auch sehr große Zahlen.

a) Kannst du alle Zahlen in der Randspalte lesen? Beginne unten. Wie weit kommst du?

b) Ist die Abbildung ein Zahlenstrahl? Was fällt dir auf?

2 Arbeitet in der Klasse zusammen.

① Notiert auf fünf DIN-A4-Blättern jeweils eine beliebige Ziffer.
Fünf Schülerinnen und Schüler nehmen je ein Blatt in die Hand und stellen sich so auf, dass die größte Zahl gebildet wird. Lest diese Zahl vor.
Stellt euch dann so auf, dass die kleinste Zahl gebildet wird. Lest auch diese Zahl vor.

② Notiert auf einem zusätzlichen Blatt Papier eine weitere beliebige Ziffer. Eine Schülerin oder ein Schüler nimmt das Blatt in die Hand und stellt sich mit den anderen auf. Bildet wieder die größte und die kleinste Zahl und lest sie vor. Gibt es eine Veränderung zu vorher?

③ Notiert jetzt auf fünf neuen DIN-A4-Blättern jeweils eine der Ziffern 1, 5, 3, 0, 0.
Stellt euch zu fünft auf und bildet die kleinste und die größte mögliche Zahl.
Könnte man die Nullen auch einfach weglassen?

3 Lies folgenden Zeitungsartikel:

Das Buch „Harry Potter und die Heiligtümer des Todes“ ist Teil sieben der Reihe um den Zauberlehrling Harry Potter.
Das 736 Seiten dicke Buch verbrauchte bei einer Startauflage von 3 Millionen Exemplaren etwa 88 Quadratkilometer Papier, das entspricht einer Fläche von über zwölftausend Fußballfeldern. Insgesamt wurden weltweit rund 50 Millionen der Bücher verkauft.
Die erfolgreiche Harry-Potter-Filmreihe brachte weltweit rund 8 Milliarden US-$ ein.
Das sind rund 7 Millionen Euro.

a) Schreibe alle Zahlenangaben in Ziffern auf, zum Beispiel: 7; …

b) Schreibe dann die Zahlen so untereinander, dass Einer über Einer steht, Zehner über Zehner und so weiter.

ZUM WEITERARBEITEN
Sammelt in Vierergruppen Zeitungsartikel, in denen große Zahlen vorkommen. Fertigt ein Plakat mit allen von euch gefundenen Zahlen an.

4 Diktiert euch abwechselnd die folgenden Zahlen, achtet darauf, die Zahlen richtig zu lesen: 1 583, 1 969, 10 100, 15 800, 20 020, 30 003, 100 520, 1 380 500, 2 400 050, 212 012 012, 8 050 808 005, 9 030 712 003.
Vergleicht dann das Notierte mit dem Buch. Welche Zahlen sind schwieriger zu lesen als andere und warum?

Verstehen

Die Sonne ist etwa einhundertfünfzig Millionen Kilometer von der Erde entfernt. Sie hat einen Durchmesser von einer Million vierhunderttausend Kilometern.

Zur Beschreibung unseres Sonnensystems braucht man sehr große Zahlen. Für die Zahlen null bis neun gibt es jeweils ein eigenes Zahlzeichen (Ziffer). Aber auch große Zahlen werden mit den Ziffern 0, 1, 2, …, 9 dargestellt.

Beispiel

432 ist eine Zahl mit drei Stellen.

H	Z	E
4	3	2

Ziffernwert	Stellenwert	
2	2 hat den Wert 2 Einer, also	2
3	3 hat den Wert 3 Zehner, also	30
4	4 hat den Wert 4 Hunderter, also	400

Merke Jede Ziffer einer Zahl hat einen bestimmten **Stellenwert**. Der Stellenwert hängt von der Stellung innerhalb der Zahl ab.

HINWEIS
Es gibt Stellenwertsysteme mit anderen Stufenzahlen. Beispiel: Bei den Binärzahlen sind die Stufenzahlen 1, 2, 4, 8, 16, … (siehe Seite 42).

An jeder Stelle können die Ziffern 0 bis 9 stehen. Bei 10 wird eine neue Stufe erreicht, es erfolgt ein Übertrag in die nächste Stelle.

Die Zahlen 1, 10, 100, 1 000, 10 000, … nennt man **Stufenzahlen**. Durch Multiplikation mit **10** kommt man von einer Stufenzahl zur nächsten.

1 $\xrightarrow{\cdot 10}$ 10 $\xrightarrow{\cdot 10}$ 100 $\xrightarrow{\cdot 10}$ 1000 $\xrightarrow{\cdot 10}$ 10 000 $\xrightarrow{\cdot 10}$ 100 000 …

Merke Unser **Stellenwertsystem** ist ein **Zehnersystem**. Es wird auch **Dezimalsystem** genannt.

In einer **Stellenwerttafel** kann jede natürliche Zahl dargestellt werden:

(·10 von jeder Stelle zur nächsthöheren Stelle links)

Billionen			Milliarden			Millionen			Tausender			Einer		
H	Z	E	H	Z	E	H	Z	E	H	Z	E	H	Z	E
											3	0	6	1
		5	1	2	3	4	6	5	7	8	9	0	1	2
					5	9	0	0	0	0	0	0	0	0

3 T 0 H 6 Z 1 E = 3 · 1 000 + 0 · 100 + 6 · 10 + 1 · 1 = 3 061 dreitausendeinundsechzig

Lies:	5 Billionen	123 Milliarden	465 Millionen	789 Tausend	12
		5 Milliarden	900 Millionen		

Üben und anwenden

1 Arbeitet zu zweit.
Einer liest die Zahl vor, der andere schreibt auf, was er gehört hat (ohne die Zahl zu sehen).

1 879
36 100
111 520
2 444 050
123 123 123
999 990 990

Vergleicht dann das Notierte mit dem Buch.
Tauscht auch eure Rollen.

1 Arbeitet zu zweit.
Einer diktiert dem anderen die folgenden Zahlen.
Achtet darauf, die Zahlen richtig zu lesen.

10 100
32 123
700 710
4 960 500
3 050 304 005
909 030 107 003

Vergleicht dann das Notierte mit dem Buch.
Tauscht auch eure Rollen.

---

2 Wie viele Nullen haben die Zahlen?
a) dreihundert
b) fünfzehntausend
c) zwei Milliarden
d) sechzig Millionen
e) vierhundertachtzig Milliarden

2 Wie viele Nullen haben die Zahlen?
a) hundertundeins
b) elf Milliarden
c) zweihundertundzwei Millionen
d) drei Billionen
e) neunzig Milliarden dreihundertzehn

---

3 Ordne die Zahlwörter den Zahlen zu.
① 7 003 400 400 ② 300 000 500 120
③ 41 010 500 ④ 7 300 440 000
a) dreihundert Milliarden fünfhunderttausend einhundertzwanzig
b) sieben Milliarden dreihundert Millionen vierhundertvierzigtausend
c) einundvierzig Millionen zehntausendfünfhundert
d) sieben Milliarden drei Millionen vierhunderttausendvierhundert

3 Ordne die Zahlwörter den Zahlen zu.
① 90 003 700 000 ② 90 037 000 000
③ 900 003 007 000 ④ 900 300 700 000
a) neunhundert Milliarden drei Millionen siebentausend
b) neunhundert Milliarden dreihundert Millionen siebenhunderttausend
c) neunzig Milliarden drei Millionen siebenhunderttausend
d) neunzig Milliarden siebenunddreißig Millionen

---

4 Zeichne die Stellenwerttafel in dein Heft. Trage entsprechend ein und lies die Zahl.

Millionen		Tausender			Einer		
Z	E	H	Z	T	H	Z	E
				2	3	4	8

Beispiel
$2 \cdot 1000 + 3 \cdot 100 + 4 \cdot 10 + 8 \cdot 1$
zweitausenddreihundertachtundvierzig

a) $3 \cdot 1000 + 4 \cdot 100 + 6 \cdot 10 + 9 \cdot 1$
b) $5 \cdot 1000 + 0 \cdot 100 + 3 \cdot 10 + 0 \cdot 1$
c) $3 \cdot 1000 + 6 \cdot 100 + 0 \cdot 10 + 3 \cdot 1$
d) $6 \cdot 1000 + 0 \cdot 100 + 4 \cdot 10 + 0 \cdot 1$
e) $5 \cdot 10000 + 9 \cdot 1000 + 2 \cdot 10$
f) $4 \cdot 10000000 + 1 \cdot 100000 + 5 \cdot 1$
g) $4 \cdot 1000000 + 1 \cdot 10000 + 2 \cdot 1000 + 2 \cdot 10$
h) $7 \cdot 10000000 + 7 \cdot 1$

---

5 Schreibe die Zahlen in Worten.
a) 382 b) 2 450

5 Schreibe in Worten.
a) 4 542 b) 32 763

6 Zeichne eine Stellenwerttafel in dein Heft und trage die Zahlen ein.

a) 240 Millionen b) 189 Tausend
c) 66 Milliarden d) 33 Millionen
e) 909 Milliarden f) 7 Billionen

7 Zeichne die Stellenwerttafel in dein Heft und trage die Zahlen ein.

Milliarden			Millionen			Tausender			Einer		
H	Z	E	H	Z	E	H	Z	E	H	Z	E

a) zweitausenddreihundertvierundfünfzig
b) 52 829 278
c) zwölf Millionen vierhundertsiebenundfünfzigtausendeins
d) 2 325 426 272
e) sieben Milliarden dreihundertfünftausend

8

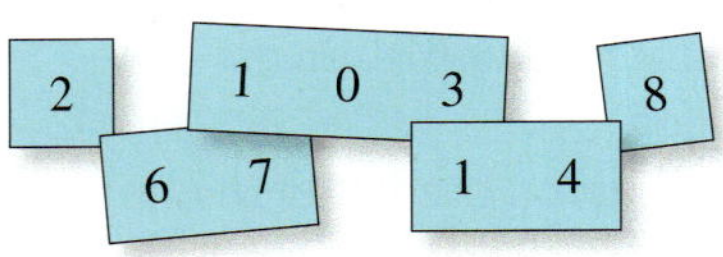

Lege mit den Kärtchen eine Zahl, die …

a) möglichst groß ist.
b) neunstellig und möglichst klein ist.
c) sechsstellig und möglichst klein ist.
d) sechsstellig und kleiner als 200 000 ist.

BEISPIEL
7E + 2H + 3Z = 237

9 Ordne nach Stufenzahlen und gib das Ergebnis an.

a) $8 \cdot 10 + 3 \cdot 100 + 4 \cdot 1 + 5 \cdot 1\,000$
b) $7 \cdot 1 + 4 \cdot 1\,000 + 3 \cdot 100 + 5 \cdot 10$
c) $6 \cdot 10 + 0 \cdot 100 + 6 \cdot 1\,000 + 9 \cdot 1$
d) $0 \cdot 10 + 2 \cdot 1\,000 + 0 \cdot 100 + 1 \cdot 1$
e) 7 T + 4 H + 0 HT + 2 Mio. + 0 Z + 3 E + 8 ZT

6 Zeichne eine Stellenwerttafel in dein Heft und trage die Zahlen ein.

a) 240 Mrd. 512 b) 189 Tausend 11
c) 66 Mio. 80 d) 3 Mrd. 3 Mio.
e) 900 Mrd. 1 Mio. f) 7 Bio. 7 Mrd.

7 Zeichne eine Stellenwerttafel in dein Heft und trage die Zahlen ein.

a) sechsundsiebzig Billionen
b) neunundzwanzig Millionen achtundneunzigtausendneunhundertvier
c) 520 002 333
d) vierundzwanzig Billionen neunhundertsiebenundreißigtausendvier
e) 5 620 562 820 900
f) fünfundzwanzig Milliarden hundertsiebenundvierzig Millionen dreihundertsechsund neunzigtausendvierhundertfünfundzwanzig

8

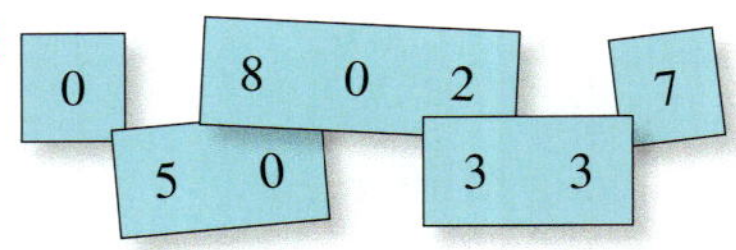

Lege mit den Kärtchen eine Zahl, die …

a) möglichst groß ist.
b) neunstellig und möglichst klein ist.
c) sechsstellig und möglichst klein ist.
d) möglichst groß und kleiner als 500 000 ist.

9 Ordne und gib das Ergebnis an.

a) $2 \cdot 1 + 0 \cdot 100 + 6 \cdot 1\,000 + 5 \cdot 10 + 9 \cdot 10\,000$
b) $3 \cdot 10 + 5 \cdot 10\,000 + 7 \cdot 1\,000\,000 + 2 \cdot 1 + 3 \cdot 1\,000 + 8 \cdot 100\,000 + 1 \cdot 100$
c) $8 \cdot 100\,000 + 4 \cdot 1 + 0 \cdot 10\,000 + 6 \cdot 100 + 2 \cdot 10 + 1 \cdot 1\,000$
d) 4 Mio. + 3 T + 7 HMio. + 9 ZT + 1 E + 0 Z

10 Setze im Heft zwischen die Zahlen das Zeichen >, < oder =.

a) 1 113 482 ▢ 1 113 842
b) 1 101 100 ▢ 1 100 111
c) 210 201 202 120 ▢ 210 201 200 120
d) 5 575 567 667 657 ▢ 5 575 567 676 657
e) 8 484 455 544 584 ▢ 8 484 454 588 845
f) 9 209 299 209 299 ▢ 9 209 209 299 299

11 Lies die markierten Zahlen ab.

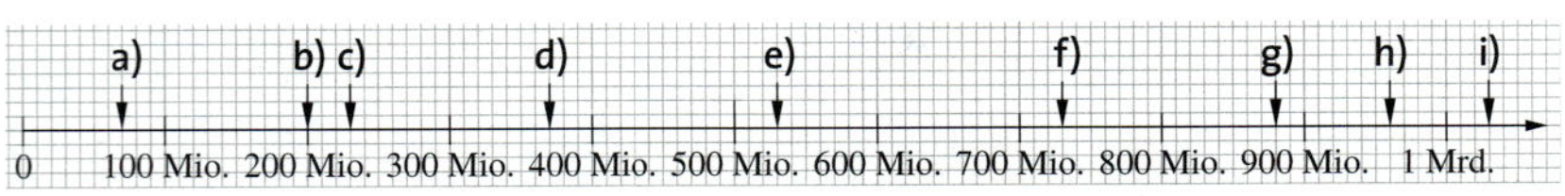

Thema: Die römischen Zahlen

Daten zur römischen Geschichte:

Gründung Roms	753 v. Chr.	DCCLIII v. Chr.
Cäsar lebte	100 – 44 v. Chr.	C–XLIV v. Chr.
Schlacht im Teutoburger Wald	9 n. Chr.	IX n. Chr.

Zur Zeit der Römer wurden Zahlen ganz anders als heute geschrieben. Die **römischen Zahlzeichen** benutzte man bis zum Mittelalter. Noch heute findet man sie in alten Häuserinschriften. Erst zu Beginn des 15. Jahrhunderts rechnete man mit den heutigen arabischen Zahlen.

Die römischen Zahlen werden aus folgenden Zahlzeichen gebildet:

	Hauptzeichen				Zwischenzeichen		
römische Zahlzeichen	I	X	C	M	V	L	D
arabische Zahl	1	10	100	1 000	5	50	500

NACHGEDACHT
Wo begegnen dir römische Zahlzeichen in deiner Umgebung?

Im römischen Zahlzeichensystem werden die nebeneinander geschriebenen Zahlzeichen nach bestimmten Regeln addiert und subtrahiert.

1. Jedes Hauptzeichen darf höchstens dreimal hintereinander verwendet werden.
   Beispiel III für 3; XXX für 30 (III = 1 + 1 + 1 = 3; XXX = 10 + 10 + 10 = 30)
2. Steht ein kleineres Hauptzeichen vor einem größeren, wird der Wert des kleineren subtrahiert.
   Beispiel IX für 9; XL für 40 (IX = 10 − 1 = 9; XL = 50 − 10 = 40)
3. Jedes Zwischenzeichen darf höchstens einmal vorkommen.
   Beispiel XVI für 16; LVIII für 58; MDC für 1 600 (XVI = 10 + 5 + 1 = 16)

1 Notiere im Heft die römischen Zahlzeichen für die Zahlen von 1 bis 25.
a) Welche Zahl ist größer, IX oder XI? Erkläre, warum das so ist.
b) Ist das römische Zahlsystem auch ein Stellenwertsystem wie das Dezimalsystem?

2 Schreibe die römischen Zahlen im Dezimalsystem.
a) CXII b) LIX c) XXVII d) XXXIII
e) MCI f) MCCXXIV g) CCXXXII h) MDLIV

3 Schreibe mit römischen Zahlzeichen.
a) 32 b) 101 c) 45 d) 51
e) 96 f) 249 g) 962 h) 1 090

4 Kannst du römisch rechnen?
a) XV + VI = ■ b) III + C = ■ c) LVI + CLX = ■

Thema: Das Binärsystem

Die Klasse 5a der Albert-Schweitzer-Schule macht einen Ausflug zum Stausee Eiswoog. Dort gibt es einen Ruderbootverleih mit je einem 1-er, 2-er, 4-er, 8-er und 16-er Boot. Die Boote dürfen allerdings nur ausgeliehen werden, wenn sie voll besetzt sind.

a) Welche Boote muss die Klasse 5a leihen, wenn alle der 23 Schülerinnen und Schülern rudern wollen?

b) Welche Boote brauchen sie, wenn nur 18 (12, 21) Kinder rudern wollen?

c) Stelle eine Tabelle auf, welche Boote bei 1, 2, 3, … Personen gebraucht werden.

Personen	16	8	4	2	1
1					1
2				1	0
3				1	1
…					

Ab welcher Gruppengröße bräuchte der Bootsverleih ein neues Boot?

Mit deiner Tabelle hast du die Zahlen unseres Dezimalsystems im Binärsystem dargestellt. Im Binärsystem gibt es nur die Ziffern 0 und 1. Es wird auch Zweiersystem genannt.

Man kann jede natürliche Zahl nur mit den Ziffern 0 und 1 bilden.
Sie heißen **Binärzahlen**.

HINWEIS
Vergleiche die Tabelle zum Binärsystem mit der Stellenwerttafel zum Dezimalsystem.

Beispiel: Die Zahl 86 im Binärsystem.

(von rechts nach links jeweils ·2)

64	32	16	8	4	2	1
1	0	1	0	1	1	0

$1010110_{(2)} = 1 \cdot 64 + 0 \cdot 32 + 1 \cdot 16 + 0 \cdot 8 + 1 \cdot 4 + 1 \cdot 2 + 0 \cdot 1 = 64 + 16 + 4 + 2 = 86$

1 Schreibe die Binärzahlen jeweils als Dezimalzahlen.

a) $100_{(2)}$, $101_{(2)}$, $110_{(2)}$, $1101_{(2)}$, $10101_{(2)}$

b) $10110_{(2)}$, $100110_{(2)}$, $110110_{(2)}$, $1010101_{(2)}$, $1100110_{(2)}$

c) $111_{(2)}$, $1111_{(2)}$, $11111_{(2)}$, $111111_{(2)}$, $1111111_{(2)}$

2 Schreibe die Dezimalzahlen als Binärzahlen.
Wenn du Hilfe brauchst, zeichne dir eine Tabelle.

a) 9, 24, 32, 41

b) 59, 65, 71, 99

c) 11, 100, 101, 1010

NACHGEDACHT
Woran erkennst du bei Zahlen im Binärsystem, ob sie gerade oder ungerade sind? Begründe.

3 Was ist denn das?

a) Kevin ist $1100_{(2)}$ Jahre alt.

b) Oma Else hat $10_{(2)}$ Beine und $1010_{(2)}$ Finger.

c) Onkel Martin verdient $110110001010_{(2)}$ € im Monat.

4 Warum sind diese Zahlen keine Binärzahlen? Begründe.

a) $101201_{(2)}$

b) $101010_{(3)}$

5 Addiere wie im Beispiel.
Was fällt dir auf?
Überprüfe im Dezimalsystem.

a) $110_{(2)} + 100_{(2)}$

b) $1010_{(2)} + 101_{(2)}$

c) $111_{(2)} + 11_{(2)}$

Beispiel:

$$\begin{array}{r} 100_{(2)} \\ +\ 101_{(2)} \\ \hline 1001_{(2)} \end{array}$$

Zahlen schätzen und runden

Entdecken

1 Das Foto zeigt die Gardeeinheit der britischen Armee. Sie begleitet oft wichtige Militärparaden oder die englische Königsfamilie.

a) Beschreibe, wie die Soldaten sich aufgestellt haben.

b) Überlegt gemeinsam, wie man die Anzahl der Soldaten möglichst genau abschätzen kann.

c) Zähle die Soldaten, die auf dem Foto zu sehen sind, und vergleiche mit eurem Schätzwert.

2 Auf dem Foto ist die Plastik „Der moderne Buchdruck“ zu sehen. Die 17 gestapelten Bücher tragen auf dem Rücken die Namen deutscher Autorinnen und Autoren.

a) Kann es sein, dass der Bücherstapel 10 m hoch ist? Woran erkennst du das?

b) Wie groß ist der Bücherstapel ungefähr in Wirklichkeit?

c) Kann man die Höhe anderer Gegenstände auf dem Bild auf dieselbe Art messen?

HINWEIS
Die Plastik „Der moderne Buchdruck“ erinnert an die Erfindung des Buchdruckes von Johannes Gutenberg um 1450.

3 Welche Ansage ist sinnvoll? Begründe.

Verstehen

Wie viele Zuschauer sind auf dem Foto ungefähr zu sehen?
Die genaue Anzahl der Zuschauer kennt man nicht. Man hat nur das Foto.
Das Abzählen ist auch schwierig, weil die Menschen ungeordnet zusammenstehen.
Eine Möglichkeit, die Anzahl zu bestimmen, ist das **Schätzen**.

Beispiel
Die Rastermethode
1. Man unterteilt das Bild in gleich große Felder.
2. Man zählt die Zuschauer in einem Feld: 5
3. Man zählt die Anzahl der Felder: 15
4. Man rechnet: $15 \cdot 5 = 75$
   Es sind etwa 75 Zuschauer.

HINWEIS
Ein Raster ist ein Gitter aus Hilfslinien, z. B. zur gleichmäßigen Einteilung eines Bildes.

Merke Beim **systematischen Schätzen** versucht man, durch Überlegungen dem genauen Ergebnis möglichst nahe zu kommen. Dabei kann beispielsweise die **Rastermethode** helfen.

Insgesamt wurden 33 714 Eintrittskarten für das Fußballspiel verkauft. Mithilfe der verkauften Tickets kann man die genaue Anzahl der Fußballfans in einem Stadion feststellen. Manchmal ist es aber sinnvoll, nicht die genaue Anzahl anzugeben, sondern mit gerundeten Werten zu arbeiten.

Markiere die Rundungsstelle, hier wird auf Tausender gerundet.

ZT	T	H	Z	E
3	3	7	1	4

Prüfe die Rundungsziffer (Ziffer der nachfolgenden Stelle). Ihr Wert gibt an, wie gerundet wird.
Die Ziffer ist größer als 4.

ZT	T	H	Z	E
3	3	7	1	4

Es wird aufgerundet:
3 T werden um 1 T erhöht.
Alle Ziffern rechts von der Rundungsstelle werden durch Nullen ersetzt.

ZT	T	H	Z	E
3	4	0	0	0

33 714 ≈ 34 000 (*sprich*: 33 714 ist gerundet gleich 34 000)
In der Zeitung des nächsten Tages steht: Beim gestrigen Spiel waren ungefähr 34 000 Fans.

Merke Beim **Runden von Zahlen** müssen bestimmte Regeln beachtet werden:

1. Zuerst muss die **Rundungsstelle** festgelegt werden, auf die gerundet wird, z. B. auf Tausender oder auf Hunderter.
2. Dann betrachtet man die **Rundungsziffer**, sie steht rechts von der Rundungsstelle:
   Ist die Rundungsziffer eine **0; 1; 2; 3 oder 4,** dann wird **abgerundet**.
   Ist die Rundungsziffer eine **5; 6; 7; 8 oder 9,** dann wird **aufgerundet**.
3. Alle Stellen rechts von der Rundungsziffer werden durch Nullen ersetzt.

Beim Runden verwenden wir das Zeichen „≈“ (sprich: „ist gerundet gleich“).

BEISPIEL
13 462 wird gerundet auf
– Zehner: 13 460
– Hunderter: 13 500
– Tausender: 13 000

Üben und anwenden

1 Schätze die Anzahl der Schokolinsen.

1 Schätze die Anzahl der Regenschirme.

2 Wie viele Erdbeeren sind zu sehen?

2 Wie viele Bienen haben sich hier versammelt?

HINWEIS
Zeichne auf eine Folie ein Raster und lege es über das Bild.

3 Schätze die Anzahl der Reißzwecken.

3 Wie viele Zwecken liegen auf dem Rücken?

4 Beschreibe, wie man die Anzahl von Blumen auf einem Bild mit vielen Sonnenblumen bestimmen kann.

4 Beschreibe, wie man die Anzahl von Blumen in einem Sonnenblumenfeld bestimmen kann.

5 Runde. Markiere wie im Beispiel.
Beispiel 872 ≈ 870
a) auf Zehner: 712; 536; 1 089; 8 753
b) auf Hunderter: 3 456; 9 624; 64 384; 9 999
c) auf Tausender: 1 387; 9 136; 9 827; 12 522; 78 322; 102 730

6 Runde die Zahlen auf Tausender.
a) 16 255 b) 78 643
c) 550 787 d) 1 245 001
e) 999 f) 399
g) 501 h) 14 499

7 Runde im Heft und vergleiche die gerundeten Zahlen.

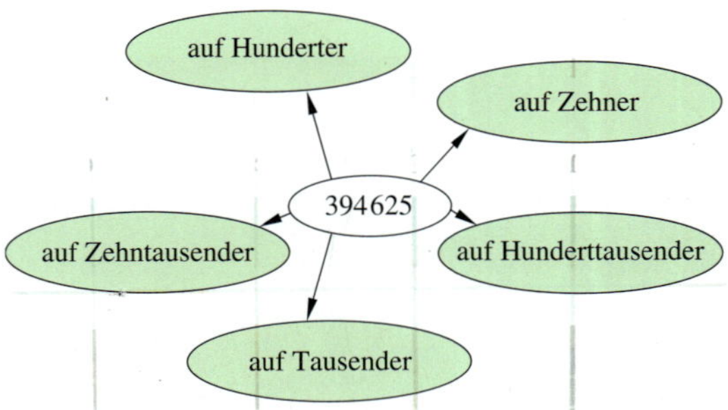

8 Ergänze im Heft mit deinen Angaben. Verwende genaue oder gerundete Zahlen.
a) Mein Schulweg ist ▒ km lang.
b) Ich wurde am ▒ geboren.
c) Mein Heimatort hat ▒ Einwohner.
d) Meine Postleitzahl lautet ▒.

9 Jede Zahl links wurde auf Zehner gerundet und dann ins rechte Feld geschrieben. Schreibe passende Paare ins Heft.

84; 99; 1 111; 13; 64; 1 009	80; 60; 1 010; 100; 10; 1 110

5 Runde jeweils auf Zehner, auf Hunderter und auf Tausender.
a) 909 b) 2 097
c) 66 713 d) 177 345
e) 127 272 f) 98 456
g) 11 191 h) 999 999

6 Runde die Zahlen auf Zehntausender und Hunderttausender.
a) 16 255 b) 78 643
c) 999 888 110 d) 959 595 959
e) 43 912 f) 693

7 Runde im Heft und vergleiche die gerundeten Zahlen.

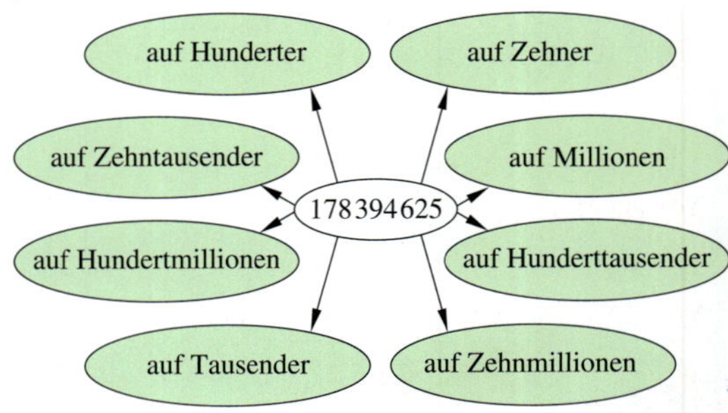

8 Gib drei Beispiele an, bei denen es nicht sinnvoll ist zu runden.
Denke dir drei weitere Beispiele aus, bei denen es sinnvoll oder sogar notwendig ist zu runden. An welcher Stelle rundet man dann am besten?

9 Die Zahlen im linken Kasten wurden auf die Zahlen im rechten Kasten gerundet. Schreibe passende Paare ins Heft. Beschreibe deinen Lösungsweg, indem du jeweils angibst, auf welche Stelle gerundet wurde.

2011; 2069; 2075; 2407; 2073; 1988	2000; 2100; 2070

10 Betrachte die gerundeten Zahlen.
Welche Zahlen ergeben gerundet die unten aufgeführten Zahlen?
Gib jeweils die kleinstmögliche und größtmögliche Zahl an.

340 920 1010 680 5 450 10 000

NACHGEDACHT
Wurde hier richtig gerundet?
1347 ≈ 1400
1999 ≈ 1000
2349 ≈ 2300
Erkläre die Fehler und korrigiere sie.

ZUM WEITERARBEITEN
Arbeitet zu zweit.
Erstellt ein Lernplakat zum Thema Runden.
Präsentiert euer Plakat in der Klasse.
Sucht z. B. in der Zeitung nach gerundeten Zahlen.

Methode: Schätzen mit Professor Fermi

Professor Fermi stellte seinen Studentinnen und Studenten gern Fragen, die sie nicht genau beantworten konnten. Er fand besonders die Art und Weise interessant, in der sie sich einer Antwort näherten.

SCHON GEWUSST?
Der Physiker Enrico Fermi wurde 1901 in Rom geboren und starb 1954 in Chicago. Er bekam den Nobelpreis für Physik.

Beispiel Wie viele Nadeln hat ein Weihnachtsbaum?

① **Suche nach geeigneten Hilfsfragen**
Wie groß ist der Baum? Wie viele Kränze von Ästen hat der Baum? Wie viele Äste hat jeder Kranz? Wie viele Astabschnitte hat jeder Ast?

② **Abschätzen der benötigten Werte und berechnen**
Der Baum hat 6 Kränze. Jeder Kranz besitzt 6 Äste. Jeder Ast hat etwa 30 Astabschnitte. Jeder Astabschnitt hat ca. 100 Nadeln.
Also: $6 \cdot 6 \cdot 30 \cdot 100 = 108\,000$ Nadeln

③ **Auf Glaubhaftigkeit prüfen**
Kann das sein? Welche Annahmen könnten falsch gewesen sein?
Wie wirkt sich eine Veränderung der Schätzungen auf das Ergebnis aus?

1 Auf dem Foto siehst du die Plastik „Der moderne Fußballschuh“.
Wie hoch sind diese Riesenschuhe?

2 Wie viele Schokolinsen sind ungefähr in diesem Glas?
Beschreibe, wie du vorgehst, um die Frage zu beantworten.

3 Bestimme die Höhe des Zeitungsstapels.

4 Arbeitet zu zweit.
a) Wie viele Tische gibt es in deiner Schule?
b) Wie viele Haare hast du auf dem Kopf?
c) Wie viele Weihnachtsbäume werden in diesem Jahr in Deutschland aufgestellt?
d) Wie viele Bäume stehen in Deutschland?
e) Wie alt sind alle Deutschen zusammen?
f) Beantwortet eigene Fermi-Aufgaben.

Klar so weit?

→ Seite 34

Natürliche Zahlen ordnen und vergleichen

1 Zähle in Zweierschritten vorwärts und schreibe die Zahlen ins Heft.
a) von 20 bis 36 b) von 204 bis 226
c) von 2005 bis 2019 d) von 992 bis 1018

2 Welche Zahlen sind hier markiert?

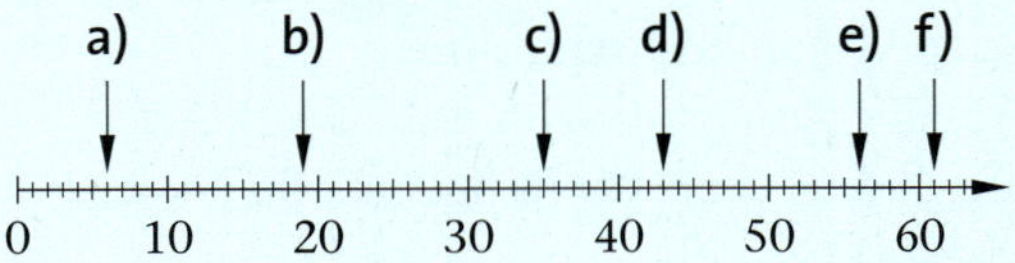

3 Zeichne jeweils einen Zahlenstrahl und markiere die Lage der Zahlen.
a) 13; 7; 2; 17; 11; 5
b) 50; 125; 75; 200; 375
c) 1000; 800; 500; 200; 900

4 Übertrage ins Heft und setze die richtigen Zeichen ein (=, > oder <).
a) 19 ■ 11 b) 20 ■ 20
c) 850 ■ 805 d) 50001 ■ 500100

5 Verwende die Zahlen 345, 543, 453, 454 und 544.
a) Wie heißt die kleinste Zahl?
b) Ordne die Zahlen von der kleinsten bis zur größten.
c) Gib zu jeder Zahl den Vorgänger und den Nachfolger an.

1 Zähle in Siebenerschritten vorwärts und schreibe die Zahlen ins Heft.
a) von 20 bis 55 b) von 203 bis 245
c) von 1970 bis 2026 d) von 992 bis 1027

2 Welche Zahlen sind hier markiert?

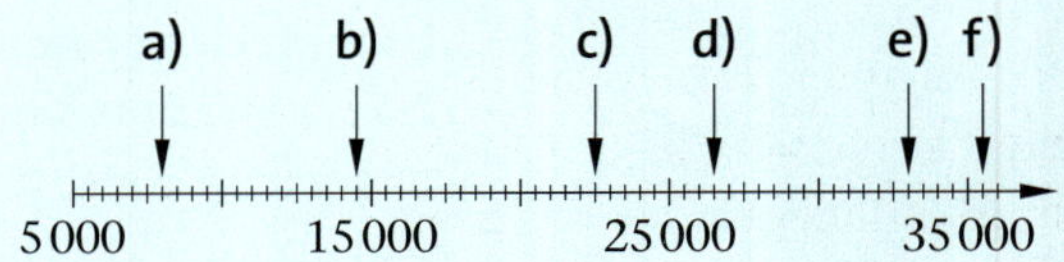

3 Zeichne je einen Zahlenstrahl-Ausschnitt und markiere die Lage der Zahlen.
a) 17; 35; 23; 29; 25; 31
b) 75; 82; 87; 77; 92
c) 1320; 1305; 1355; 1340; 1330

4 Übertrage ins Heft und setze die richtigen Zeichen ein (=, > oder <).
a) 89 ■ 98 b) 755 ■ 7500
c) 990 ■ 989 d) 100000 ■ 110000

5 Verwende die Zahlen 3420, 3240, 3241, 3402, 3412 und 3421.
a) Ordne die Zahlen von der kleinsten bis zur größten.
b) Gib zu jeder Zahl den Vorgänger, den Nachfolger und den Nachfolger des Nachfolgers an.

→ Seite 38

Große natürliche Zahlen im Dezimalsystem

6 Schreibe die Zahlen mit Ziffern.
a) dreißigtausend
b) fünfundfünfzigtausendfünfhundert
c) zehn Millionen
d) einhundertfünftausendfünfhundert
e) vierhundertzweitausend

7 Schreibe die Zahlen in Wörtern.
a) 27
b) 341
c) 809378

6 Schreibe die Zahlen mit Ziffern.
a) elf Millionen fünfhundertfünfzigtausenddreihundertfünf
b) zweiundzwanzig Milliarden vierhundertvier Millionen fünfhundertfünftausend
c) acht Millionen elftausendvierzehn

7 Schreibe die Zahlen in Wörtern.
a) 1055
b) 269333
c) 789628001

8 Übertrage die Zahlen aus der Stellenwerttafel wie im Beispiel in dein Heft.
Beispiel 50 100 380 200 = 50 Mrd. + 100 Mio. + 380 T + 200 E

Milliarden			Millionen			Tausender			Einer		
							1	0	5	8	0
						6	1	6	0	3	3
				7	0	9	6	0	1	0	0
		2	5	0	0	4	5	0	9	9	1

Milliarden			Millionen			Tausender			Einer		
							7	7	3	2	0
					3	4	3	1	0	0	2
			7	0	1	4	4	0	0	8	0
9	9	9	0	0	0	6	6	6	0	0	9

9 Trage die Zahlen in eine Stellenwerttafel ein. Wie viele Nullen haben die Zahlen?
a) dreihundert **b)** eintausend
c) zwanzigtausend **d)** fünf Millionen

9 Trage die Zahlen in eine Stellenwerttafel ein. Wie viele Nullen haben die Zahlen?
a) zweihundertsechstausendvier
b) fünf Milliarden einundfünfzigtausend

Zahlen schätzen und runden

→ Seite 44

10 Berge im Schwarzwald

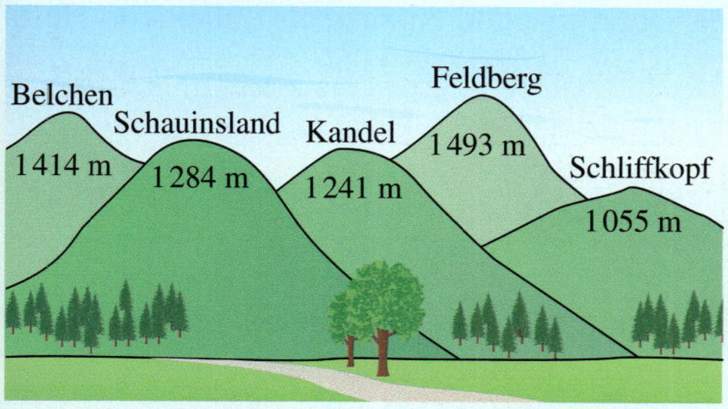

a) Trage die Höhen der Berge in eine Stellenwerttafel ein.
b) Runde die Höhen auf Zehner.
c) Runde die Höhen auf Hunderter.

10 Flugentfernungen ab Frankfurt/Main

Moskau	2 022 km
Athen	1 808 km
Rio	9 564 km
Kairo	2 919 km
Tel Aviv	2 953 km
Las Palmas	3 181 km
New York	6 188 km
Tokio	13 095 km

a) Trage die Flugentfernungen in eine Stellenwerttafel ein.
b) Runde auf Zehner.
c) Runde auf Hunderter.

11 Viele bunte Schokolinsen
a) In wie viele Felder ist das Bild eingeteilt?
b) Schätze mithilfe der Rastermethode, wie viele Schokolinsen auf dem Bild zu sehen sind.

12 Kannst du gut schätzen?
a) Wie alt können Elefanten ungefähr werden?
25 Jahre | 100 Jahre | 60 Jahre
b) Wie schwer ist ein Auto ungefähr?
300 kg | 500 kg | 1 100 kg
c) Wie hoch ist der Eiffelturm ungefähr?
300 m | 800 m | 2 km

12 Kannst du gut schätzen?
a) Wie weit ist es ungefähr von Hamburg nach München?
160 km | 610 km | 6 100 km
b) Wie weit ist es ungefähr von Mainz nach Istanbul?
500 km | 2 000 km | 5 000 km

Lösungen ab Seite 202

Vermischte Übungen

1 Welche Zahlen sind hier markiert?

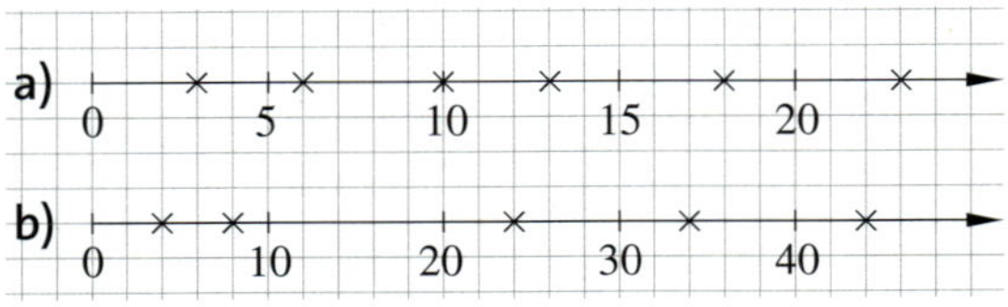

2 Schreibe die Zahlen nur mit Ziffern.
- a) dreihundertvierundzwanzig
- b) 17 Millionen
- c) 20 Milliarden
- d) zwanzigtausendundzwanzig
- e) acht Milliarden achttausend

3 Ordne die Zahlen der Größe nach.
- a) 3500; 3005; 5030; 3050; 5003
- b) 45465; 65445; 46554; 45564

NACHGEDACHT
Hat jede natürliche Zahl einen Vorgänger?

4 Übertrage und ergänze die Tabelle im Heft.

Vorgänger	Zahl	Nachfolger
	18	
	1800	
	1800000	

5 Schreibe die kleinste dreistellige natürliche Zahl und die größte sechsstellige Zahl auf.

6 Setze im Heft zwischen die Zahlen das richtige Zeichen (>, <, =).
- a) 2134 ☐ 1234 b) 20008 ☐ 8002
- c) 4596 ☐ 4569 d) 99199 ☐ 91999
- e) 90099 ☐ 99099 f) 91298 ☐ 91298

7 Wie viele Sonnenblumen sind hier ungefähr abgebildet?

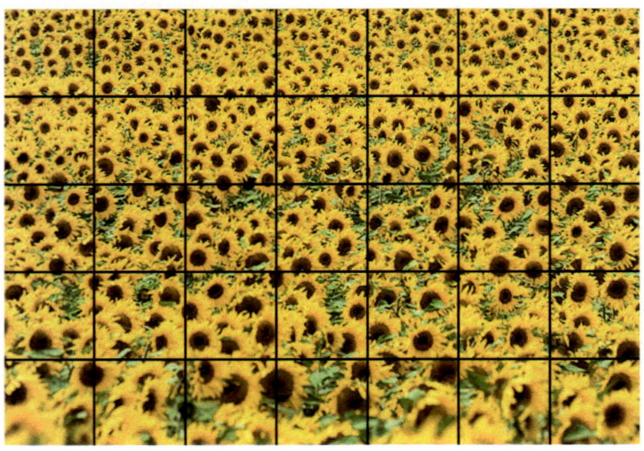

1 Welche Zahlen sind hier markiert?

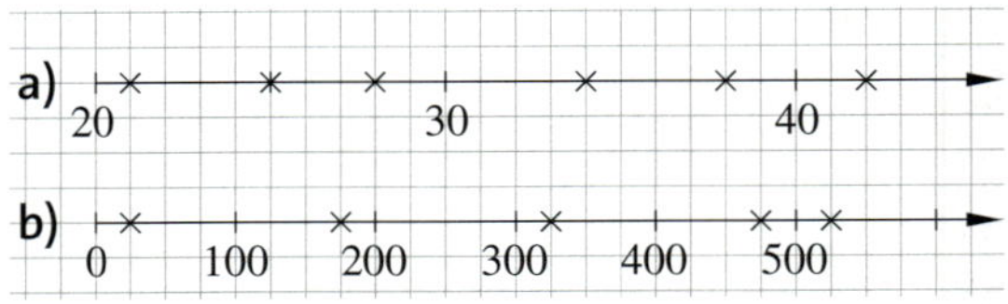

2 Schreibe die Zahlen nur mit Ziffern.
- a) 3 Mrd. + 10 Mio. + 781
- b) 999 Milliarden
- c) eine halbe Million
- d) einundzwanzigtausendeinundzwanzig
- e) 861 Milliarden 111 Tausend 9

3 Ordne die Zahlen der Größe nach.
- a) 77177; 717777; 771777; 1117111
- b) 785612; 875612; 786512; 786125

4 Übertrage und ergänze die Tabelle im Heft.

Vorgänger	Zahl	Nachfolger
		601
999999999		
	0	

5 Schreibe die kleinste natürliche Zahl und die größte natürliche Zahl auf.

6 Setze im Heft zwischen die Zahlen das richtige Zeichen (>, <, =).
- a) 10010 ☐ 10100 b) 90909 ☐ 90899
- c) 8710543 ☐ 8710443
- d) 1117876 ☐ 1127876

7 Wie viele Vögel sind hier ungefähr abgebildet?

8 Arbeitet in Kleingruppen.
Wie viele Blumen sind auf dieser Sommerwiese ungefähr zu sehen? Schreibt eure Überlegungen und den Lösungsweg auf. Präsentiert eure Ergebnisse in der Klasse.

9 Zwei Zahlen auf den Segeln in der Randspalte wurden auf 3 060 gerundet. Welche Zahlen sind gemeint?

9 Wie viele verschiedene Zahlen erhält man, wenn man die Zahlen auf den Segeln auf Zehner rundet?

10 Schreibe den Satz ab und runde – falls möglich – an einer sinnvollen Stelle.
- a) Der Elefant im Zoo wiegt 3 149 kg.
- b) Ben hat 39 Punkte in der Klassenarbeit erreicht.
- c) Lisa hat Schuhgröße 35.
- d) Tokio ist 8 924 km von Berlin entfernt.

10 Schreibe den Satz ab und runde – falls möglich – an einer sinnvollen Stelle.
- a) Die Kontonummer lautet 114 084 645.
- b) Die Lichtgeschwindigkeit beträgt 299 792 Kilometer in der Sekunde.
- c) Für die Wüstenexpedition reichen die Wasservorräte für 117 Tage.

11 Runde auf volle Euro.

11 Gib die kleinste (größte) Zahl an, die auf die gegebenen Zahlen gerundet werden kann.
- a) auf Zehner gerundet: 20; 370; 5 020
- b) auf Hunderter gerundet: 400; 3 300; 467 000
- c) auf Tausender gerundet: 35 000; 346 000; 2 999 000
- d) auf Hunderttausender gerundet 800 000; 15 000 000; 4 Mrd.

12 Runde die Längen der Flüsse auf Tausender.
Stelle die gerundeten Flusslängen in einem Säulendiagramm dar.

Rhein (u. a. Deutschland) 1 320 km | Mississippi (Nordamerika) 4 074 km | Nil (Afrika) 6 671 km

Jangtsekiang (Asien) 6 276 km | Wolga (Europa) 3 688 km | Amazonas (Südamerika) 6 437 km

ERINNERE DICH
Worauf musst du beim Zeichnen eines Säulendiagramms achten? Schlage im Buch nach.

13 Lies den Zeitungsartikel.
Trage die Zahlen in eine Stellenwerttafel ein.

Im Berliner Naturkundemuseum steht das größte montierte Saurierskelett der Welt. Bis 2007 wurden die wertvollen Dinosaurierskelette und Räume für rund 18 Millionen Euro restauriert. Mit etwa 30 Millionen Ausstellungsstücken gehört das Haus zu den fünf größten Naturkundemuseen der Welt. Herzstück der neuen Dauerausstellung ist das rund 150 Millionen Jahre alte Brachiosaurus-Skelett.

13 Lies den Zeitungsartikel.
Trage die Zahlen in eine Stellenwerttafel ein.

Der Pariser Eiffelturm ist das Wahrzeichen Frankreichs. Er wurde von 1887 bis 1889 anlässlich des hundertjährigen Jubiläums der französischen Revolution erbaut. Der 10 000 Tonnen schwere Turm ist 300 Meter (mit Antenne 324 m) hoch. Vierzig Jahre lang war er das höchste Gebäude der Welt. Dann übernahm das Chrysler Building mit 322 Metern Höhe diesen Rekord. Jedes Jahr besuchen ihn mehr als sechs Millionen Touristen. Im Jahre 2002 feierte man den zweihundertmillionsten Besucher.

14 Schreibe die Zahlen mit Ziffern.
Unsere Sonne ist einhundertneunundvierzig Millionen sechshunderttausend Kilometer von der Erde entfernt. Die Sonne ist etwa dreihundertdreißigtausend Mal so schwer wie die Erde. Die Sonne ist etwa vierzehn Millionen achthunderttausend Grad Celsius heiß.

ZUM WEITERARBEITEN
Gib Maximum, Minimum und Spannweite der Höhen an.

15 Stelle die Höhen der Bauwerke in einem Säulendiagramm dar.
Runde die Höhen und zeichne 1 cm für je 100 m Höhe.

Empire-State-Building (New York)	380 m
Eiffelturm (Paris)	324 m
Stuttgarter Fernsehturm	212 m
Ulmer Münster	161 m
Olympiaturm (München)	290 m

15 Runde die Höhen der Berge jeweils auf Hunderter.
Stelle die Höhen in einem passenden Säulendiagramm dar.

Großglockner (Österreich)	3 797 m
Wurmberg (Deutschland)	971 m
Olymp (Griechenland)	2 917 m
Zugspitze (Deutschland)	2 962 m
Snowdon (Großbritannien)	1 085 m
Schneekoppe (Deutschland)	1 602 m
Montblanc (Frankreich)	4 807 m
Ätna (Italien)	3 350 m
Brocken (Deutschland)	1 141 m
Vesuv (Italien)	1 277 m
Kiekeberg (Deutschland)	127 m

Zusammenfassung

Natürliche Zahlen ordnen und vergleichen

→ Seite 34

Die Menge der **natürlichen Zahlen** wird mit ℕ bezeichnet.
Die kleinste natürliche Zahl ist die Null, eine größte natürliche Zahl gibt es nicht.

ℕ = {0; 1; 2; 3; 4; …}

An einem **Zahlenstrahl** kann man Zahlen übersichtlich darstellen.
Am Zahlenstrahl kann man Zahlen gut miteinander vergleichen, die kleinere Zahl steht immer links von der größeren Zahl.

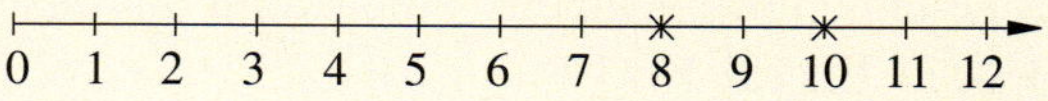

8 < 10, denn 8 steht links von 10.

Der **Vorgänger** steht direkt links neben der Zahl, der **Nachfolger** direkt rechts daneben.

4 ist der Vorgänger von 5.
6 ist der Nachfolger von 5.

Große natürliche Zahlen im Dezimalsystem

→ Seite 38

Unser Stellenwertsystem heißt **Dezimalsystem** oder **Zehner**system, weil immer beim Zehnfachen einer Stelle eine neue Stelle hinzukommt.

Milliarden			Millionen			Tausender			Einer		
H	Z	E	H	Z	E	H	Z	E	H	Z	E
		2	5	5	4	6	8	0	4	0	0
4	1	2	0	3	0	1	0	0	0	8	0

Die **Zahlen** werden mit den Ziffern 0, 1, 2, 3, 4, 5, 6, 7, 8 und 9 oder durch Zahlwörter wie eins, zwei, drei, … zehn, elf, zwölf, … dargestellt.

Der **Wert einer Zahl** ist abhängig von der Stellung der Ziffern innerhalb der Zahl.

Zahlen schätzen und runden

→ Seite 44

Beim systematischen **Schätzen** versucht man, durch Anhaltspunkte und Überlegungen dem genauen Ergebnis möglichst nahe zu kommen, z. B. mit der Rastermethode.

Sonnenblumen in einem Feld: 12
Anzahl der Felder: 6
Anzahl der Blumen: etwa $6 \cdot 12 = 72$

Regeln beim **Runden** von **Zahlen**:
1. Rundungsstelle festlegen
2. Rundungsziffer prüfen:
- bei **0; 1; 2; 3 oder 4** wird **abgerundet**: die Rundungsstelle bleibt gleich.
- bei **5; 6; 7; 8 oder 9** wird **aufgerundet**: die Rundungsstelle wird um eins erhöht.
3. Alle Stellen rechts von der Rundungsziffer werden mit Nullen aufgefüllt.

ZT	T	H	Z	E
6	3	7	1	4

auf Tausender gerundet:
63 714 ≈ 64 000
63 455 ≈ 63 000

Teste dich!

6 Punkte **1** Notiere im Heft die markierten Zahlen.

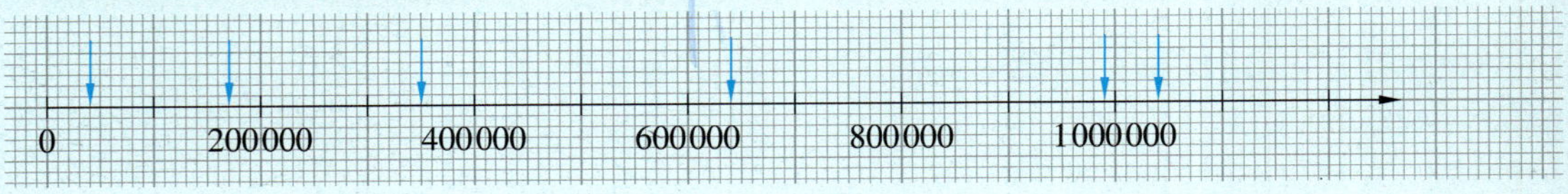

6 Punkte **2** Zeichne jeweils einen Zahlenstrahl und markiere dort die angegebenen Zahlen.

a) 5; 7; 12; 13; 16; 19
b) 5; 15; 25; 40; 35; 55
c) 10; 40; 45; 80; 70; 100
d) 33; 5; 110; 91; 98; 16
e) 205; 220; 225; 240; 245; 255
f) 2 220; 2 430; 1 970; 1 810; 1 835; 2 080

7 Punkte **3** Schreibe die Zahlen mit Ziffern.

a) neuntausendzweihundert
b) dreihundertzwölf Millionen
c) zweihundertfünfundsiebzigtausendfünfhundertzwei
d) achtundzwanzig Millionen dreihundertzweiundzwanzigtausend
e) zwanzig Milliarden sechshunderttausend
f) fünf Billionen dreihundertzwanzig Millionen
g) einhundertdreiundzwanzigtausendvierhundertfünfundsechzig

3 Punkte **4** Schreibe die Zahlen aus der Stellenwerttafel mit Worten.

Billionen			Milliarden			Millionen			Tausender			Einer		
H	Z	E	H	Z	E	H	Z	E	H	Z	E	H	Z	E
											3	6	0	1
	5	5	1	5	3	0	0	0	0	0	0	0	1	2
					2	0	0	9	0	8	0	0	0	0

6 Punkte **5** Trage die Zahlen in eine Stellenwerttafel ein.

a) 13 067
b) 2 Mio. 620 Tausend
c) 1 Mrd. 1 Mio. einhunderttausend
d) 127 000 345
e) 60 Bio. 60 Mrd. 60 Mio. 60
f) 5 Bio. fünfhunderttausendeins

3 Punkte **6** Nenne den Stellenwert der unterstrichenen Ziffer.

a) $6\underline{5}4\,279$
b) $70\,08\underline{4}\,621$
c) $3\underline{1}\,195\,704$

3 Punkte **7** Runde die folgenden Zahlen auf Zehner, auf Tausender und auf Hunderttausender.

a) 123 456
b) 3 000 999
c) 111 999 111

6 Punkte **8** Nenne Vorgänger und Nachfolger der angegebenen Zahlen.

a) 666 999
b) 101 010
c) 10 000
d) 5 Bio. 5 Mrd. 999
e) 99 999 000 000
f) 0

6 Punkte **9** Welche der beiden Zahlen ist die größere?

a) 101 101 oder 101 010
b) 246 357 789 oder 2 463 577 899
c) 246 357 oder 2 463 577
d) 32 325 467 865 oder 32 235 467 865
e) 123 789 670 000 oder 123 789 760 000
f) 178 157 698 999 oder 178 157 789 999

Gold: 42–46 Punkte, Silber: 35–41 Punkte, Bronze: 28–34 Punkte

Lösungen ab Seite 202

Grundbegriffe der Geometrie

Brücken verbinden Stadtteile, Länder, Kontinente.
Es gibt sehr unterschiedliche Brückenkonstruktionen.
Schaut man sich Brücken aber genauer an,
dann kann man viele Gemeinsamkeiten entdecken,
z. B. Stahlträger, die zueinander parallel verlaufen
und die senkrecht auf der Fahrbahn stehen.
Aber was ist denn auf diesem Bild mit der Brücke passiert?

Noch fit?

Einstieg

1 Ablesen vom Lineal

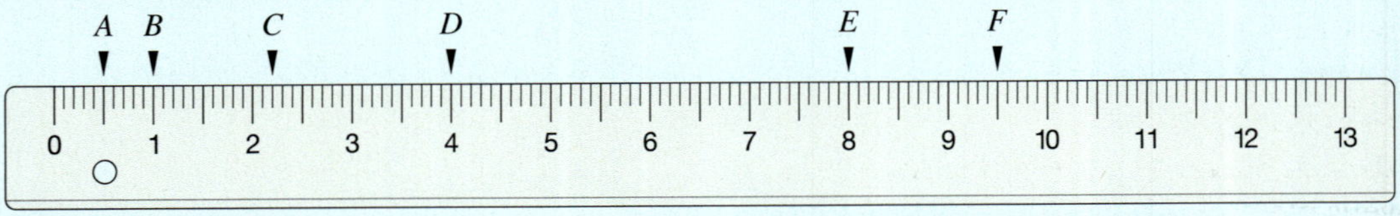

Wie lang ist eine gerade Linie …

a) von 0 bis *B*?
b) von 0 bis *D*?
c) von 0 bis *F*?
d) von 0 bis *C*?

2 Mit dem Lineal zeichnen

Zeichne eine gerade Linie, die …

a) 6 cm lang ist.
b) 10 cm lang ist.

3 Ähnliche Figuren zuordnen

Welche Bilder gehören zusammen? Begründe deine Auswahl.

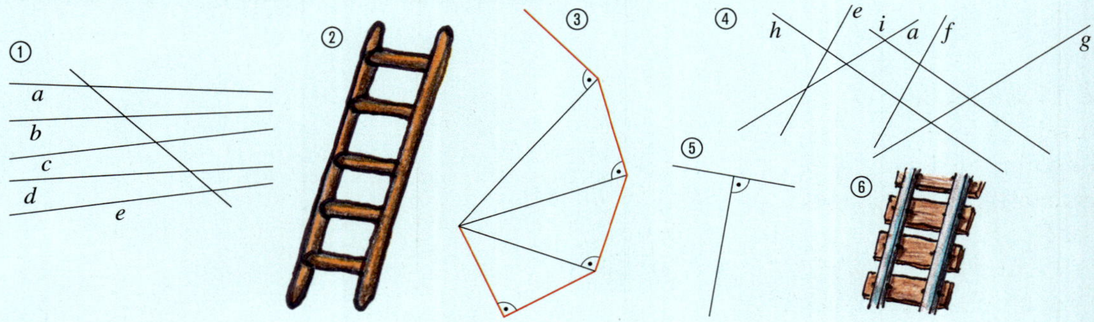

4 Beispiele für Formen

Zeichne jeweils ein Beispiel.

a) Dreieck
b) Viereck
c) Quadrat

5 Figuren abzeichnen

Zeichne ordentlich mithilfe eines Lineals.

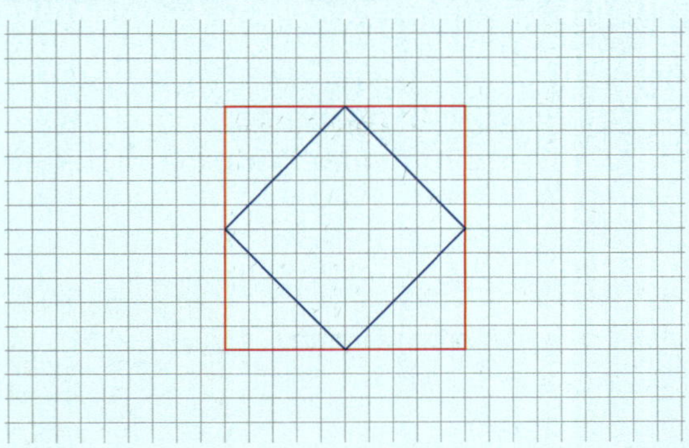

Aufstieg

1 Ablesen vom Lineal

Wie lang ist eine gerade Linie …

a) von 0 bis *A*?
b) von *B* bis *C*?
c) von 0 bis *E*?
d) von *B* bis *F*?

2 Mit dem Lineal zeichnen

Zeichne eine gerade Linie, die …

a) 12,8 cm lang ist.
b) 25 mm lang ist.

4 Beispiele für Formen

Zeichne jeweils ein Beispiel.

a) Fünfeck
b) Rechteck
c) Sechseck

5 Figuren abzeichnen

Zeichne ordentlich mithilfe eines Lineals.

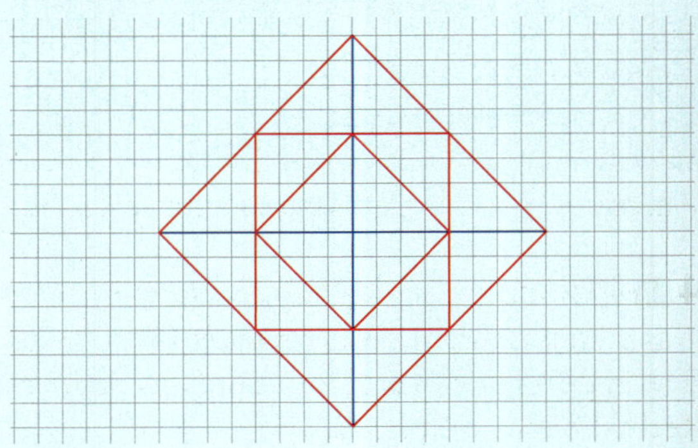

Lösungen ab Seite 202

Das Koordinatensystem

Entdecken

1 Stadtplan von Manhattan
Dies ist ein Ausschnitt des Stadtplans von Manhattan. Manhattan ist ein Stadtteil von New York, USA.
In diesem Stadtteil verlaufen die Straßen in jeweils gleichen Abständen.
In Ost-West-Richtung verlaufen die Streets (abgekürzt mit St.) und in Nord-Süd-Richtung die Avenues.
Die Carnegie Hall liegt an der Kreuzung von Seventh Avenue (7th Ave) und 57th Street (W. 57th St).
Nenne deinem Partner oder deiner Partnerin die Lage von drei anderen Bauwerken.

2 Jan hat dieses Dreieck in sein Heft gezeichnet.
Er will es an Sina „telegrafieren“, ohne dass diese das Dreieck sieht.
Wie kann Jan das erreichen?
Überlegt einen möglichen Weg.

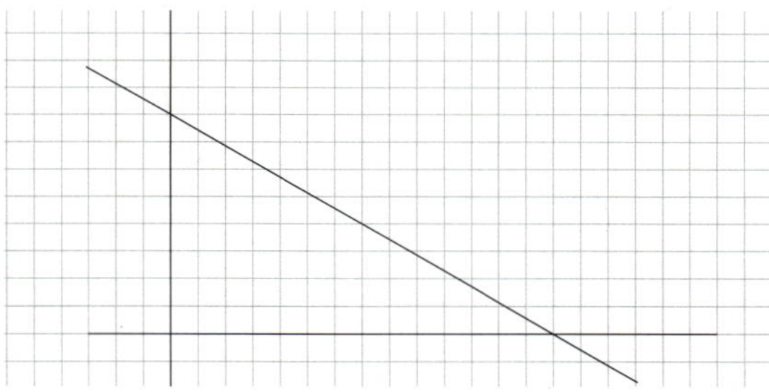

3 In einer sternenklaren Nacht kann man an unserem Himmel diese Sternbilder sehen.
Zeichne sie in dein Mathematikheft. Vergleiche dein Ergebnis mit einer Mitschülerin oder einem Mitschüler und präsentiert eure beste Zeichnung der Klasse.
Einigt Euch, womit (z. B. Folie, Plakat, Tafel) ihr Euer Ergebnis zeigen wollt.

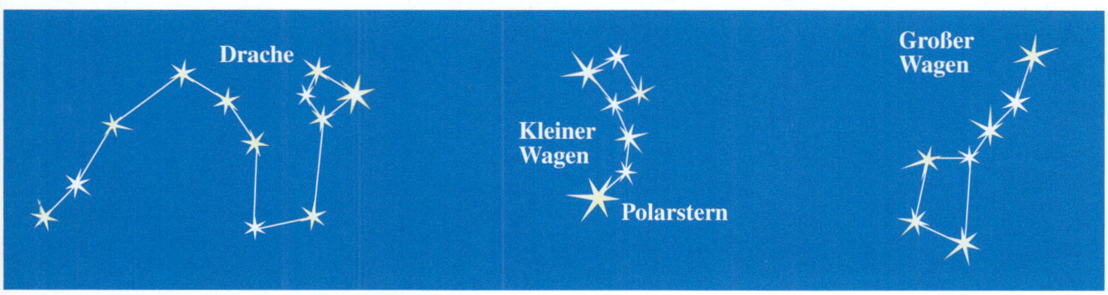

Warum sind eure Ergebnisse so unterschiedlich?

4 Das Bild zeigt ein Hydrantenschild, wie ihr es auch in eurem Ort findet.
Was ist ein Hydrant? Was bedeutet H 100? Was bedeuten die anderen Zahlen?
Wie findet man von diesem Schild aus den Wasseranschluss?
Recherchiere im Internet.

Verstehen

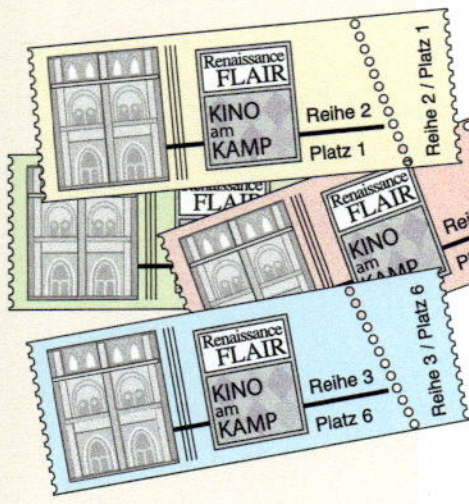

Die Kinovorstellung ist fast ausverkauft. An der Kasse erhält Familie Sachs nur noch die abgebildeten Karten. Auf dem Sitzplan suchen sie ihre Plätze. Melanie erhält die grüne Eintrittskarte. Welche Reihe und welcher Platz stehen auf ihrer Eintrittskarte?

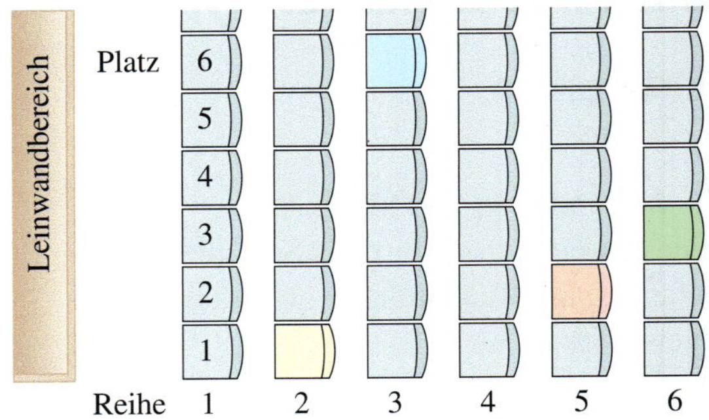

In der Mathematik bestimmt man die Lage von Punkten ähnlich wie die Sitzplätze in einem Kino. Man benutzt dazu ein Gitternetz.
In der Fachsprache der Mathematik nennt man das Gitternetz **Koordinatensystem**.

Ein Koordinatensystem hat zwei Achsen.
In dem Koordinatensystem können Punkte eindeutig markiert werden.

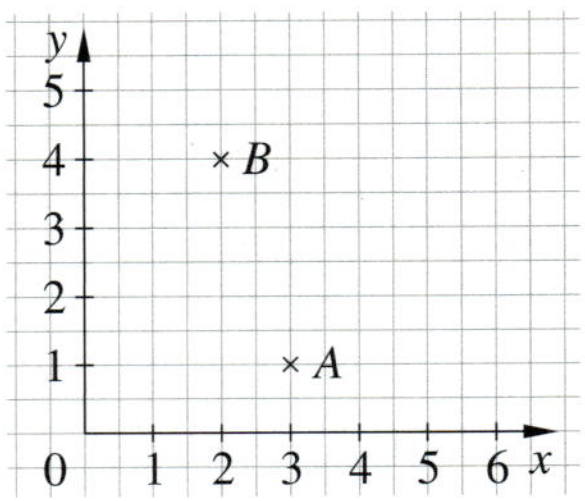

Merke Die Achsen beginnen im gemeinsamen Anfangspunkt, dem **Nullpunkt** des Koordinatensystems.

Die ***x*-Achse** zeigt nach rechts, die ***y*-Achse** zeigt nach oben.

Die Lage von jedem Punkt ist durch zwei Zahlen bestimmt.
Diese beiden Zahlen heißen **Koordinaten**.

Merke Bei jedem Punkt wird zuerst die x-Koordinate und dann die y Koordinate angegeben $(x|y)$.

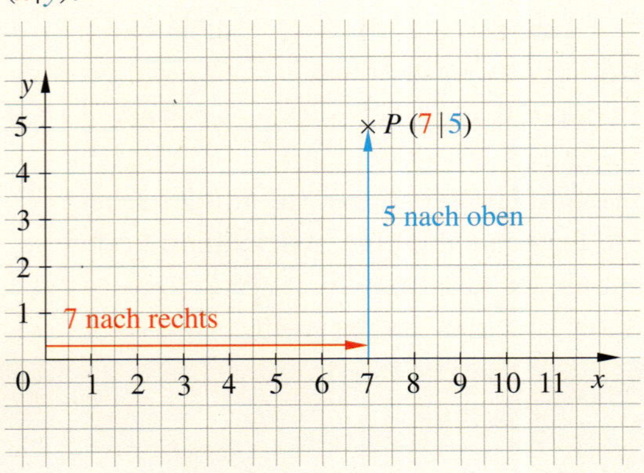

So bestimmt man die Lage des Punkts P:
Gehe vom Nullpunkt aus
7 Einheiten nach rechts
und
5 Einheiten nach oben.
Der Punkt P hat die Koordinaten $(7|5)$.
Kurz: $P(7|5)$
x-Koordinate y-Koordinate

ZUM WEITERARBEITEN
Zeichnet oder klebt ein großes Koordinatensystem auf den Schulhof. Lauft wie im Merke-Kasten dargestellt zu verschiedenen Punkten.

Beispiel

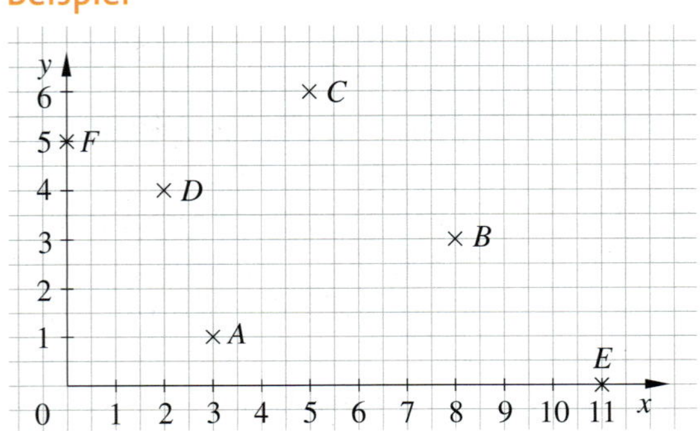

Die Koordinaten der Punkte im Koordinatensystem lauten:
$A(3|1)$, $B(8|3)$, $C(5|6)$, $D(2|4)$

Punkt E liegt auf der x-Achse.
Er hat die Koordinaten $E(11|0)$.
Punkt F liegt auf der y-Achse.
Er hat die Koordinaten $F(0|5)$.
Der Nullpunkt hat die Koordinaten $(0|0)$.

Üben und anwenden

1 Welcher Punkt hat diese Koordinaten?

a) (5|6) **b)** (2|3) **c)** (3|2)
d) (0|6) **e)** (9|0) **f)** (7|2)

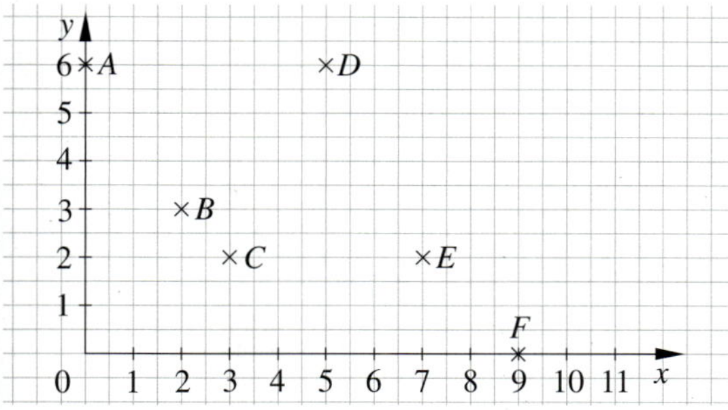

2 Benenne die Eckpunkte der Hausfront mit einem großen Buchstaben und gib die Koordinaten der Punkte an.

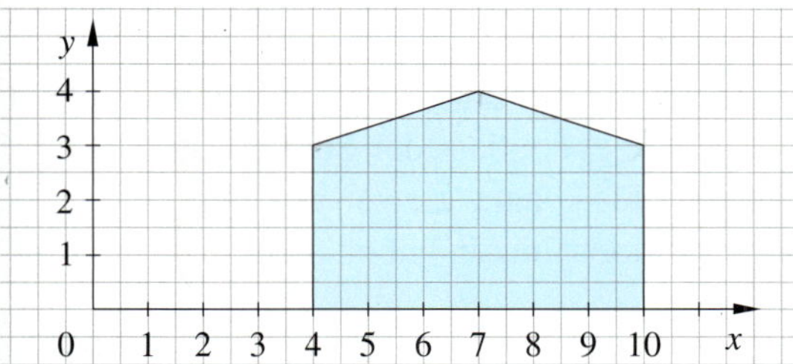

3 Vervollständige im Heft zu einem Stern und gib die Koordinaten aller Punkte an.

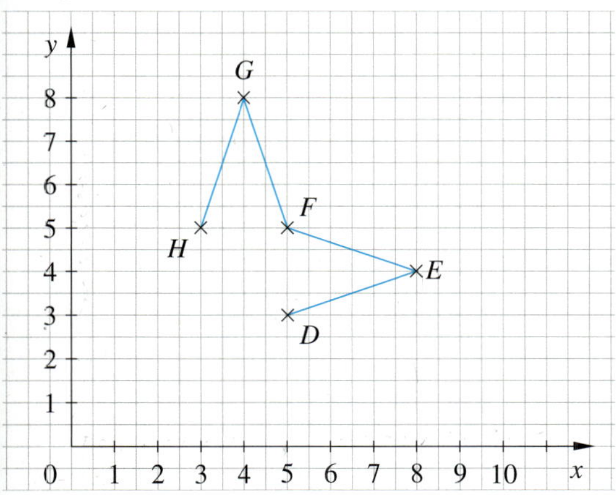

4 Zeichne ein passendes Koordinatensystem in dein Heft.
Zeichne aus den folgenden Punkten ein Segelboot.
Boot: (6|0); (12|0); (15|2); (3|2)
Mast: (7|2); (7|10)
Segel: (7|9); (7|2); (13|3)

1 Gib die Koordinaten der Punkte an.

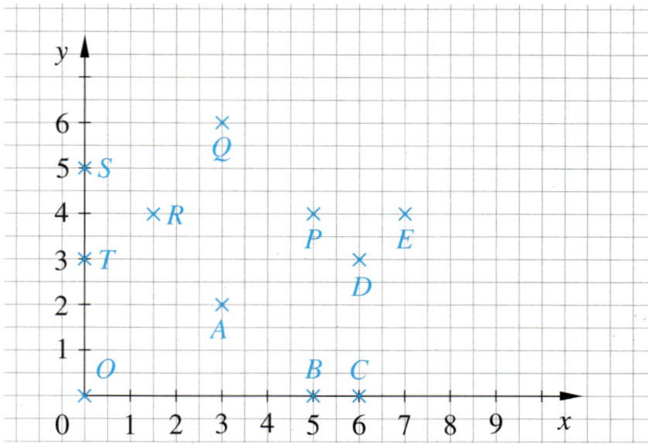

2 Zeichne ein passendes Koordinatensystem in dein Heft.

a) Trage die folgenden Punkte ein.
$A(2|3)$ $B(5|1)$ $C(8|7)$
$D(2{,}5|3)$ $E(1|1)$ $F(6|4)$
$G(0|9)$ $H(7{,}5|0)$ $I(1|5)$
$J(4|8)$ $K(2|3{,}5)$ $L(1{,}5|6{,}5)$

b) Trage zusätzlich den Punkt $Z(10|5)$ ein. Welche Koordinaten hat der Punkt M, der genau in der Mitte zwischen A und Z liegt?

3 Übertrage den „halben" Tannenbaum in ein Koordinatensystem und vervollständige den Baum. Gib die Koordinaten der neuen Zweigspitzen an.

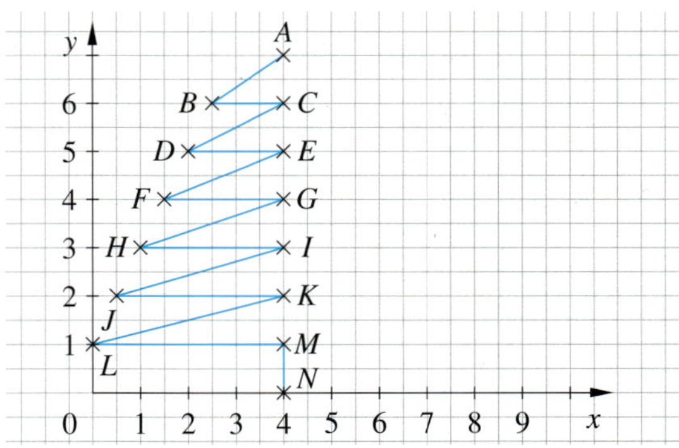

4 Verbinde die Punkte in der angegebenen Reihenfolge. Welches Bild ergibt sich?

a) $A(2|1)$; $B(2|6)$; $C(4|9)$; $D(6|6)$; $E(6|1)$
Reihenfolge: *ABCDBEADE*

b) $A(3|1)$; $B(5|1)$; $C(1|3)$; $D(7|3)$; $E(1|5)$; $F(7|5)$; $G(3|7)$; $H(5|7)$
Reihenfolge: *AGDCHBEFA*

5 Beim Zeichnen des Koordinatensystems wurden Fehler gemacht. Sprecht zu zweit über die Fehler und berichtigt sie.

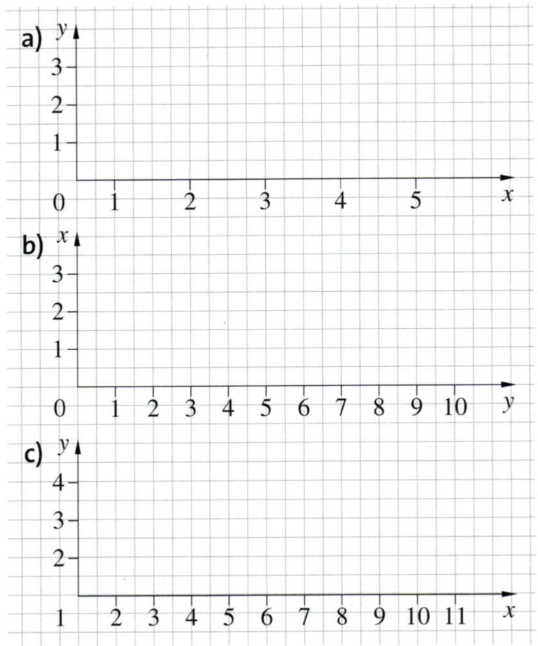

NACHGEDACHT
Vergleiche einen Zahlenstrahl und ein Koordinatensystem.
Nenne Gemeinsamkeiten und Unterschiede.

6 Zeichne ein Koordinatensystem und übertrage den Stern in dein Heft.

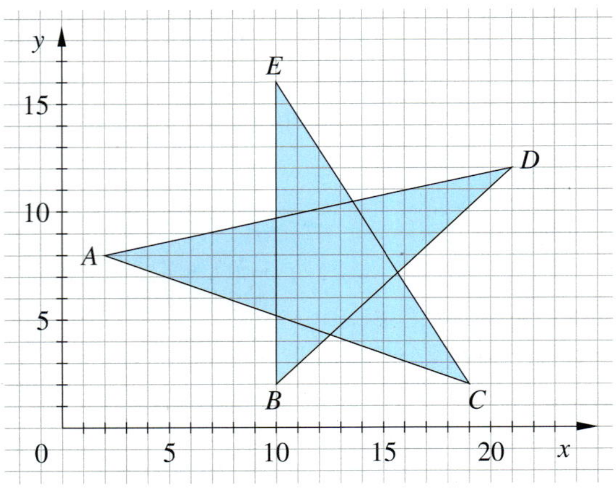

7 Zeichne das Muster in ein Koordinatensystem. Schreibe an die markierten Punkte die zugehörigen Koordinaten.
Was fällt dir auf? Diskutiert zu zweit.

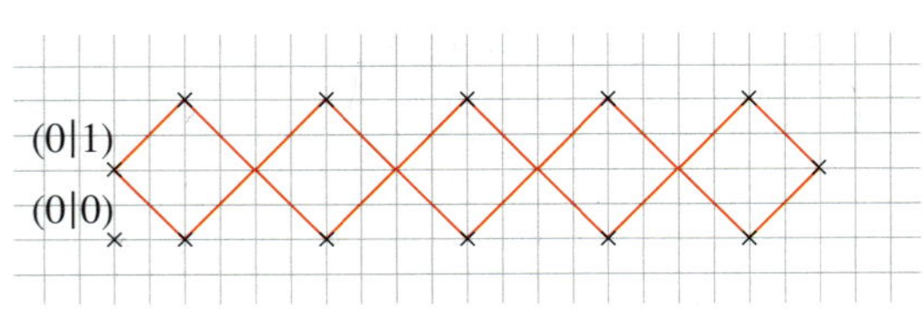

5 Wenn du die Maus vergrößern willst, musst du alle Seiten zweimal (dreimal, …) so lang zeichnen. Vervollständige die vergrößerte Maus im Heft.

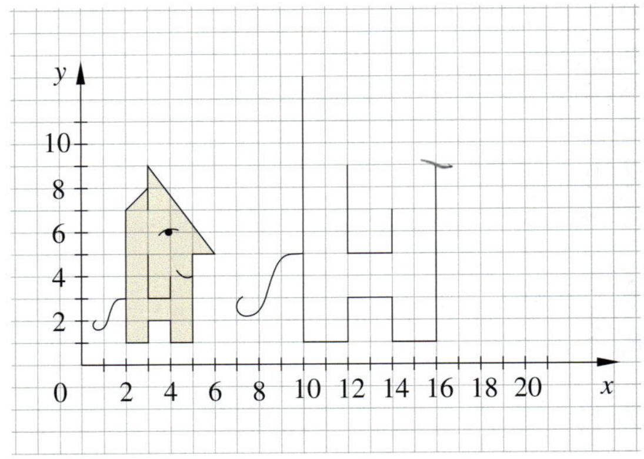

6 Zeichne ein Koordinatensystem und übertrage das Dreieck.
Das Dreieck soll dann noch einmal gezeichnet werden, aber so, dass der Punkt *A* die Koordinaten (11|4) hat.
Welche Koordinaten haben dann die Punkte *B* und *C*?

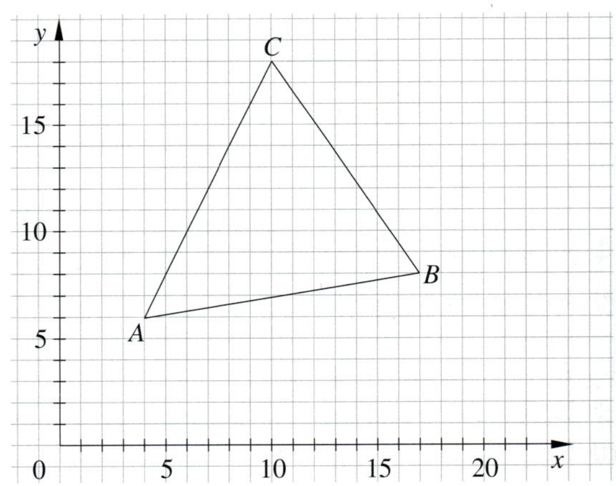

7 Erstelle ein Bandornament:
Übertrage das Koordinatensystem und das Viereck in dein Heft. Ergänze das Viereck zu einem Muster wie in der Zeichnung zu Aufgabe 7. Beschreibe dein Vorgehen mit Fachbegriffen.

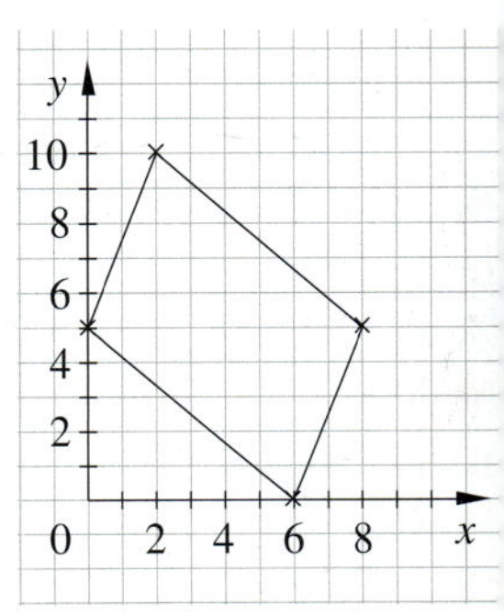

Gerade Linien

Entdecken

1 Versuche, nur mit einem Bleistift eine möglichst gerade Linie ins Heft zu zeichnen.
Ist die Linie wirklich gerade?
Welche Hilfsmittel fallen dir ein, um eine gerade Linie zu zeichnen?

2 Beschreibe, was du auf dem rechts abgebildeten Foto siehst.
Warum spannt der Pflasterer eine Schnur?

3 Nimm ein Blatt Papier und falte es zweimal, wie es in der Bildfolge unten dargestellt ist.

a) Beschreibe die Lage der beiden Faltlinien zueinander (Bild ④).

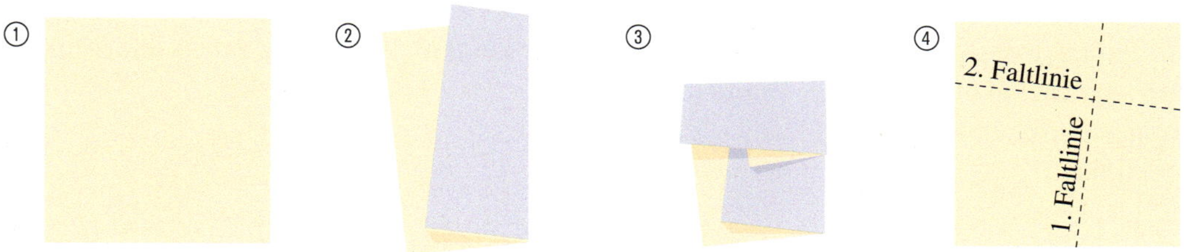

b) Falte das Blatt wieder zusammen und noch einmal, so wie in Bild ③.
Beschreibe die Lage der 2. und 3. Faltlinie zueinander.

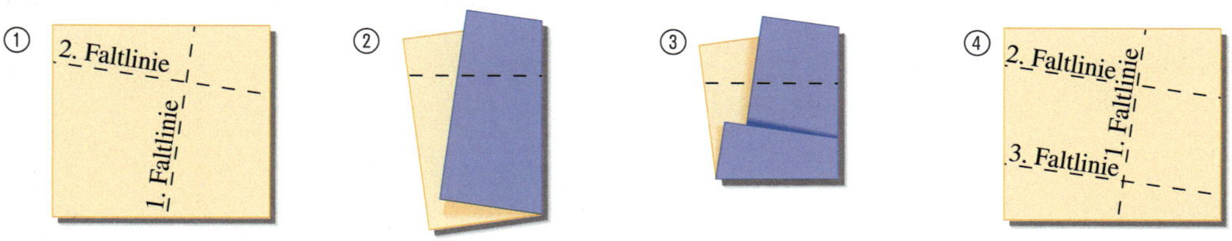

4 Solche Winkel findet ihr sehr häufig im Alltag.

a) Kontrolliert und entscheidet, ob das Geodreieck auch auf der linken Seite der Fensterleiste passt.
b) Beschreibt die Lage der roten Linien des Geodreiecks zueinander.
c) Nennt weitere Beispiele für die Lage dieser beiden roten Linien.
d) Sucht in eurem Klassenraum Linien, die der Lage im Bild entsprechen. Ihr könnt ein Geodreieck oder den selbst hergestellten Faltwinkel aus Aufgabe 3 zu Hilfe nehmen.

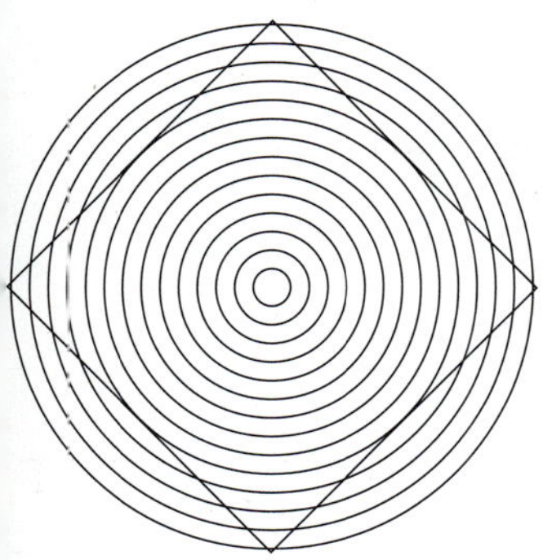

5 Sind die Seiten des Vierecks gerade Linien?
Was meinen deine Mitschülerinnen und Mitschüler?
Sucht Hilfsmittel, um die Frage zu klären.

Verstehen

Gerade Linien kann man mit einem Lineal oder Geodreieck auf Papier zeichnen.
Nadine zeichnet zunächst zwei Punkte A und B in ihr Heft.

Beispiel 1
Nadine zeichnet eine gerade Linie zwischen A und B.

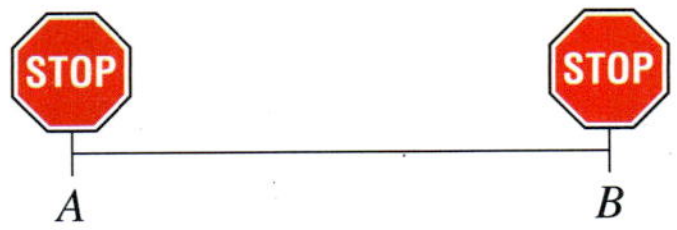

Beispiel 2
Nadine zeichnet über einen Punkt, z. B. Punkt B, hinaus.

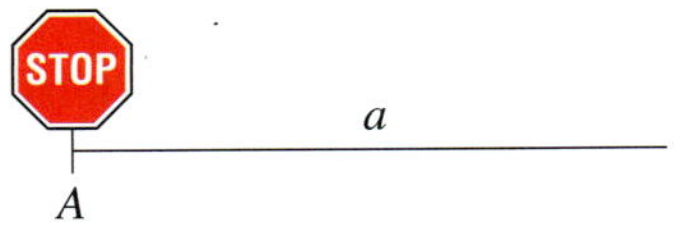

Beispiel 3
Nadine zeichnet über die Punkte A und B hinaus.

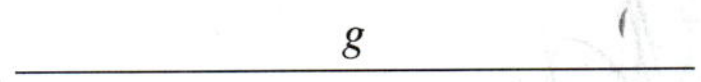

HINWEIS
Die Halbgerade wird auch ***Strahl*** *genannt.*

Merke
Eine **Strecke** ist die kürzeste Verbindung zwischen zwei Punkten. Sie hat einen Anfangspunkt und einen Endpunkt.

Eine **Halbgerade** hat einen Anfangspunkt, aber keinen Endpunkt.

Eine **Gerade** hat keinen Anfangspunkt und keinen Endpunkt.

Gibt es auch eine kürzeste Verbindung zwischen einem Punkt und einer Linie?

HINWEIS
Eine Linie, die senkrecht zu einer anderen steht, nennt man auch ***Senkrechte****. Rechte Winkel werden mit ⊾ gekennzeichnet.*

Beispiel 4
Luis steht am 11-Meterpunkt E des Fußballfeldes und zielt aufs Tor.
Welches ist die kürzeste Entfernung zur Torlinie t?

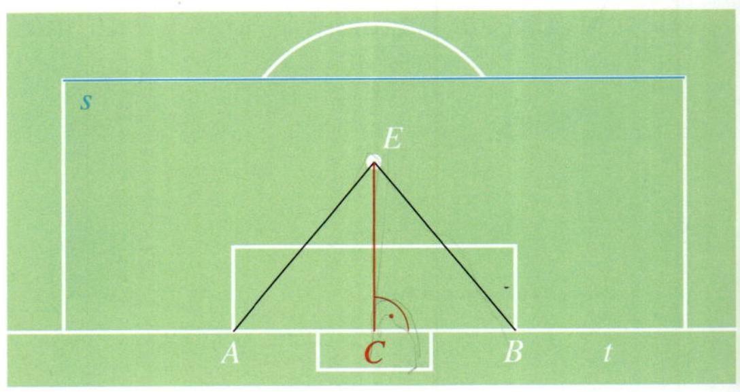

Die kürzeste Entfernung vom Punkt E zur Torlinie t ist die Strecke $\overline{EC}$. $\overline{EC}$ und t stehen senkrecht aufeinander.

Die kürzeste Entfernung eines Punktes P von einer Geraden g ist die Strecke $\overline{PQ}$, die senkrecht zur Geraden g ist.
Die Länge der Strecke $\overline{PQ}$ heißt **Abstand** des Punktes P von der Geraden g.

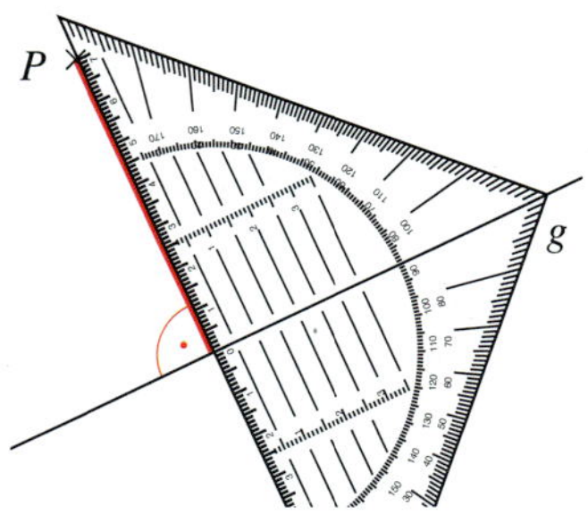

Merke Geraden g und h, die einen rechten Winkel bilden, sind **senkrecht zueinander**, kurz: $g \perp h$.

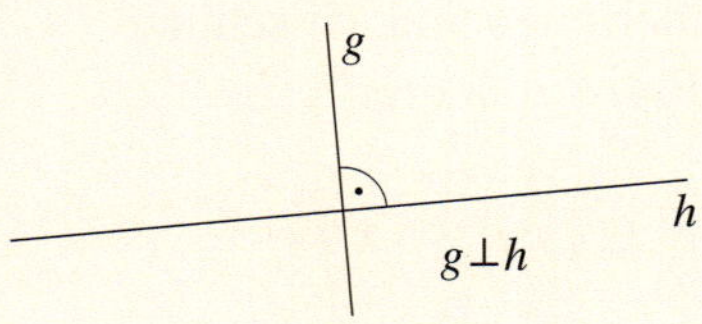

Merke Geraden k und l, deren Abstand zueinander überall gleich bleibt, sind **parallel zueinander**, kurz: $k \parallel l$.

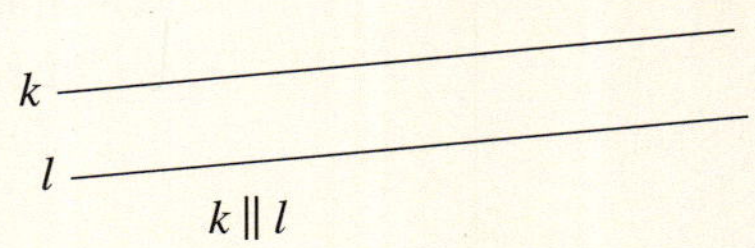

Üben und anwenden

1 Verschiedene Linien
a) Entscheide und begründe, welche Linien gerade Linien sind.
b) Entscheide und begründe, welche Linien Strecken, Halbgeraden oder Geraden sind.
c) Stellt euch gegenseitig eine ähnliche Aufgabe.

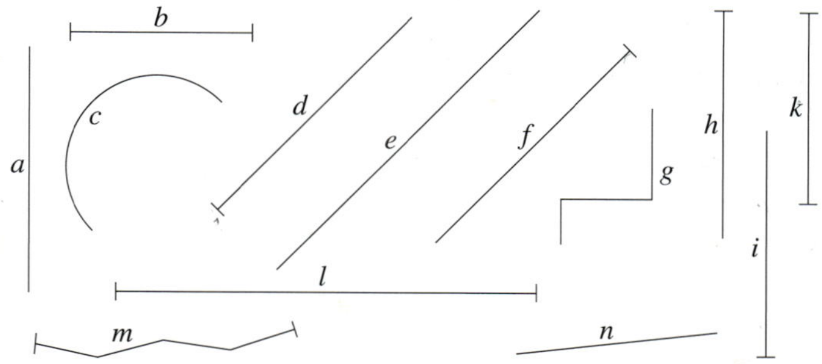

2 Schreibe alle Strecken auf, die du in der Figur siehst.
Beispiel
$\overline{AB}$; $\overline{AC}$; …

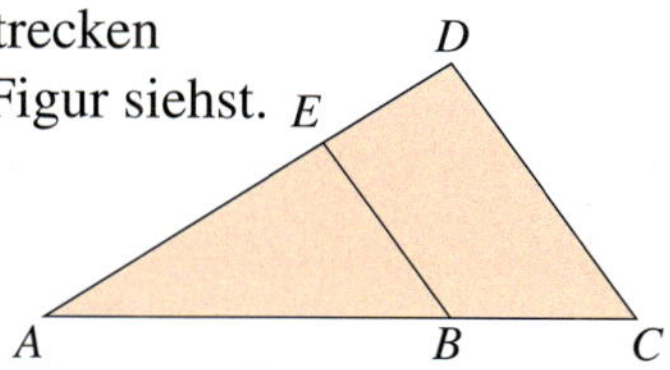

2 Wie viele Strecken und Geraden sind abgebildet?

3 Wie viele Zuspielstrecken vom Standpunkt *A* aus gibt es? Übertrage in dein Heft und zeichne die Strecken ein.

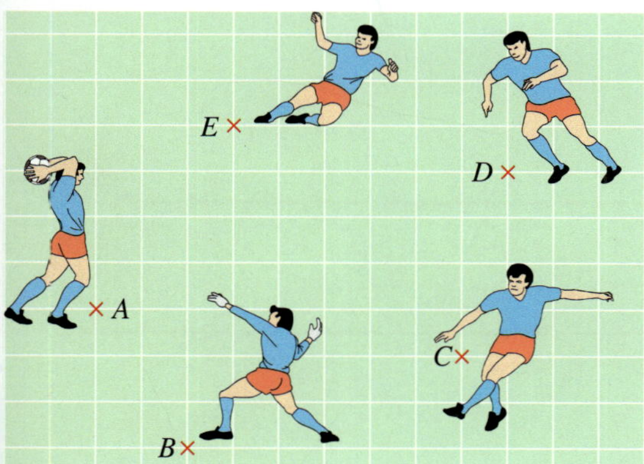

3 Übertrage die Punkte ins Heft. Zeichne zwischen ihnen alle möglichen Strecken ein.

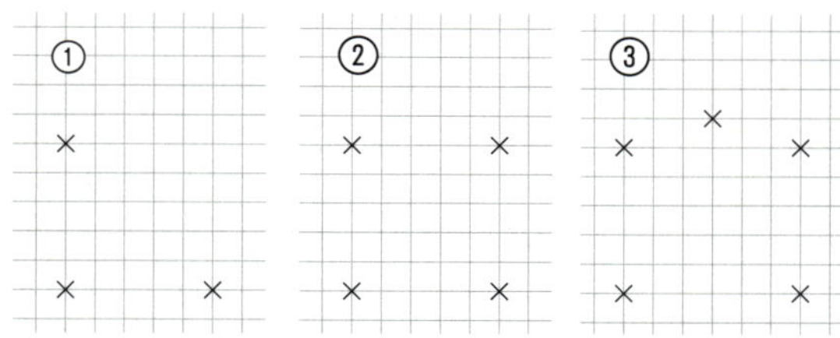

a) Wie viele Strecken sind es jeweils?
b) Wie viele Strecken sind es, wenn du sechs oder sieben Punkte hast?
c) Wie viele Strecken wären es bei zehn (20) Punkten?
Löse, ohne zu zeichnen.

4 Miss jeweils den Abstand des Punkts von der Geraden *g*.

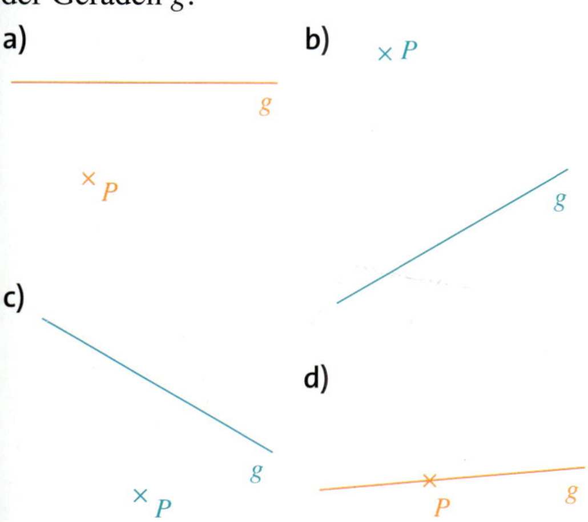

4 Welchen Abstand haben die Punkte von der Geraden?

Punkt	*A*	*B*	*C*	*D*	*E*
Abstand von *g*					

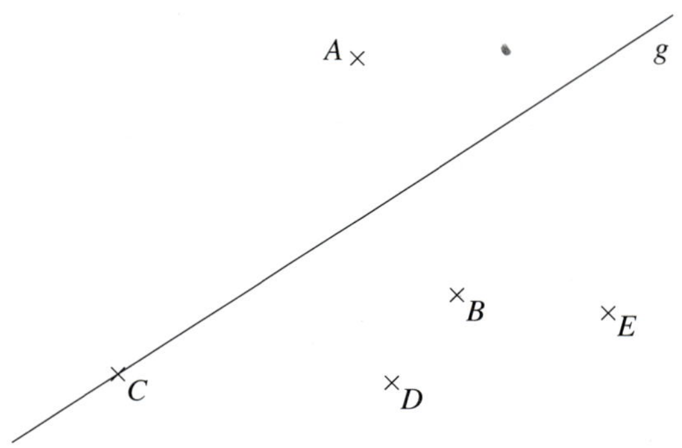

Methode: Parallele Linien erkennen und zeichnen

Durch Anlegen des Geodreiecks kannst du überprüfen, ob zwei Geraden parallel zueinander sind.
Die Geraden a und b sind parallel zueinander und haben einen Abstand von 3 cm.

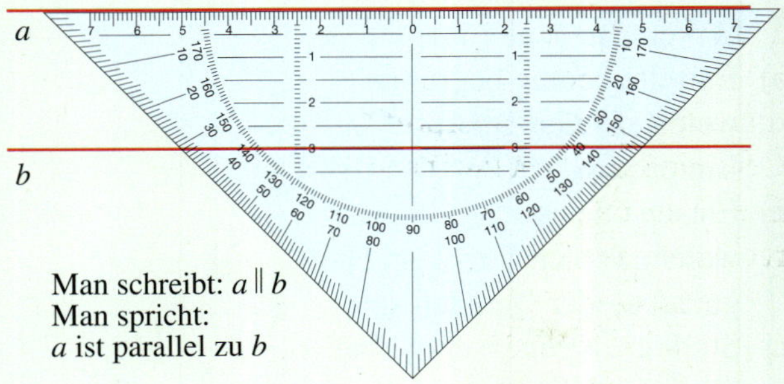

HINWEIS
Beachte beim Zeichnen Folgendes:
① *Geodreieck vollständig auflegen*
② *Geodreieck festhalten, sodass es nicht verrutscht*
③ *sauber an der Messkante entlang zeichnen*

Mit deinem Geodreieck kannst du auch selbst Parallelen zeichnen.
Hier wird eine Parallele zur Geraden g im Abstand von 1,5 cm gezeichnet.

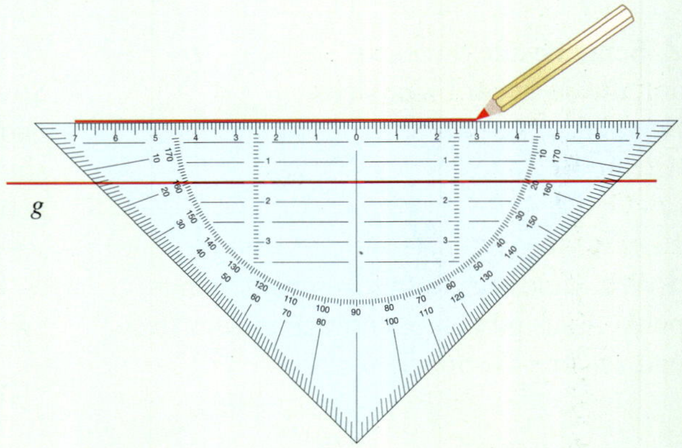

Bei diesem Beispiel wird eine Parallele zur Geraden f gezeichnet, die durch den Punkt P geht.

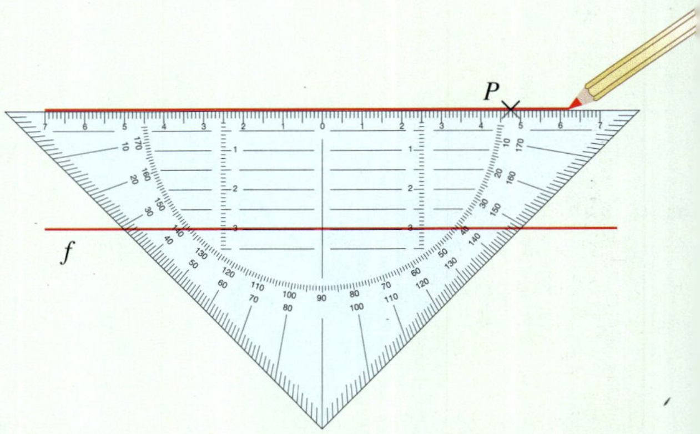

1 Überprüfe, ob die Geraden f, g, h und i zueinander parallel sind.

2 Übertrage ins Heft und zeichne Parallelen zu g und h durch die markierten Punkte.

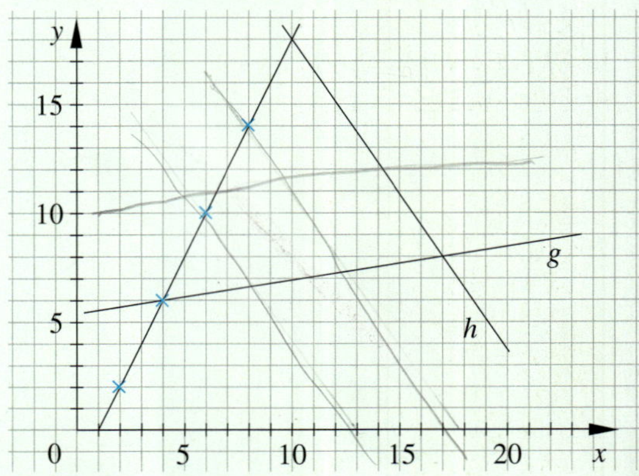

Methode: Senkrechte Linien erkennen und zeichnen

Du kannst durch Anlegen des Geodreiecks ebenfalls überprüfen, ob zwei Geraden senkrecht zueinander stehen. Die Geraden *a* und *b* stehen hier senkrecht aufeinander.

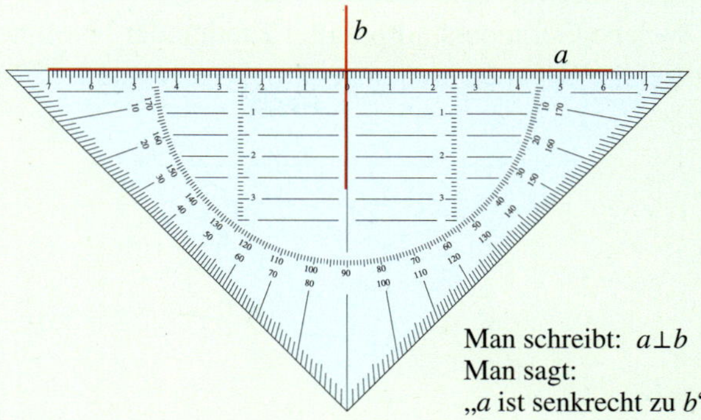

Man schreibt: $a \perp b$
Man sagt:
„*a* ist senkrecht zu *b*“

Mit deinem Geodreieck kannst du auch selbst eine Senkrechte zeichnen. Bei diesem Beispiel liegt der Punkt *P* auf der Geraden *g*.
Es wird eine Gerade durch *P* gezeichnet, die senkrecht zu *g* ist.

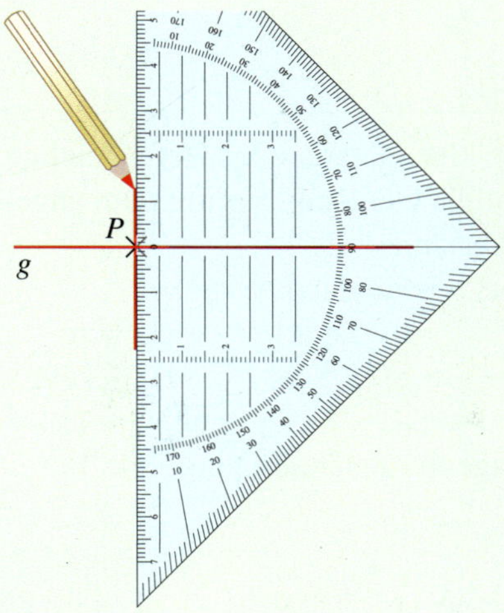

Hier liegt der Punkt *P* nicht auf der Geraden *g*. Auch hier wird durch *P* eine Gerade gezeichnet, die senkrecht zu *g* ist.

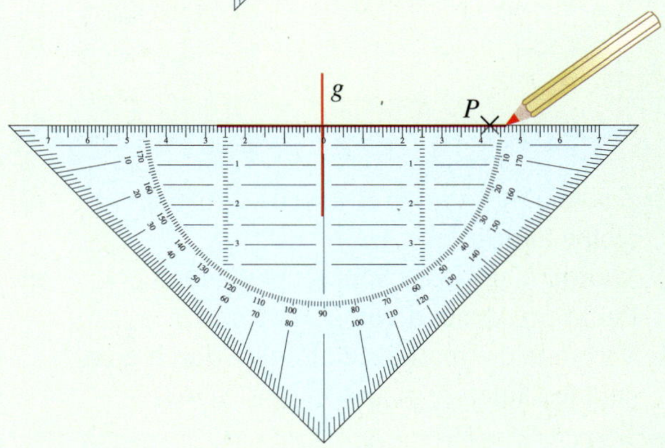

1 Überprüfe mit dem Geodreieck, welche Linien zueinander senkrecht stehen.

a) 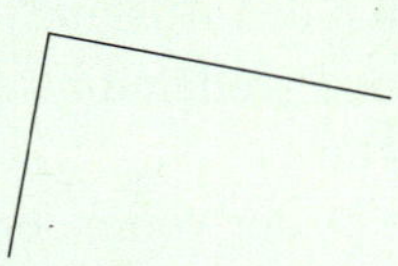

b) 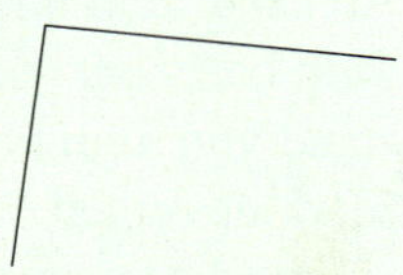

c) 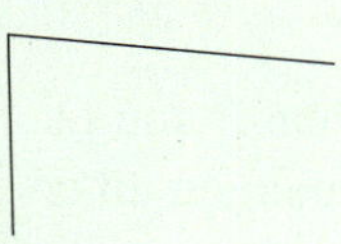

d) 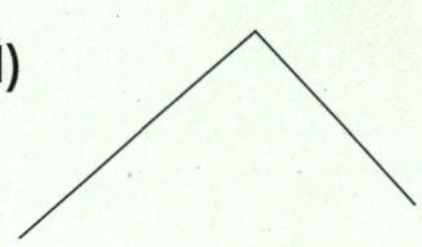

2 Übertrage ins Heft. Zeichne zu *g* senkrechte Geraden durch die Punkte *A*, *B*, *C* und *D*.

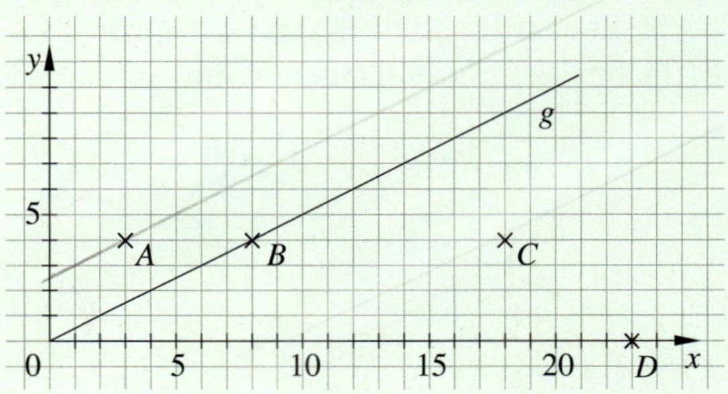

5 Überprüfe mit dem Geodreieck.

a) Welche Geraden sind parallel zueinander? Notiere die Ergebnisse in der Form $f_1 \parallel$ ▒.

b) Welche Geraden stehen senkrecht aufeinander? Notiere die Ergebnisse in der Form $h_1 \perp$ ▒.

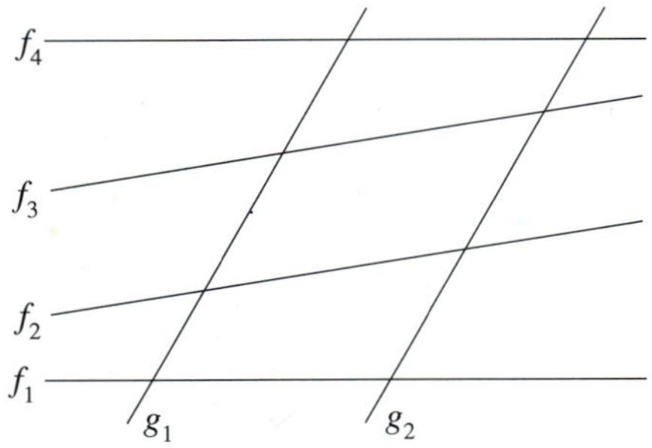

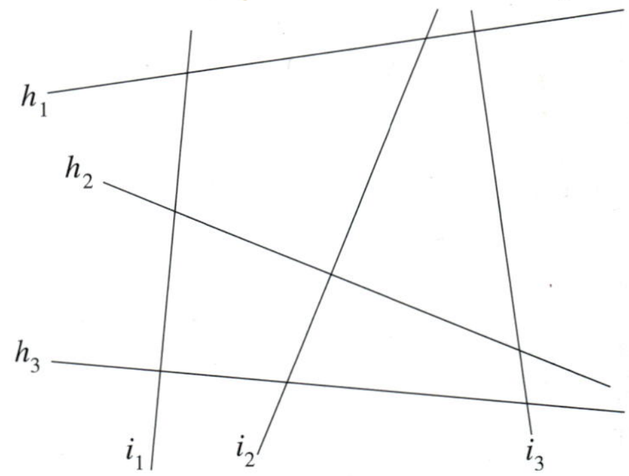

6 Zeichne eine Gerade g ins Heft. Zeichne sechs parallele Geraden zu g mit dem angegebenen Abstand.
Beschreibe, wie du dabei vorgehst.

a) 2 cm b) 5 cm c) 1 cm
d) 2,5 cm e) 3,5 cm f) 4,1 cm

6 Zeichne eine Gerade g ins Heft.

a) Zeichne die Punkte A bis D im jeweils angegebenen Abstand zu g:
A (3 cm); B (4 cm); C (2,5 cm); D (2,3 cm)

b) Zeichne durch die Punkte A, B, C und D jeweils die Parallele zu g.

7 Übertrage die Zeichnung ins Heft.

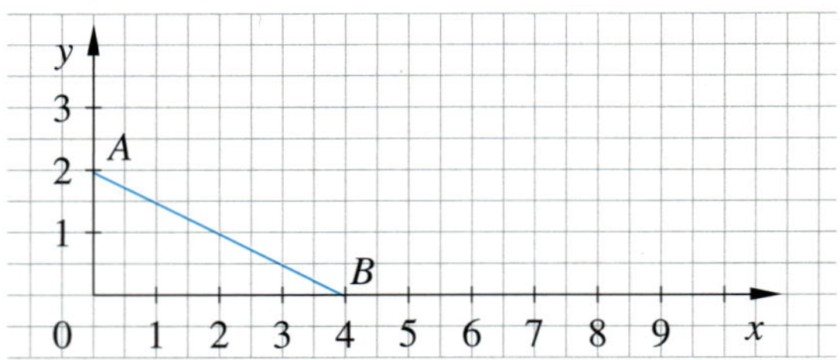

a) Zeichne in A und in B jeweils die Senkrechte zur Strecke $\overline{AB}$.

b) Markiere auf jeder Senkrechten einen Punkt im Abstand von 2,5 cm zu $\overline{AB}$.

c) Verbinde die markierten Punkte durch eine gerade Linie.

7 Zeichne ein Koordinatensystem.

a) Markiere die Punkte $P(1|1{,}5)$ und $Q(4|0{,}5)$ und zeichne durch P und Q die Gerade.

b) Geht die Gerade durch die Punkte $(0|2)$ und $(5|0)$?

c) Zeichne in den Punkten P und Q jeweils die Senkrechte zu $\overline{PQ}$.

d) Markiere auf jeder Senkrechten einen Punkt im Abstand von 1,5 cm zu $\overline{PQ}$.

e) Zeichne die Gerade durch die markierten Punkte. In welchen Punkten trifft die Gerade auf die Achsen des Koordinatensystems? Gib ihre Koordinaten an.

8 Hier sind mehrere Vierecke dargestellt.

a) Überlegt zu zweit, wie viele Strecken ihr messen könnt.
Stellt euer Ergebnis in der Klasse vor.

b) Gebt alle Streckenlängen in mm an.

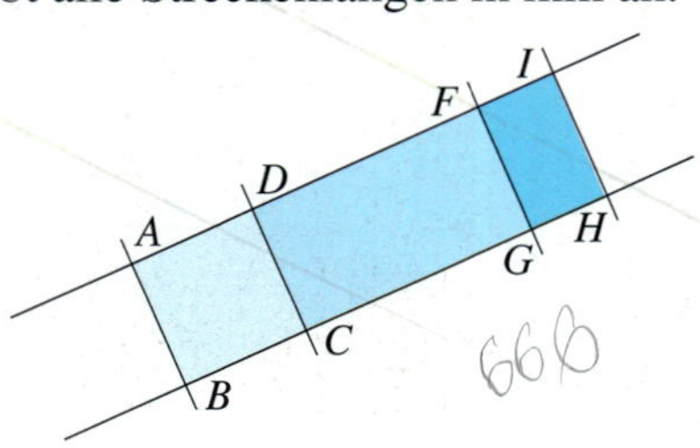

8 Zeichne zwei zueinander senkrechte Geraden a und b.

a) Markiere einen Punkt P, der von a den Abstand 3 cm und von b den Abstand 4 cm hat. *Tipp*: Zeichne Parallelen im Abstand von 3 cm bzw. 4 cm.

b) Markiere einen Punkt Q, der von a den Abstand 4 cm und von b den Abstand 3 cm hat.

c) Miss den Abstand zwischen P und Q.

d) Vergleicht eure Zeichnungen untereinander.

Achsensymmetrische Figuren

Entdecken

1 Beschreibt, was euch in den drei Bildern auffällt.
Was unterscheidet sie? Was haben sie gemeinsam?

①

②

③

2 Klaus Heie schreibt seinen Namen in Druckbuchstaben auf sein Heft. Er hat einen Spiegel dabei und experimentiert damit.

a) Beschreibe, was dir in der Abbildung auffällt.
b) Mache das gleiche Experiment mit deinem eignen Vornamen und Nachnamen.
c) Gibt es Buchstaben, die sich im Spiegel einfacher lesen lassen als andere?
Woran liegt das?

3 Auch ohne einen Spiegel lassen sich Spiegelbilder herstellen.

a) Falte ein Blatt Papier in der Mitte.
Zeichne die halbe Figur auf eine Papierhälfte.
Achte darauf, dass die Figur an der Faltlinie beginnt und endet.
b) Schneide entlang der Linie der halben Figur. Worauf musst du achten, damit das Ergebnis exakt wird?
Präsentiere das Ergebnis in der Klasse.

4 Für den Schulgarten hat sich die Klasse 5 a etwas besonderes ausgedacht. Sie will ein kreisförmiges Beet anlegen.

a) Schreibt zu zweit auf, wie man dabei vorgehen kann. Ihr könnt die verschiedenen Vorschläge auf dem Schulhof ausprobieren.
b) Sammelt unterschiedliche Vorschläge in der Klasse.
Ist das Ergebnis immer ein Kreis?

Verstehen

Auf dem Weg zur Schule begegnen Jannis viele verschiedene Verkehrszeichen, z. B. das Schild „Achtung Fahrbahnverengung“.

Ihm fällt auf, dass das Zeichen durch eine Gerade g in zwei gleichartige Hälften geteilt werden kann.
Stellt man einen Spiegel auf die Gerade g, so ergänzt das Spiegelbild die eine Hälfte des Verkehrszeichens.

Die Gerade g wird auch **Symmetrieachse** genannt.

Merke Eine Figur mit mindestens einer **Symmetrieachse** nennt man **achsensymmetrisch**.

Beispiel 1

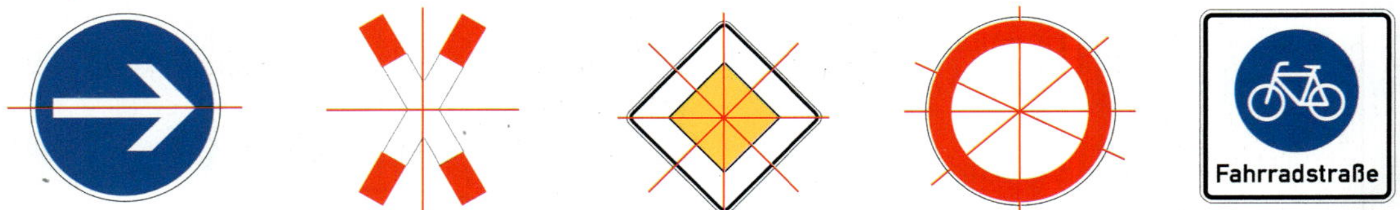

1 Symmetrieachse | 2 Symmetrieachsen | 4 Symmetrieachsen | beliebig viele Symmetrieachsen | keine Symmetrieachse

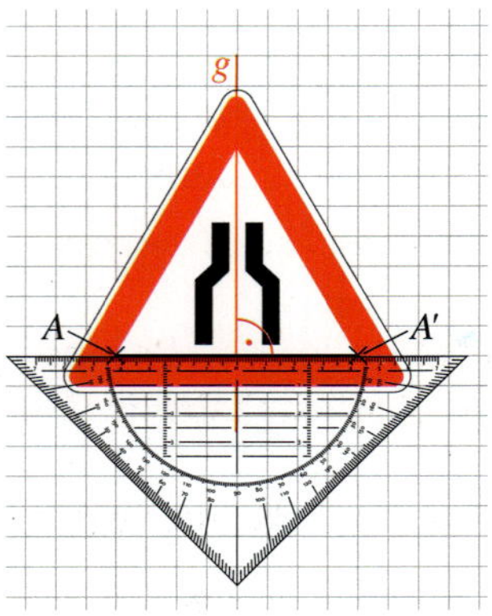

Bei einer Achsenspiegelung gibt es zu jedem **Originalpunkt** A auf der einen Seite der Spiegelachse einen **Bildpunkt** A' (sprich: A Strich) auf der anderen Seite der Achse.

Merke Eine **Achsenspiegelung** hat folgende Eigenschaften:
- Originalpunkt und Bildpunkt haben denselben Abstand zur Spiegelachse.
- Liegt ein Originalpunkt genau auf der Spiegelachse, dann ist dieser gleichzeitig auch Bildpunkt.
- Die Verbindungsstrecke von Originalpunkt und Bildpunkt steht senkrecht auf der Spiegelachse.

Beispiel 2

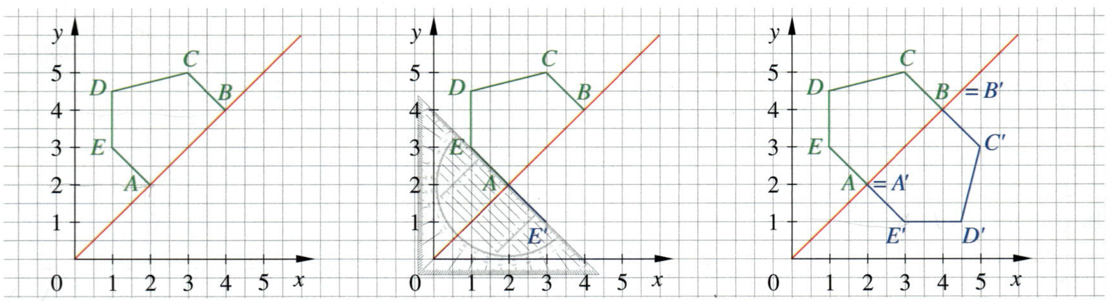

Üben und anwenden

1 Entscheide, ob die Figur achsensymmetrisch ist. Zeichne sie ab und schneide sie aus. Trage mögliche Symmetrieachsen ein und überprüfe durch Falten an der Symmetrieachse.

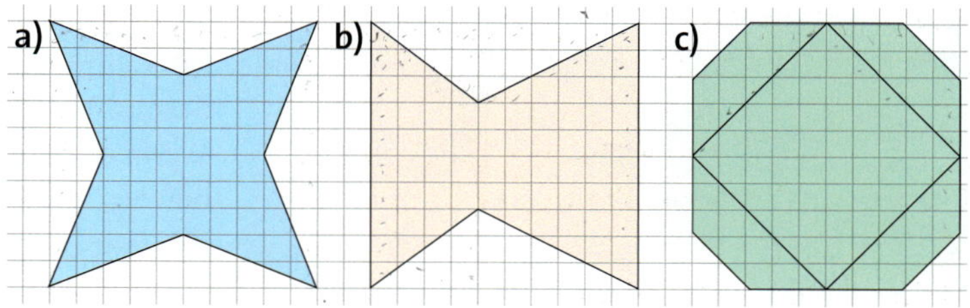

2 Welche Verkehrsschilder sind achsensymmetrisch?
Bestimme für jede Figur alle Symmetrieachsen.

3 Übertrage die Figuren, die eine Symmetrieachse haben, ins Heft.
Zeichne alle Symmetrieachsen ein.

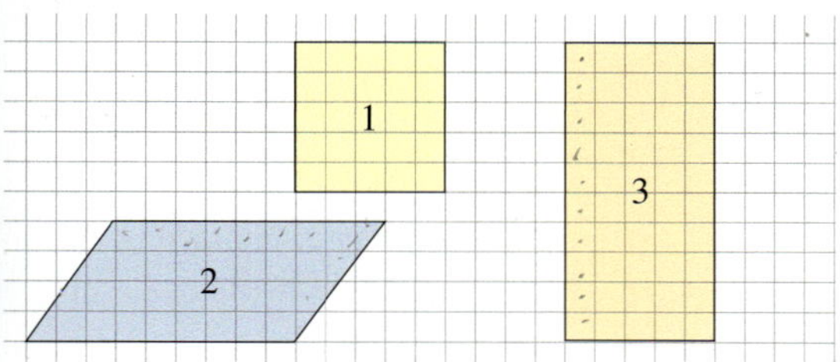

3 Übertrage die Figuren, die eine Symmetrieachse haben, ins Heft.
Zeichne alle Symmetrieachsen ein.

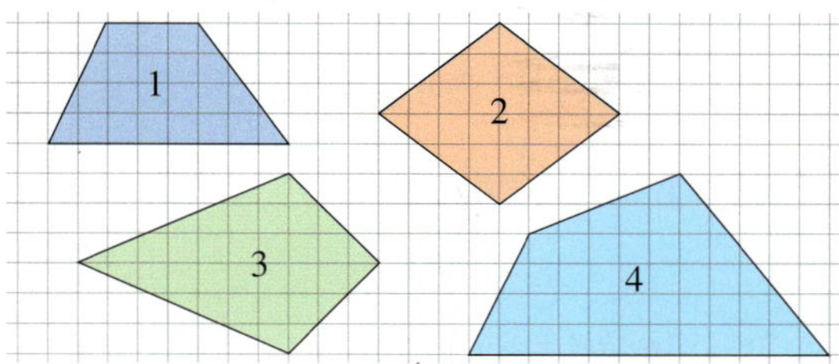

4 Ergänze die Figur zu einem achsensymmetrischen Haus.

a) Übertrage das halbe Haus ins Heft und benenne die Eckpunkte der Figur mit A bis D.
b) Gib nach der Spiegelung an der Geraden g die Koordinaten aller Punkte an.
c) Ergänze eine Tür: Zeichne die Punkte $S(6{,}5|0)$ und $T(6{,}5|1)$ ein und spiegele sie an g. Verbinde S, T, T' und S'.
Welche Koordinaten haben T' und S'?

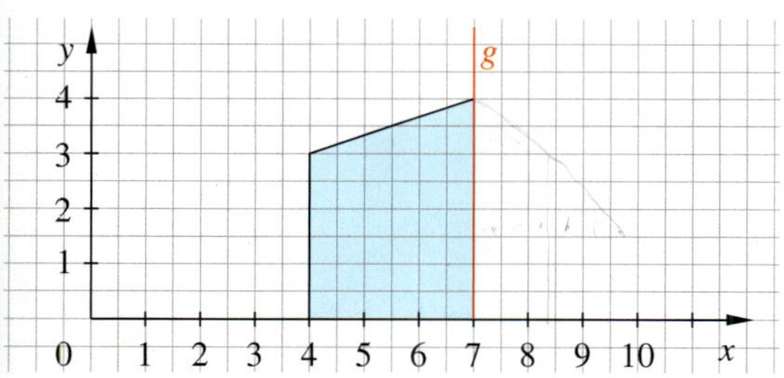

4 Ergänze die Figur zu einem achsensymmetrischen Stern.

a) Übertrage die Zeichnung in dein Heft und lege die Symmetrieachse durch die Punkte I und D.
b) Welche Koordinaten haben die vier fehlenden Punkte?

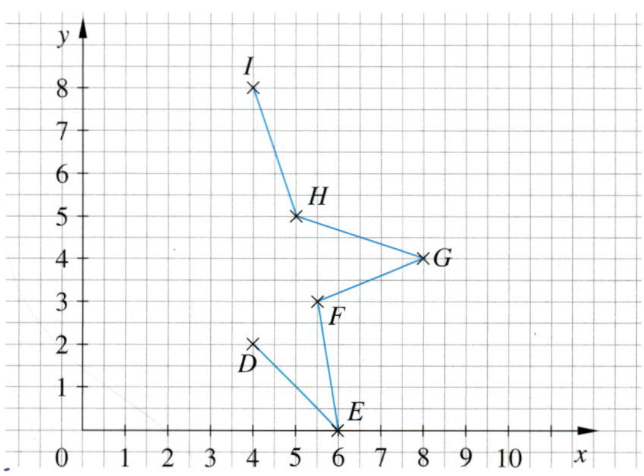

Methode: Kreise erkennen und zeichnen

Der Platzwart markiert den Mittelkreis des Fußballfeldes mithilfe von einem Pflock, einer Schnur und einem Kreidewagen.
Wenn er den Kreidewagen so um den Pflock bewegt, dass die Schnur gespannt bleibt, entsteht ein Kreis.
Im Heft werden Kreise mit einem Zirkel gezeichnet.

NACHGEDACHT
Nenne verschiedene Hilfsmittel, mit denen man Kreise zeichnen kann.

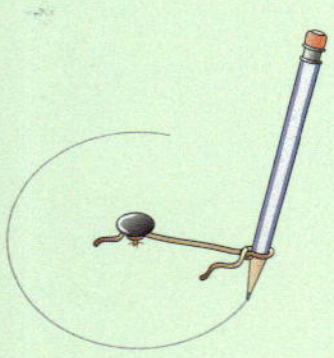

Alle Punkte eines Kreises sind gleich weit entfernt vom **Mittelpunkt M**.
Der **Durchmesser d** ist doppelt so lang wie der **Radius r**.

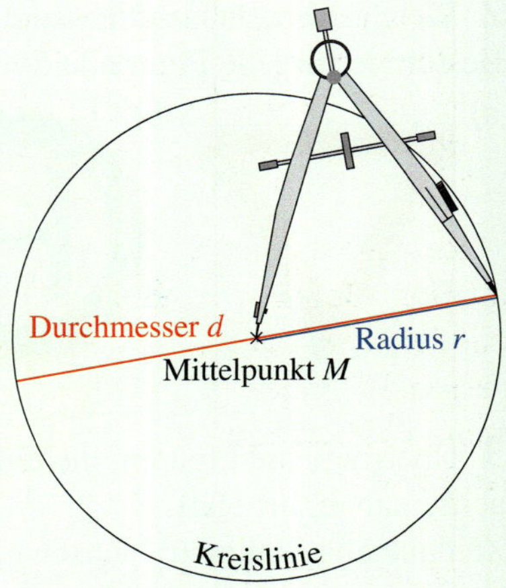

So arbeitest du mit dem Zirkel:

① Markiere den Mittelpunkt M im Heft.

× M

② Stelle am Zirkel den Radius ein.
Ein Lineal hilft dabei.

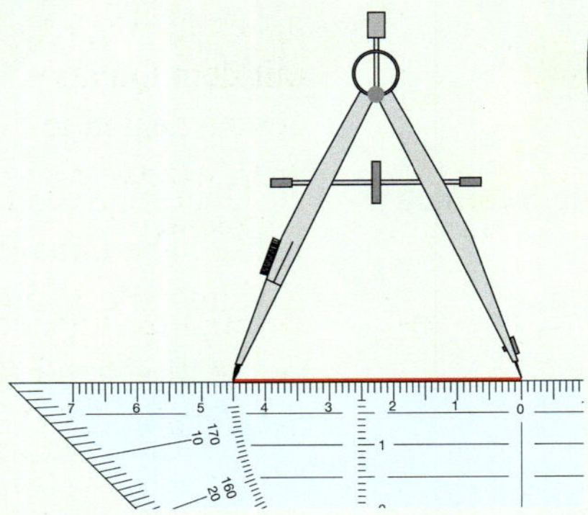

③ Stich im Mittelpunkt M die Metallspitze des Zirkels ein.
Zeichne die Kreislinie, indem du den Zirkel am Zirkelgriff drehst.
Achte darauf, dass du den Zirkel aufrecht hältst.

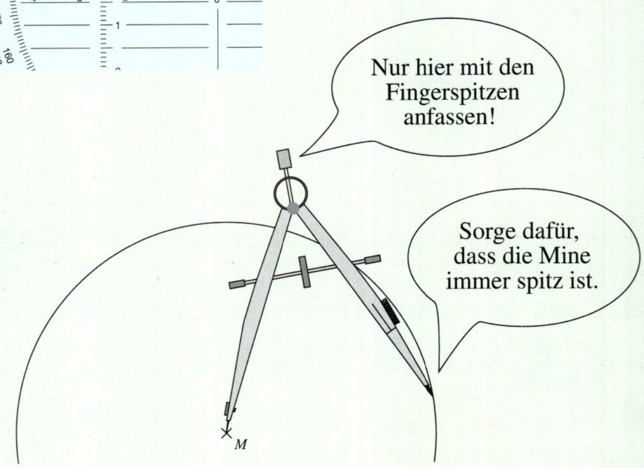

1 Zeichne die Figuren ins Heft. Beschreibe, wie du dabei vorgehst.

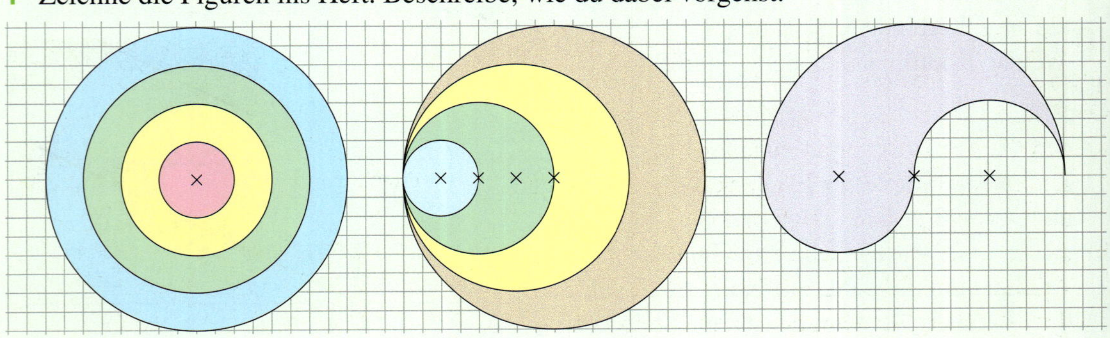

5 Zeichne die Kreise ins Heft. Gib jeweils den Durchmesser an.

a) $r = 3\,\text{cm}$ b) $r = 4\,\text{cm}$
c) $r = 5{,}5\,\text{cm}$ d) $r = 1\,\text{cm}$
e) $r = 20\,\text{mm}$ f) $r = 2{,}7\,\text{cm}$

5 Zeichne sechs Kreise in dein Heft mit den folgenden Bedingungen:

① Zwei Kreise haben denselben Mittelpunkt.
② Zwei Kreise schneiden sich.
③ Zwei Kreise berühren sich in einem Punkt.

6 Zeichne ein Koordinatensystem mit 16 Einheiten auf der x-Achse und 10 Einheiten auf der y-Achse ins Heft (1 Einheit = 1 cm).

a) Miss den Radius in der Randspalte.
b) Zeichne um die Punkte $A(3|7)$, $B(5|3)$, $C(7|7)$, $D(9|3)$ und $E(11|7)$ jeweils den Kreis mit dem gemessenen Radius.

6 Zeichne ein Koordinatensystem.

a) Trage den Mittelpunkt $M(7|8)$ und den Punkt $P(13|8)$ in das Koordinatensystem ein. Zeichne um M den Kreis, der durch P verläuft.
b) Nenne die Koordinaten von drei weiteren Punkten, die auf dem Kreis liegen.

ZU AUFGABE 6

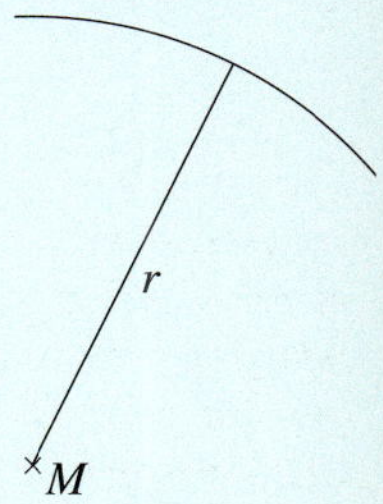

7 Zeichne die Figur ins Heft. Beginne mit dem Quadrat, dessen Seiten jeweils 10 Kästchen lang sind.

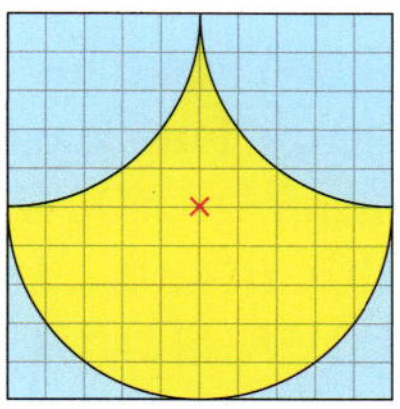

7 Zeichne die Figur ins Heft. Beginne mit dem Quadrat, dessen Seiten jeweils 10 Kästchen lang sind.

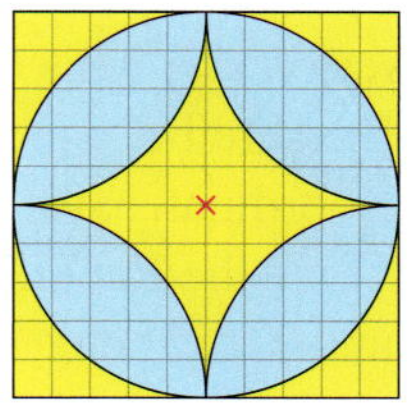

8 Ergänze im Heft jeweils zu einer achsensymmetrischen Figur.
Beschreibe dein Vorgehen.

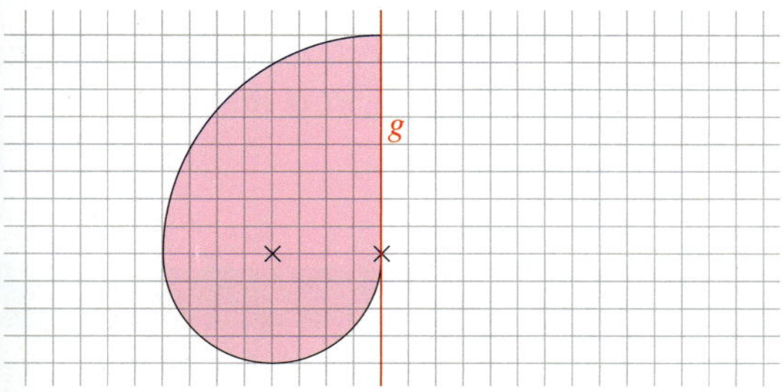

8 Ergänze im Heft jeweils zu einer achsensymmetrischen Figur.
Beschreibe dein Vorgehen.

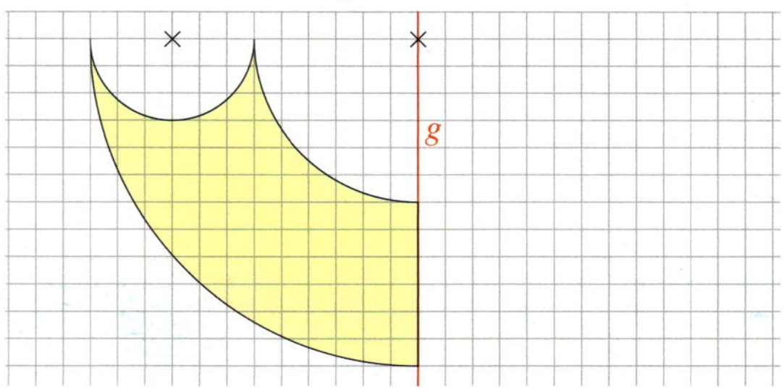

9 Miss jeweils Radius und Durchmesser.

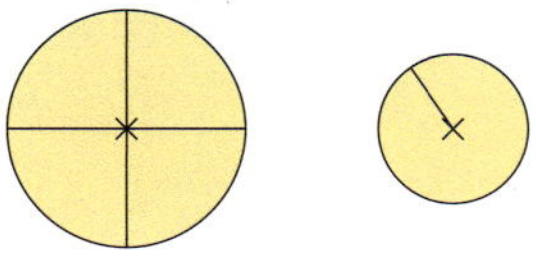

9 Zeichne die Strecke $\overline{MA} = 3\,\text{cm}$ in dein Heft. Zeichne den Kreis um den Punkt M, der durch den Punkt A geht.
Wie groß ist der Durchmesser des Kreises? Begründe.

HINWEIS
Du kannst Kreise auch mit dem Computer zeichnen. Wie, erfährst du auf S. 175.

10 Eine Ziege ist an einen Pflock in der Mitte eines quadratischen Gartens angebunden.
Die Leine ist gerade so lang, dass die Ziege …

a) den Garten nicht verlassen kann.
Zeichne und färbe die Flächen, welche die Ziege nicht erreichen kann, blau ein.
b) die gesamte Rasenfläche erreichen kann.
Zeichne und färbe die Flächen, welche die Ziege in den Nachbargärten abgrasen kann, gelb ein.

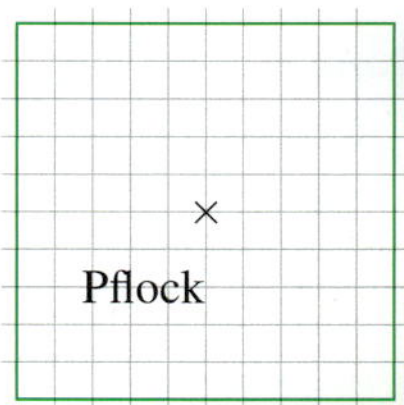

Klar so weit?

→ Seite 58

Das Koordinatensystem

1 Gib die fehlenden Koordinaten im Heft an.

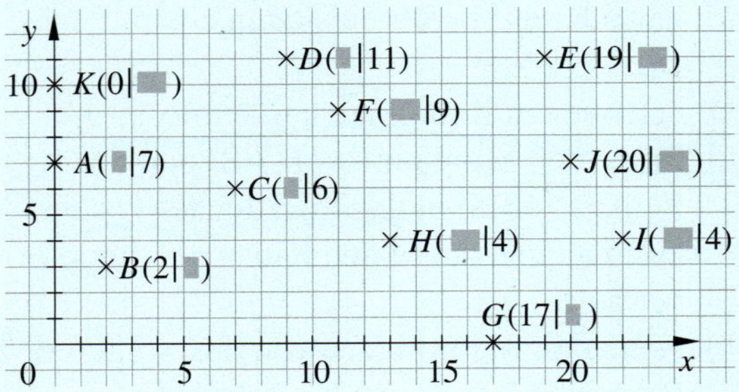

1 Gib jeweils die Koordinaten der Punkte an.

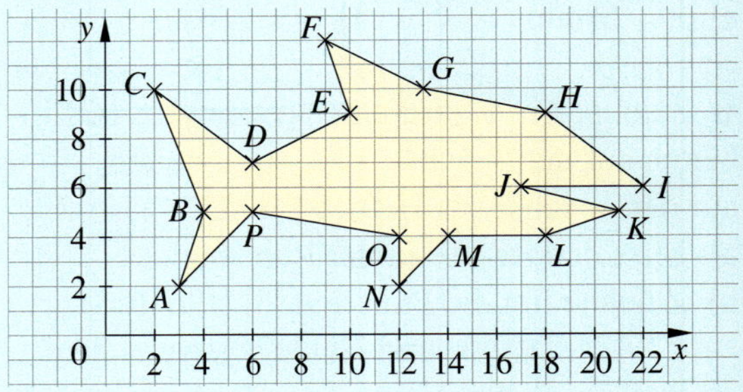

2 Zeichne ein Koordinatensystem mit x- und y-Werten von 0 bis 6.

a) Beschreibe, wie man den Punkt $P(1|1)$ ins Koordinatensystem einträgt.

b) Trage die Punkte $Q(2|2)$, $R(3|3)$, $S(4|4)$ und $T(5|5)$ ein. Was fällt dir auf?

2 Zeichne ein Koordinatensystem mit x- und y-Werten von 0 bis 10.
Trage die Punkte ein und verbinde sie in der Reihenfolge *ADCGFEBA*.
$A(2|0)$, $B(4|0)$, $C(0|2)$, $D(2|2)$, $E(4|2)$, $F(6|2)$, $G(3|7)$

3 Übertrage die Punkte in jeweils ein Koordinatensystem und verbinde sie. Verschiebe jeden Punkt zwei Einheiten nach rechts und zwei Einheiten nach unten. Erhältst du dieselbe Figur?

a) $A(6|3)$; $B(6|5)$; $C(2|3)$

b) $A(1|6)$; $B(3|2)$; $C(5|6)$; $D(3|4)$

3 Übertrage die Punkte ins Heft und verbinde sie. Verschiebe jeden Punkt fünf Einheiten nach rechts und zwei Einheiten nach oben. Erhältst du dieselbe Figur?

a) $A(1|6)$; $B(3|2)$; $C(5|6)$; $D(3|4)$

b) $E(3|1)$; $F(6|1)$; $G(8|3)$; $H(6|5)$; $I(3|5)$; $J(1|3)$

→ Seite 62

Gerade Linien

4 Beschreibe, wo im Bild Parallele und Senkrechte sind.

5 Bestimme den Abstand der Parallelen g und h.

a)

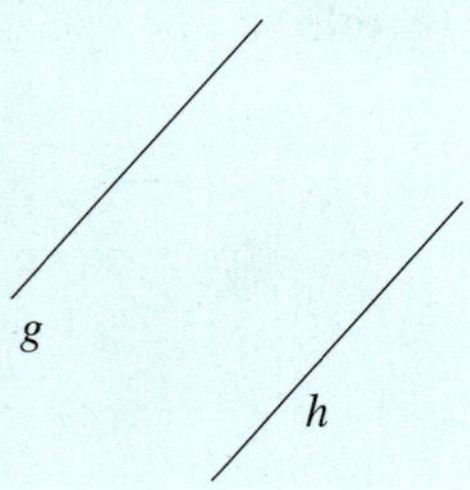

b)

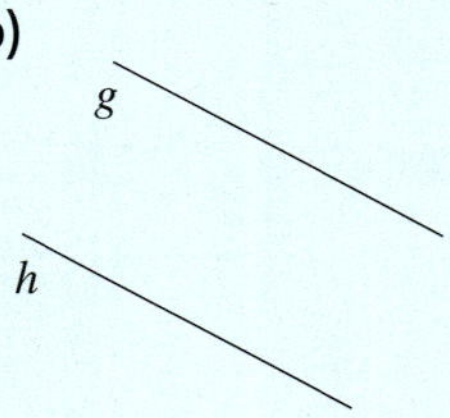

c)

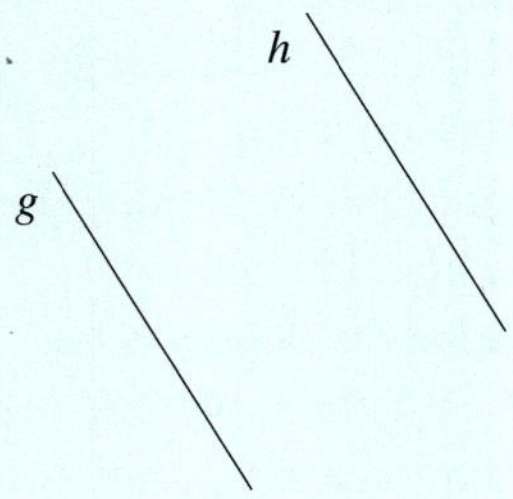

d)

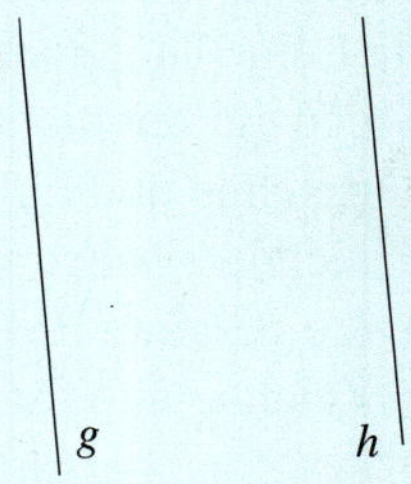

6 Übertrage das Muster ins Heft.
Markiere je zwei zueinander …
a) parallele Linien (rot).
b) senkrechte Linien (⊾).

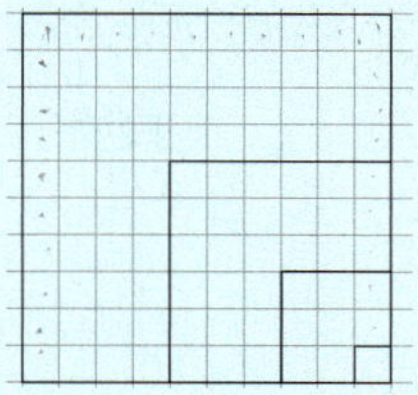

6 Zeichne das Muster vergrößert ins Heft.
Markiere je zwei zueinander …
a) parallele Linien (rot).
b) senkrechte Linien (⊾).

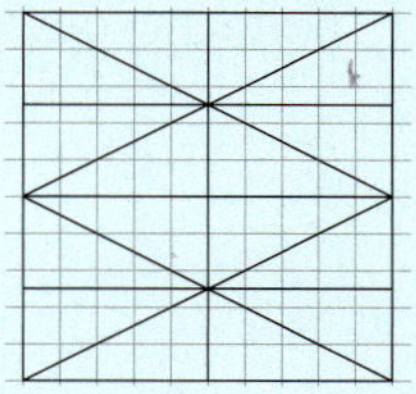

7 Zeichne zwei Geraden g und h in dein Heft. Zeichne zu jeder Geraden zwei Parallelen und zwei Senkrechte.

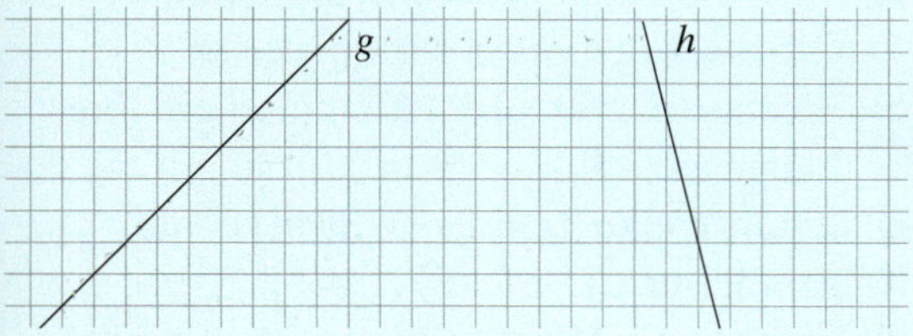

7 Übertrage die Zeichnung ins Heft.
Zeichne zu jeder Geraden eine Parallele durch den Punkt P und eine Senkrechte durch den Punkt Q.

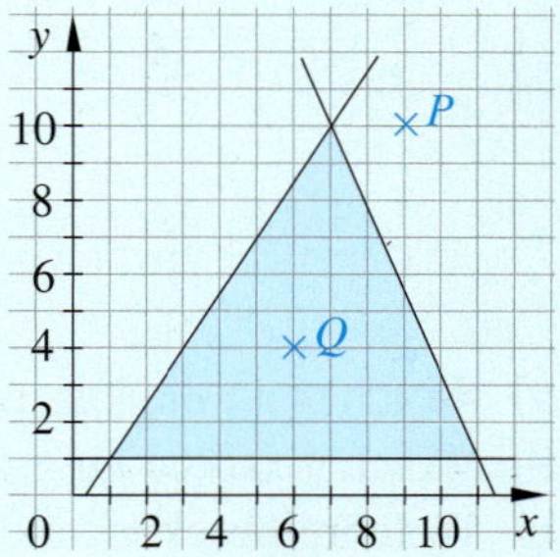

Achsensymmetrische Figuren

→ Seite 68

8 Übertrage die Figuren ins Heft und ergänze sie zu achsensymmetrischen Figuren.

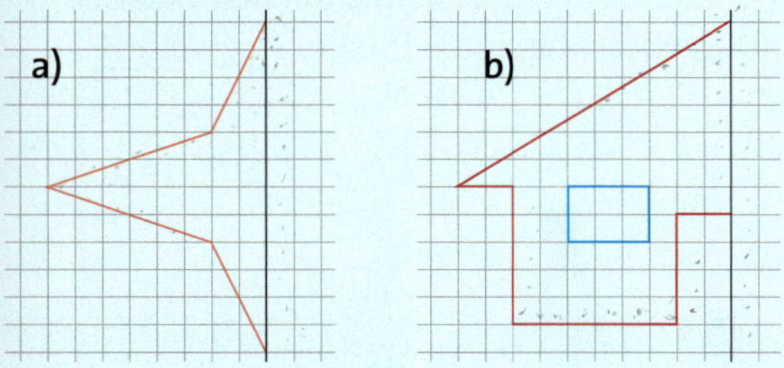

8 Übertrage die Figuren ins Heft und ergänze sie zu achsensymmetrischen Figuren.

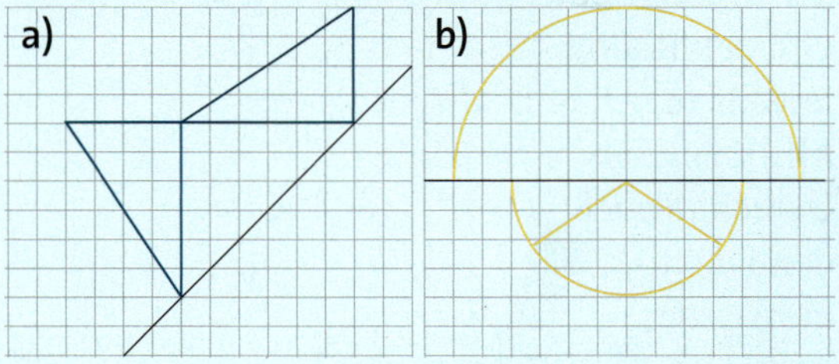

9 Die angegebenen Punkte sind die Eckpunkte einer Figur.
Verwende die Gerade durch D und E als Symmetrieachse und ergänze zu einer achsensymmetrischen Figur.
Gib die Anzahl der Eckpunkte an.
a) $A(1|2)$, $B(5|3)$, $C(3|6)$, $D(7|4)$, $E(7|8)$
b) $A(3|3)$, $B(8|1)$, $C(6|8)$, $D(5|1)$, $E(5|9)$

9 Zeichne eine Figur mit den folgenden Eckpunkten. Ergänze sie zu einer achsensymmetrischen Figur durch Spiegelung an der Geraden durch E und F.
a) $A(7|1)$, $B(9|4)$, $C(6|6)$, $D(3|3)$, $E(3|7)$, $F(10|7)$
b) $A(10|2)$, $B(12|4)$, $C(10|8)$, $D(8|4)$, $E(6|1)$, $F(6|7)$

10 Spiegele die Figur jeweils an der Spiegelachse.

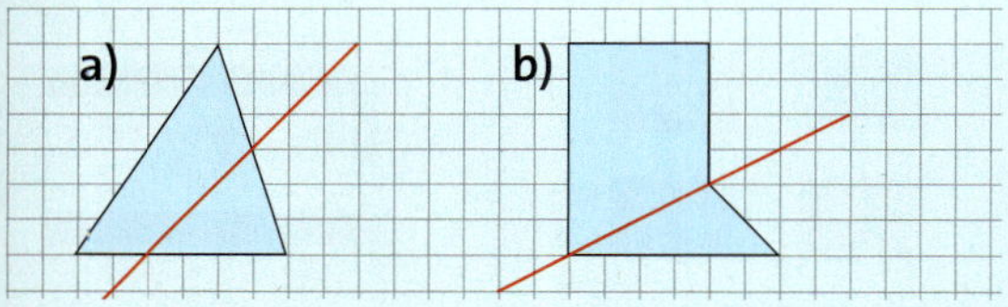

10 Spiegele die Figur jeweils an der Spiegelachse.

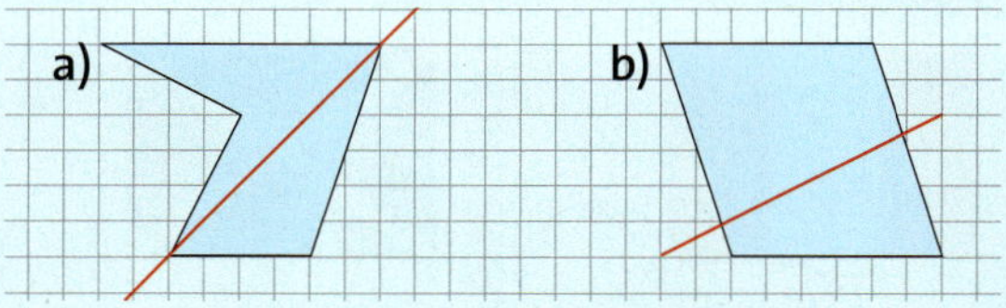

Vermischte Übungen

1 Betrachte die Strecken.

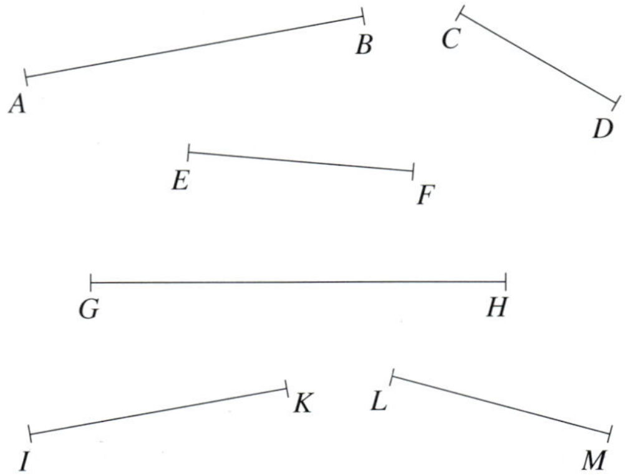

a) Welches ist die kürzeste Strecke?
b) Welches ist die längste Strecke?
c) Welche Strecken sind gleich lang?
d) Zeichne Strecken mit der Länge 2,5 cm; 6 cm und 1 dm.
e) Zeichne eine Halbgerade, die in einem Punkt P beginnt.

2 Miss die Länge der Radien um den Mittelpunkt M. Gib den Radius jeweils in Millimeter an. Berechne auch den Durchmesser der Kreise.

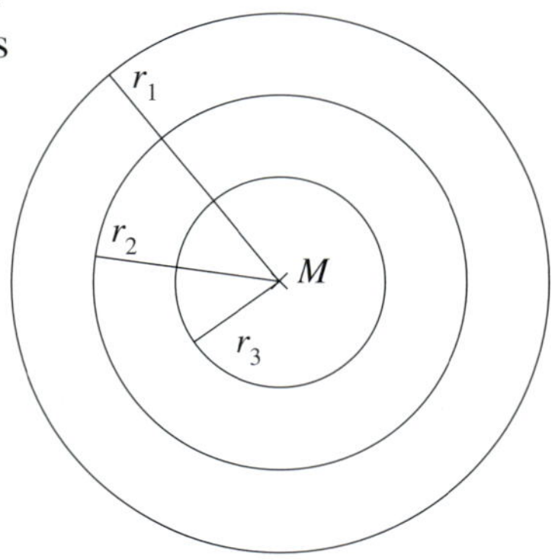

3 Zeichne eine Gerade g und im Abstand von 4 cm zu g einen Punkt P. Zeichne durch P die Senkrechte und die Parallele zu g.

1 Übertrage die Strecken ins Heft.

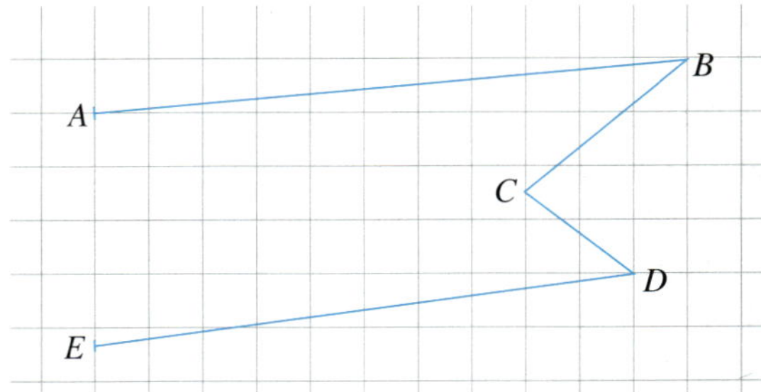

a) Miss die Länge jeder Strecke. Gib das Ergebnis in Millimeter an.
b) Zeichne die Strecke $\overline{AE}$ ein und gib ihre Länge an.
c) Ergänze eine 3 cm lange Strecke, die parallel zu $\overline{CD}$ ist.
d) Zeichne eine Senkrechte auf die Strecke $\overline{AB}$.
e) Zeichne eine Halbgerade, die im Punkt A beginnt und durch den Punkt D geht.

2 Übertrage das Koordinatensystem mit den Punkten ins Heft. Zeichne um den Punkt M je einen Kreis durch die Punkte P, Q und R.

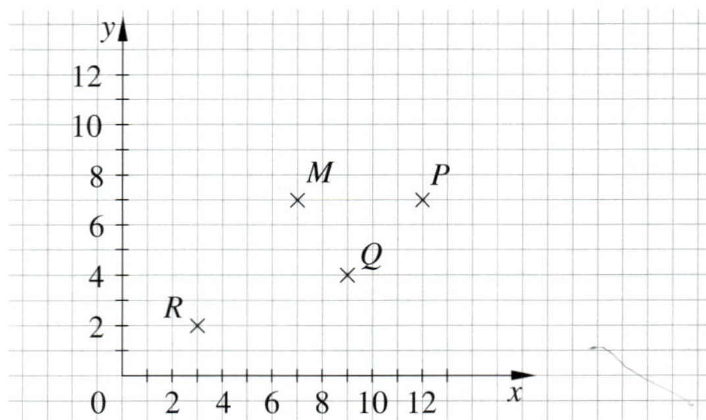

3 Zeichne eine Gerade g und im Abstand von 4 cm die Punkte P und Q. Zeichne durch P und Q die Senkrechten und Parallelen zu g.

ZUM WEITERARBEITEN
Miss den Durchmesser aller Cent- und Euro-Münzen. Sortiere die Durchmesser von klein nach groß. Was fällt dir auf?

4 Wie viele Symmetrieachsen haben die Flaggen? Beschreibe, woran du das erkennst. Wähle eine der vier Flaggen aus. Übertrage die Flagge in dein Heft und zeichne alle Symmetrieachsen ein.

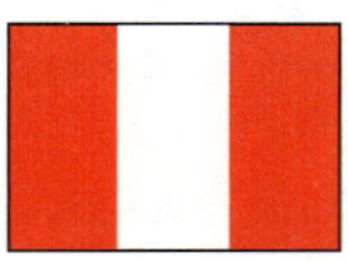
Peru

Jamaika

Dominikan. Republik

Israel

5 Zeichne ein Koordinatensystem und trage die Punkte $A(1|5)$, $B(6|4)$, $C(8|6)$, $D(3|7)$ ein. Das Spiegelbild von C ist $C'(9|7)$.

a) Verbinde die Punkte A, B, C und D zum Viereck $ABCD$.

b) Die Spiegelachse g verläuft durch die Punkte $E(7|8)$ und $F(10|5)$. Spiegele $ABCD$ an g.

c) Gib die Koordinaten der Bildpunkte A', B', C' und D' an.

6 Übertrage jede Figur ins Heft. Spiegele die Figur jeweils an beiden roten Spiegelachsen.

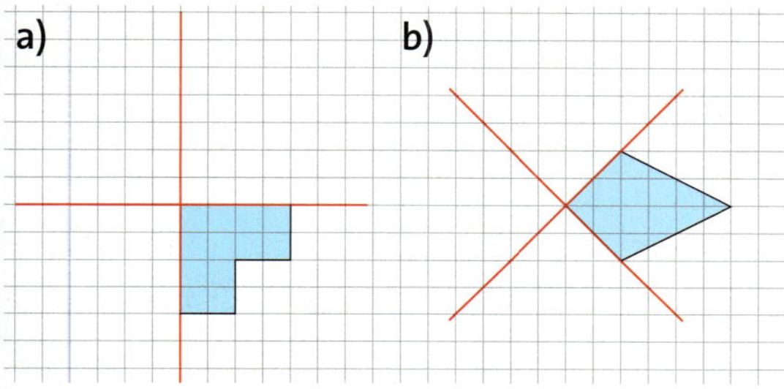

7 Übertrage das Dreieck mit den Eckpunkten A, B und C ins Heft.

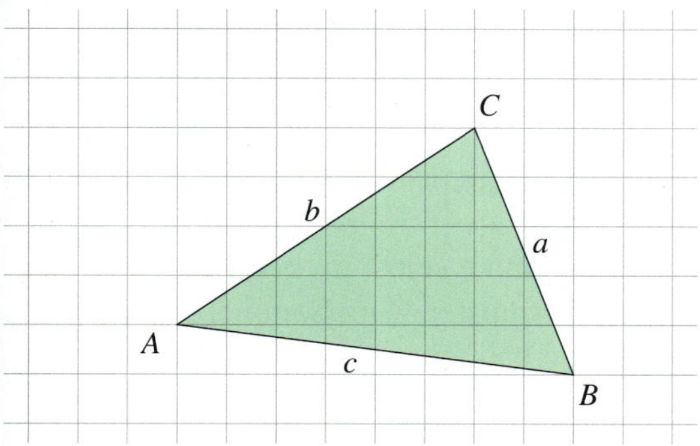

a) Zeichne zu jeder der Strecken a, b und c die Parallele durch den gegenüberliegenden Eckpunkt.

b) Beschreibe, wie du dabei vorgehst.

8 Erfinde zu der Schatzkarte eine spannende Geschichte. Trage die Geschichte in der Klasse vor.

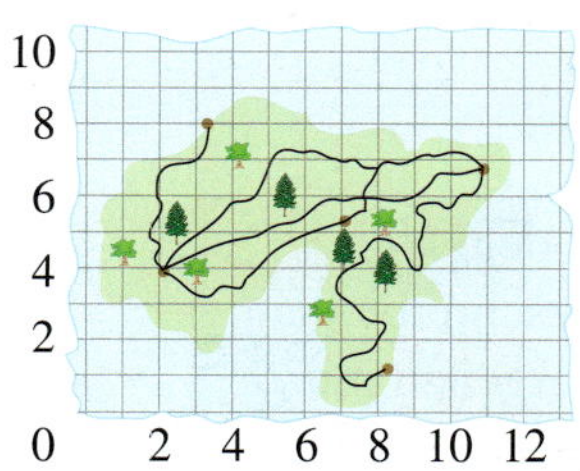

5 Folgende Koordinaten eines Vierecks sind bekannt: $A(1|3)$, $B(5|1)$, $C(7|4)$ und $D(5|6)$.

a) Zeichne $ABCD$ als Originalfigur in ein Koordinatensystem. Ist $ABCD$ eine achsensymmetrische Figur?

b) Die Spiegelachse g verläuft durch die Punkte $E(4|11)$ und $F(10|2)$. Spiegele $ABCD$ an g.

c) Wähle selbst eine zweite Spiegelachse und spiegle daran die Figur.

6 Übertrage jede Figur ins Heft. Spiegele die Figur jeweils an den roten Spiegelachsen.

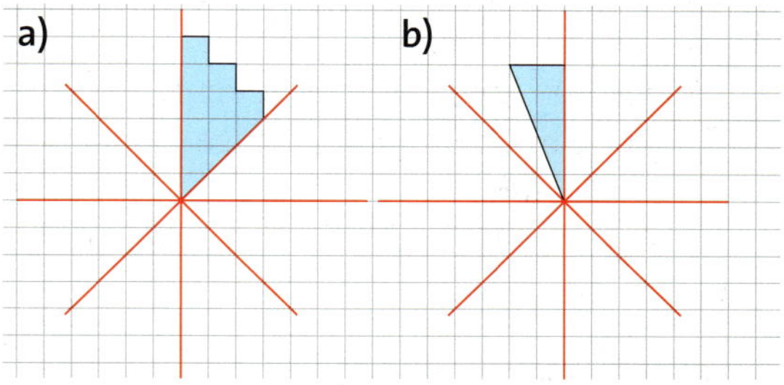

7 Übertrage die Punkte R, S und T ins Heft.

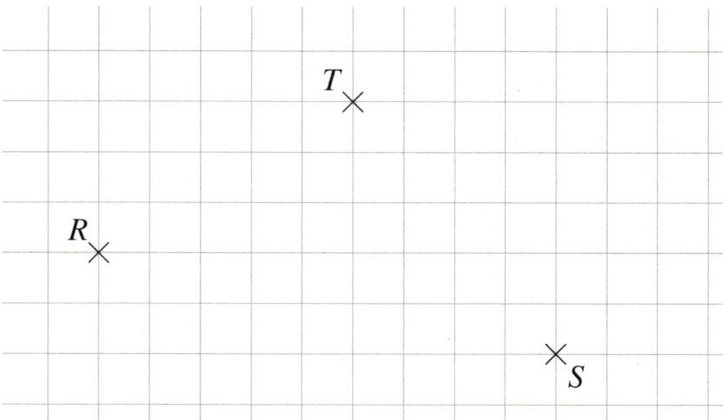

a) Zeichne die Strecken $\overline{RS}$, $\overline{ST}$ und $\overline{TR}$.

b) Zeichne durch T die Parallele zu $\overline{RS}$.

c) Zeichne durch T die Gerade, die senkrecht zu $\overline{RS}$ ist.

d) Zeichne eine Halbgerade, der bei S beginnt und parallel zu der Gerade aus c) ist.

8 Entwirf eine Schatzkarte mit einem zugehörigen Koordinatensystem. Zeichne Besonderheiten des Geländes ein, z. B. eine Höhle oder einen besonders alten Baum, und gib die Koordinaten an. Beschreibe auch den Weg der Schatzsucher. Stellt eure Schatzkarten in der Klasse aus.

9 Der Krug mit den zwei Henkeln wird Amphore genannt. Im alten Griechenland wurden viele solcher Amphoren mit geometrischen Mustern verziert.

a) Welches Muster findest du auf der Amphore wieder?

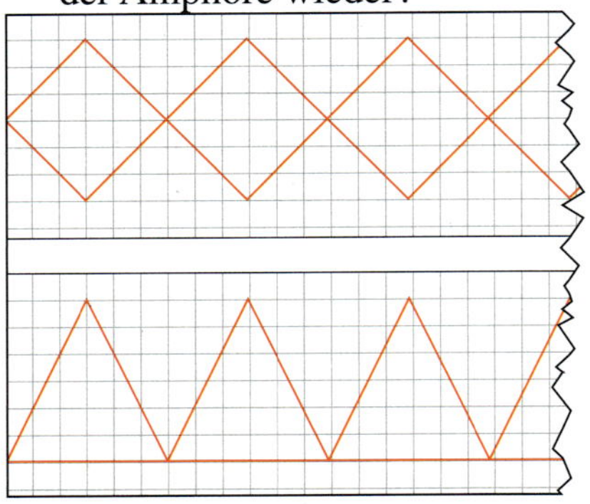

b) Zeichne die beiden Muster auf ein kariertes Blatt Papier. Färbe die Flächen ein.

c) Schneide dein Muster aus und klebe es mit den Mustern deiner Mitschülerinnen und Mitschüler zu einem langen Band zusammen.

d) Zeichne ein weiteres Muster von der Amphore ab.

9 Der Krug mit den zwei Henkeln wird Amphore genannt. Im alten Griechenland wurden viele solcher Amphoren mit geometrischen Mustern verziert.

a) Zeichne zwei Parallelen im Abstand von 2 cm. Markiere auf einer Parallelen Punkte, die einen Abstand von 1,5 cm haben. Zeichne nach diesen Angaben das Muster.

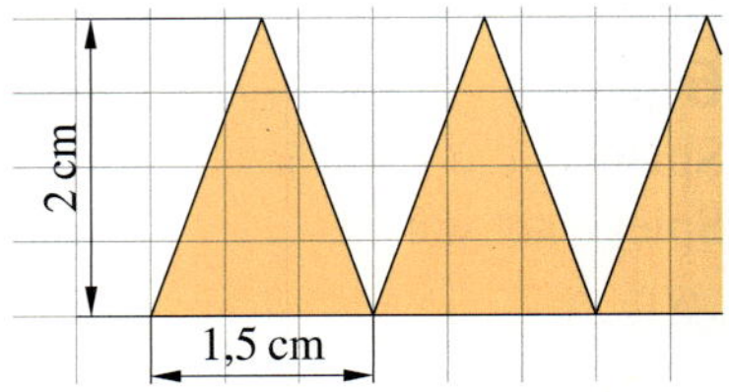

b) Zeichne das Muster ins Heft. Entnimm alle Maße aus der Zeichnung.

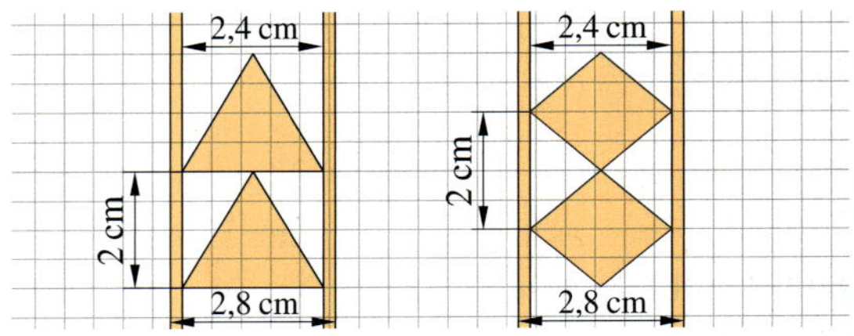

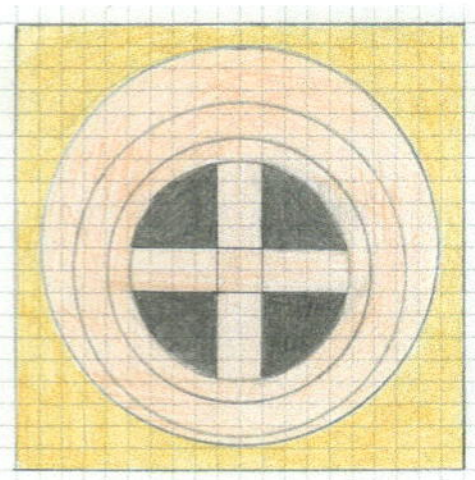

10 Auf der Amphore findest du auch ein kreisförmiges Ziermuster. Merle hat es in ihr Heft gezeichnet.

a) Beschreibe, wie sie dabei vorgegangen ist. Welche Fehler hat Merle beim Zeichnen gemacht?

b) Zeichne das Muster von der Amphore selbst in dein Heft.

c) Entwirf eigene kreisförmige Ziermuster. Zum Sammeln von Ideen kannst du z. B. die Muster unten betrachten.

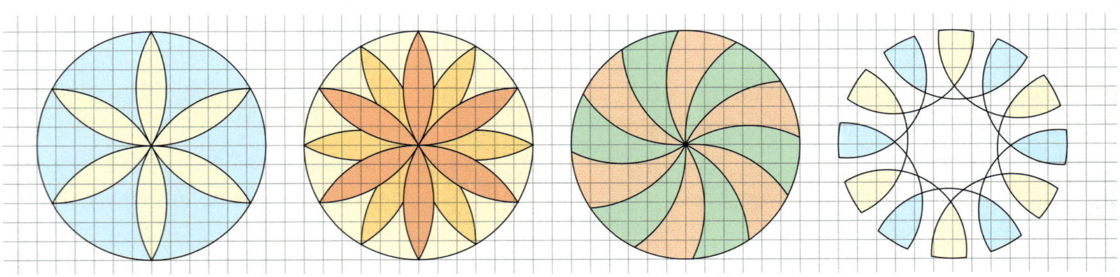

11 Zeichne ab in dein Heft.
Tipp: Beginne in der Mitte und zähle die Kästchen.

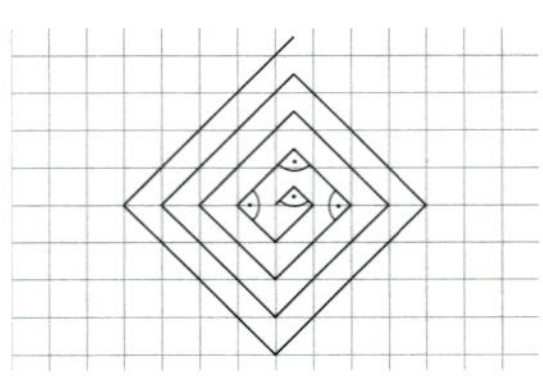

11 Zeichne ab in dein Heft. Beschreibe dein Vorgehen mit Fachbegriffen.

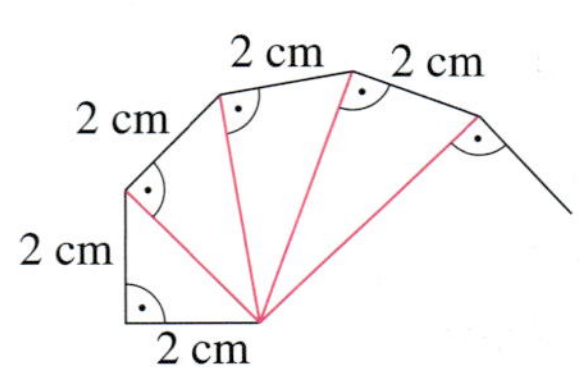

Zusammenfassung

Das Koordinatensystem

→ Seite 58

Im **Koordinatensystem** wird die Lage von jedem Punkt durch zwei Zahlen bestimmt, den **Koordinaten**.
Der markierte Punkt P hat die x-Koordinate 7 und die y-Koordinate 5; kurz: $P(7|5)$.

Das Koordinatensystem hat zwei Achsen:
Die ***x*-Achse** zeigt nach rechts, die ***y*-Achse** zeigt nach oben. Beide Achsen beginnen im gemeinsamen Anfangspunkt, dem **Nullpunkt**.

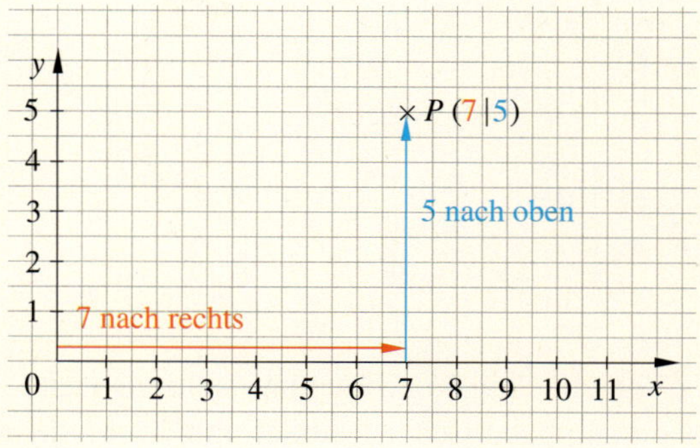

Gerade Linien

→ Seite 62

Eine **Strecke** hat einen Anfangspunkt und einen Endpunkt.
Sie ist die kürzeste Verbindung zwischen diesen Punkten.

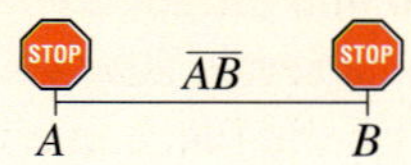

Eine **Halbgerade** hat einen Anfangspunkt, aber keinen Endpunkt.

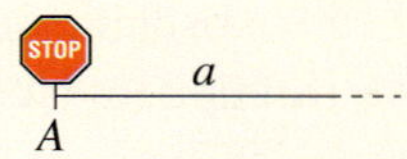

Eine **Gerade** hat keinen Anfangspunkt und keinen Endpunkt.

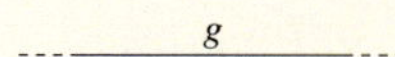

Der **Abstand** ist die kürzeste Verbindung von einem Punkt zu einer Geraden.
Die kürzeste Verbindung steht senkrecht zur Geraden.

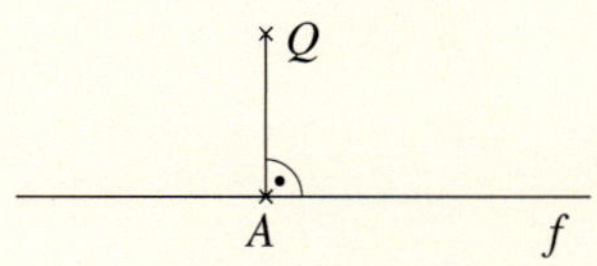

Geraden können **parallel zueinander** verlaufen.
Die Gerade s ist parallel zur Geraden t; kurz: $s \parallel t$.
Zwei parallele Geraden haben überall den gleichen Abstand.

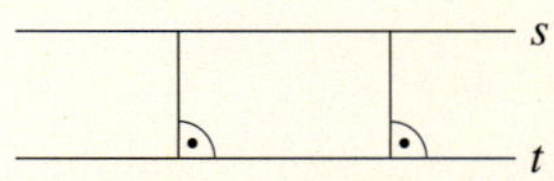

Geraden können auch **senkrecht zueinander** stehen.
Die Gerade g ist senkrecht zur Geraden h; kurz: $g \perp h$.

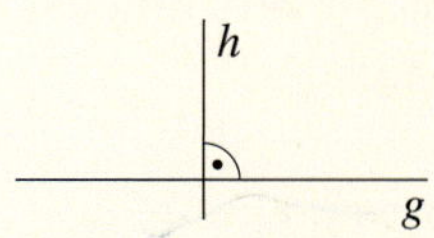

Achsensymmetrische Figuren

→ Seite 68

Achsensymmetrische Figuren haben mindestens eine **Symmetrieachse**, welche die Figur in zwei gleichartige Teile zerlegt.

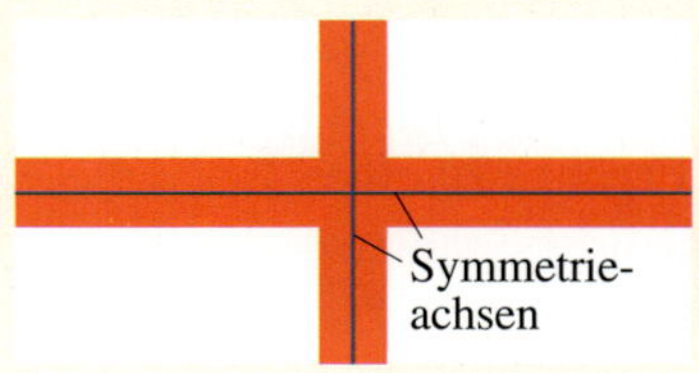

Eine Figur kann durch Spiegelung an einer Spiegelachse zu einer achsensymmetrischen Figur ergänzt werden.
Dabei hat jeder Originalpunkt denselben Abstand zur Spiegelachse wie der neue Bildpunkt: $\overline{AS} = \overline{SA'}$

Die Verbindungsstrecke zwischen Original- und Bildpunkt steht senkrecht zur Spiegelachse: z. B. $\overline{AA'} \perp s$.

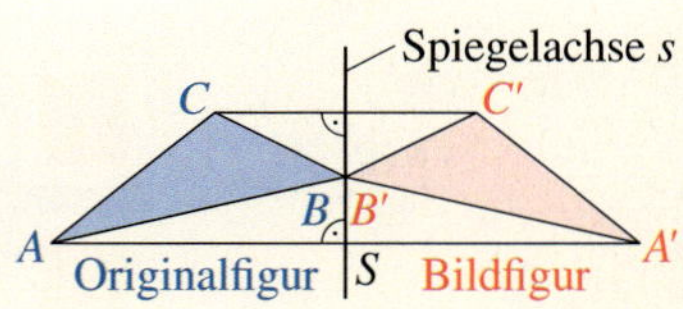

Teste dich!

2 Punkte

1 Gib die Koordinaten der Punkte an.

a)

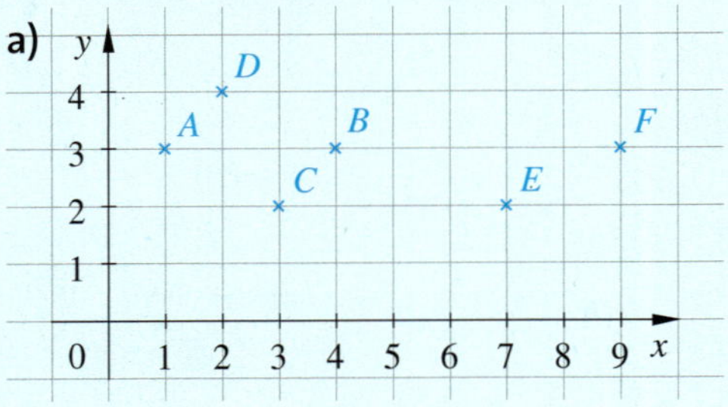

b)

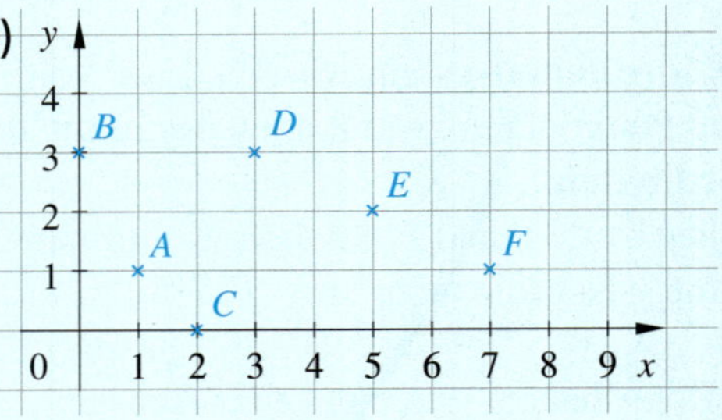

2 Punkte

2 Zeichne ein Koordinatensystem ins Heft. Trage die angegebenen Punkte ein und verbinde sie in alphabetischer Reihenfolge. Verbinde auch H mit A. Was für eine Figur entsteht?
$A(5|1)$; $B(9|4)$; $C(9|6)$; $D(7|7)$; $E(5|6)$; $F(3|7)$; $G(1|6)$; $H(1|4)$

2 Punkte

3 Trage die Punkte in ein Koordinatensystem ein: $A(1|2)$; $B(3|5)$; $C(5|5)$; $D(3|1)$.

a) Gib alle möglichen Strecken an und miss ihre Länge.

b) Zeichne zur Strecke $\overline{BC}$ eine Senkrechte durch B und zu $\overline{BD}$ eine Senkrechte durch A.

5 Punkte

4 Miss die Abstände der Punkte zur Geraden g.
Fülle die Tabelle im Heft aus.

Punkt	*A*	*B*	*C*	*D*	*E*
Abstand von g in mm					

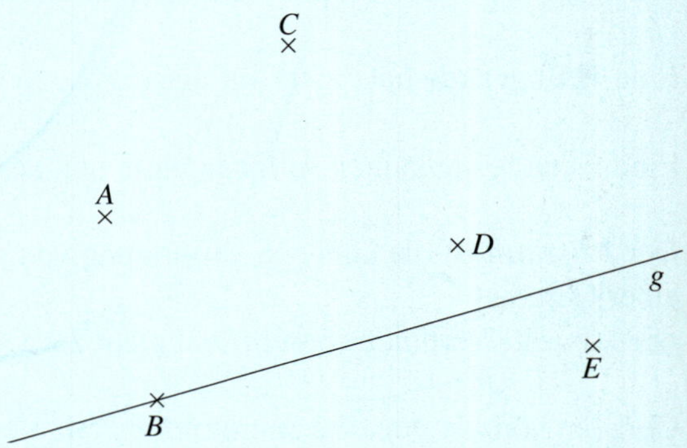

5 Punkte

5 Zeichne eine beliebige Gerade h ins Heft. Zeichne zu h Parallelen mit dem angegebenen Abstand.

g_1	g_2	g_3	g_4	g_5
1 cm	3 cm	25 mm	24 mm	13 mm

4 Punkte

6 ~~Zeichne Kreise.~~

a) $r = 4\,\text{cm}$ **b)** $r = 32\,\text{mm}$ **c)** $d = 50\,\text{mm}$ **d)** $d = 86\,\text{mm}$

2 Punkte

7 Übertrage die Figur in dein Heft. Ergänze zu einer achsensymmetrischen Figur.

a)

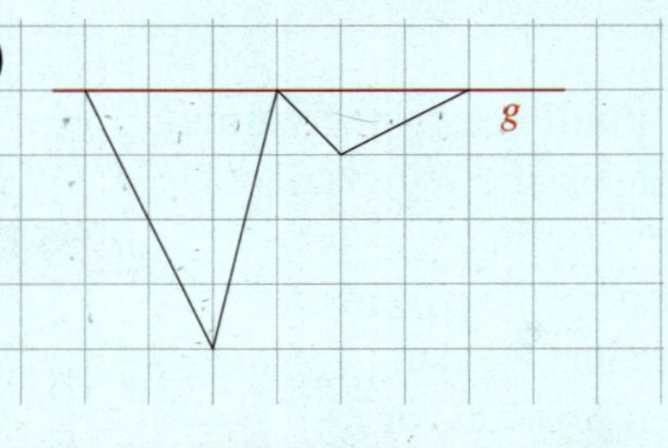

b)

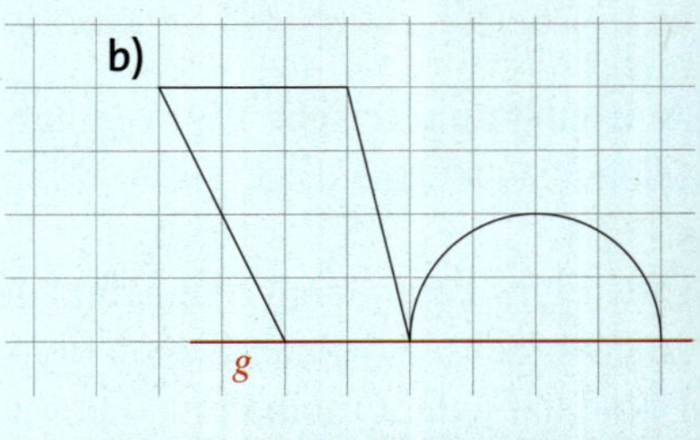

3 Punkte

8 Wie viele Symmetrieachsen haben die Flaggen?

a)

b)

c)

Gold: 23–25 Punkte, Silber: 19–22 Punkte, Bronze: 15–18 Punkte

Lösungen ab Seite 202

Natürliche Zahlen addieren und subtrahieren

Ein ICE fährt von Mainz nach Köln.
Bei der Abfahrt in Mainz befinden sich 457 Personen im Zug.
In Koblenz steigen 87 Reisende zu und 23 aus.
In Bonn steigen 43 Reisende zu und 37 aus.
Wie viele Reisende befinden sich bei der Ankunft in Köln im Zug?

Noch fit?

Einstieg

1 Kopfrechnen

a) 10 + 9 b) 50 – 8
c) 200 + 140 d) 50 – 7
e) 68 + 8 f) 350 –100

2 Zahlen runden

Runde die Höhenangaben sinnvoll.

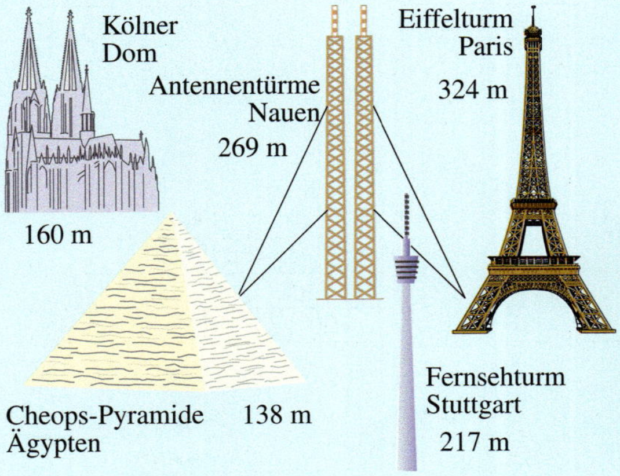

3 Stellenwerttafel

Milliarden			Millionen			Tausender			Einer		
H	Z	E	H	Z	E	H	Z	E	H	Z	E
				2	4	2	7	6	8	1	5

Tragt in die Stellenwerttafel ein und lest euch die Zahl gegenseitig laut vor.

a) 3 469 264
b) 45 890
c) 23 718 049 219

4 Zahlen ordnen

Ordne die Zahlen der Größe nach.
Beginne mit der kleinsten Zahl.
40; 404; 4 000; 440; 444; 4 004

5 Zahlen verdoppeln und halbieren

a) Verdopple so lange, bis du 100 000 erreicht oder erstmalig überschritten hast.

① 1 000 ② 2 000 ③ 4 500

b) Halbiere jede Zahl dreimal.

① 176 ② 400 ③ 1 Million

Aufstieg

1 Kopfrechnen

a) 435 + 18 b) 333 – 44
c) 192 + 18 d) 275 – 122
e) 46 + 57 f) 410 –22

2 Zahlen runden

Runde die Höhenangaben sinnvoll.

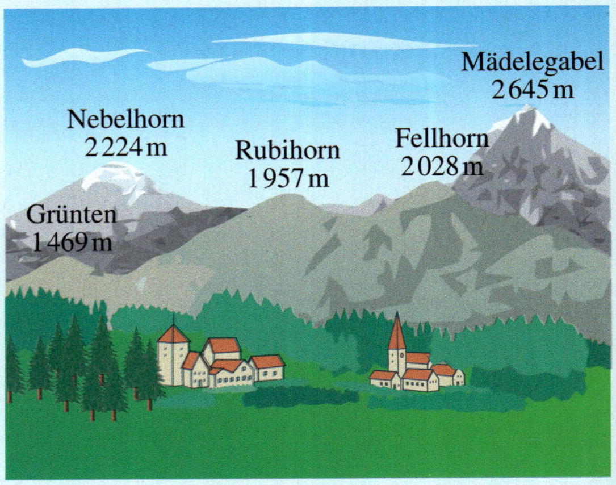

3 Stellenwerttafel

Trage in die Stellenwerttafel ein.

a) fünf Millionen dreihundertzwanzigtausend sechsundvierzig
b) vier Milliarden zehn Millionen zehntausendfünfzehn

4 Zahlen ordnen

Ordne die Zahlen der Größe nach.
Beginne mit der größten Zahl.
55 698; 55 789; 54 798; 5 589; 57 000

5 Zahlen verdoppeln und halbieren

a) Verdopple so lange, bis du 1 000 000 erreicht oder erstmalig überschritten hast.

① 1 000 ② 2 000 ③ 4 500

b) Halbiere, bis das Ergebnis ungerade ist.

① 8 888 ② 50 010 ③ 1 Million

Lösungen ab Seite 202

Im Kopf addieren und subtrahieren

Entdecken

1 Wähle vier der Additionsmauern aus.
a) Vervollständige die Additionsmauern im Heft und vergleiche sie.
b) Wie bist du bei der Berechnung der Ergebnisse vorgegangen? Erkläre es deinem Partner oder deiner Partnerin.
c) Stellt die Ergebnisse eurer Klasse vor.

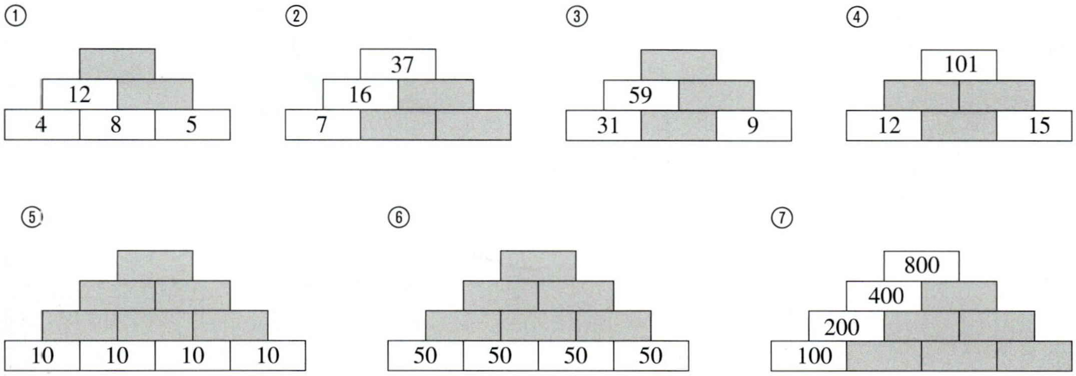

HINWEIS
Bei Additionsmauern ergibt die Summe der Werte benachbarter Steine den Wert darüber.

2 Arbeitet zu zweit.
a) Wie kann Emma schnell herausfinden, ob das Geld reicht?
b) Wann wendet man solche Rechnungen an?
c) Kann sich Emma noch Schokolinsen für 49 Cent leisten?

3 Übertrage die abgebildeten Kästen auf ein Blatt Papier und schneide sie aus.

Addition | Differenz | plus | 5 + 7 = 12 | addieren | Unterschied | minus | zusammenrechnen | abziehen | subtrahieren | Summe | Subtraktion | 97 – 5 = 92

a) Sortiere die Kästen. Gibt es mehrere Möglichkeiten? Versuche, jeweils alle Kästen unterzubringen.
b) Welche Kästen waren für dich schwierig einzuordnen? Warum?
c) Beschreibe, nach welchen Regeln du sortiert hast.
d) Tragt alle gefundenen Möglichkeiten in eurer Klasse zusammen.

Verstehen

Leonie fährt mit dem von Köln nach Mainz.
In Köln befinden sich 457 Personen im Zug.
In Koblenz steigen 87 Reisende zu.
In Bingen steigen 37 Reisende aus.
Wie viele Reisende sind in Bingen im Zug?

Leonie muss für die Beantwortung der Frage zwei Rechnungen ausführen.

Beispiel 1

Leonie rechnet: 457 + 87 = 544
In Koblenz sind 544 Reisende im Zug.

Merke Addieren bedeutet dazuzählen, zusammenzählen, vermehren …

Fachbegriffe bei der Addition:

457	+	87	=	544
1. Summand	plus	**2. Summand**	gleich	**Wert der Summe**

(1. Summand plus 2. Summand: **Summe**)

Beispiel 2

Leonie rechnet weiter: 544 – 43 = 501
In Bingen sind noch 501 Reisende im Zug.

Merke Subtrahieren bedeutet abziehen, wegnehmen, vermindern um, …

Fachbegriffe bei der Subtraktion:

544	–	37	=	507
Minuend	minus	**Subtrahend**	gleich	**Wert der Differenz**

(Minuend minus Subtrahend: **Differenz**)

Die Subtraktion ist die Umkehrung der Addition.
Mit einer Addition kann das Ergebnis einer entsprechenden Subtraktion überprüft werden.

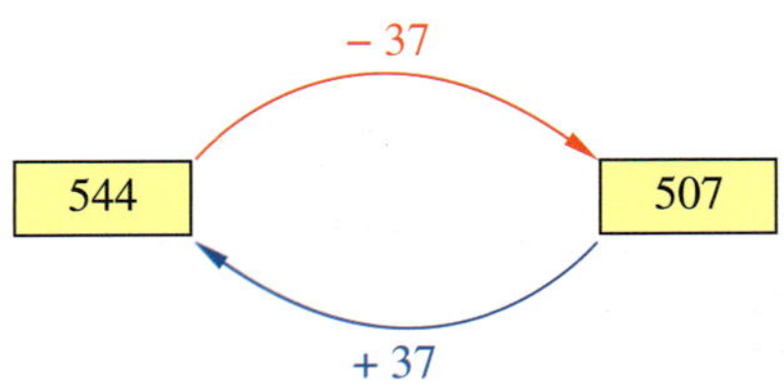

Beispiel 3

Um ihre Ergebnisse zu prüfen hat Leonie hat die Anzahl der Reisenden gerundet und mit den gerundeten Werten gerechnet.
460 + 90 = 550   550 – 40 = 510

Das Rechnen mit gerundeten Werten heißt **Überschlag**.
Man machte einen Überschlag, wenn …
- man sich schnell einen ersten Überblick über das Ergebnis verschaffen will,
- das ungefähre Ergebnis bei einer Rechnung ausreicht,
- man eine genaue Rechnung kontrollieren will.

Üben und anwenden

1 Schreibe jeweils als Rechenaufgabe und gib die Lösung an.
a) Zähle 39 und 49 zusammen.
b) Berechne die Summe von 17 und 88.
c) Addiere die Zahlen 51 und 169.
d) Vermehre 8 um 22.
e) Füge zu 28 noch 35 hinzu.
f) Berechne die Summe von 32, 81 und 45.
g) Addiere 123, 65 und 85.

1 Übersetze in eine Additionsaufgabe mit Zahlen und Rechenzeichen und berechne.
a) Der Wert der Summe aus zwei gleich großen Summanden ist 120.
Wie groß sind die Summanden?
b) Der 1. Summand ist 35 und der Wert der Summe 700.
c) Der 2. Summand ist um 10 größer als der erste. Der Wert der Summe ist 80.

2 Der Subtrahend ist um 35 kleiner als der Minuend.
Bilde vier Aufgaben, schreibe sie auf eine Folie und stelle sie der Klasse vor.

3 Schreibe die Aufgaben ins Heft.
Rechne im Kopf wie im **Beispiel**:
38 + 14 = 38 + 10 + 4 = 48 + 4 = 52

a) 26 + 16   b) 77 + 34
c) 55 + 45   d) 31 + 80
e) 65 + 72   f) 87 + 79
g) 48 + 19   h) 93 + 84
i) 57 + 57   j) 37 + 95

3 Erkläre den Rechenweg und schreibe die Aufgaben mit Lösung ins Heft.
Beispiel
176 + 139 = 176 + 100 + 30 + 9 = 315

a) 118 + 157   b) 126 + 256
c) 136 + 176   d) 234 + 167
e) 159 + 520   f) 359 + 169
g) 277 + 209   h) 316 + 298

4 Zeichne die Tabellen ab.
Berechne die fehlenden Werte.

+8 →	
44	
52	
85	
98	
117	
997	

+14	
20	
44	
314	
511	
635	
888	

4 Übertrage die Additionstabelle in dein Heft und fülle sie aus.

+	111		329		269	
17	128					148
29						
217		266				
134				315		
242						
			460			

5 Überschlage die Summen. Runde dabei jeweils auf Hunderter und auf Zehner.
Berechne dann die genauen Ergebnisse.
Was fällt dir auf?

Beispiel 628 + 275 ≈ 600 + 300 = 900
628 + 275 ≈ 630 + 280 = 910
628 + 275 = 903

① 501 + 699   ② 520 + 708
③ 451 + 651   ④ 549 + 749
⑤ 451 + 749   ⑥ 549 + 651
⑦ 465 + 673   ⑧ 522 + 683

5 Überschlage die Summen.
Berechne dann die genauen Ergebnisse.
a) Runde beim Überschlag auf *Hunderter*.
Beispiel 579 + 318 ≈ 600 + 300 = 900
① 739 + 288   ② 645 + 893
③ 377 + 527   ④ 1 534 + 279
⑤ 1 199 + 418   ⑥ 815 + 2 231
b) Runde beim Überschlag auf *Zehner*.
Beispiel 14 + 37 ≈ 10 + 40 = 50
① 67 + 42   ② 88 + 107
③ 156 + 71   ④ 131 + 27
⑤ 237 + 145   ⑥ 734 + 321
c) Stellt euch zu zweit ähnliche Aufgaben zum Überschlagen.

ZUM WEITERARBEITEN
Mit welchen Worten kann man Additions- und Subtraktionsaufgaben beschreiben? Lege eine Liste mit verschiedenen Ausdrücken an.

HINWEIS
Das Zeichen ≈ bedeutet: … ist etwa ungefähr so viel wie …

6 Erläutere die folgenden Beispiele zur Berechnung von Summen und Differenzen in Teilschritten.

a) 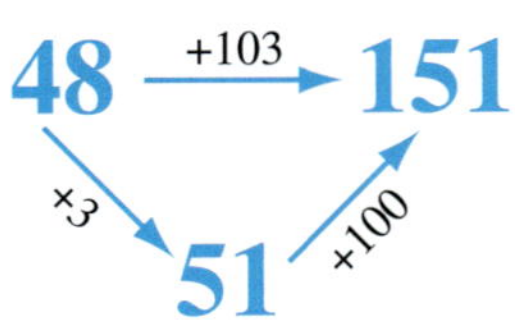

b) 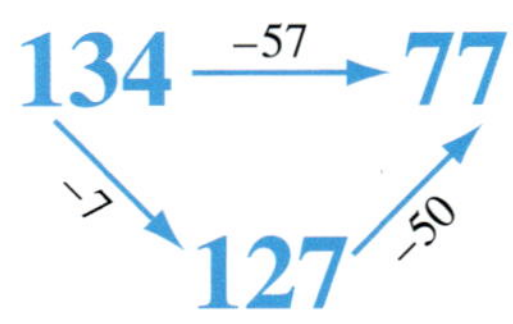

c) 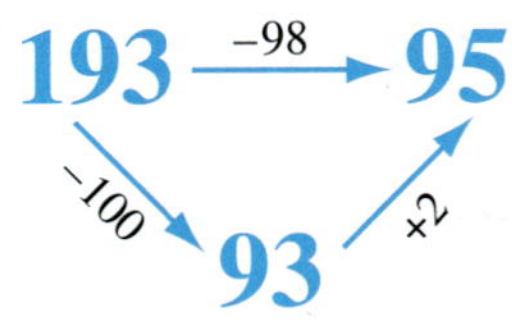

7 Rechne in Teilschritten wie in Aufgabe 6.

a) 15 + 21 b) 33 + 38
c) 42 – 11 d) 97 – 75
e) 23 – 17 f) 84 – 66

7 Rechne in Teilschritten wie in Aufgabe 6.

a) 126 + 47 b) 817 – 25
c) 532 – 96 d) 767 – 299
e) 684 – 595 f) 913 – 427

8 Berechne im Kopf. Überschlage zuerst.

a) 69 – 20 b) 85 – 50
c) 47 – 37 d) 57 – 47
e) 56 – 54 f) 92 – 81
g) 76 – 67 h) 95 – 78

8 Berechne im Kopf. Überschlage zuerst.

a) 6700 – 2500 b) 8100 – 5600
c) 4900 – 3200 d) 5700 – 3900
e) 7200 – 5100 f) 5200 – 2900
g) 8600 – 4200 h) 9500 – 7800

9 Du kannst jede Subtraktion durch eine Addition kontrollieren.
Beispiel 225 – 75 = 150 Probe: 150 + 75 = 225
Rechne und kontrolliere wie im Beispiel.

a) 435 – 85 b) 678 – 123 c) 273 – 135 d) 291 – 185
e) 463 – 244 f) 264 – 147 g) 578 – 1[illegible]9 h) 413 – 108

10 Übertrage die Tabelle in dein Heft und fülle die fehlenden Felder aus.

1. Summand	2. Summand	Wert der Summe
234	561	
730		1000
3450	223	
	5840	10000
23912		34912

10 Ü[illegible]ge die Tabelle in dein Heft und fülle die fehlenden Felder aus.

Minuend	Subtrahend	Wert der Differenz
451	324	
789		112
	563	89
6734	1198	
	564	349

11 Fülle die Rechenmauern im Heft aus.

a) 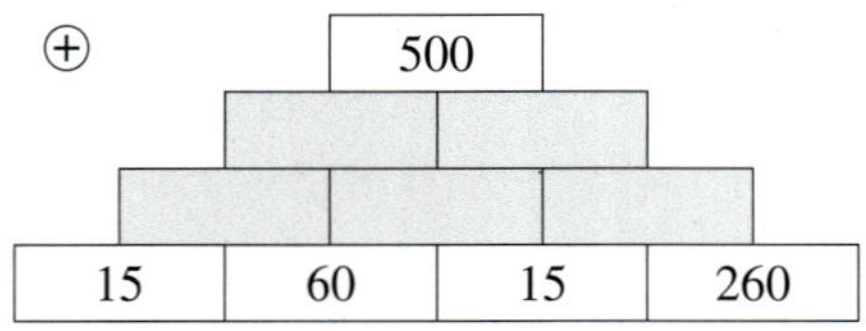

b) 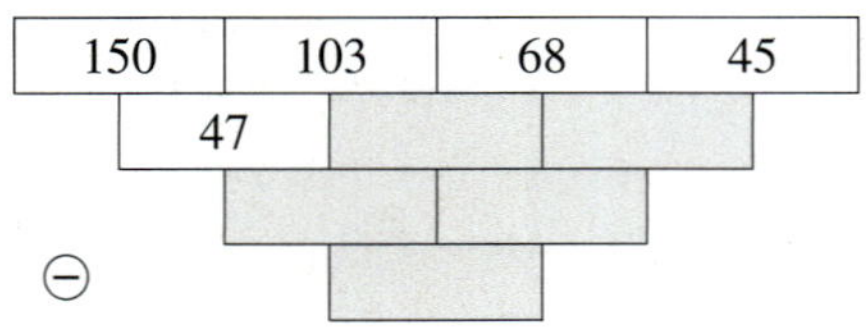

11 Fülle die Rechenmauern im Heft aus.

a) 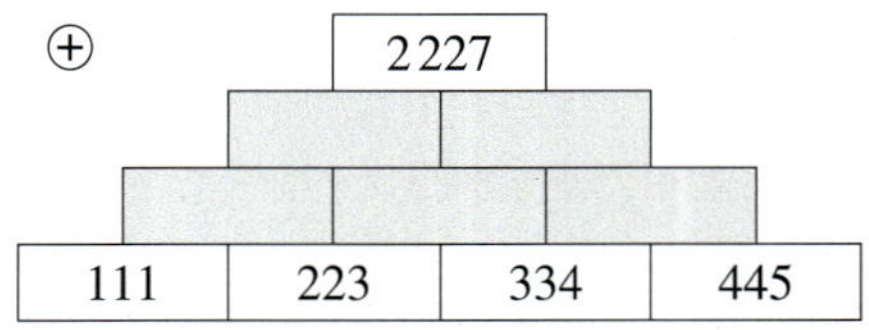

b) 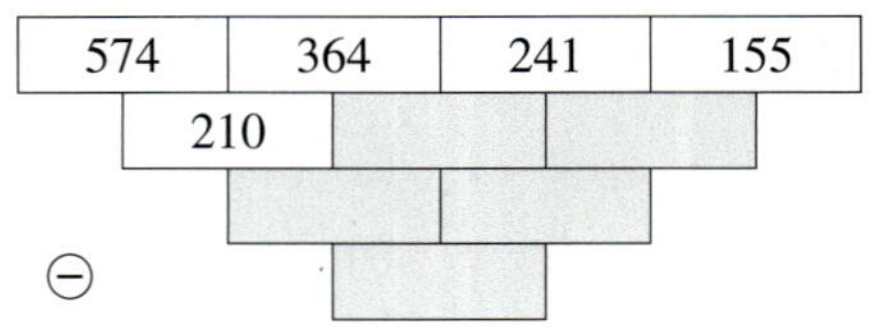

Rechengesetze und Rechenvorteile

Entdecken

1 Schreibe die einzelnen Zahlen auf ein Blatt Papier und schneide sie aus.

65 | 91 | 734 | 42 | 635 | 30 | 266 | 28 | 109

a) Sortiere die Zahlen so, dass du die Summe aller Zahlen gut im Kopf berechnen kannst.
b) Vergleiche mit deinem Partner oder deiner Partnerin.
Tauscht euch darüber aus, wie ihr sortiert habt.
c) Warum kommt man zum gleichen Ergebnis, obwohl die Reihenfolge beim Rechnen unterschiedlich ist?

2 Finde zu den gegebenen Zahlen jeweils drei verschiedene Zahlen, die sich besonders einfach zu diesen Zahlen addieren lassen.
a) 98 b) 325 c) 442 d) 7456
Tauscht euch untereinander über eure Ergebnisse aus. Begründet, warum sich eure ausgewählten Zahlen besonders einfach addieren lassen.

3 Johann Carl Friedrich Gauß war ein deutscher Mathematiker, Astronom und Physiker. Er wurde am 30. April 1777 in Braunschweig geboren und starb am 23. Februar 1855 in Göttingen.
Als Gauß neun Jahre alt war, wollte sein Mathematiklehrer ihn mit folgender Mathematikaufgabe länger beschäftigen:

„Summiere alle Zahlen von 1 bis 100."

Karl Friedrich Gauß.

Doch Gauß konnte diese Aufgabe blitzschnell lösen, weil er die Zahlen geschickt zusammengefasst hat.
a) Versucht die Aufgabe zu lösen.
Tauscht euch über eure Ideen aus.
Beachtet auch den Tipp in der Randspalte.
b) Informiert euch z. B. im Lexikon über den Lösungsweg von Gauß.

HINWEIS
Schreibt alle Zahlen von 1 bis 100 auf und addiert geschickt. Findet dazu Paare, die sich besonders gut addieren lassen.

4 Berechne die folgenden Aufgaben.
① 560 – (120 + 70) ② 560 – 120 + 70
③ 740 – (140 – 20) ④ 740 – 140 – 20
a) Vergleiche die jeweils nebeneinanderstehenden Aufgaben.
b) Tauscht euch über eure Rechenwege und eure Ergebnisse aus. Begründet eure Vorgehensweise und Ergebnisse.
c) Erklärt mit eigenen Worten, warum man bei den Aufgaben zu unterschiedlichen Ergebnissen kommt.

Ergebnisse zur Kontrolle
510 580 620 370

Verstehen

Simon und Anna berechnen die Summe der ersten Zeile des magischen Quadrats.

31	13	27
23	37	11
17	21	33

Simon rechnet so:

$$\begin{aligned} &31 + 13 + 27 \\ =\ &(31 + 13) + 27 \\ =\ &44 + 27 \\ =\ &71 \end{aligned}$$

Anna rechnet so:

$$\begin{aligned} &31 + 13 + 27 \\ =\ &31 + (13 + 27) \\ =\ &31 + 40 \\ =\ &71 \end{aligned}$$

Wer hat vorteilhafter gerechnet?

Um anzugeben, welche Teilaufgabe sie zuerst rechnen, setzen Simon und Anna Klammern.

Merke Vorrangregeln

Was in **Klammern** steht, wird **zuerst** ausgerechnet.

Ansonsten wird **von links nach rechts** gerechnet.

Beispiel 1

$$\underbrace{(40 + 15)}_{55} - \underbrace{(10 + 20)}_{30} = 25$$

Beispiel 2

$$\underbrace{40 + 15}_{55} - 10 + 20 =$$
$$\underbrace{55 - 10}_{45} + 20 =$$
$$45 + 20 = 65$$

Es ist manchmal vorteilhaft, die Reihenfolge der Zahlen zu vertauschen.

Merke Kommutativgesetz (Vertauschungsgesetz)
Beim **Addieren** dürfen die Zahlen beliebig **vertauscht werden.**
Das Ergebnis ändert sich dabei nicht.

Beispiel 3

$$\underbrace{5 + 145}_{150} = \underbrace{145 + 5}_{150}$$

Für die Subtraktion gilt das Vertauschungsgesetz nicht, denn
$16 - 6 \neq 6 - 16$

Bei der Addition verändern Klammern das Ergebnis nicht.

Merke Assoziativgesetz (Verbindungsgesetz)
Beim **Addieren** dürfen einzelne Zahlen beliebig **durch Klammern zusammengefasst** werden.
Das Ergebnis ändert sich dabei nicht.

Beispiel 4

$$17 + 96 + 4 =$$
$$17 + \underbrace{(96 + 4)}_{100} = \underbrace{(17 + 96)}_{113} + 4$$
$$17 + 100 = 113 + 4$$
$$117 = 117$$

Für die Subtraktion gilt auch das Verbindungsgesetz nicht, denn

$$12 - \underbrace{(8 - 2)}_{6} \neq \underbrace{(12 - 8)}_{4} - 2$$
$$12 - 6 \neq 4 - 2$$
$$6 \neq 2$$

Üben und anwenden

1 Addiere vorteilhaft mithilfe eines Rechenbaums.

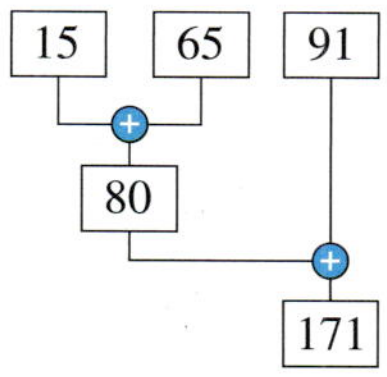

Beispiel
15 + 91 + 65 = 171

a) Beschreibe, was in dem Beispiel gemacht wurde.
b) Erstelle zu jeder Additionsaufgabe einen Rechenbaum und berechne geschickt.

① 18 + 116 + 222 ② 13 + 222 + 37
③ 517 + 121 + 183 ④ 235 + 76 + 65
⑤ 461 + 172 + 39 ⑥ 51 + 27 + 99

2 Nick und Pia wollen alle Zahlen auf den Kärtchen möglichst schnell addieren.
Wie würdest du rechnen?
Begründe und gib das Ergebnis an.

3 Der Vertreter einer Kleiderfirma fährt mit dem Auto von Altenkirchen nach Neuwied (37 km) und von dort nach Prüm (108 km). Von Prüm fährt er nach Trier (63 km) und von dort weiter nach Kirn (82 km). Wie weit ist er insgesamt gefahren?
Rechne vorteilhaft.

4 Mika hat ein neues Sparschwein. Er wirft nacheinander in sein Sparschwein: 60 Cent, 50 Cent, 75 Cent, 90 Cent, 30 Cent.

a) Wie viel Geld hat er gespart?
b) Ändert sich der gesparte Betrag, wenn er das Geld in anderer Reihenfolge in das Sparschwein wirft?
c) Welche Rechengesetze wendest du an?

1 Vertausche geschickt und fasse zusammen.

Beispiel
23 + 46 + 17 + 24 + 36
= 23 + 17 + 46 + 24 + 36
= (23 + 17) + (46 + 24) + 36
= 40 + 70 + 36 = 146

a) 128 + 228 + 112 + 95 + 22
b) 395 + 647 + 495 + 153 + 65
c) 291 + 482 + 19 + 18 + 100
d) 528 + 117 + 132 + 253 + 11
e) 217 + 378 + 123 + 45 + 112
f) 289 + 234 + 56 + 121 + 156
g) 178 + 235 + 40 + 222 + 345

2 Gilt in der Additionsmauer das Vertauschungsgesetz?

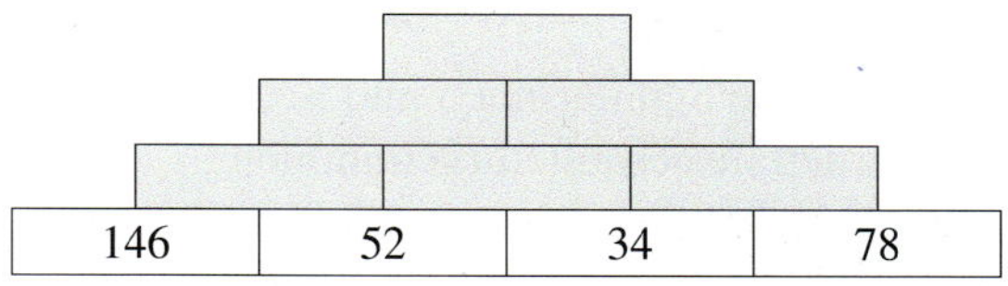

a) Übertrage die Zahlenmauer ins Heft und berechne die fehlenden Werte.
b) Vertausche die untersten Steine, sodass zwei neue Mauern entstehen. Berechne.
c) Stellt gemeinsam fest, ob das Vertauschungsgesetz gilt.

3 Übertrage die Aufgaben ins Heft.
Berechne die Summen möglichst vorteilhaft.
Erkläre mit eigenen Worten den Rechenweg.
a) 1 + 2 + 3 + … + 17 + 18 + 19 + 20
b) 1 + 3 + 5 + … + 17 + 19
c) 2 + 4 + 6 + … + 18 + 20
d) 1 + 2 + … + 49 + 50

HINWEIS
Die Methode „Sachaufgaben lösen" findest du auf Seite 219.

4 Rechts findest du die Einwohnerzahlen einiger Städte in Niedersachsen.
Für welche Städte gelten die folgenden Aussagen?
a) Die Stadt hat 83 000 Einwohner weniger als Trier.
b) Die Stadt hat 20 000 Einwohner mehr als zwei andere Städte zusammen.
c) Jeweils zwei Städte haben zusammen so viele Einwohner wie Pirmasens.

Einwohnerzahlen RLP	
Andernach	29 000
Bingen	24 000
Diez	11 000
Frankenthal	47 000
Pirmasens	40 000
Remagen	16 000
Trier	107 000
Zweibrücken	34 000

5 Setze im Heft die Zahlen in Klammern, die du zuerst addieren möchtest.

a) 8 + 32 + 27
b) 18 + 33 + 27
c) 16 + 34 + 16
d) 58 + 32 + 47
e) 12 + 47 + 8
f) 44 + 28 + 22
g) 7 + 53 + 13
h) 39 + 21 + 11

6 Die Albert-Einstein-Schule besuchten im Jahr 2012 insgesamt 1 435 Schülerinnen und Schüler. Bis 2015 haben einige Schülerinnen und Schüler die Schule verlassen oder sind neu hinzugekommen.

Jahr	Zugänge	Abgänge
2013	126	117
2014	119	108
2015	92	77

a) Wie viele Schülerinnen und Schüler wurden insgesamt aufgenommen?
b) Wie viele Schülerinnen und Schüler haben die Schule insgesamt verlassen?
c) Wie viele Schülerinnen und Schüler besuchten Ende 2015 insgesamt die Schule?

7 Rechne aus und setze das richtige Zeichen ein (<, =, >).
Vergleiche deine Lösungen mit deiner Partnerin oder deinem Partner.

a) 49 − 19 − 16 ▢ 49 − (19 − 16)
b) 42 + 18 − 5 ▢ 42 + (18 − 5)
c) 142 − 42 − 29 ▢ 142 − (42 − 29)
d) 242 − (119 − 8) − 4 ▢ 242 − 119 − (8 − 4)
e) 265 + (233 − 133) ▢ 265 − (233 − 133)
f) 301 − (312 − 311) ▢ 302 − (312 − 310)

5 Vertausche die Summanden und setze Klammern zum geschickten Addieren.

a) 57 + 81 + 56 + 53 + 19 + 44
b) 125 + 257 + 385 + 175 + 243 + 825
c) 1 255 + 4 377 + 1 288 + 45 + 123 + 12
d) 35 + 148 + 3 895 + 165 + 252 + 105
e) 56 790 + 2 599 + 53 410 + 5 601 + 678

6 In der Bundesrepublik Deutschland lebten 2011 insgesamt 80 327 900 Einwohner.

Jahr	Einwohner
2012	80 523 476
2013	80 767 463
2014	81 197 537

a) Berechne, wie sich die Einwohnerzahl von 2012 zu 2013 entwickelt hat.
b) Wie hat sich die Einwohnerzahl von 2013 zu 2014 verändert?
c) Berechne die Veränderung der Einwohnerzahl von 2011 zu 2014.

7 Schreibe die Rechnungen mit Klammern auf und löse die Aufgaben.

a) Addiere zu der Summe der Zahlen 124 und 138 die Summe der Zahlen 67 und 33.
b) Subtrahiere von der Differenz der Zahlen 182 und 39 die Summe der Zahlen 28 und 52.
c) Addiere zu der Differenz der Zahlen 147 und 29 die Differenz der Zahlen 154 und 39.
d) Subtrahiere von der Summe der Zahlen 224 und 136 die Differenz der Zahlen 87 und 39.

8 Arbeitet zu zweit.
Wählt aus den gegebenen Zahlen und Rechenzeichen so aus, dass sich nach der Rechnung Folgendes ergibt:

a) ein möglichst hoher Wert
b) ein möglichst kleiner Wert
c) ein Wert, der nahe bei 2 550 liegt
d) ein Wert, der gerundet 2 780 ist

Tipp: Es müssen nicht immer alle Kärtchen verwendet werden.
Die Rechenzeichen dürfen aber mehrmals verwendet werden.
Notiert die Rechnung auf einer Folie oder einem Plakat und stellt sie der Klasse vor.

Schriftlich addieren und subtrahieren

Entdecken

1 Notiere die Ziffern 1 bis 9 auf einem Blatt Papier und schneide sie als Ziffernkarten aus. Bilde mit dreistelligen Zahlen Aufgaben, so dass …

a) drei beliebige Zahlen addiert werden,
b) das größtmögliche Ergebnis herauskommt,
c) das kleinstmögliche Ergebnis herauskommt,
d) der Wert der Summe 999 beträgt.
e) Erkläre jeweils, wie du auf die Ergebnisse gekommen bist.
f) Was musst du bei der Addition der dreistelligen Zahlen beachten?

2 Helena möchte ihr Zimmer neu gestalten. Sie braucht ein neues Bett, einen passenden Kleiderschrank und einen Sessel. Insgesamt hat sie 350 € zur Verfügung.
Helena und ihre Mutter fahren in ein Möbelhaus und finden dort passende Möbel.
Gerne möchte sie noch zusätzlich einen kleinen Tisch für 39 € kaufen. Sie ist sich nicht sicher, ob ihr Geld dafür noch ausreicht.
Deshalb rechnen Helena und ihre Mutter nach.

Helena rechnet:
350 – 109 = 241
241 – 75 = 166
166 – 119 = **47**

Ihre Mutter rechnet:
350 – (109 + 75 + 119) =
350 – 303 = **47**

a) Erkläre die beiden Rechenwege.
b) Welcher Weg ist für dich der einfachere? Begründe.
c) Warum berechnet die Mutter in den Klammern eine Summe, obwohl doch nur Geld ausgegeben wird?

3 Schöne Ergebnisse
Berechne die einzelnen Aufgaben und führe sie jeweils um eine Aufgabe nach dem gleichen Muster fort.

①	567	678	②	123	567	③	987	876	765
	+ 2889	+ 3889		+ 765	+ 432		– 789	– 678	– 567

a) Erkläre, wie es zu den Ergebnissen kommt.
b) Erfinde selbst Aufgaben, die schöne Ergebnisse haben.

Verstehen

Lara fährt mit ihren Eltern für zwei Tage nach Hamburg.
Für den Kurzurlaub hat die Familie 350 € zur Verfügung.
Die Bahnfahrt kostet insgesamt 147 €, für die Unterkunft bezahlen sie 109 € und für Essen rechnen sie mit 45 €.

Lara addiert die Preise:
Sie schreibt zuerst die Zahlen **stellengerecht** untereinander.

	H	Z	E
	1	4	7
+	1	0	9
+		4	5

Dann addiert sie **von unten nach** oben und beginnt rechts bei den Einern.

	H	Z	E
	1	4	7
+	1	0	9
+	$_1$	4_2	5
	3	0	1

5 + 9 + 7 = 21

1 schreiben,
2 übertragen

Die Rechnung kann auch in Kurzform notiert werden:

	1	4	7
+	1	0	9
+	$_1$	4_2	5
	3	0	1

Die Kosten für die Fahrt, die Unterkunft und das Essen betragen 301 €.

HINWEIS
*Kontrolliere deine Ergebnisse mithilfe der **Probe**: Vertausche die Reihenfolge der Summanden oder rechne die Umkehraufgabe.*

Merke Bei der **schriftlichen Addition** schreibt man die Summanden stellengerecht untereinander: Einer unter Einer, Zehner unter Zehner usw.
Es wird von unten nach oben **addiert** und bei den Einern begonnen.
Wenn die Summe an einer Stelle zehn erreicht, werden die Einer eingetragen und die Zehner an der nächstgrößeren Stelle addiert **(Übertrag)**.

Lara berechnet, ob noch Geld für eine Hafenrundfahrt übrig bleibt.

	H	Z	E
	3	5	0
–	3	0_1	1
		4	9

Von 1 bis 5 ist 4.

Von 1 bis 10 ist 9:
9 schreiben,
1 übertragen

Kurzform:

	3	5	0
–	3	0_1	1
		4	9

Es können auch mehrere Subtrahenden in einer Rechnung vom Minuenden abgezogen werden.

	H	Z	E
	3	5	0
–	1	4	7
–	1	0	9
–	$_1$	4_3	5
		4	9

5 + 9 + 7 = 21
Von 21 bis 30 ist 9:
9 schreiben,
3 übertragen

Die Familie hat noch 49 € zur Verfügung. Davon kann sie eine Hafenrundfahrt bezahlen.

HINWEIS
Überprüfe dein Ergebnis mit der Umkehraufgabe.

Merke Bei der **schriftlichen Subtraktion** schreibt man wie bei der Addition stellengerecht untereinander.
Man beginnt bei den Einern und **ergänzt** von unten nach oben.
Bei Zehnerüberschreitungen wird ein Übertrag in der nächsten Stelle notiert.

Üben und anwenden

1 Addiere schriftlich. Rechne die Probe.

a) 2364 + 1425 b) 5063 + 2735 c) 6009 + 720

d) 482 + 3514 e) 10532 + 25104 f) 58410 + 10280

g) 153 + 2614 h) 3330 + 614 i) 5112 + 4201

2 Überschlage zuerst. Schreibe die Zahlen stellengerecht untereinander und addiere.

a) 1354 und 3817 b) 3047 und 7681
c) 6428 und 647 d) 2549 und 3525
e) 5213 und 1957 f) 967 und 1647
g) 3952 und 3409 h) 2947 und 547

3 Übertrage die Aufgaben ins Heft. Rechne und kontrolliere dein Ergebnis.

a)
306 + 589 + 439 = ▢
643 + 4926 + 3238 = ▢
1274 + 1684 + 4370 = ▢
▢ + ▢ + ▢ = 17469

b)
408 + 1268 + 12628 = ▢
2732 + 3428 + 14539 = ▢
31925 + 91346 + 4236 = ▢
▢ + ▢ + ▢ = 162510

4 Übertrage ins Heft und setze die richtigen Ziffern ein. Achte auf Überträge.
Vergleiche dein Ergebnis mit einem Partner.

a) ▢4 + 2▢ = 56 b) 14▢ + 52 = 697 c) 7▢7 + 47 = 92▢

5 Herr Ast möchte ein neues Auto kaufen. Er bestellt dazu noch ein paar Extras. Berechne den Gesamtpreis für das Auto.

1 Addiere schriftlich. Rechne die Probe.

a) 1685 + 3112 + 4201 b) 3610 + 4205 + 171 c) 7623 + 251 + 111

d) 4513 + 1022 + 2323 + 1131 e) 2438 + 3121 + 1300 + 2130 f) 2493 + 5201 + 102 + 1203

2 Addiere die Zahlen. Überschlage zuerst.

a) 724678 + 453231
b) 33998 + 200045
c) 34521 + 5462 + 3601
d) 56723 + 4215 + 789 + 5631
e) 45364 + 3213 + 687 + 4751

3 Ordne die Rechendominosteine.

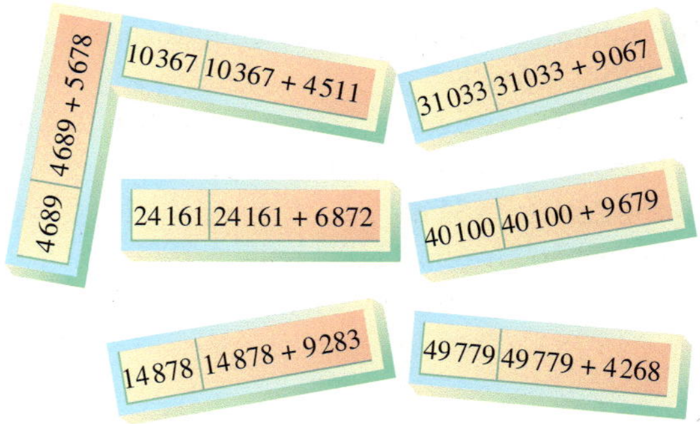

4 Übertrage ins Heft und setze die richtigen Ziffern ein.
Woran erkennt man, ob ein Übertrag nötig ist? Vergleiche mit einem Partner.

a) 6▢4 + 39▢ = 1000 b) 3▢8 + 53 = 75▢ c) 34▢6 + ▢31▢ = 4▢68

5 Wiebke möchte gerne zwei Kaninchen kaufen. Sie braucht:
einen Käfig für draußen für 70 €,
Käfigstreu für 3 €,
Heu für 2,50 €,
einen Sack Futter für 10 €,
zwei Futternäpfe zusammen für 6 €,
eine Tränke für 4,50 € und schließlich
zwei Kaninchen zusammen für 35 €.
Reicht dafür ihr Gespartes von 130 €?

6 Subtrahiere schriftlich.

a) 89 – 24 b) 85 – 34 c) 97 – 42
d) 482 – 351 e) 538 – 425 f) 584 – 283
g) 5836 – 2614 h) 3339 – 1213 i) 5777 – 4252

7 Subtrahiere schriftlich. Rechne die Probe.

a) 578 – 179 b) 786 – 398 c) 652 – 357
d) 485 – 177 e) 819 – 439 f) 582 – 283
g) 695 – 399 h) 846 – 268 i) 719 – 689

8 Schreibe stellengerecht untereinander und subtrahiere schriftlich. Überschlage zuerst.

a) 6792 – 5628
b) 98214 – 89523
c) 1084563 – 34712
d) 56239 – 23511
e) 1234567 – 654321
f) 724678 – 453231
g) 246753 – 246752

9 Setze im Heft die richtigen Ziffern ein. Achte auf die Überträge. Rechne die Probe.

a) 316□ – 18□9 = 1□39
b) 142□9 – 4928 = □29□

10 Finde zu jedem Gegenstand den passenden Partner.
Berechne jeweils die Preisunterschiede.

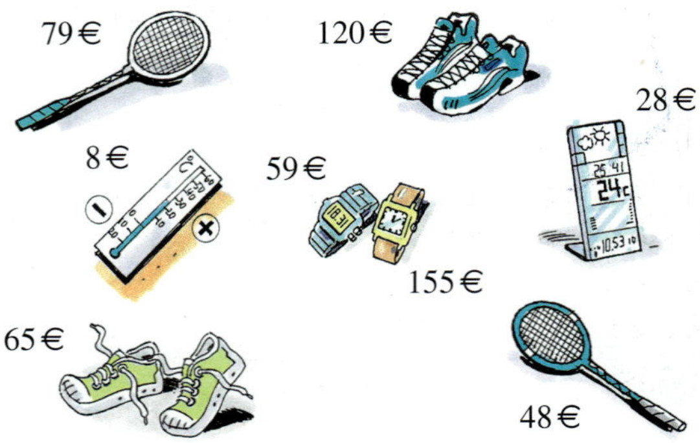

6 Subtrahiere schriftlich.

a) 624 – 238 b) 835 – 136 c) 647 – 258
d) 841 – 461 e) 663 – 391 f) 547 – 386
g) 743 – 283 h) 452 – 371 i) 620 – 381

7 Rechne wie im Beispiel.

Beispiel Aufgabe: 73468 – 5423 – 1237

Rechnung:
73468
– 5423
– 1237
66808

Probe in zwei Schritten:
① 5423 + 1237 = 6660
② 73468 – 6660 = 66808

a) 21679 – 2312 – 3359
b) 561219 – 4523 – 128
c) 55312 – 898 – 3421
d) 999999 – 23897 – 3412 – 34985

8 Überschlage zunächst.
Subtrahiere dann schriftlich und vergleiche mit deinem Überschlag.

a) 56912 – 5523 – 6874
b) 66125 – 563 – 12889
c) 12984 – 5671 – 452 – 667
d) 447125 – 3498 – 13245 – 100992

9 Ergänze im Heft. Rechne die Probe.

a) 3□5□8 – 432□ = 27□32
b) 4□16□ – 92□4 = □2885
c) 1□6□2 – 578□ – 1□37 = 4294
d) □6095 – □301 – 3□25 = 80□□

10 Wie weit ist das Auto gefahren?

Thema: Magische Quadrate

Albrecht Dürer hat 1514 das Bild „Melancholie“ geschaffen. In der rechten oberen Ecke des Bildes befindet sich ein Quadrat mit 16 Feldern.
Werden die Zahlen jeder Zeile, jeder Spalte oder jeder Diagonale addiert, ergibt sich immer der gleiche Wert: die „magische Zahl“. Ein solches Quadrat nennt man „magisches Quadrat“.

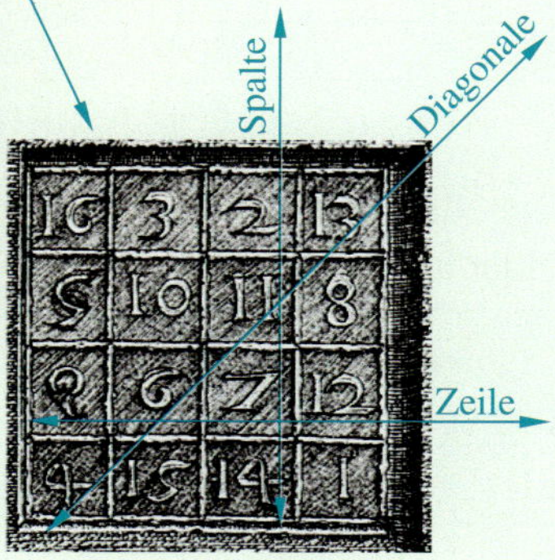

1 Bestimme für das magische Quadrat die magische Zahl.

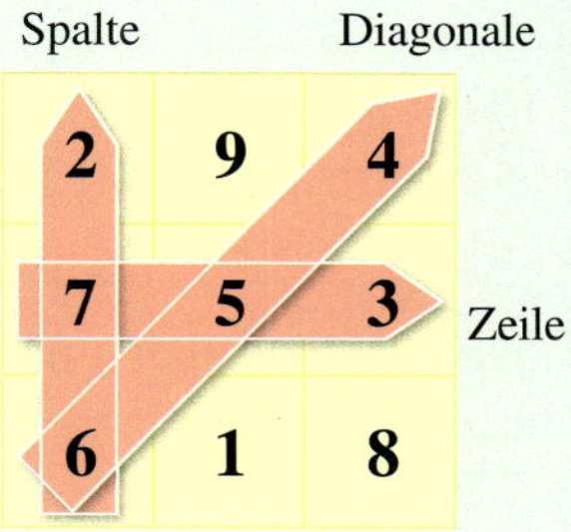

2 Sind das magische Quadrate?

a)

1	4	5
3	4	3
6	2	2

b)

1	8	6
10	5	0
4	2	9

3 Übertrage das Quadrat in dein Heft und ergänze es zu einem magischen Quadrat.

a)

1	6	
	4	
3		7

b)

12	10	8
7		

4 Weise nach, dass das Zahlenquadrat aus dem Kupferstich von Albrecht Dürer ein magisches Quadrat ist.
Bestimme dazu die „magische Zahl“.

5 Übertrage ins Heft. Ergänze zu einem magischen Quadrat und stelle deinen Lösungsweg in der Klasse vor.

a)

17	15	10	26
	17		10
24		17	15
8			

b)

18			39
33	24	33	
	18	27	
12	33		33

6 Du kannst leicht selbst ein magisches Quadrat herstellen, wenn du schon zwei andere kennst. Beachte die Quadrate am Rand.

a) Vervollständige das neue Quadrat im Heft.
b) Beschreibe, wie du dabei vorgehst.
c) Erstelle aus den magischen Quadraten der Aufgabe 5 ein neues magisches Quadrat.

7 Übertragt das magische Quadrat mit den 25 Feldern ins Heft und füllt es aus.
Beschreibt, wie ihr vorgeht.

17		1	8	15
6	13	20	22	
			11	18
	16		5	7
3		12	19	

ZU AUFGABE 6

1. Quadrat

2	7	6
9	5	1
4	3	8

2. Quadrat

12	12	18
20	14	8
10	16	16

neues Quadrat

29		

Klar so weit?

→ Seite 82

Im Kopf addieren und subtrahieren

1 Übertrage die Tabelle in dein Heft und fülle die leeren Felder aus.

1. Summand	2. Summand	Wert der Summe
234	561	
734		1 002
3 459	223	
	5 801	10 000
23 912		34 912

2 Übertrage die Tabelle in dein Heft und fülle die leeren Felder aus.

Minuend	Subtrahend	Wert der Differenz
451	324	
789		112
	563	89
6 734	1 198	
	564	349

3 Überschlage zuerst und berechne dann die genauen Ergebnisse.

a) 39 + 60 b) 162 + 39
c) 251 + 55 d) 349 + 223
e) 49 − 12 f) 70 − 31
g) 101 − 21 h) 507 − 31

1 Wie ändert sich der Wert der Summe von zwei Zahlen, wenn man …

a) einen Summanden durch einen um 5 größeren ersetzt?
b) beide Summanden durch jeweils einen um 10 größeren ersetzt?
c) beide Summanden durch doppelt so große Summanden ersetzt?
d) einen Summanden um 1 vergrößert und den anderen um 1 verkleinert?

2 Schreibe die folgenden Aufgaben als Rechen- bzw. Textaufgaben und löse sie.

a) Subtrahiere von der Zahl 284 die Zahl 115.
b) Ziehe 318 von 559 ab.
c) Ziehe von 238 die Zahl 199 ab.
d) Subtrahiere die Zahl 38 von 120.
e) 121 + 45 − 64
f) (80 + 56) − (20 + 15)
g) 51 − (26 + 15)

3 Überschlage zuerst und berechne dann die genauen Ergebnisse.

a) 739 + 242 b) 1 534 + 279
c) 645 + 893 d) 1 199 + 418
e) 877 − 339 f) 1 723 − 573
g) 729 − 541 h) 723 − 237

→ Seite 86

Rechengesetze und Rechenvorteile

4 Vertausche geeignete Zahlen und fasse in Klammern zusammen, bevor du ausrechnest.

a) 28 + 36 + 22 b) 382 + 125 + 275
c) 225 + 116 + 125 d) 367 + 98 + 23
e) 368 + 79 + 32 f) 134 + 166 + 120
g) 423 + 99 + 27 h) 186 + 41 + 14

5 Löse die Aufgaben.
Tipp: Nutze einen Rechenbaum.

a) (56 + 27) + (29 − 17)
b) (56 − 34) − (67 − 47)
c) (15 + 28) + (34 + 45)
d) (98 − 54) − (84 − 53)

4 Rechne vorteilhaft. Wende die Rechengesetze an.

a) 731 + 67 + 69 + 13
b) 451 + 127 + 109 + 203 + 10
c) 111 + 222 + 89 + 188
d) 208 + 215 + 202 + 225

5 Löse die Aufgaben.
Tipp: Nutze einen Rechenbaum.

a) (55 + 44) + (34 − 24) − (34 + 12)
b) (29 − 15) + (64 − 43) + (16 + 32)
c) (25 + 36) − (65 − 53) − (28 − 10)
d) (49 − 24) + (66 − 34) + (23 − 13)

6 Schreibe zu den Rechenbäumen die Rechnungen mit Klammern auf. Löse sie.

a)
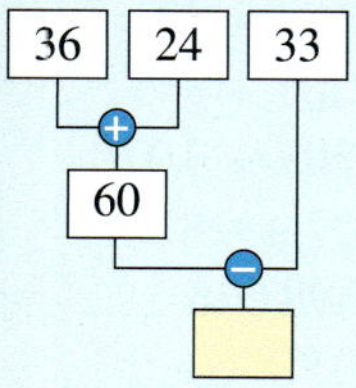

b)
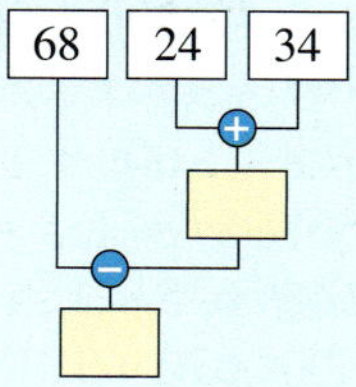

7 Rechne im Kopf.
Rechne die Klammern zuerst aus.

a) 35 – (7 + 12 + 3)
b) 84 – (11 + 41 – 4)
c) 76 + 23 – (17 + 12 + 30)

6 Schreibe zu den Rechenbäumen die Rechnungen mit Klammern auf. Löse sie.

a)
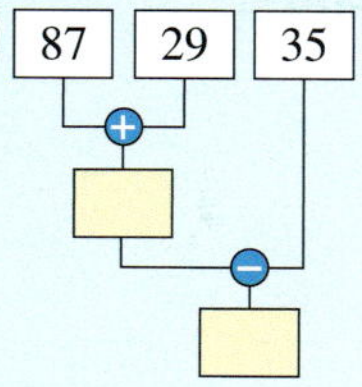

b)
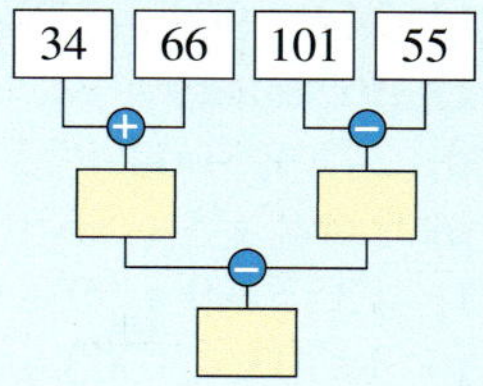

7 Berechne.
Welche Klammern sind unnötig?

a) (45 + 34) – 19
b) 298 – (105 + 66 + 85)
c) (24 + 148) – (112 – 67)

Schriftlich addieren und subtrahieren

→ Seite 90

8 Schreibe die Zahlen stellengerecht untereinander und addiere sie.

a) 354 und 387
b) 5 057 und 2 691
c) 2 427 und 647
d) 1 348 und 6 525
e) 5 203 und 957
f) 767 und 1 645
g) 5 959 und 3 909
h) 1 847 und 47

9 Subtrahiere schriftlich.
Rechne die Probe.

a) 2 074 663 – 35 711
b) 65 293 – 23 522
c) 2 345 678 – 234 567
d) 968 – 352 – 243

10 Herr Esser trägt bei jeder Fahrt den Kilometerstand vor der Abfahrt und nach der Ankunft ein.

Datum	Abfahrt	Ankunft
25.07.	34 562 km	34 589 km
25.07.	34 589 km	34 602 km
26.07.	34 602 km	34 621 km
27.07.	34 621 km	34 657 km
28.07.	34 657 km	34 713 km
28.07.	34 713 km	34 954 km

a) Berechne jeweils die Länge der einzelnen Fahrten.
b) Wie viele Kilometer ist Herr Esser insgesamt gefahren?

8 Addiere die Zahlen schriftlich.

a) 24 679 + 53 232
b) 133 998 + 20 044
c) 134 621 + 6 462 + 3 607
d) 66 755 + 7 215 + 798 + 5 621
e) 450 368 + 4 213 + 6 987 + 9 751

9 Subtrahiere schriftlich.
Rechne die Probe.

a) 156 912 – 15 523 – 16 874
b) 66 122 – 1 563 – 12 888
c) 212 984 – 51 671 – 452 – 1 667
d) 47 125 – 3 498 – 13 245 – 10 999

10 Finde zu den Angaben jeweils eine Rechenaufgabe.
Überschlage zuerst, bevor du rechnest.

a) In Rheinland-Pfalz leben insgesamt 3 994 336 Menschen, 1 958 977 davon sind Frauen.
b) Rheinland-Pfalz hat 40 391 Lehrkräfte, davon sind 28 443 Lehrerinnen.
c) In Worms gibt es 49 486 Kraftfahrzeuge, davon sind 41 916 Pkw.
d) In Kaiserslautern sind 16 152 Personen jünger als 20 Jahre, 61 698 Personen zwischen 20 und 65 Jahre alt und 19 532 Personen älter als 65.

Vermischte Übungen

1 Addiere schriftlich. Führe die Probe durch.
a) 48 + 97 + 16
b) 244 + 908 + 738
c) 367 + 419 + 24
d) 241 + 5004 + 21 + 367
e) 2468 + 5 + 5678 + 3847
f) 1357 + 9 + 99 + 999
g) 30303 + 3003 + 30000

2 Ergänze die Rechenbäume im Heft.

a)

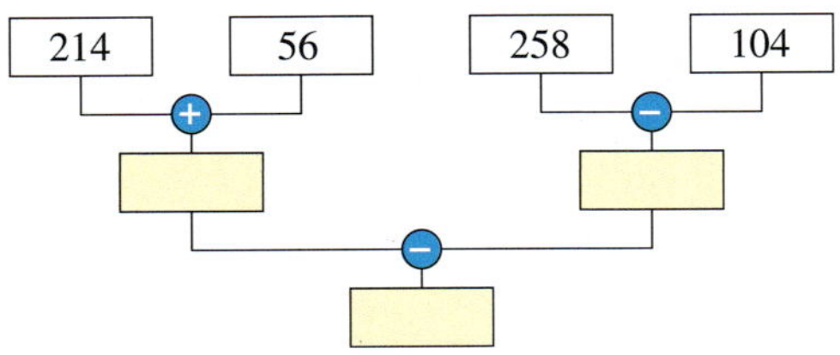

b)

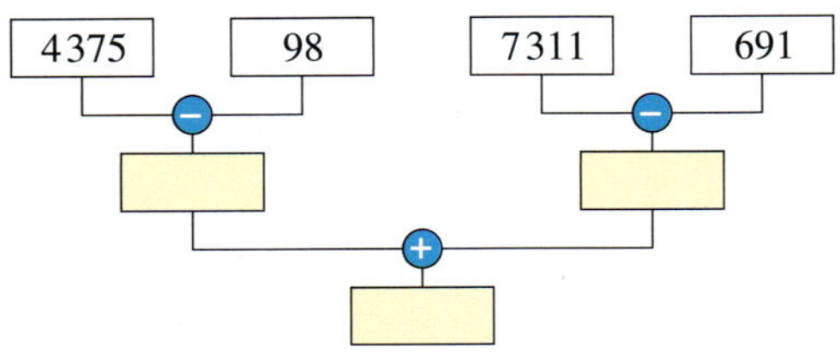

3 Alina feiert ihren Geburtstag. Die Gäste treffen in vier Gruppen bei ihr ein:
In der ersten Gruppe kommen sechs Gäste.
In der zweiten Gruppe kommen zwei Gäste weniger als in der ersten Gruppe.
In der dritten Gruppe kommt ein Gast weniger als in der zweiten Gruppe.
In der letzten Gruppe kommen zwei Gäste weniger als in der zweiten Gruppe.
Wie viele Gäste kommen insgesamt zu Alinas Geburtstagsparty?

1 Addiere schriftlich. Führe die Probe durch.
a) 1244 + 1708 + 1928 + 1804 + 2004
b) 3067 + 4809 + 5340 + 1324 + 47
c) 8197 + 3241 + 5674 + 2001 + 347
d) 5768 + 5009 + 4758 + 3847 + 3070
e) 1567987 + 765 + 2005007 + 9876
f) 12489635 + 136 + 5 + 2698645
g) 18009670 + 10008 + 2205006 + 13

2 Magische Quadrate
a) Übertrage die Quadrate in dein Heft und ergänze sie zu magischen Quadraten. Beschreibe mit eigenen Worten deinen Lösungsweg.

①

3	8	
	6	
5		9

②

32	4	6	
10			16
18	14		24
8		30	

b) Verändere das Quadrat ① so, dass seine magische Zahl 21 beträgt.

3 Ein Fußballclub hatte in einem Jahr 7670000 € zur Verfügung. Er zahlte seinen Spielern insgesamt 2872906 €. Die Platzmiete betrug 215750 €, an Steuern wurden 1236772 € gezahlt. Außerdem entstanden Kosten (Fahrten, Verpflegung usw.) in Höhe von 638029 €.
Welchen Betrag kann der Verein seiner Jugendmannschaft zur Verfügung stellen, wenn noch 384000 € für die Anschaffung eines vereinseigenen Busses benötigt werden?

4 Die Tabelle zeigt die Anzahl der Fluggäste und die Frachtmengen auf großen deutschen Flughäfen in einem Jahr.
a) Berechne die Gesamtzahl der Fluggäste.
b) Wie viel Fracht wurde insgesamt verladen?
c) Wie genau sollte man die Zahlen angeben, um die Flughäfen vergleichen zu können?

Flughafen	Fluggäste	Luftfracht (in Tonnen)
Frankfurt a.M.	52821788	2057175
München	30608976	231736
Berlin (gesamt)	18506506	27164
Düsseldorf	16510893	60308
Hamburg	11954560	77173
Stuttgart	10111346	20290
Köln/Bonn	9812815	685400

5 Eine Tour de France führte in 20 Etappen über eine Gesamtstrecke von 3 687 km.
Nach der 9. Etappe hatten die Fahrer 1 478 km zurückgelegt.

a) Wie viele Kilometer mussten in den restlichen Etappen insgesamt noch zurückgelegt werden?
b) Beschreibe, was die Zahlen in der Grafik bedeuten.
c) Wie groß ist der Höhenunterschied zwischen …
   – Gravère und Col du Mont Cenis?
   – Modana und Col de la Croix de Fer?

Etappe von Sestrières bis L'Alpe d'Huez

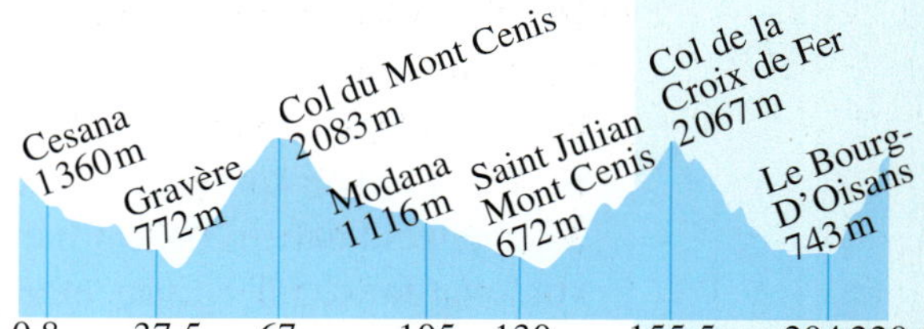

ZUM WEITERARBEITEN
Denkt euch Fragen aus, die ihr mithilfe der Grafik zu Aufgabe 5 beantworten könnt. Stellt euch die Fragen gegenseitig.

6 Die Klasse 5 a plant eine Klassenfahrt nach Bad Dürkheim.
Für Fahrkosten werden 702 €, für Unterkunft und Verpflegung 1 651 € berechnet.
Von der Stadt erhält die Klasse einen Zuschuss von 190 €.
Hinzu kommt eine Spende vom Förderverein in Höhe von 120 €.
Welcher Betrag muss für die Klassenfahrt noch eingesammelt werden?

6 Ein Elektromeister hat im November des Jahres 9 000 € eingenommen.
Davon muss er drei Angestellte bezahlen.
Der erste Angestellte erhält 1 400 €, der zweite 1 200 € und der dritte 1 000 €.
Die Materialkosten der Firma betrugen in diesem Monat 1 600 €.

a) Wie viel Euro betrugen die Ausgaben zusammen?
b) Wie viel Euro blieben noch übrig?

7 In den folgenden Rechnungen wurden Fehler gemacht.
Berichtigt sie zusammen.
Beschreibt, welche Fehler gemacht wurden.
Stellt eure Ergebnisse an der Tafel vor.

Lisa:
  7 2 5 9
+ 3 8 4 (Übertrag 1 1)
  7 5 3 3

Martin:
  4 2 7
+ 3 7 2
  1 4 9 (Übertrag 1 8)
  9 2 1

Emma:
  5 2 1 9
− 2 5 4 2
  3 3 3 7

7 Eine Tankstelle verkaufte in einem Jahr folgende Kraftstoffmengen:

	Januar – März	April – Juni	Juli – September	Oktober – Dezember
Normal	12 008	10 887	9 876	8 798
Super	89 760	56 742	68 793	75 847
Super plus	56 748	63 440	87 653	73 400
Diesel	78 567	65 438	55 432	45 637

a) In welchem Vierteljahr wurde die größte Menge Kraftstoff verkauft?
b) Berechne den Jahresverkauf jeder der vier Sorten.
c) Welche Sorte wurde im Jahr am meisten verkauft?

8 Bringe die ungeordneten „Rechendominosteine" in die richtige Reihenfolge.

a)

b)

c) Erfinde selbst ein Rechendomino. Stelle es deinem Partner oder deiner Partnerin vor. Verwende dabei die Rechenzeichen plus und minus.

9 Flohmarkt

Maximilian berät seine kleine Schwester Hannah beim Einkauf auf dem Flohmarkt. Hannah möchte gerne ein paar Anziehsachen für ihre Puppen kaufen. Sie hat 3 Euro Taschengeld dabei. Maximilian schlägt ihr vor, eine Jacke für 1 Euro, einen Strampler für 70 Cent, eine Mütze für 60 Cent und ein T-Shirt für 50 Cent zu kaufen.
Vom letzten Geld teilen sich die beiden eine Waffel. Wie teuer ist die Waffel?

10 Rechnen im Beruf

a) Die Ziegelbrennerei Windmüller hatte einen Bestand von 1 500 000 Ziegelsteinen zu Beginn eines Jahres.

So viele Ziegel wurden im ersten Halbjahr verkauft:

Jan:	23 420 Steine
Feb:	28 265 Steine
Mär:	182 425 Steine
Apr:	268 750 Steine
Mai:	327 685 Steine
Jun:	124 450 Steine

① Welchen Bestand hatte die Firma nach dem ersten Vierteljahr?
② Welchen Bestand hatte sie zu Beginn des Monats Juli?
③ Im zweiten Halbjahr verkaufte die Firma insgesamt 220 610 Steine. Welchen Bestand hatte die Firma zu Beginn des nächsten Jahres?
④ Gib Maximum, Minimum und Spannweite der verkauften Steine (Jan–Jun) an.

b) Herr Serlin besitzt ein Elektrogeschäft.
Er beschäftigt fünf Angestellte, die im vergangenen Jahr 13 128 €, 13 436 €, 15 404 €, 14 012 € und 11 536 € an Jahreslohn erhielten.
Die Einnahmen betrugen 207 460 €. An Kosten hatte er 68 235 €.
① Wie hoch waren die Gesamtausgaben?
② Welchen Betrag hatte er im letzten Jahr noch zur Verfügung, wenn er noch zwei Lieferwagen zum Preis von 12 050 € und 9 845 € gekauft hat?
③ Gib das Maximum, das Minimum und die Spannweite der fünf Löhne an.

NACHGEDACHT
Fallen dir Gründe ein, warum die fünf Angestellten von Herrn Serlin unterschiedlich viel verdienen?

11

Max wünscht sich eine komplette Inlinerausrüstung.
In einem Kaufhaus findet er eine Aufstellung für die Ausrüstung mit den Preisen.

Ausrüstung	Preis
Helm	42 €
T-Shirt	23 €
Hose	34 €
Handgelenkschützer	18 €
Knie- und Ellenbogenschützer	64 €
Inlineskates	85 €

a) Wie viel kostet die gesamte Ausrüstung?
b) Wie viel Euro bleiben Max von seinem Spargeld in Höhe von 300 Euro noch übrig? Überschlage zuerst.

Zusammenfassung

Im Kopf addieren und subtrahieren

→ Seite 82

Fachbegriffe bei der Addition
Summand + Summand = Wert der Summe

$$\underbrace{302 + 217}_{\text{Summe}} = 519$$

Fachbegriffe bei der Subtraktion
Minuend – Subtrahend = Wert der Differenz

$$\underbrace{825 - 519}_{\text{Differenz}} = 306$$

Die Subtraktion ist die Umkehrung der Addition. Mit einer Addition kann das Ergebnis einer entsprechenden Subtraktion überprüft werden: 135 – 85 = 50 und 50 + 85 = 135

Rechengesetze und Rechenvorteile

→ Seite 86

Vorrangregel
Was in **Klammern** steht, wird **zuerst** ausgerechnet. Ansonsten wir **von links nach recht**s gerechnet.

$$\underbrace{(40 + 15)}_{55} - \underbrace{(10 + 20)}_{30} = 25$$

Vertauschungsgesetz (Kommutativgesetz)
Summanden dürfen vertauscht werden.
$a + b = b + a$

5 + 145 = 145 + 5 = 150

Verbindungsgesetz (Assoziativgesetz)
Summanden dürfen beliebig mit Klammern zusammengefasst werden.
$a + b + c = (a + b) + c = a + (b + c)$

$$17 + 96 + 4 =$$
$$17 + \underbrace{(96 + 4)}_{} = \underbrace{(17 + 96)}_{} + 4$$
$$17 + 100 = 113 + 4$$
$$117 = 117$$

Das Vertauschungs- und Verbindungsgesetz gilt nur für Summen, nicht aber für Differenzen.

Schriftlich addieren und subtrahieren

→ Seite 90

Regeln für die **schriftliche Addition:**
- Summanden stellengerecht untereinanderschreiben
- bei den Einern beginnend die Ziffern von unten nach oben addieren
- Übertrag in der nächsten Stelle addieren, sobald die Summe einer Stelle zehn erreicht

	H	Z	E
	1	4	7
+	1_1	0_2	9
+		4	5
	3	0	1

Kurzform

	1	4	7
+	1_1	0_2	9
+		4	5
	3	0	1

Regeln für die **schriftliche Subtraktion:**
- Zahlen stellengerecht untereinanderschreiben
- bei den Einern beginnend von unten nach oben ergänzen
- bei Zehnerüberschreitungen den Übertrag in der nächsten Stelle notieren

	H	Z	E
	3	5_1	0
–	3	0	1
		4	9

Kurzform

	3	5_1	0
–	3	0	1
		4	9

Teste dich!

6 Punkte

1 Überschlage zuerst das Ergebnis. Rechne dann schriftlich.

a) 120 + 38 b) 428 − 115 c) 1 067 + 238 d) 5 003 − 1 114 e) 24 569 + 13 345 f) 12 789 − 4 998

6 Punkte

2 Übersetze in eine Aufgabe und berechne.

a) Berechne die Summe aus den Zahlen 45 und 136.

b) Bilde die Differenz aus den Zahlen 89 und 19.

c) Der erste Summand ist 2 401, der zweite Summand ist 5 428.

d) Der Wert der Differenz ist 36, der Minuend beträgt 47. Wie lautet der Subtrahend?

e) Der erste Summand ist 368, der zweite Summand ist um 10 größer als der erste Summand. Berechne die Summe.

f) Der Wert der Differenz beträgt 48, der Subtrahend ist 60.
Berechne den Minuenden.

6 Punkte

3 Berechne die folgenden Aufgaben schriftlich.

a) 456 + 2 758 + 10 509

b) 12 300 567 + 236 731 + 2 234 + 4

c) 555 + 66 666 + 777 777 + 22

d) 23 998 − 15 594

e) 23 998 − 15 594 − 268 − 3 449

f) 111 110 − 56 666

2 Punkte

4 Löse folgende Textaufgaben.

a) Ein Bäcker hat noch 57 Brötchen.
Er verkauft nacheinander fünf Brötchen, dann sieben, acht, zwei und dann noch sechs Brötchen.
Wie viele Brötchen hat er jetzt noch?

b) Der Tank einer Tankstelle ist mit 30 000 Litern Benzin gefüllt.
Am Mittwoch werden 4 270 Liter verkauft, am Donnerstag 5 660 Liter und am Freitag 7 279 Liter. Wie viele Liter bleiben im Tank?

1 Punkt

5 Anfang 2013 hatte ein Sportverein 5 800 Mitglieder. Im selben Jahr meldeten sich 204 ab und 265 kamen neu dazu. Im Jahr 2014 gab es 86 Abmeldungen und 195 Anmeldungen. Im Jahr 2015 betrug die Zahl der Abmeldungen 241 und die der Anmeldungen 187.
Wie viele Mitglieder hatte der Verein am Ende des Jahres 2015?

2 Punkte

6 Vervollständige die Additionsmauern im Heft.

a)

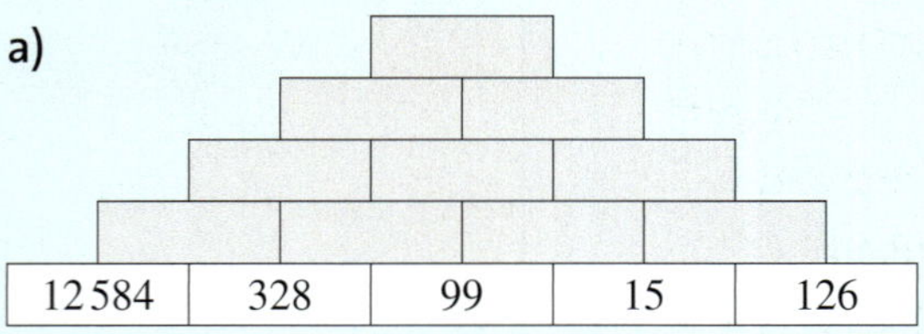

b)

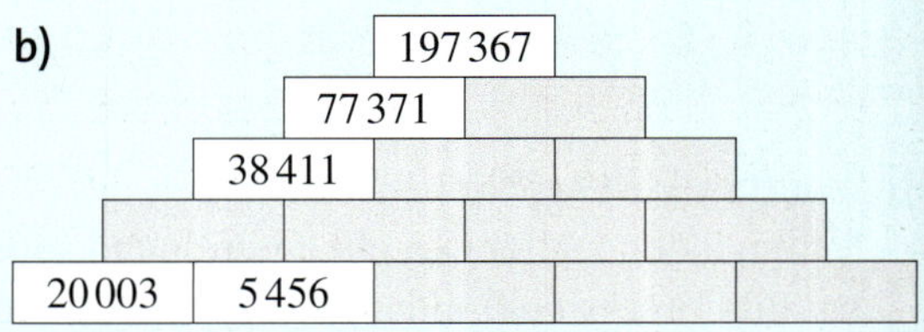

6 Punkte

7 Berechne, indem du geschickt vertauschst und zusammenfasst.

a) 35 + 61 + 75 + 19 b) 74 + 88 + 12 + 26 c) 778 + 11 + 99 + 122

d) 68 + 13 + 2 + 27 e) 1 234 + 667 + 566 f) 37 + 12 + 13 + 58 + 19 + 11

1 Punkt

8 Für einen Spiele-Abend wurde eingekauft.
Der Kassenzettel ist rechts abgebildet.
Reichen 15 € für diesen Einkauf?
Runde geschickt und überschlage. Berechne die Gesamtkosten genau.

Limo	4,78 €
Saft	2,39 €
Chips	2,98 €
Flips	1,58 €
Brezeln	3,68 €

 Gold: 27–30 Punkte, Silber: 23–26 Punkte, Bronze: 18–22 Punkte Lösungen ab Seite 202

Größen

Tim geht gerne klettern. Diesmal möchte er es am 15 m hohen Felsen bis ganz nach oben schaffen. Er hat sich ein Ticket für 6 € gekauft. Der Gurt und das 5 mm dicke Sicherungsseil haben zusätzlich 2,50 € gekostet. Sein Ticket gilt für 2 Stunden. Um 14 Uhr hat er angefangen, nun ist es bereits 15:30 Uhr. Ob er es noch bis ganz nach oben schafft? Wenn er fertig ist, muss er auch noch die Ausrüstung zurück zum Verleih tragen. Und die Ausrüstung wiegt immerhin 3,26 kg.

Noch fit?

Einstieg

1 Strecken ordnen
Ordne die angegebenen Strecken nach der Größe. Beginne mit der kürzesten.

43 cm | 34 cm | 33 mm | 41 cm

2 Einheiten von Größen
Gib die richtige Einheit an.
a) Carina wiegt 35 ■.
b) Max ist 157 ■ groß.
c) Eine Reitstunde kostet 29,90 ■.
d) Die kleine Pause ist 5 ■ lang.
e) Das Körnerbrötchen kostet 40 ■.
f) Das Schwimmbecken ist 50 ■ lang.

3 Zehnersystem
Beispiel 10 Hunderter = 1 Tausender
a) 1 Zehner = ■ Einer
b) ■ Einer = 1 Hunderter
c) 1 000 Einer = ■ Tausender
d) ■ Einer = 3 Zehner

Aufstieg

1 Zeitenspannen ordnen
Ordne die angegebenen Zeitspannen nach der Größe. Beginne mit der kürzesten.

2 h 21 min | 75 min | 360 s | 140 min

2 Einheiten von Größen
Gib die richtige Einheit an.
a) Für den Kuchenteig braucht man 500 ■ Mehl und $\frac{1}{2}$ ■ Milch.
b) Ein Fußballspiel ohne Verlängerung dauert weniger als 2 ■.
c) Tom kauft für 29,99 ■ ein neues Fußballtrikot und bekommt 1 ■ zurück.

3 Zehnersystem
Beispiel 1 Hunderter = 100 Einer
a) 3 Tausender = ■ Hunderter
b) ■ Einer = 8 Hunderter
c) 20 Zehner = ■ Hunderter
d) ■ Einer = 77 Zehner

4 Gewichte schätzen
Ordne nach dem Gewicht. Beginne mit dem leichtesten Gewicht.

5 Kurz und knapp
a) Was ist mehr wert: 50 Cent oder 5 Euro?
b) Was ist schwerer: 250 Gramm oder 2 Kilogramm?
c) Was ist weiter: 3 Meter oder 90 Zentimeter?
d) Was dauert länger: 25 Stunden oder 1 Tag?

Lösungen ab Seite 202

Größen im Alltag/Geld

Entdecken

1 Beschreibe, wie du zu deinem Ergebnis gelangst.

a) Welcher Wagen ist schwerer beladen?

b) Wo liegt mehr Geld?

2 Welche Größe wird mit welchem Messinstrument gemessen? Ordne richtig zu.

Gewicht – Länge – Zeit – Geld

3 Lottospieler träumen davon, einmal im Leben 1 000 000 € zu gewinnen.
Stelle dir vor, ein solcher Gewinn würde in einzelnen 1-€-Münzen ausgezahlt.

① Könntest du einen solchen Berg von Münzen überhaupt tragen?

② Wie hoch wäre wohl ein Stapel von einer Million Euro in 1-€-Münzen?

③ Wie lang ist die Strecke, wenn man die Münzen in einer langen Kette aneinanderlegt?

Wähle eine der Fragen aus und überlege dir eine gute Vorgehensweise zur Beantwortung.
Arbeitet zu zweit und erklärt euch gegenseitig euer Vorgehen.
Einigt euch auf ein Verfahren und beantwortet eine Frage genauer.

HINWEIS
Wenn du zu Aufgabe 3 Hilfe brauchst, schlage im Stichwortverzeichnis unter „Fermi" nach.

4 Katja, Fabian und Erdem sind 10 Jahre alt und begeisterte Fußballfans. Am Samstag wollen sie zusammen mit Katjas Vater ins Stadion gehen.

a) Katjas Vater hat 50 € dabei. Welche Karten können sie sich kaufen?

b) Stellt euch vor, Katja, Fabian und Erdem haben zusammen 150 € gespart.
Welche Karten würdet ihr an ihrer Stelle kaufen? Begründet eure Entscheidung.

c) Denkt euch weitere Aufgaben zur Preisliste aus. Lasst die Aufgaben von jemand anders lösen.

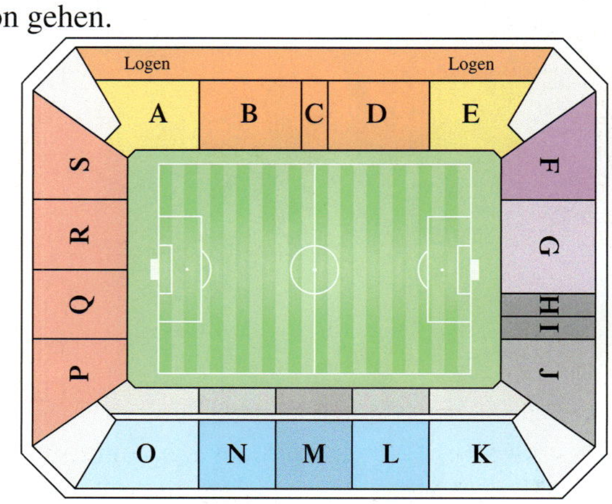

Kategorie	Vollzahler	Ermäßigt (bis 12 Jahre)
Stehplatz P, Q, R, S	12,50 €	10,50 €
Supportbereich K + O	18,00 €	16,00 €
Supportbereich L + N	19,00 €	16,00 €
Supportbereich M	20,00 €	16,00 €
Sitzplatz F	26,00 €	23,00 €
Sitzplatz G	28,00 €	25,00 €
Sitzplatz K + O	36,00 €	32,00 €
Sitzplatz L + N	38,00 €	34,00 €
Sitzplatz M	40,00 €	36,00 €
Sitzplatz A + E	42,00 €	–
Gäste Stehplatz J	12,50 €	10,50 €
Gäste Sitzplatz H + I	28,00 €	–

Verstehen

Erinnerst du dich an Tim, der gerne klettern geht?
Für ihn sind im Moment verschiedene Größen wichtig:
Er darf noch 30 min klettern, der Fels ist insgesamt 15 m hoch, er musste 6 € für das Ticket zahlen und zum Schluss muss er noch 3,26 kg tragen.

In unserem täglichen Leben begegnen uns sehr oft verschiedene Größen. Man erkennt eine Größe an der **Einheit** hinter der Zahl.
Wir unterscheiden z. B. die Größen Geld, Zeit, Gewicht und Länge.

6 €	30 min	3,26 kg	15 m
Maßzahl ↗ ↖ Maßeinheit	Maßzahl ↗ ↖ Maßeinheit	Maßzahl ↗ ↖ Maßeinheit	Maßzahl ↗ ↖ Maßeinheit

SCHON GEWUSST?
So sehen alle Euro-Scheine aus:

Merke Eine Größe besteht aus **Maßzahl** und **Maßeinheit**.
Vor dem Rechnen müssen die Größenangaben dieselbe Maßeinheit haben.

Beispiel 1
3 € + 250 ct = 3 € + 2,50 € = 5,50 €

Beispiel 2
2 m + 17 cm = 200 cm + 17 cm = 217 cm

Tim feiert seinen Geburtstag an dem Kletterfelsen.
Für das Geburtstagskind ist der Eintritt frei, die eingeladenen Kinder zahlen nur 4,10 €.
Tim lädt drei Freunde ein. Was kostet der Eintritt für alle zusammen?

$3 \cdot 4{,}10\,€ = 3 \cdot 410\,ct = 1\,230\,ct = 12{,}30\,€$

Merke **Geld** ist eine Größe, die angibt, wie viel eine Sache wert ist.

In Deutschland und vielen anderen Ländern Europas wird Geld in Euro (€) und Cent (ct) angegeben. Es gibt auch andere Währungen, z. B. den US-Dollar ($) oder die Türkische Lira (TRY).

ERINNERE DICH
7,32 €
= 7 € 32 ct
= 732 ct

103 ct
= 1 € 3 ct
= 1,03 €

95 ct
= 0 € 95 ct
= 0,95 €

Beispiel 3

Der Wert des Geldes im Bild beträgt 7,32 €.

7,32 €
Maßzahl ↗ ↖ Maßeinheit

Beispiel 4

Hier beträgt der Wert des Geldes 1,91 TRY (Türkische Lira).

1,91 TRY
Maßzahl ↗ ↖ Maßeinheit

Üben und anwenden

1 Sortiere im Heft die Größenangaben zu den passenden Größen.

300 m | 17 Jahre | 35 Gramm | 36 Kilogramm | 15 Stunden | 3 cm | 170 g | 5 Liter | 45 min | 3,50 € | 5 Kilometer

Geld | Zeit | Gewicht | Länge

1 Alle zwei Jahre finden Olympische Spiele statt, abwechselnd im Sommer und im Winter.

Es gibt viele Disziplinen, z. B. Fußball und Eishockey, Hochsprung und Skispringen.

a) Wähle zehn Disziplinen aus und sortiere sie nach Sommer- und Wintersportarten.

b) Erstelle eine Tabelle, aus der ersichtlich ist, welche Größen bei welcher Disziplin wichtig sind.

2 Messinstrumente

a) Was kann man mit folgenden Messinstrumenten messen?

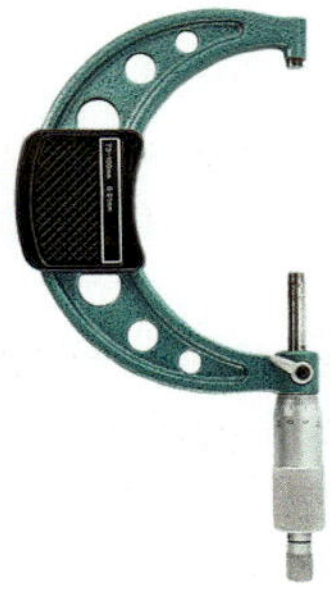

b) Hast du schon einmal eines der Messinstrumente benutzt? Beschreibe möglichst genau, wie dabei gemessen wird.

3 In welcher Einheit wurde gemessen? Wie oft passt die Einheit in die gegebene Größe?

Beispiel 3 Kilogramm: Einheit 1 kg, passt 3-mal, denn 3 kg = 3 · 1 kg.

a) 5 Kilogramm
b) 20 Gramm
c) 15 Minuten
d) 55 Stunden
e) 3 Meter
f) 6 Kilometer
g) 45 Cent
h) 16 Euro

3 In welcher Einheit wurde gemessen? Wie oft passt die Einheit in die gegebene Größe?

Beispiel 3,5 Kilometer sind 3-mal 1 km und 500-mal 1 m.

a) 501 Kilogramm
b) 220 Gramm
c) 40 545 Cent
d) 12,05 Euro
e) 3,5 Meter
f) 6,5 Zentimeter
g) 15 Minuten
h) 3,5 Stunden

4 In welcher Einheit würdest du die folgenden Angaben messen? Mit welchem Messinstrument würdest du messen?

a) Weite beim Weitsprung
b) Höhe einer Tür
c) Dauer einer Unterrichtsstunde
d) Gewicht deines Haustieres
e) Alter deines Haustieres

4 In welcher Einheit würdest du die folgenden Angaben messen? Mit welchem Messinstrument würdest du messen?

a) Entfernung zwischen zwei Städten
b) heutiges Datum
c) Gewicht eines Autos
d) Geschwindigkeit eines Autos
e) Größe eines Kleinkindes

5 Wandle in Euro bzw. in Cent um.

a) 600 ct (in €) b) 4 000 ct (in €)
c) 305 ct (in €) d) 750 ct (in €)
e) 60 ct (in €) f) 12 € (in ct)
g) 77 € (in ct) h) 5 807 Cent (in €)
i) 0,50 € (in ct) j) 5,30 € (in ct)

6 Gib die Beträge mit möglichst wenigen Geldscheinen und Münzen an.

a) 4,50 € b) 1,70 €
c) 0,83 € d) 10,45 €
e) 13 € f) 57 €
g) 55,10 € h) 20,30 €

7 Wie viel ist jeweils zu zahlen?

a) Anna kauft eine Bluse für 16 € und eine Hose für 43 €.
b) Amelie kauft Schuhe für 49,95 € und Schuhcreme für 2,50 €.
c) Frau Bender parkt drei Stunden im Parkhaus. Jede Stunde kostet 1,80 €.
d) Celine kauft Schokolade für 69 ct und eine Packung Kekse für 1,29 €.
e) Maja kauft 2 Packungen Äpfel für je 2,90 € und Bananen für 3,50 €.
f) Daniel kauft einen Fahrradhelm für 49,50 € und eine Fahrradklingel für 5,90 €.

ZU AUFGABE 8

8 Clever einkaufen

a) Florian hat 10 €. Überschlage: Reicht sein Geld für die Einkäufe, die in der Randspalte abgebildet sind?
b) Rechne genau, wie teuer die Einkäufe sind.
c) Denke dir selbst eine Aufgabe zu den Einkäufen aus. Überschlage und löse sie.

9 Ergänze die Tabelle im Heft.

Kaufpreis	gegeben	Rückgeld
24,50 €	30,00 €	
4,71 €	10,00 €	
34,72 €	40,00 €	
39,62 €	50,00 €	
	50,00 €	22,50 €
	40,00 €	7,22 €
	65,00 €	3,27 €
44,72 €		5,28 €
17,33 €		82,67 €

5 Wandle in Cent bzw. in Euro um.

a) 7 € b) 507 ct
c) 950 ct d) 34 ct
e) 0,01 € f) 37,05 €
g) 103 ct h) 10 000 €
i) 24,03 € j) 40 808 ct

6 Zahle passend.
Gibt es mehrere Möglichkeiten? Notiere.

a) 25,65 € b) 67,14 €
c) 132,27 € d) 222,22 €
e) 38,30 € f) 379,39 €
g) 123,07 € h) 17,80 €

7 Im Supermarkt gibt es folgende Angebote:

Produkt	Preis	Produkt	Preis
Wasser	60 ct	Möhren	1,49 €
Cola	75 ct	Broccoli	2,49 €
Orangensaft	55 ct	6 Eier	1,79 €
Nudeln	1,09 €	Paprika	1,95 €
Käse	1,89 €	Zucchini	2,29 €
Schmand	55 ct	Joghurt	39 ct

a) Frau Schrader kauft Käse, Paprika, Möhren, Nudeln, Schmand und Orangensaft. Wie teuer ist ihr Einkauf?
b) Herr Müller kauft von jeder Gemüsesorte einmal das Angebot. Wie viel muss er bezahlen?

8 Clever einkaufen

a) Kaufe aus dem Angebot (aus Aufgabe 7) für möglichst genau 10 € ein.
b) Denke dir weitere Aufgaben zu den Angeboten aus. Lasse sie von einer Partnerin oder einem Partner lösen.

9 Wie viel Wechselgeld bekommt man zurück, wenn man diese Rechnung mit einem 20-€-Schein bezahlt?

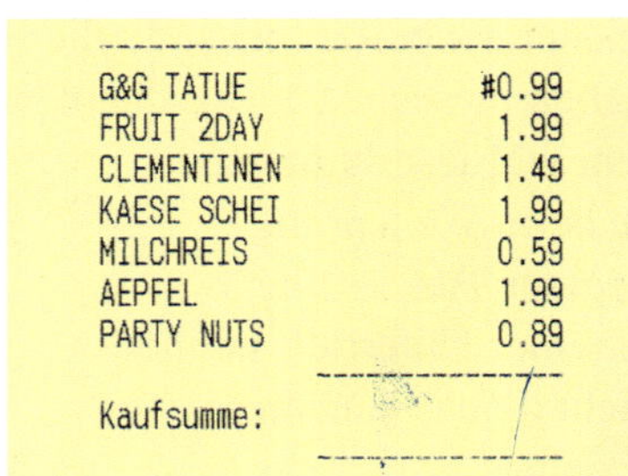

Zeit

Entdecken

1 Schätze und ordne die Zeitspannen zu. Wie lange dauert …

a) ein 100-Meter-Lauf,
b) der Bau eines Einfamilienhauses,
c) ein Lied deiner Lieblingsband,
d) ein Kinofilm,
e) ein Flug zum Mond,
f) ein Flug von Frankfurt nach New York?

20 s | 1 Jahr | 8 h 52 min | 3 Tage | 100 min | 2 min 39 s

Überlege dir eigene „Schätzaufgaben“. Tauscht sie untereinander und löst sie gegenseitig.

NACHGEDACHT
Ein Jahr hat meistens 365 Tage. Es gibt aber Ausnahmen. Welchen Namen trägt diese Ausnahme? Gib die Anzahl der Tage an.

2 Wie lang ist eigentlich eine Minute?

a) Arbeitet zu zweit. Du sitzt und versuchst, möglichst genau nach einer Minute aufzustehen. Deine Partnerin oder dein Partner stoppt mit einer Stoppuhr die Zeit und beobachtet, ob mehr oder weniger Zeit vergangen ist. Tauscht dann die Aufgaben.
b) Probiert auch folgende Aktivitäten aus. Gibt es Unterschiede im Zeitempfinden?
① Erzähle eine Minute lang von deinen Hobbys.
② Mache eine Minute lang Kniebeugen.
③ Sei eine Minute ganz still.
c) Beschreibe, wie du vorgegangen bist, um ungefähr eine Minute abzuschätzen.

3 Um 6:45 Uhr ist Sarah aufgestanden. Um 7:20 Uhr ist sie mit dem Bus zur Schule losgefahren und war 15 Minuten unterwegs. Um 8:00 Uhr fängt die Schule an. Jede Unterrichtsstunde dauert 45 Minuten. Nach der Schule hat Sarah eine Stunde für die Hausaufgaben gebraucht. Jetzt ist es 15:10 Uhr.

a) Notiere alle Zeitangaben, die in dem Text vorkommen. Kannst du die Zeitangaben sortieren? Erkläre, nach welchen Gesichtspunkten du sortiert hast.
b) Jetzt ist es 15:10 Uhr. Wie lange ist Sarah schon wach? Erkläre, wie du vorgehen kannst, um das zu berechnen. Worauf musst du achten?

4 In einer Zeitung stand dieser Artikel.

a) Prüfe, ob die Anzahl „sechs Millionen“ realistisch ist. Rechne nicht exakt, sondern überschlage mit gerundeten Zahlen.
b) Wer hat wohl die Anzahl der Hickser gezählt? Wie kommt man auf diese Zahl?

Dauer-Schluckauf nach 42 Tagen gestoppt

Sechs Millionen „Hickser“

Gelsenkirchen (dpa) Der Dauer-Schluckauf, der einen 75-Jährigen in Gelsenkirchen 42 Tage plagte, ist gestoppt. Nach sechs Millionen „Hicksern“ ist er das Leiden los. Was den Schluckauf beruhigte, könne er nicht genau sagen – er habe viele Mittel angewandt, um den „Dauer-Hick“, der ihn zeitweise bis zu hundertmal pro Minute plagte, zu stoppen. Nachdem sein Leiden bundesweit Schlagzeilen gemacht hatte, hatten ihm Hunderte Anrufer und Briefeschreiber Rezepte empfohlen. Der Katalog reichte von Senfsamen über Brennnesselsaft bis zu Wechselbädern oder Hocksprüngen.
Der 75-Jährige will jetzt die Flut von Ratschlägen sammeln, veröffentlichen oder an Leidensgenossen weitergeben.

Verstehen

Luca plant eine Zugfahrt von Mainz nach Karlsruhe. Er informiert sich im Fahrplan der Deutschen Bahn über Abfahrts- und Ankunftszeiten sowie über die Fahrtzeiten der Züge.

Zug	RE 4471 Mo-Fr 1	RE 4751 Mo-Fr 1	RE 4473	RE 4491	RE 4475	RE 4493	RE 4477	RE 4495	RE 4479	RE 4497	RE 4481	RE 4757 Mo-Fr 1	RE 4487	RE 4483	RE 4499	RE 4485
von																
Mainz Hbf 80	5 45	6 52	8 13	9 13	10 13	11 17	12 13	13 17	14 13	15 17	16 13	16 19	17 18	18 13	19 17	20 13
Worms Hbf	6 15	7 20	8 40	9 41	10 40	11 45	12 40	13 45	14 40	15 45	16 40	16 59	17 45	18 40	19 45	20 40
Frankenthal Hbf 3	6 25	7 28	8 47	9 47	10 47	11 52	12 47	13 52	14 47	15 52	16 47	17 06	17 52	18 47	19 51	20 47
Ludwigshafen (Rh) Hbf 80 6 ○	6 36	7 35	8 56		10 56		12 56		14 56		16 56	17 14	17 59	18 56		20 56
Ludwigshafen (Rh) Hbf 6	6 38	7 36	8 57		10 57		12 57		14 57		16 56	17 24	18 00	18 57		20 57
Ludwigshafen (Rhein) Mitte		7 38		9 58		12 04		14 04		16 04		17 27			20 04	
Mannheim Hbf ○		7 41		10 01		12 07		14 07		16 06		17 30			20 07	
Ludwigshafen (Rh) Hbf Schifferstadt 3 ○	6 50		9 06		11 06		13 06		15 06		17 05		18 11	19 06		21 06
Schifferstadt	6 50		9 07		11 07		13 07		15 07		17 07		18 11	19 07		21 07
Speyer Hbf	7 00		9 14		11 14		13 14		15 14		17 14		18 19	19 14		21 14
Germersheim 4 ○	7 14		9 22		11 22		13 22		15 22		17 22		18 28	19 22		21 22
Germersheim	7 20		9 23		11 23		13 23		15 23		17 23			19 23		21 23
Philippsburg (Baden)	7 30		9 31		11 31		13 31		15 31		17 33			19 31		21 31
Graben-Neudorf 81 4	7 38		9 40		11 40		13 40		15 40		17 41			19 41		21 41
Karlsruhe Hbf 81 6 ○	7 52		9 52		11 52		13 52		15 52		17 53			19 52		21 52
nach																

Er notiert die **Zeitpunkte** von Abfahrt und Ankunft verschiedener Züge:

ab Mainz	an Karlsruhe
5:45 Uhr	7:52 Uhr
8:13 Uhr	9:52 Uhr

Er berechnet auch die **Zeitspannen** zwischen Abfahrt und Ankunft dieser Züge:

2 Stunden 7 Minuten
1 Stunde 39 Minuten

Merke Ein **Zeitpunkt** ist ein genau festgelegter Termin, zum Beispiel 11:27 Uhr oder der 24. März.
Eine **Zeitspanne** ist die Dauer zwischen zwei Zeitpunkten, zum Beispiel 23 Minuten, ein Jahr oder von 12:55 Uhr bis 13:22 Uhr.

Luca hat die Zeitspannen so berechnet:
8:13 Uhr → 9:00 Uhr → 9:52 Uhr
47 min + 52 min = 1 h 39 min

Die Zeitspanne beträgt insgesamt 1 Stunde 39 Minuten.

Esra überlegt: „Beim Nachrichten-Schreiben braucht mein Opa pro Buchstaben 1 Sekunde. Also braucht er für drei Nachrichten mit insgesamt 480 Zeichen auch 480 Sekunden. Wie viele Minuten sind das? $480 : 60 = 8$. Es sind also 8 min."

Esra überlegt weiter: „Wenn er 1 Stunde lang Nachrichten schreibt, wie viele Zeichen schafft er dann?
$1\,h = 60\,min = 60 \cdot 60\,s = 3\,600\,s$. Er würde also 3 600 Zeichen schaffen."

HINWEIS
Die Abkürzungen „a", „d", „h" kommen aus der lateinischen Sprache. Im Englischen sind manche Wörter ähnlich.
*a: **a**nnus*
*d: **d**ies (engl. **d**ay)*
*h: **h**ora (engl. **h**our)*

Merke **Maßeinheiten der Zeit und ihre Umrechnungen**

Jahr	a
Tag	d
Stunde	h
Minute	min
Sekunde	s

$1\,a = 365\,d$
$1\,d = 24\,h = 1\,440\,min = 86\,400\,s$
$1\,h = 60\,min = 3\,600\,s$
$1\,min = 60\,s$

Beachte die unterschiedlichen **Umrechnungszahlen**.

Üben und anwenden

1 Zeitpunkt oder Zeitspanne?
a) Ich komme um 18:00 Uhr zu dir.
b) Die Pause beginnt um 9:35 Uhr.
c) Der Unterricht dauert von 8 Uhr bis 14 Uhr.
d) Eine Woche dauert 7 Tage.
e) Max wurde um 15 Uhr geboren.

1 Zeitpunkt oder Zeitspanne?
a) Die Erde dreht sich in 24 Stunden einmal um ihre Achse.
b) Der Mathematiker Leonhard Euler lebte vom 04.04.1707 bis zum 18.09.1783.
c) Mein Geburtstag ist der 25. Januar.
d) Vor drei Wochen war Neujahr.

2 Arbeitet zu zweit oder in Gruppen und erstellt zwei Listen.
a) Welche Worte gebrauchen wir, wenn wir von Zeitpunkten reden?
b) Welche Worte gebrauchen wir, wenn wir von Zeitspannen reden?

3 Zeiteinheiten umrechnen
a) Rechne in Sekunden um.
① 15 min; 45 min; 60 min
② 4 min und 35 s; 2 min und 3 s
③ 10 min 15 s; 25 min 30 s
b) Rechne in Minuten um.
① 360 s; 3 600 s; 300 s; 840 s
② 124 s; 296 s; 3 003 s; 256 s
③ 2 h; 3 h; 5 h; 2 h 30 min
c) Rechne in Stunden um.
① 480 min; 400 min; 720 min; 170 min
② 3 Tage; 7 Tage; 1 Woche
③ 2 Tage und 3 h; 4 Tage und 12 h

4 Ergänze die Tabelle im Heft.

Zug-Nr.	ab Mainz	an Mannheim	Fahrtzeit
RB 38721	8:22	9:42	
IC 119	11:13	11:52	
RE 4495	13:17	14:07	
RB 38765	17:52	19:14	

5 Wie lange dauert es …
a) von 8:10 Uhr bis 8:50 Uhr?
b) von 7:24 Uhr bis 8:24 Uhr?
c) von 15:45 Uhr bis 17:30 Uhr?
d) von 7:45 Uhr bis 12:35 Uhr?
e) von 7:20 Uhr bis 21:15 Uhr?

3 Schreibe in der angegebenen Einheit.
a) 2 h 3 min (min)
b) 3 Tage 6 h (h)
c) 7 min (s)
d) 2 h 50 min (min)
e) 240 min (h)
f) 28 min 10 s (s)
g) 48 h (d)
h) 96 h (d)
i) 3 d (min)
j) 5 h 30 min (min)
k) 80 Jahre (d)
l) 800 d (Jahre)

4 Ergänze die Tabelle im Heft.

Zug-Nr.	an Mainz	an Mannheim	Zeitspanne
RB 38707	5:15	6:21	
RB 38713		7:36	1:14 h
IC 2317	7:43	8:24	
RB 38729	9:52		1:22 h
EC 115	10:17		43 min
IC 2005	12:17		50 min
IC 2013		13:52	39 min
RB 38759		17:42	1:17 h

5 Wie viel Zeit liegt dazwischen?
a)
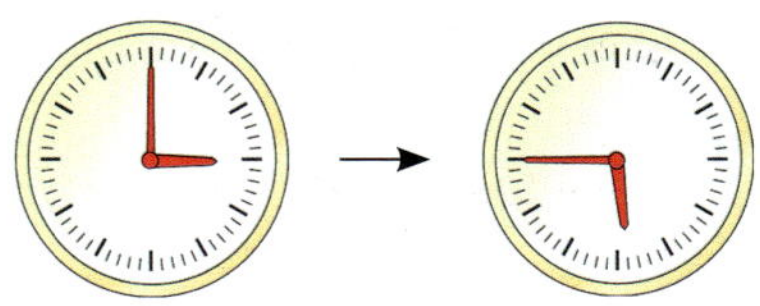
b)
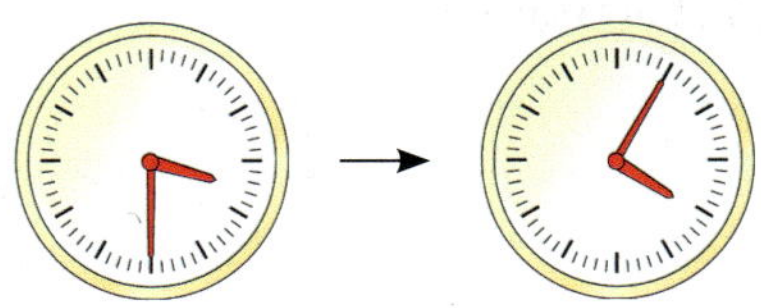

HINWEIS
3:05 h = 3 h 5 min
20:58 min = 20 min 58 s
1:37:25 h = 1 h 37 min 25 s

6 Auf der gegenüberliegenden Seite findest du einen Fahrplan. Kim wohnt in Speyer und muss um 17:00 Uhr in Graben Neudorf sein. Welchen Zug sollte sie nehmen?

7 Kolja und Mesut sind am Samstag in Mainz verabredet. Sie wollen um 15:30 Uhr ein Spiel von Mainz 05 ansehen. Kolja wohnt in Uhlerborn und muss mit dem Zug fahren. Mesut hat ihm gesagt, dass er in Mainz den Bus 68 bis zur Hochschule nehmen muss. Sie wollen sich dort 20 Minuten vor dem Anpfiff treffen.

Hier siehst du die Fahrpläne:

Ingelheim		13 46		13 55	14 07		14 20			14 37	14 46			15 08	15 20		
Heidesheim (Rheinhess)					14 11		14 24			14 41				15 12	15 24		
~~Uhlerborn~~					14 14					14 44				15 15			
Budenheim					14 17					14 47				15 18			
Mainz-Mombach	80				14 20					14 50				15 21			
Mainz Hbf	651,660,661 81 ○	13 59		14 08	14 25		14 33	14 38	14 35	14 55	14 58		15 09	15 26	15 33	15 42	15 38

BUS **68**

🕓	Montag - Freitag	Samstag
14	10 30 50	00 30
15	10 30 50	00 30

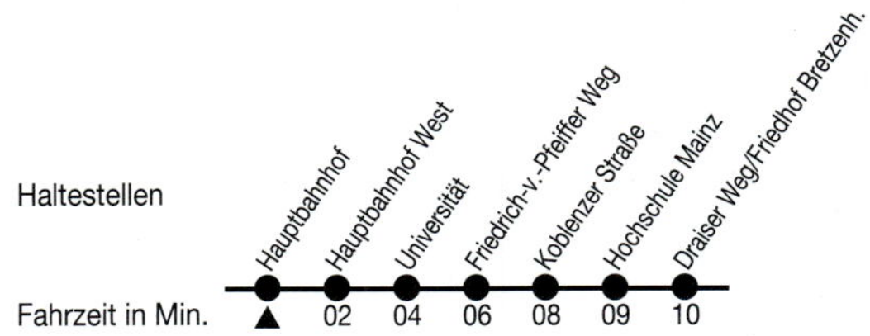

a) Welchen Zug und Bus kann Kolja nehmen, damit er pünktlich an der Arena ankommt?

b) Diskutiere mit einem Partner oder einer Partnerin, welche Möglichkeit die beste ist.

c) Schreibe selbst eine Rechengeschichte. Alle nötigen Informationen kannst du im Bus- und Zugfahrplan deiner Stadt finden. Wenn du keinen Fahrplan hast, nutze die Fahrpläne von dieser und den vorigen Seiten.

Sommer 3:53
Only Boy 3:55
Go 5:15
Bitte hör nicht auf zu singen 3:25
Feuerwerk 3:47
The day 5:08

8 Berechne im Heft.

a) 2 h 13 min + 3 h 26 min

b) 10 h 35 min + 3 h 18 min

c) 2 h 27 min + 4 h 54 min

d) 7 min 38 s + 13 min 22 s

e) 47 min 48 s + 1 h 46 min 16 s

f) 3 h 32 min 20 s + 2 h 27 min 40 s

8 Noah hat sich eine neue CD gekauft. Die Lieder siehst du in der Randspalte.

a) Berechne die Gesamtlänge der CD.

b) Für die Schulparty darf Noah für 15 min die Lieder von seiner CD zusammenstellen. Mache drei Vorschläge für Noahs Playlist.

c) Noah möchte die 15 min besonders gut ausnutzen. Schlage eine Playlist vor.

9 Wie viele Tage dauern die jeweiligen Jahreszeiten im Jahr 2012?

Frühlingsanfang: 20. 03.
Sommeranfang: 21. 06.
Herbstanfang: 22. 09.
Winteranfang: 21. 12.

9 Ein Jahr hat 12 Monate. Gibt die Zeitspanne in Jahren an.

a) Ein Kredit hat 84 Monate Laufzeit.

b) Eine Stadtchronik berichtet: „Unser ältester Bürger ist 1 248 Monde (Monate) alt geworden."

10 Schreibe in Jahren und Tagen.

a) Tims kleine Schwester ist jetzt seit 400 Tagen auf der Welt.

b) Die Schwangerschaft bei Elefanten dauert ca. 660 Tage.

c) In der Wildnis werden Zauneidechsen ca. 2 007 Tage alt.

d) Albert Einstein wurde am 14.03.1879 geboren und starb am 18.04.1955.

e) Michael Jackson wurde am 29.08.1958 geboren und starb am 25.06.2009.

HINWEIS
Wenn du zu Aufgabe 11 Hilfe brauchst, schlage im Stichwortverzeichnis unter „Fermi" nach.

11 Wie viele Minuten Pause hattet ihr bis jetzt in eurem Schulleben? Stellt euren Lösungsweg den anderen vor.

Gewicht (Masse)

Entdecken

1 Mit einer Waage kann man messen, wie schwer etwas ist.

Tafelwaage

Elektronische Waage

a) Beschreibe, wie mit der links abgebildeten Tafelwaage das Gewicht der Äpfel bestimmt werden kann.
b) Das Bild rechts zeigt eine elektronische Waage. Wo werden solche Waagen verwendet?
c) Nenne noch andere Arten von Waagen. Wo werden sie verwendet?

2 Gib mindestens vier verschiedene Tiere an und schätze deren Gewicht. Vergleiche nun deine Schätzungen mit Angaben aus einem Lexikon oder von einer Internetseite. Gib jeweils die Differenz an.

3 Schaue dir das Bild genau an. Schreibe dazu eine Rechengeschichte. Präsentiere deine Geschichte und lasse sie von deinen Mitschülerinnen und Mitschülern lösen.

Verstehen

HINWEIS
Streng genommen heißt die Einheit für Gewichte „Newton“ (N). In der Wissenschaft heißt die Größe, die man in Gramm und Kilogramm misst, die „Masse“.

Anne hat einen jungen Hund, der Peppels heißt.
Immer wenn sie mit ihrem Hund zum Tierarzt geht, wird er gewogen.
Das hilft dem Tierarzt einzuschätzen, ob Peppels sich richtig entwickelt.

Das Gewicht des Welpen beträgt 500 g.

500 g
Maßzahl (500) – Maßeinheit (g)

Merke Das **Gewicht** ist eine Größe, die angibt, wie schwer etwas ist.
Das Gewicht wird mit einer Waage gemessen.

Ein ausgewachsener Golden Retriever wiegt etwa 40 kg. Wie viel mal schwerer ist ein ausgewachsener Golden Retriever im Vergleich zu einem Welpen?
Anne überlegt: Wie viel Gramm sind 40 kg?

$$40\,\text{kg} = 40 \cdot 1\,\text{kg}$$
$$= 40 \cdot 1\,000\,\text{g}$$
$$= 40\,000\,\text{g}$$
$$40\,000 : 500 = 80$$

Der ausgewachsene Golden Retriever ist 80-mal so schwer wie der Welpe.

Merke **Maßeinheiten des Gewichts und ihre Umrechnungen**

Tonne	t
Kilogramm	kg
Gramm	g
Milligramm	mg

$1\,\text{t} = \mathbf{1\,000}\,\text{kg} = 1\,000\,000\,\text{g}$
$1\,\text{kg} = \mathbf{1\,000}\,\text{g} = 1\,000\,000\,\text{mg}$
$1\,\text{g} = \mathbf{1\,000}\,\text{mg}$

Bei Gewichten ist die **Umrechnungszahl 1 000**.

Beispiel

Beim Tierarzt wird eine Hündin mit einem ihrer Welpen gewogen. Die Hündin wiegt 35 kg und ihr Welpe wiegt 876 g. Wie viel wiegen die Hündin und ihr Welpe zusammen?

$35\,\text{kg} + 876\,\text{g} = \square$

Man rechnet 35 kg in g um: $35\,\text{kg} = 35\,000\,\text{g}$

$35\,000\,\text{g} + 876\,\text{g} = 35\,876\,\text{g}$

Gewichte kann man auch mithilfe einer Stellenwerttafel umrechnen:

kg			g			mg		
H	Z	E	H	Z	E	H	Z	E
	3	5	8	7	6	0	0	0
	3	5	8	7	6			
	3	5,	8	7	6			

(: 1 000 ; : 1 000)

$35\,876\,000\,\text{mg} = 35\,876\,\text{g} = 35{,}876\,\text{kg}$

t			kg		
H	Z	E	H	Z	E
		7,	0	5	1
		7	0	5	1

(· 1 000)

$7{,}051\,\text{t} = 7\,051\,\text{kg}$

HINWEIS
Nullen am Ende einer Kommazahl kannst du weglassen:
4 700 g = 4,700 kg = 4,7 kg

Sonst darfst du sie nicht weglassen:
3 051 kg = 3,051 t

Üben und anwenden

1 Mit welcher der genannten Waagen würdest du den Gegenstand wiegen? Bei der Auswahl sind auch mehrere Waagen möglich. Begründe deine Entscheidung.
Apothekerwaage; Briefwaage; Küchenwaage; Kaufmannswaage; Personenwaage; Großwaage

a) Mathematikbuch b) Vogelfeder c) Beutel Tomaten d) PKW
e) Packung Kaffee f) voller Reisekoffer g) Tablette h) DIN-A4-Blatt
i) Tortenstück j) Bleistift k) Briefmarke l) Nashorn

2 Ordne die Gewichte richtig zu: 150 t; 1 mg; 10 g; 1 kg; 70 kg; 450 kg; 1,4 t; 7 t.

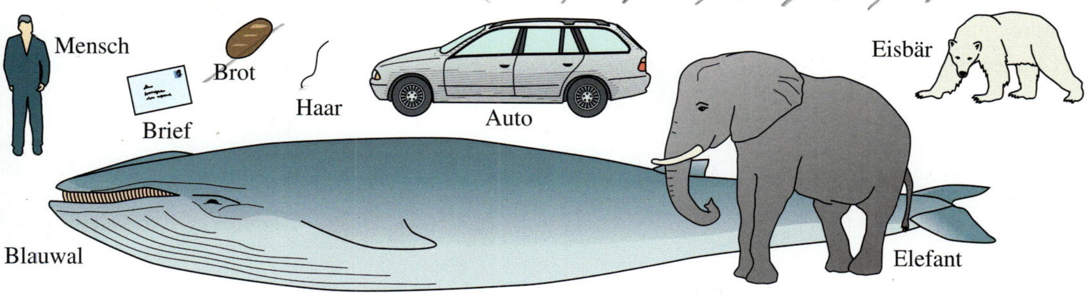

3 Wandle in die angegebene Einheit um.

	t			kg			g		
	H	Z	E	H	Z	E	H	Z	E
Bsp.: in kg						8	0	0	0

8 000 g = 8 kg

	t H	t Z	t E	kg H	kg Z	kg E	g H	g Z	g E
a) in kg		5	0						
b) in g			1,	0	5				
c) in kg	1	0	5						
d) in g					2	0			
e) in kg				1	5	0	6	0	0
f) in kg		2	5	3	4	6	0	0	0

3 Wandle in die angegebene Einheit um.

	t			kg			g		
	H	Z	E	H	Z	E	H	Z	E
Bsp.: in kg						8	0	0	0

8 000 g = 8 kg

	t H	t Z	t E	kg H	kg Z	kg E	g H	g Z	g E
a) in kg					1	5	3	0	0
b) in kg						4	7	6	0
c) in t		2	8	3	0	0			
d) in kg			4	0	2	0	0	0	0
e) in kg								5	4
f) in t						9			

4 Immer zwei Gewichtsangaben gehören zusammen. Welche?

4,4 kg | 4 g | 4 000 g | 440 g | 4 000 mg | 4 400 000 mg | 4 kg | 0,44 kg | 44 000 mg | 44 g

4 Ergänze die Einheiten.

a) 5 t = 5 000 ▢ = 5 000 000 ▢
b) 4 000 000 mg = 4 000 ▢ = 4 ▢
c) 0,8 t = 800 ▢ = 800 000 ▢
d) 0,007 t = 7 ▢ = 7 000 ▢
e) 75 000 mg = 75 ▢
f) 800 kg = 0,8 ▢
g) 3 500 000 mg = 3,5 ▢

5 Schreibe das Gewicht einmal in der größeren und einmal in der kleineren Einheit.

Beispiel 5 kg 400 g = 5,4 kg = 5 400 g

a) 3 kg 200 g b) 4 t 500 kg
c) 5 g 480 mg d) 9 kg 700 g
e) 45 t 950 kg f) 9 kg 90 g
g) 32 kg 20 g h) 3 t 99 kg

5 Schreibe in zwei Einheiten, einmal mit und einmal ohne Komma.

Beispiel 5 kg 400 g = 5,4 kg = 5 400 g

a) 30 kg 200 g b) 4 t 55 kg
c) 750 g 48 mg d) 909 kg 70 g
e) 405 t 9 kg f) 5 t 700 g
g) 90 kg 9 g h) 3 kg 2 g

ZU AUFGABE 1

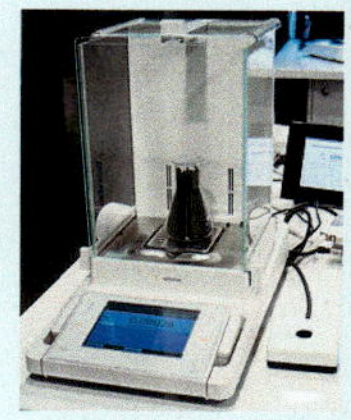
Apothekerwaage

Briefwaage

Küchenwaage

Kaufmannswaage

Personenwaage

Großwaage

6 Rechne in die in Klammern angegebene Einheit um.

a) 7 g (mg) b) 20 kg (g)
c) 15 000 kg (t) d) 75 t (kg)
e) 8 000 000 g (kg) f) 6 000 mg (g)
g) 27 kg (g) h) 361 t (kg)
i) 0,5 kg (mg) j) 40 t (g)

7 Im Supermarkt

Produkt	Gewicht
1 l Mineralwasser	1 kg
Käse	250 g
Gurken	380 g
Zucker	1 kg
Waschmittel	2,5 kg
1,5 l Cola	1,5 kg
Tomaten	500 g
Kekse	125 g
1 Tafel Schokolade	100 g
Teebeutel	30 g

a) Justus kauft Käse, Gurken, Tomaten und Waschmittel. Wie viel muss er tragen?
b) Peter kauft zwei Liter Mineralwasser, Zucker, Tomaten und Teebeutel. Wie schwer ist sein Einkauf?
c) Bob kauft eine Flasche Cola, Kekse und zwei Tafeln Schokolade. Wie viel wiegen die Dinge zusammen?
d) Stelle einen eigenen Einkauf zusammen, der möglichst genau 4 kg wiegt. Rechne mit dem Überschlag.

8 Jakob rührt Waffelteig für vier Personen an.

Waffelteig für vier Personen
250 g Butter, 0,5 kg Mehl,
4 Eier (wiegen etwa 200 g),
30 g Zucker, 5 g Backpulver

a) Wie viel wiegt der Teig? Gib das Gewicht in g und in kg an.
b) Schreibe das Rezept für acht Personen auf. Wie viel wiegt der Teig dann?

6 Berechne in deinem Heft.

a) 8 t – 6 500 kg = ☐ kg
b) 6 g – 3 850 mg = ☐ mg
c) 80 000 g – 45 kg = ☐ kg
d) 0,6 t – 80 kg = ☐ kg
e) 1 kg – 10 g + 100 mg = ☐ g
f) 37 t – 6 380 kg – 5 g = ☐ kg

7

Tim packt täglich seine Schultasche.
Ein Schulheft wiegt etwa 80 g, ein Schulbuch 500 g, seine Federtasche wiegt 460 g. Der Atlas wiegt 0,86 kg, der Sportbeutel wiegt 1,1 kg. Seine Schultasche wiegt leer 1,05 kg.

	Mo	Di	Mi	Do	Fr
Hefte	3	5	4	4	5
Schulbuch	3	4	1	4	2
Federtasche	1	1	1	1	1
Sportbeutel	0	0	1	0	1
Atlas	0	1	1	0	0

a) Wie viel muss Tim an jedem Tag tragen?
b) An welchem Tag muss er am wenigsten tragen, an welchem Tag am meisten?
c) Wiege deine gepackte Schultasche. Wie schwer ist sie? Kannst du sie gut tragen?
d) Die Schultasche sollte maximal so viel wiegen wie der zehnte Teil des Körpergewichtes. Tim wiegt 31 kg. Was könnte Tim sinnvoll in seine Tasche packen?

8 Ein Bus wiegt leer 10,4 t. Sein zulässiges Gesamtgewicht beträgt 18,5 t.

a) Wie viel kg dürfen zugeladen werden?
b) Wie viele Passagiere darf er ungefähr mitnehmen? Rechne pro Person mit 80 kg.

9 Bei normalem Haarwuchs setzt sich das Kopfhaar beim Menschen aus 80 000 bis 100 000 Haaren zusammen. Jedes Haar wiegt ungefähr 1 mg.
Wie viel wiegt das Kopfhaar eines Menschen? Gib in einer sinnvollen Einheit an.

NACHGEDACHT
Diskutiere mit einem Partner oder einer Partnerin: Wie genau ist das Ergebnis der Aufgabe 9?

Länge

Entdecken

1 Längenmaße trugen früher die Namen menschlicher Gliedmaßen.
Man kannte zum Beispiel folgende Körpermaße:

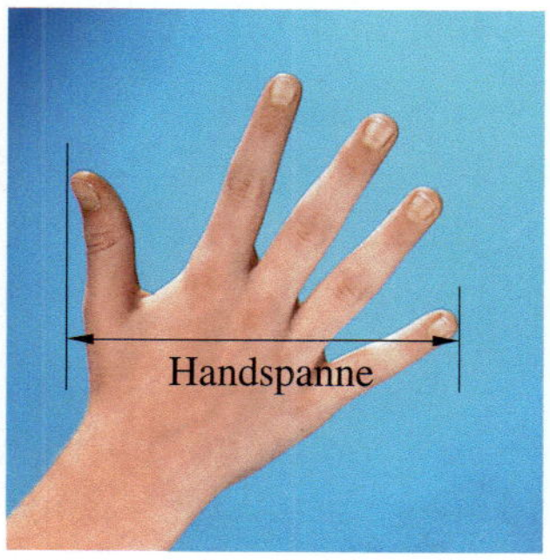

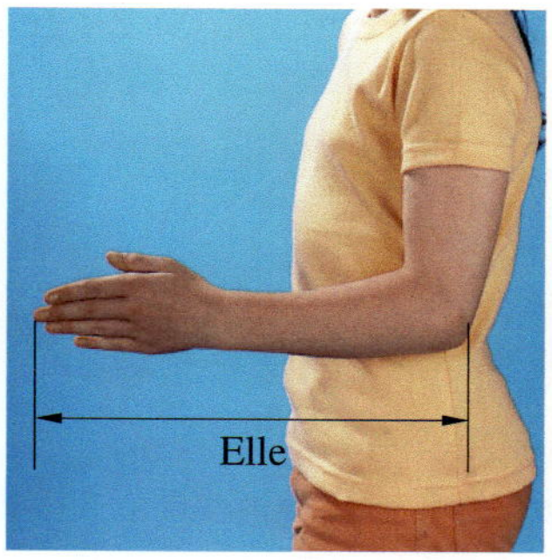

a) Lasst mehrere Schülerinnen und Schüler aus eurer Klasse die Länge des gleichen Tischs in Handspannen (Ellen) messen. Was fällt euch auf?
b) Messt die Längen weiterer Gegenstände. Überlegt euch dazu zuerst, mit welchem Körpermaß welcher Gegenstand gemessen werden soll.
c) Früher wurden auf dem Markt zum Beispiel Tuchlängen in Ellen gemessen. Zu welchem Problem konnte das führen? Wie konnte man dieses Problem lösen?

2 Gib mindestens vier verschiedene Tiere an und schätze deren Länge. Du kannst auch die abgebildeten Tiere verwenden. Vergleiche nun deine Schätzungen mit Angaben aus einem Lexikon oder von einer Internetseite. Gib jeweils die Differenz an.

3 Tayfun wohnt 2 km von der Schule entfernt. Jeden Tag fährt er mit dem Fahrrad zur Schule.
a) Überschlagt: Wie viel Kilometer Schulweg fährt Tayfun in einem Jahr?
b) Wie lang sind eure Schulwege in einem Jahr ungefähr?

4 Der Verkehrsfunk informiert: „Auf der A61 ist der Verkehr zwischen den Anschlussstellen Worms und dem Autobahnkreuz Frankenthal auf allen drei Spuren völlig zum Erliegen gekommen.
Die Staulänge beträgt derzeit 13,5 km …“

Wir nehmen an, dass nur Pkw in diesem Stau stehen und dass sie alle denselben Platz benötigen.
Wie viele Pkws stehen nach dieser Meldung mindestens im Stau?

Verstehen

Die Klasse 5 a will im Schulgarten neue Pflanzen setzen. Bevor die Schülerinnen und Schüler anfangen können, müssen sie die Länge des Beetes messen. Das hilft, um einen gleichmäßigen Abstand der Pflanzen zu bestimmen.
Die Länge des Beetes messen die Schülerinnen und Schüler mit einem Stock, der genau 1 m lang ist. Sie legen den 1-m-Stock genau 4-mal an das Beet.

Die Länge des Beetes beträgt:

4 m

Maßzahl Maßeinheit

Die **Länge** ist eine Größe, die angibt, wie weit zwei Orte voneinander entfernt sind.
Die Länge wird z. B. mit einem Maßband oder einem Lineal gemessen.

Beim Messen vergleicht man die Länge einer Strecke mit einer vorgegebenen Einheit, z. B. mit einem Zentimeter (1 cm) oder mit einem Meter (1 m).

Beispiel 1

Mesat will Pflanzen setzen, die einen Abstand von 10 cm haben sollen.
Dazu muss er wissen, wie viel Zentimeter 4 m sind.

$4\,m = 4 \cdot 1\,m = 4 \cdot 100\,cm = 400\,cm$

Merke **Maßeinheiten der Länge und ihre Umrechnungen**

Kilometer	km
Meter	m
Dezimeter	dm
Zentimeter	cm
Millimeter	mm

1 km = **1 000** m
1 m = **10** dm = 100 cm = 1 000 mm
1 dm = **10** cm = 100 mm
1 cm = **10** mm

HINWEIS
Die Wörter kilo, deci, centi und milli kommen aus dem Lateinischen:
kilo: 1000
deci: Zehntel
centi: Hundertstel
milli: Tausendstel

Beispiel 2

Tamara will 13 Pflanzen gleichmäßig einpflanzen. Wie viel Abstand sollen die Pflanzen dann voneinander haben?

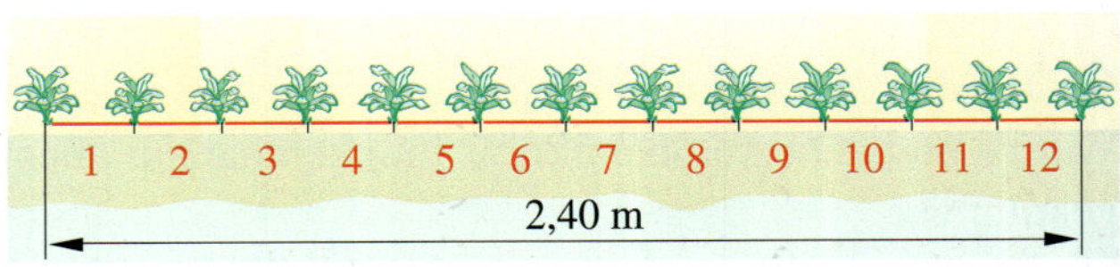

2,40 m : 12 = ▢
24 dm : 12 = 2 dm

Die Pflanzen sollen einen Abstand von 2 dm haben.

HINWEIS
Nullen am Ende einer Kommazahl kannst du weglassen:
2,40 m = 2,4 m

Sonst darfst du sie nicht weglassen:
12,0 754 km
= 120 754 dm

Längen kann man auch mithilfe einer Stellenwerttafel umrechnen:

m H	m Z	m E	dm	cm	mm	
		2	4	0	0	: 100
		2	4			: 10
		2,	4			

2 400 mm = 24 dm = 2,4 m

km H	km Z	km E	m H	m Z	m E	dm	cm	mm	
	1	2,	0	7	5				· 1 000
	1	2	0	7	5				· 10
	1	2	0	7	5	0			

12,075 km = 12 075 m = 120 750 dm

Üben und anwenden

1 Ordne den folgenden Tierarten im Heft eine passende Körperlänge zu.

Elefant | Floh | Blauwal | Tiger | Meerschweinchen | 2,50 m | 22 cm | 26 m | 3 mm | 6,50 m

1 Ergänze die Maßeinheit im Heft.
a) Entfernung Koblenz–Kaiserslautern: 140 ☐
b) Breite eines DIN-A4-Blatts: 21 ☐
c) Länge des Klassenraums: 11 ☐
d) Bleistiftstrich: 1 ☐
e) Länge des Geodreiecks: 16 ☐
f) Schrittlänge: 1 ☐
g) Durchmesser eines 1-ct-Stücks: 16 ☐
h) Länge eines Fußballplatzes: 90 ☐

2 Die Tiere und Gegenstände sind in Originalgröße abgebildet.
a) Wie lang bzw. breit sind sie? Schätze zuerst, dann miss nach.
b) Setze die Tabelle fort: Schätze und miss die Länge von Gegenständen deiner Wahl.

	geschätzt	gemessen
Marienkäfer		

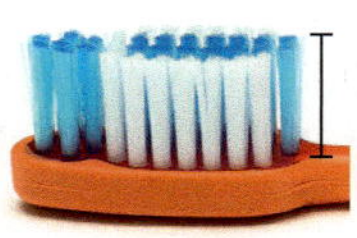

3 Rechne in die angegebene Einheit um.

	km H	km Z	km E	m H	m Z	m E	dm	cm	mm
Bsp.: in m						9	0	0	
a) in cm					2	5			
b) in m			2						
c) in dm				4	0	5			
d) in m					7	0	0		
e) in dm							5	0	0
f) in km				3	2	0			

900 cm = 9 m

3 Rechne in die angegebene Einheit um.

	km H	km Z	km E	m H	m Z	m E	dm	cm	mm
Bsp.: in m						9	0	0	
a) in cm						5			
b) in dm						7	2	0	5
c) in cm		2	5						
d) in mm				7	2	0			
e) in m								2	7
f) in km				7	0	2		2	

900 cm = 9 m

4 Rechne die Längenangaben in cm um.
a) 60 mm b) 40 mm c) 400 mm
d) 50 dm e) 30 dm f) 300 dm
g) 7 m h) 20 m i) 5 km

4 Gib die Längen in m an.
a) 200 km b) 30 cm c) 4 500 mm
d) 1,5 km e) 550 cm f) 30 dm
g) 89 dm h) 0,85 km i) 0,05 km

5 Welche Aussagen sind richtig? Berichtige die falschen Aussagen.
a) 3 m = 300 mm b) 4 dm = 40 cm
c) 6 km = 6 000 m d) 5 cm = 50 dm
e) 70 dm = 700 cm f) 9 m = 9 000 mm

5 Welche Aussagen sind richtig? Berichtige die falschen Aussagen.
a) 0,8 mm = 8 cm b) 0,8 km = 80 m
c) 0,3 dm = 30 cm d) 7,5 m = 7,5 dm
e) 4,3 cm = 43 mm f) 25 dm = 250 cm

6 Ergänze die Maßeinheiten in deinem Heft.
a) 6 m = 60 ☐ b) 800 mm = 80 ☐
c) 2 000 m = 2 ☐ d) 7 km = 7 000 ☐
e) 300 cm = 3 ☐ f) 5 m = 50 ☐

6 Ergänze die Maßeinheiten in deinem Heft.
a) 1 000 mm = 100 ☐ = 10 ☐ = 1 ☐
b) 0,7 ☐ = 7 ☐ = 70 cm = 700 ☐
c) 3 521 m = 3,521 ☐ = 352 100 ☐

NACHGEDACHT
Ein Lichtjahr ist die Strecke, die das Licht innerhalb eines Jahres zurücklegt. Licht legt in 1 Sekunde rund 300 000 km zurück. Wie viel Kilometer legt das Licht in einem Jahr zurück?

7 Schätzt zuerst, dann messt nach. Gebt in einer geeigneten Einheit an.
Notiert auch, womit ihr gemessen habt.

	geschätzt	gemessen
Höhe Mathebuch	30 cm	26,5 cm (Lineal)

a) Höhe, Breite und Dicke dieses Mathematikbuchs
b) Höhe und Breite eines Großbuchstabens in diesem Buch
c) Breite des Fingernagels an deinem Daumen
d) Länge deines Zeigefingers
e) Höhe deines Stuhls
f) Länge und Breite des Klassenraums
g) Höhe und Breite der Tafel
h) Höhe der Fenster

8 Ergänze die Zeichen >, < oder =.
a) 40 cm ▢ 4 m
b) 55 cm ▢ 5 dm
c) 60 m 3 cm ▢ 63 m
d) 0,75 km ▢ 75 m
e) 5 km 800 m ▢ 5,08 km
f) 408 m ▢ 400 m 8 cm

8 Ergänze die Zeichen >, < oder =.
a) 55 m ▢ 55 dm
b) 0,8 m ▢ 80 cm
c) 40 mm ▢ 4 dm
d) 38 cm ▢ 3 dm
e) 300 m 33 cm ▢ 330 dm
f) 0,994 km ▢ 900 m 4 dm

9 Kann das stimmen? Begründe.
a) Babys sind bei der Geburt ca. 0,05 km lang.
b) Der Fernsehturm ist 15 700 cm hoch.
c) Eine DVD hat einen Durchmesser von 120 mm.
d) Das Schulgebäude ist ca. 10 m hoch.
e) Der ICE legt pro Stunde etwa 250 000 m zurück.
f) Lisa aus der 5 b ist 14,2 dm groß.
g) Bei Schuhgröße 37 sind die Füße von der Ferse bis zum großen Zeh etwa 12 cm lang.
h) Von Berlin bis Paris beträgt die Entfernung etwa 87,7 km.

10 Sachaufgaben

a) Simone und Till wandern nach Dahn. Insgesamt ist der Wanderweg 10 km lang. Wie viel Kilometer sind sie bereits gewandert?
b) Kevins Vater will im Wohnzimmer neue Fußleisten am Fußboden anbringen. Er hat insgesamt 18,40 m ausgemessen. Im Baumarkt gibt es 2 000 mm lange Leisten. Wie viele Leisten müssen gekauft werden?

10 Planen und Bauen

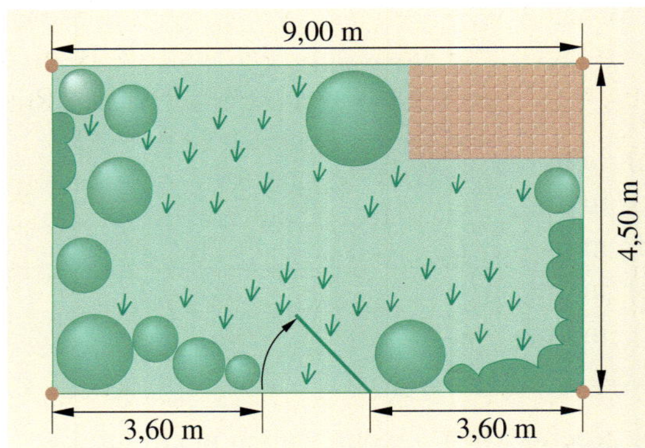

Ein Garten soll eingezäunt werden. Alle Pfähle sollen die gleiche Entfernung haben.
a) Welche Entfernung ist möglich: 1,20 m, 90 cm oder 130 cm?
b) Wie viele Pfähle werden gebraucht? Erstelle eine Skizze.
c) Reichen zum Einzäunen zwei Rollen Maschendraht zu je 13 m aus?

11 Überlegt zu zweit:
Wie hoch wird der Papierstapel, wenn ihr 1 000 000 Blatt Papier aufeinanderlegt?

12 Was könnte so lang sein? Tausche dich mit einer Partnerin oder einem Partner aus.
a) 12 km
b) 40 cm
c) 0,8 m
d) 400 m
e) 43 mm
f) 8 cm

Thema: Maßstab

Stadtpläne, Wanderkarten und Landkarten können nicht in Originalgröße auf Papier gezeichnet werden. Sie werden verkleinert abgebildet.

Der **Maßstab** einer Karte gibt an, wievielmal kleiner die Karte gegenüber der Wirklichkeit dargestellt ist.

Diese Karte von Deutschland ist im Maßstab 1 : 8 600 000 abgebildet.
Das bedeutet:
1 cm auf der Karte ist in Wirklichkeit 8 600 000 cm lang, also 86 km.

Der Abstand von Mainz zu Kiel beträgt hier im Bild etwa 5,8 cm.

$5{,}8 \cdot 86\,\text{km} = 498{,}8\,\text{km}$

In Wirklichkeit sind Mainz und Kiel etwa 500 km voneinander entfernt.

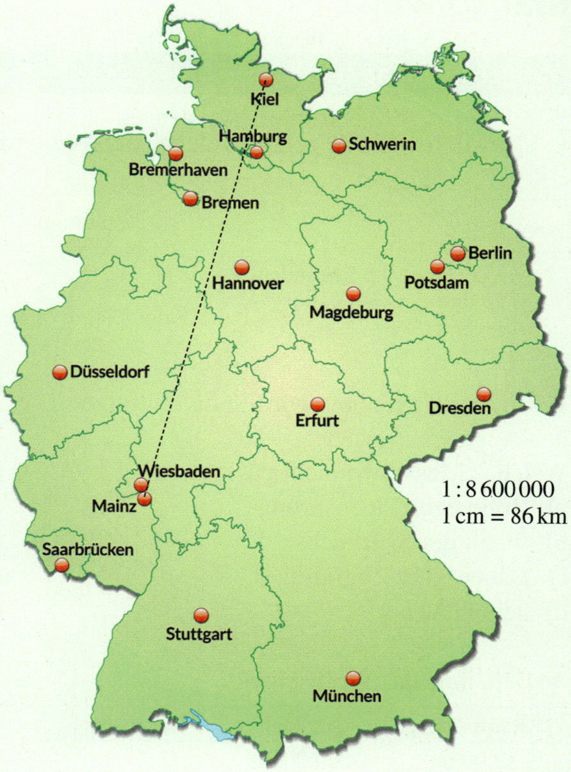

1 : 8 600 000
1 cm = 86 km

ZUM WEITERARBEITEN
Berechne mindestens drei Entfernungen zwischen verschiedenen Städten.

1 Zum Spielen und für Sammler gibt es viele Autotypen als stark verkleinerte Modellautos. So werden Matchbox-Spielzeugautos z. B. im Maßstab 1 : 64 oder 1 : 60 hergestellt. Das Auto auf dem Foto ist ein Mini. In der Realität ist ein Mini ungefähr 3,60 m lang, 1,80 m breit und 1,50 m hoch.

Beispiel Wie lang ist dann der Matchbox-Mini im Maßstab 1 : 60?
360 cm : 60 = 6 cm. Der Matchbox-Mini ist 6 cm lang.

a) Wie breit ist der Matchbox-Mini und wie hoch ist er?
b) Vergleicht auch andere Modellautos mit den Originalmaßen.

2 In der Karte unten sind drei Gebäude durch Kreuze markiert.
Miss mit einem Lineal die Entfernungen zwischen je zwei Gebäuden.
Schreibe in eine Tabelle zu den drei Strecken die Länge auf der Karte und die Länge in Wirklichkeit in Metern.

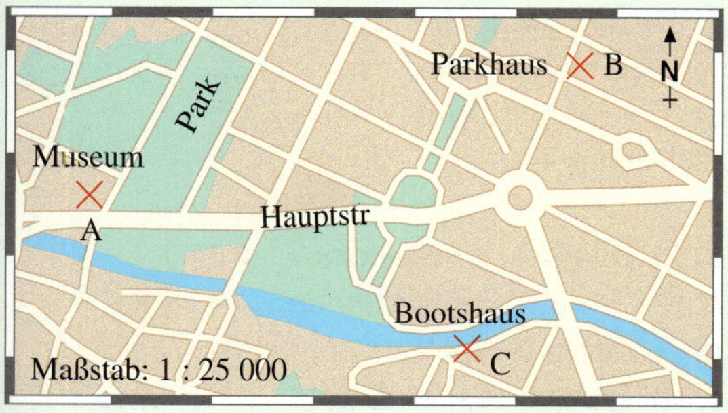

3 Bestimme die wirkliche Entfernung in m.

Luftlinie	Entfernung im Stadtplan im Maßstab 1:40 000
Schule – Rathaus	7 cm
Schule – Sportplatz	5 cm
Schule – Kirche	4,5 cm

4 Bestimme zu jeder Messstrecke den zugehörigen Maßstab.

a) 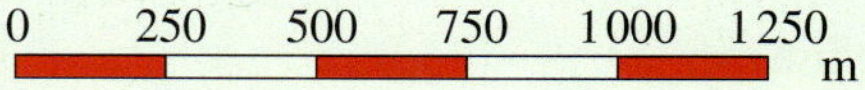

b) 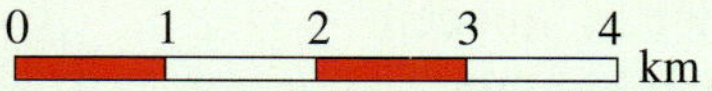

c) 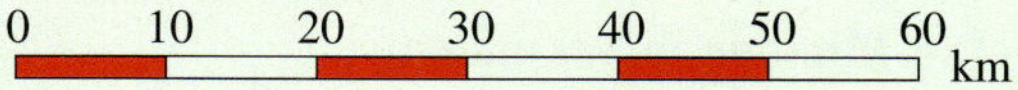

d) 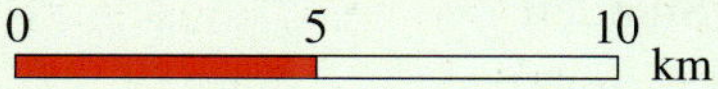

Klar so weit?

→ Seite 104

Größen im Alltag / Geld

1 Zu welcher Größe gehört welche Angabe? Ordne im Heft richtig zu.

Zeit | Geld | Gewicht | Länge

300 m | 35 Gramm | 3,70 € | 17 Jahre | 5 Sekunden | 5 Kilometer | 45 min | 1,5 cm | 15 Stunden | 2 Cent

2 In welcher Einheit würdest du die folgenden Angaben messen?
Welches Messinstrument passt dazu?

a) Höhe beim Hochsprung
b) Inhalt der Sparbüchse
c) Dauer einer Zugfahrt
d) dein Gewicht

2 In welcher Einheit würdest du die folgenden Angaben messen? Mit welchem Messinstrument würdest du messen?

a) Länge des Klassenzimmers
b) dein Alter
c) Gewicht deiner Schultasche
d) Geschwindigkeit eines Flugzeuges

3 Berechne das Wechselgeld.

Kaufpreis	gegeben	Wechselgeld
17,00 €	20,00 €	
3,50 €	10,00 €	
35,90 €	50,00 €	
27,30 €	40,00 €	

3 Ergänze fehlende Werte.

Kaufpreis	gegeben	Wechselgeld
	70,00 €	5,30 €
43,43 €	100,00 €	
39,87 €		10,13 €
	90,00 €	14,54 €

→ Seite 108

Zeit

4 Zeitpunkt oder Zeitspanne?

a) Max braucht 10 min bis zur Schule.
b) Der Bus fährt um 7:05 Uhr ab.
c) Anna ist 10 Jahre alt.
d) Um 8:00 Uhr beginnt die Schule.

4 Zeitpunkt oder Zeitspanne?

a) Morgen ist mein Geburtstag.
b) Vor zwei Jahren wurde Jan geboren.
c) Der Zug hält für zehn Minuten in Trier.
d) In fünf Minuten ist Halbzeitpause.

5 Es ist jetzt 3:00 Uhr. Wie spät ist es …

a) in einer Stunde?
b) in zehn Minuten?
c) in 30 Minuten?
d) in 24 Stunden?

5 Es ist jetzt 13:25 Uhr. Wie spät ist es …

a) in dreieinhalb Stunden?
b) in einer Viertelstunde?
c) in 70 Minuten?
d) in 720 Minuten?

6 Rechne um.

a) 120 Minuten in Stunden
b) 3 Stunden in Minuten
c) 4 Minuten in Sekunden
d) 3 Tage in Stunden
e) 7 Wochen in Tage

6 Rechne um.

a) fünfeinhalb Tage in Stunden
b) 3 Stunden in Sekunden
c) 14 Minuten in Sekunden
d) 1 Tag in Minuten
e) 2 Wochen in Stunden

Gewicht (Masse)

→ Seite 112

7 Ordne im Heft den folgenden Tierarten ein passendes Gewicht zu.

120 g | 1 g | Tiger | 100 g | Schäferhund | Pferd | Marienkäfer | 35 kg | Elefant | Hamster | 2 mg | 200 kg | Blauwal | Floh | 150 t | Katze | Frosch | 7 t | 5 kg | 1 t

8 Rechne in Gramm um.

a) 6 kg b) 50 kg
c) 2 000 mg d) 200 000 mg
e) 0,4 kg f) 2,7 kg
g) 300 mg h) 5 100 mg

8 Rechne in Kilogramm um.

a) 310 t b) 2,31 t
c) 750 g d) 12 034 g
e) 12 t 30 kg f) 5 t 300 g
g) 700 mg h) 34 mg

9 Paul und Paula haben eingekauft.

9 Paul und Paula haben eingekauft.

halbe Melone:	2,952 kg	Schokocreme:	375 g	Äpfel:	0,4 kg
2-mal Milch:	jeweils 1 kg	Butter:	250 g	Apfelsaft:	1,83 kg

Wie schwer sind ihre Einkäufe?

Paula möchte vom Gewicht so viel wie möglich in eine Plastiktüte packen. Die Plastiktüte kann bis zu 4 kg tragen.

Länge

→ Seite 116

10 In welcher Einheit würdest du folgende Längen angeben? Womit würdest du sie messen?

a) die Breite deines Daumens b) die Höhe des Schulhauses
c) die Länge einer Ameise d) die Länge deines Schulweges

11 Auf einer Karte im Maßstab 1 : 50 000 beträgt der Abstand zwischen Schule und Marktplatz 3 cm.
Berechne die wirkliche Entfernung in Meter.

11 Modellfahrzeuge werden in verschiedenen Maßstäben hergestellt. Berechne die tatsächliche Länge der Fahrzeuge.

a) Bus: Maßstab 1 : 50; Länge 24 cm
b) Motorrad: Maßstab 1 : 12; Länge 20 cm

12 Rechne die Längenangaben in Zentimeter um.

a) 6 m b) 10 m c) 40 mm
d) 2 km e) 9 km f) 12 dm
g) 70 mm h) 3 dm i) 9,5 dm

13 Gib die Längen in Meter an.

a) 2 km b) 300 cm c) 4 000 mm
d) 1,5 km e) 550 cm f) 30 dm
g) 89 dm h) 0,85 km i) 0,05 km

Lösungen ab Seite 202

Vermischte Übungen

NACHGEDACHT
Zu welchen Gelegenheiten kann das Messen mit Körpermaßen hilfreich sein? Wann sollte man besser exakt messen?

1 Schaut euch die Abbildungen zu den Körpermaßen auf Seite 115 an.

a) Messt bei beiden von euch die Körpermaße Fuß, Handspanne, Elle, Schritt. Rundet sie auf ganze Zentimeter und notiert sie.

b) Überlegt: Welche Körpermaße eignen sich für welche Messungen im Klassenzimmer?
Messt die folgenden Längen mit einem geeigneten Körpermaß aus.
Rechnet dann die Ergebnisse um in Zentimeter oder in Meter.
Überprüft eure Ergebnisse mit einem Messgerät (Maßband oder Zollstock).

① Länge und Breite eures Tisches
② Länge und Breite des Klassenraums
③ Höhe und Breite der Tür
④ Körpergröße deines Partners
⑤ Längen deiner Wahl

	gemessen (Körpermaß)	berechnet	gemessen (Messgerät)
Länge Tisch	4 Ellen (Lea)	4 · 28 cm = 1,12 cm	1,19 m
Breite Tisch			

2 Ordne der Größe nach.
Beginne mit der kleinsten Länge.

a) 80 cm; 9 dm; 790 mm; 8,4 dm; 85 cm
b) 66 cm; 7 dm; 500 mm; 0,6 m; 68 cm
c) 75 m; 0,75 km; 3,5 km; 1 400 m; 990 dm
d) 4 dm; 0,05 m; 0,003 km; 42 cm; 390 mm
e) 6 dm; 38 mm; 14 cm; 1,8 cm; 0,002 km

2 Schätze die Höhen der folgenden Objekte und ordne sie nach ihrer Höhe.
Beginne mit dem kleinsten:
Eiffelturm, Teller, Mount Everest, Tisch, Einfamilienhaus, Tasse, Flasche, Berliner Fernsehturm, Schrank, Traktor, Eiche, Stehlampe, Brotkrümel

3 Zahle folgende Geldbeträge mit möglichst wenigen Münzen und Scheinen aus.

a) 36 € **b)** 42 €
c) 13,80 € **d)** 36,72 €
e) 16,29 € **f)** 19,99 €
g) 69,14 € **h)** 1,97 €

3 Zahle folgende Geldbeträge mit möglichst wenigen Münzen und Scheinen aus.

a) 165,66 € **b)** 695 € 48 ct
c) 240 € 68 ct **d)** 5 372 ct
e) 1 234,05 € **f)** 1 000 € 78 ct
g) 862,80 € **h)** 8 032 ct

4 Im Korb sind:
Tomaten 1 kg 200 g

Salat 400 g
Kohlrabi 800 g
Paprika 1 kg 200 g
Rotkohl 475 g
Artischocke 230 g

Der Korb wiegt leer 425 g.
Wie schwer ist der Korb mit dem Einkauf?

4 In Deutschland werden pro Jahr ungefähr 8 000 000 000 Streifen Kaugummi gekauft.
Ein Streifen wiegt 3 g und ist 7 cm lang.

a) Gib das Gewicht aller in einem Jahr verbrauchten Kaugummis in einer geeigneten Einheit an. Gib zum Vergleich etwas an, das ähnlich schwer ist.

b) Der Erdumfang beträgt etwa 40 000 km. Würden alle Kaugummis aneinandergereiht die Erde umspannen?

5 Ruth hätte gern eine Katze. Sie hat folgende Kosten zusammengestellt:

Kaufpreis: ca. 20 € Kratzbaum: 49,95 € Katzentoilette: 12,99 €
Schlafkorb: 19,95 € Futternapf: 4,99 €

a) Wie hoch sind die Anschaffungskosten ungefähr? Überschlage sinnvoll.

b) Eine Katze benötigt am Tag eine Dose Katzenfutter für 49 Cent.
Wie hoch sind die jährlichen Futterkosten? Rechne mit einem Überschlag.

6 Immer drei Längenangaben gehören zusammen. Welche?

3 m | 300 m | 30 m | 300 cm | 0,03 km | 3 dm | 3 000 dm
0,3 km | 30 dm | 3 cm | 30 mm | 30 cm | 0,3 m | 0,3 dm | 3 000 cm

7 Schreibe in Cent.

a) 1 € 1 ct b) 50 € 50 ct
c) 1 € 15 ct d) 76 € 1 ct
e) 9 € 9 ct f) 100 € 10 ct
g) 19 € 36 ct h) 380 € 45 ct
i) 9,98 € j) 95,08 €
k) 0,50 € l) 0,07 €

7 Schreibe in Euro mit Komma.

a) 128 ct b) 808 ct
c) 699 ct d) 1 111 ct
e) 1 ct f) 78 ct
g) 7 829 ct h) 79 102 ct
i) 95 500 ct j) 100 001 ct
k) 5 555 ct l) 111 111 ct

8 Rechne in die in Klammern angegebene Einheit um.

Beispiel 7 cm = 70 mm

a) 7 cm (mm) b) 8 dm (cm)
c) 9 m (cm) d) 4 km (m)
e) 30 mm (cm) f) 80 cm (dm)
g) 700 dm (m) h) 80 m (dm)
i) 25 dm (mm) j) 70 000 m (km)
k) 600 mm (dm) l) 5 000 cm (m)

8 Schreibe in zwei Einheiten, einmal mit und einmal ohne Komma.

Beispiel 8 dm 3 cm = 8,3 dm = 83 cm

a) 8 dm 3 cm b) 9 m 2 dm
c) 4 km 300 m d) 4 cm 9 mm
e) 8 km 15 mm f) 3 m 7 cm
g) 5 dm 8 mm h) 7 m 7 cm
i) 5 m 4 dm 6 cm j) 7 dm 8 cm 3 mm
k) 2 km 3 dm l) 4 km 3 m 2 dm

9 In der Klasse 5 b gibt es 20 Schülerinnen und Schüler.
Sie möchten ein Klassenfest feiern.
Für die Musikanlage und Getränke werden 58 € benötigt. In der Klassenkasse sind 34 €.
Wie viel muss jeder Schüler noch für das Fest bezahlen?

9 Für eine Tagesfahrt verlangt ein Busunternehmer für jeden Kilometer 1,50 €.
Zu Beginn der Fahrt werden auf dem Tacho 48 320 km angezeigt. Nach der Fahrt beträgt der Kilometerstand 48 545.
An der Fahrt haben 25 Schüler teilgenommen.
Wie könnte eine passende Frage lauten?
Beantworte die Frage.

10 Ergänze die Tabelle im Heft.

Zugart	ab Koblenz	an Köln	Fahrtzeit
RE	7:16	8:33	
EN	7:48	8:42	
IC	8:13	9:05	
MRB	10:26	12:07	

10 Ergänze die Tabelle im Heft.

Zugart	ab Mainz	an Mannheim	Fahrtzeit
RB	7:22		1:20 h
IC	11:13	11:52	
EC		13:23	40 min
RB	23:08		1:06 min

11 Schätze.

a) Alle Menschen deiner Schule bilden eine Kette. Wie oft reicht die Kette um die Schule herum?
b) Wie viel wiegen alle Schülerinnen und Schüler deiner Schule zusammen?

NACHGEDACHT
Familie Becker möchte mit einer Gondel fahren. Die Gondel kann nicht mehr als 120 kg tragen. Wie oft muss die Gondel für die Familie Becker fahren? Bei jeder Fahrt muss ein Erwachsener dabei sein.

ZU AUFGABE 11
Wenn du Hilfe brauchst, schlage im Stichwortverzeichnis unter „Fermi" nach.

12 Eintausend Schritte

a) Welche Strecke legst du mit 1 000 Schritten zurück?

b) Finde Beispiele für Entfernungen, die ungefähr so lang sind.

13 Uhrzeiten und Zeitspannen

a) Jetzt ist es 19:08 Uhr. Wie spät war es vor 200 Minuten?

b) Am Abend um Viertel vor neun beginnt das Fußballspiel FC Barcelona – FC Bayern München. Ein Spiel dauert mit Halbzeit 1 h 75 min. Stelle eine passende Frage und beantworte sie.

14 Runde 12 645 608 g auf Tonnen.
Wie gehst du vor? Worauf musst du achten? Notiere deine Überlegungen als Text.

15 Schätze die Höhen mithilfe der Skala.

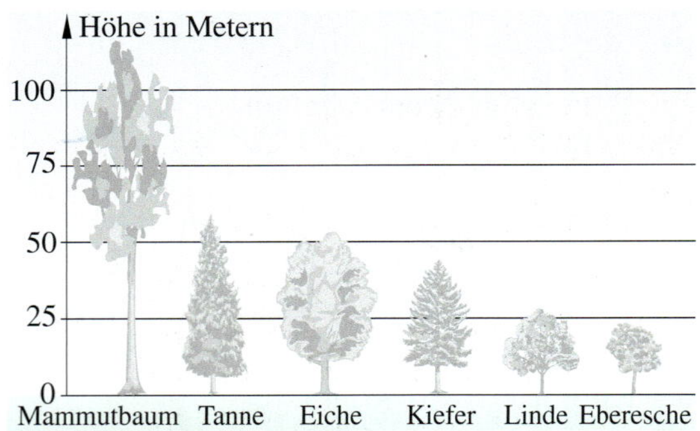

12 Schätze oder miss, wie lange du für einen 100-m-Sprint benötigst. Überschlage dann: Wie lange würde ein 40-km-Lauf dauern, wenn du dieses Tempo durchhalten könntest? Zum Vergleich: Ein Marathon geht über 42,195 km, der Rekord liegt bei 2 h 2 min 54 s.

13 Die Berliner Mauer hinderte die Menschen aus der DDR 28 Jahre und 89 Tage lang daran, nach West-Berlin und in die BRD zu fahren. Nachdem viele Menschen in der damaligen DDR demonstriert hatten, wurde die Mauer am 9. November 1989 geöffnet.
An welchem Tag wurde die Mauer errichtet?
Tipp: Nutze einen Kalender.

14 Beschreibe dein Vorgehen.

a) Rechne 89 dm in Meter um.

b) Rechne 8 km in Zentimeter um.

15 Du brauchst nicht exakt zu rechnen, arbeite mit dem Überschlag.

a) Ein vierstöckiges Haus ist 12 m hoch. Wie viele Stockwerke müsste ein Haus ungefähr haben, damit es etwa so hoch ist wie der Kölner Dom (Höhe 156 m)?

b) Der höchste Berg in den Alpen ist der Montblanc mit 4 807 m Höhe. Wie oft müsste man den Kölner Dom ungefähr übereinandersetzen, um die Höhe des Montblancs zu erreichen?

ZU AUFGABE 16
Weißt du noch, worauf du beim Zeichnen eines Diagramms achten musst? Du kannst es im Stichwortverzeichnis nachschlagen.

16 Gewichte von Tieren

Katze · Karpfen · Delphin · Pferd · Braunbär · Huhn · Kaninchen

a) Schätze, wie schwer die Tiere sind. Überprüfe deine Schätzung mithilfe eines Lexikons oder des Internets.

b) Ordne die Tiere nach ihrem Gewicht.

c) Erstelle ein Diagramm.

17 Acht Brötchen kosten 1,60 €. Wie viel kosten drei Brötchen? Erkläre deinen Rechenweg.

NACHGEDACHT
Lea sagt: „Ich teile die Sekundenzahl durch 3. Das geht leichter!“ Kannst du erklären, wie Lea rechnet?

18 Martin hat bei Gewitter oft Angst, wenn es blitzt und der Donner immer lauter wird. Seine Mutter erklärt ihm eine Regel, mit der man die Entfernung von Blitzen bestimmt: „Wenn du den Blitz siehst, dann zählst du die Sekunden, bis du den Donner hörst. Rechne die Sekundenzahl mal 300, dann weißt du, wie viel Meter der Blitz ungefähr entfernt war.“
Die Regel beruht darauf, dass der Schall in einer Sekunde etwa 300 m zurücklegt.

Nun zählt Martin nach jedem Blitz die Zeit bis zum Donner. Wie weit ist das Gewitter entfernt?

a) 9 s b) 6 s c) 4 s d) 8 s e) 3 s

Fußball-Bundesliga

In der Saison 2013/2014 spielen die 18 eingetragenen Mannschaften in der 1. Fußball-Bundesliga.

Im Modus „Jeder gegen jeden“ muss jede Mannschaft zweimal gegen jede andere Mannschaft antreten: einmal zu Hause und einmal auswärts bei der gegnerischen Mannschaft.

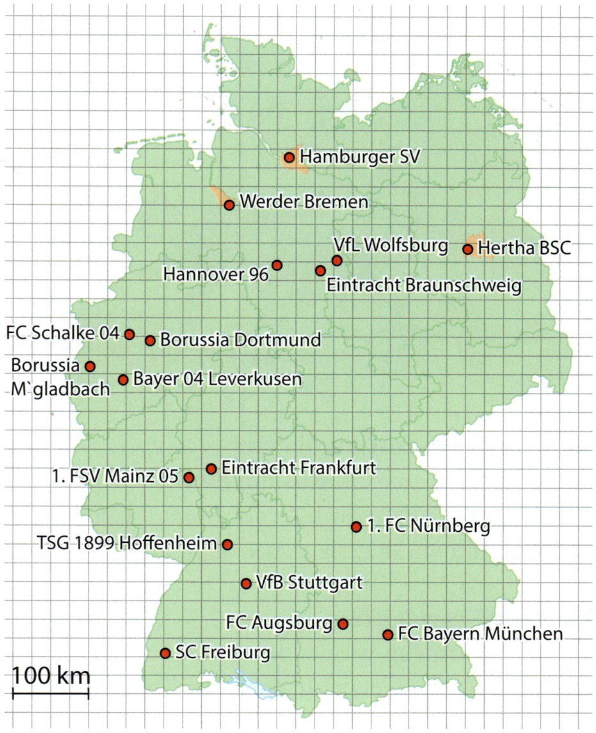

19 Wähle deine Lieblings-Fußballmannschaft

a) Übertrage die Tabelle in dein Heft und trage deine Lieblingsmannschaft ein.

Mein Lieblingsverein: ______		
gegnerische Mannschaft	Entfernung auf der Karte (in cm)	Entfernung in Wirklichkeit (in km)
Hamburger SV		
TSG 1899 Hoffenheim		
1. FSV Mainz 05		
Vfl Wolfsburg		
Hertha BSC		

b) Miss auf der Karte die Entfernungen von deiner Lieblingsmannschaft zu den anderen Bundesligastädten in der Tabelle. Trage jeweils die gemessene Entfernung (in cm) in die Tabelle ein.
Hinweis: Miss immer die Luftlinie, vgl. die Erklärung in der Randspalte.

c) Berechne die Entfernungen in der Wirklichkeit, indem du mit dem Maßstab rechnest.

d) Berechne die während der gesamten Saison von der Mannschaft zurückgelegte Strecke bei Auswärtsspielen in den in der Tabelle eingetragenen Bundesligastädten.

19 Bundesliga-Mannschaften

Wähle fünf Bundesligastädte aus der Karte aus.

a) Welche Gesamtstrecke muss dein Lieblingsverein bei Auswärtsspielen zu den Bundesligastädten zurücklegen? Wie du bei der Beantwortung dieser Frage vorgehen kannst, wird in der linken Spalte in Aufgabe 19 Schritt für Schritt beschrieben.

b) Berechne nun für *jede* Mannschaft, welche Gesamtstrecke sie bei Auswärtsspielen zurücklegt.

c) Ordne die berechneten Gesamtstrecken und stelle die Daten übersichtlich in einer Tabelle oder in einem Diagramm dar.

d) Überlegt zu zweit: Von welchen Umständen hängt es ab, ob eine Mannschaft insgesamt eher kurze Strecken bei Auswärtsspielen fährt?

e) Angenommen, die Mannschaftsbusse können durchschnittlich 80 km in einer Stunde fahren. Wie lange sind die Mannschaften insgesamt in die ausgewählten Bundesligastädte unterwegs?

SCHON GEWUSST?
*Luftlinie bedeutet, dass man die Entfernung zwischen zwei Orten nicht entlang von Straßen misst, sondern stattdessen entlang der kürzesten Linie durch die Luft.
Die Mannschaftsbusse müssen in Wirklichkeit also etwas weiter fahren, als du hier berechnen kannst.*

Der Rosenmontagszug ist der Höhepunkt der Fastnacht.
In Mainz zum Beispiel stehen bis zu 500 000 Zuschauer am Straßenrand.
Etwa 9 500 Personen sind beim Umzug aktiv dabei.

20 Karnevalskostüm nähen

Judith möchte sich ein Kostüm für den Fastnachtsumzug nähen.

a) Sie kauft 2,50 m Stoff. Jeder Meter kostet 4,90 €.

b) Nachmittags sitzt sie von 13:55 Uhr bis 17:38 Uhr an der Nähmaschine.

21 Beute vergleichen

Nach dem Umzug vergleichen Judith und ihre Freunde, wer die meisten Süßigkeiten gefangen hat. Sortiere die Gewichte nach der Größe und beginne mit dem größten.
Anja: 1,02 kg; Ben: 778 g; Franka: 1,21 kg; Judith: 980 g; Niklas: 0,78 kg; Uli: 0,9 kg

22 Wie lange geht der Zug?

Lies den nebenstehenden Text.

a) Nach welcher Zeit ist der erste Wagen im Ziel? Wie spät ist es dann?

b) Um wie viel Uhr ist der letzte Wagen im Ziel? Er konnte erst 3 h 30 min nach dem ersten Wagen starten.

Rosenmontagszug in Mainz
Hintereinander aufgestellt haben die Festwagen, Musikkapellen und Fußgruppen eine Länge von etwa 6 500 m. Die Strecke, die der Zug durch die Mainzer Innenstadt geht, ist 7 200 m lang. Der Zug startet um 11 Minuten nach 11 Uhr vormittags. Der Zug kommt pro Stunde etwa 3 000 m vorwärts.

23 Material für die Närrischen Wagen

Für den Bau der Närrischen Wagen in Mainz wurden etwa 4 200 m Holzlatten, 15 000 m Bindedraht, 1 800 kg Nägel und Schrauben, 3 600 kg Kleber sowie 700 kg Papier verwendet. Gib alle Maße in mindestens einer kleineren und einer größeren Einheit an.

24 Süßigkeiten

Aus den Wagen werden rund 50 Tonnen Süßigkeiten verteilt. Eine 500-g-Tüte mit Süßigkeiten kostet 1,95 €. Wie hoch sind die Kosten für die geworfenen Süßigkeiten?

25 Gibt es auch in deinem Ort einen Fastnachtsumzug?

Bringt möglichst viele Informationen, Bilder und Daten zum Fastnachtszug mit und erstellt gemeinsam ein Plakat.
Denkt euch mindestens zwei Fragen aus, die man mithilfe des Plakats beantworten kann.
Hängt die Plakate und die Fragen auf.
Bearbeitet gegenseitig eure Fragen und lest die Plakate.

Zusammenfassung

Größen im Alltag/Geld

→ Seite 104

Eine Größe besteht aus **Maßzahl** und **Maßeinheit**.

15 m: 15 → Maßzahl, m → Maßeinheit
42,703 kg: 42,703 → Maßzahl, kg → Maßeinheit

Vor dem Rechnen müssen die Größenangaben dieselbe Maßeinheit haben.

2 m + 17 cm = 200 cm + 17 cm
= 217 cm

Geld gibt man in Euro (€) oder Cent (ct) an.

1 € = 100 ct
15,04 € = 1 504 ct

Es gibt auch andere Währungen, wie z. B. den US-Dollar ($) oder das Britische Pund (£).

Zeit

→ Seite 108

Zeit wird z. B. in Jahren (a), Tagen (d), Stunden (h), Minuten (min) und Sekunden (s) angegeben.

Einheiten der Zeit
1 a = 365 d
1 d = 24 h
1 h = 60 min
1 min = 60 s

Ein **Zeitpunkt** ist ein genau festgelegter Termin.
Eine **Zeitspanne** ist die Dauer zwischen zwei Zeitpunkten.

Zeitpunkt: z. B. 06.12. oder 9:15 Uhr

Zeitspanne: z. B. 30 Sekunden; ein Nachmittag; die Sommerferien, …

Gewicht (Masse)

→ Seite 112

Das **Gewicht** ist eine Größe, die angibt, wie schwer etwas ist.
Das Gewicht wird mit einer Waage gemessen.

In der Wissenschaft heißt diese Größe nicht „Gewicht“, sondern „Masse“.

Einheiten des Gewichtes
1 t = 1 000 kg
1 kg = 1 000 g
1 g = 1 000 mg

Länge

→ Seite 116

Die **Länge** ist eine Größe, die angibt, wie weit zwei Orte voneinander entfernt sind.
Die Länge wird z. B. mit einem Lineal gemessen.

Einheiten der Länge
1 km = 1 000 m
1 m = 10 dm = 100 cm
1 dm = 10 cm
1 cm = 10 mm

Teste dich!

2 Punkte

1 In diesem Kapitel wurden verschiedene Größen behandelt, z. B. die Zeit.

a) Nenne vier verschiedene Größen.

b) Nenne zu den vier genannten Größen jeweils zwei verschiedene Einheiten.

1 Punkt

2 Was wird womit gemessen? Ordne richtig zu.

① Laufzeit beim 100-m-Lauf	A Maßband
② Gewicht eines Menschen	B Geodreieck
③ Beginn des Unterrichts	C Stoppuhr
④ Gewicht der Zutaten beim Kuchenbacken	D Armbanduhr
⑤ Weite beim Weitsprung	E Personenwaage
⑥ Breite einer Buchseite	F Küchenwaage

2 Punkte

3 Übertrage die Tabelle ins Heft und ergänze fehlende Werte.

a)

Kaufpreis	gegeben	Wechselgeld
34,50 €	50,00 €	
17,80 €	20,00 €	

b)

Kaufpreis	gegeben	Wechselgeld
	50,00 €	23,50 €
82,65 €		17,35 €

6 Punkte

4 Wie viel Zeit vergeht …

a) von 8:12 Uhr bis 11:26 Uhr?

b) von 5:55 Uhr bis 6:44 Uhr?

c) von 16:35 Uhr bis 18:12 Uhr?

d) von 8:05 Uhr bis 0:04 Uhr?

e) von 22:34 Uhr bis 0:45 Uhr?

f) von 22:22 Uhr bis 8:08 Uhr?

8 Punkte

5 Rechne die Größenangaben in die jeweils angegebene Einheit um.

a) 4 km (in m)

b) 3 450 ct (in €)

c) 3,60 € (in ct)

d) 3 cm 4 mm (in mm)

e) 3,5 g (in mg)

f) 3 d (in h)

g) 1,6 km (in dm)

h) 5 000 mm (in m)

2 Punkte

6 In den Alpen bei Oberstdorf haben die Berge unübliche Höhenangaben.

a) Schreibe die Höhen der Berge in Meter und ordne die Berge nach ihrer Höhe.

b) Wie groß ist der Höhenunterschied zwischen dem höchsten und dem niedrigsten Berg?

Berg	Höhe
Öfnerspitze	2,578 km
Kreuzeck	2,375 km
Höpats	2,258 km
Großer Krottenkopf	2,657 km
Kegelkopf	1,960 km
Riffenkopf	1,749 km
Strahlkopf	2,351 km
Kratzer	2,424 km
Spielmannsau	0,983 km

2 Punkte

7 Der Airbus A340-600 wiegt ohne Passagiere, Gepäck und Treibstoff 177 t. In das Flugzeug steigen 400 Passagiere ein, die durchschnittlich etwa 70 kg wiegen. Jeder Passagier hat 20 kg Gepäck bei sich. Vor dem Start wird das Flugzeug mit 120 t Treibstoff betankt. Das maximale Startgewicht beträgt 365 t.
Darf der Airbus starten?

Gold: 21–23 Punkte, Silber: 17–20 Punkte, Bronze: 14–16 Punkte

Lösungen ab Seite 202

Natürliche Zahlen multiplizieren und dividieren

Am Ende einer Rutsche wird der Raum oft mit bunten Bällen ausgefüllt.
Weißt du, warum?

Wie viele Bälle werden dafür ungefähr benötigt?
Sind es 100, 200, 500, 1 000, 2 000, 5 000, 10 000, 20 000, 100 000 oder mehr?

Es werden 50 Beutel mit bunten Bällen in den Spielraum geschüttet, in jedem Beutel sind 400 Bälle. Wie viele Bälle sind das insgesamt?

Die Bälle gibt es in acht Farben. Jede Farbe kommt gleich häufig vor.
Wie viele gelbe Bälle sind es insgesamt?

Noch fit?

Einstieg

1 Im Kopf multiplizieren
Die Sportlehrer teilen die fünften Klassen zum Basketballspielen ein. Je 5 Personen bilden eine Mannschaft.

a) Die Klasse 5 a kann 6 Mannschaften bilden. Wie viele Schülerinnen und Schüler hat die Klasse?

b) Die Klasse 5 b hat 25 Schülerinnen und Schüler. Wie viele Mannschaften sind möglich?

2 Grundaufgaben
Schreibe Aufgabe und Ergebnis ins Heft.

a) $3 \cdot 8$ b) $4 \cdot 9$ c) $5 \cdot 5$

d) $28 : 4$ e) $36 : 6$ f) $200 : 10$

3 Zahlenfolgen erkennen
In welcher Zahlenfolge kommen diese Zahlen vor?

a) 3, 9, 18, 21, 30 b) 2, 6, 8, 10, 14

c) 5, 15, 20, 25, 45 d) 7, 21, 35, 70

4 Aufgaben mit gleichem Ergebnis
Finde Aufgaben mit gleichen Ergebnissen. Schreibe sie mit Lösung ins Heft.

$3 \cdot 5$ | $8 \cdot 10$ | $2 + 10$ | $20 - 6$ | $20 + 6$ | $10 + 2$ | $5 \cdot 3$ | $10 \cdot 8$

5 Drei weitere Zahlen ergänzen
a) 2, 4, 6, … b) 5, 10, 15, …

c) 10, 20, 30, … d) 24, 20, 16, …

e) 100, 90, 80, … f) 3, 6, 9, …

Aufstieg

1 Im Kopf multiplizieren
Die Erde bewegt sich auf ihrer Bahn um die Sonne mit einer Geschwindigkeit von 30 Kilometer in der Sekunde.

a) Wie viele Kilometer legt sie in einer Minute zurück?

b) Wie viele Kilometer legt sie in 10 Minuten zurück?

c) Berechne die Länge der Bahn für 60 Minuten.

2 Grundaufgaben
Schreibe Aufgabe und Ergebnis ins Heft.

a) $50 \cdot 8$ b) $6 \cdot 90$ c) $55 \cdot 10$

d) $125 : 5$ e) $121 : 11$ f) $2200 : 100$

3 Zahlenfolgen erkennen
In welcher Zahlenfolge kommen die Zahlen vor? Gibt es mehrere Möglichkeiten?

a) 4, 8, 12, 16 b) 15, 35, 40

c) 42, 28, 35, 21 d) 7, 28, 35, 21

4 Aufgaben mit gleichem Ergebnis
Finde Aufgaben mit gleichen Ergebnissen. Schreibe sie mit Lösung ins Heft.

$8 \cdot 100$ | $13 \cdot 9$ | $35 - 7$ | $15 + 80$ | $15 \cdot 3$ | $15 : 3$ | $35 + 7$ | $80 + 15$ | $9 \cdot 13$ | $100 \cdot 8$

5 Drei weitere Zahlen ergänzen
a) 5, 10, 20, 40, …

b) 144, 121, 100, …

c) 384, 192, 96, 48, …

6 Kurz und knapp
a) Beschreibe, wie du $30000 \cdot 6000$ rechnest.

b) Die Einwohnerzahl von Bad Kreuznach wurde auf 44 000 gerundet. Gib die größtmögliche und die kleinstmögliche Einwohnerzahl der Stadt an.

c) Nenne Beispiele, bei denen Runden nicht sinnvoll ist.

d) Richtig oder falsch?
- Die Summe von zwei ungeraden Zahlen ist immer ungerade.
- Die Summe von drei geraden Zahlen ist immer gerade.
- Die Differenz einer geraden und einer ungeraden Zahl ist immer ungerade.

Lösungen ab Seite 202

Im Kopf multiplizieren und dividieren

Entdecken

Einzelkarte	12 €
Gruppenkarte	56 €

1 Vier Freunde fahren mit dem Zug zum Meisterschaftsspiel ihrer Fußballmannschaft. Die nebenstehende Preisliste gibt die möglichen Fahrpreise an.

a) Welche Möglichkeit ist für die vier günstiger?

b) Begründe deine Antwort einmal durch eine Addition und einmal durch eine Multiplikation.

c) Erfinde eine ähnliche Aufgabe, die sich durch Addition oder Multiplikation lösen lässt. Tauscht die Aufgaben in der Klasse und bearbeitet sie.

d) Kann man die Antwort zu Aufgabe a) auch durch eine Division oder Subtraktion begründen?

2 Quadrat im Quadrat

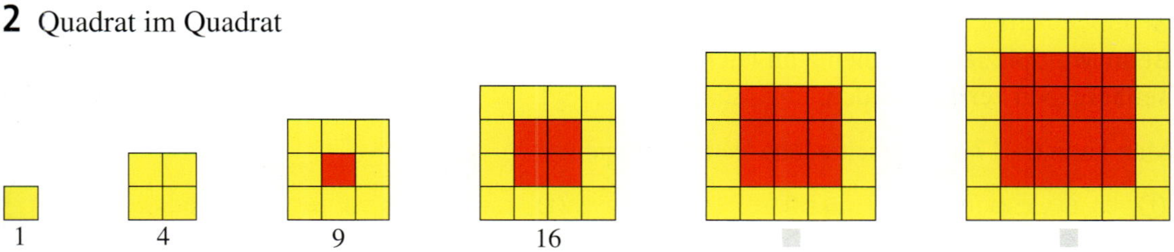

Ab dem dritten Quadrat bilden rote Quadrate die Mitte der gelben Quadrate.

a) Welche Quadratzahlen werden durch das fünfte und sechste Quadrat dargestellt?

b) Kannst du vorhersagen, wie viele rote Quadrate im 7. und 8. Quadrat enthalten sind?

c) Zeichne die Quadrate für die nächsten drei Quadratzahlen.

d) Die nachfolgende Tabelle hilft dir, zu weiteren Quadratzahlen die Anzahl der gelben und roten Quadrate zu bestimmen. Übertrage die Tabelle und ergänze.

Quadratzahl	1	4	9	16				64		
gelbe Kästchen	1			12		20				36
rote Kästchen	0		1		9		25		49	

ZUM WEITERARBEITEN
Bearbeite zunächst Aufgabe 2.
Gibt es ein Quadrat
① ... mit 42 gelben Kästchen?
② ... mit 121 roten Kästchen?
③ ... mit insgesamt 72 Kästchen?

3 Zur Klasse 5 a der Carl-Friedrich-Gauß-Schule gehören 30 Schülerinnen und Schüler. Für einen Ausflug nach Hassloch wird ein Bus bestellt.

a) Wie viel muss jedes der 30 Kinder zahlen, wenn der Bus 240 € kostet?

b) Der Bus hat 50 Plätze, deshalb können noch Kinder aus Parallelklassen mitfahren. Wie viele Schülerinnen und Schüler sind es insgesamt, wenn jedes Kind 6 € zahlt?

4 Alle natürlichen Zahlen lassen sich durch 2 und 3 teilen. Manchmal bleibt jedoch ein Rest.

Beispiel 20 : 2 = 10 (Rest 0) oder
20 : 3 = 6 Rest 2

a) Wie groß können die Reste beim Teilen durch 2 bzw. durch 3 maximal sein?

b) Teile die Zahlen 4, 10, 16 und 22 jeweils durch 2 und durch 3. Was fällt dir auf?

c) Nenne alle Zahlen zwischen 0 und 40, die sowohl beim Teilen durch 2 als auch beim Teilen durch 3 jeweils den Rest 1 besitzen. Was fällt dir auf?

Verstehen

Die Volleyballmannschaft der Schule braucht neue Trikots. Die Trikots können einzeln ohne Aufdruck für 17 € oder als Mannschaftspaket mit Aufdruck für 114 € bestellt werden.

Herr Borgmann vergleicht die Angebote im Internet:

Ist es günstiger, die Trikots einzeln oder im 6er-Pack zu kaufen?

$17 + 17 + 17 + 17 + 17 + 17 = 6 \cdot 17 = 102$

6 einzelne Trikots kosten 102 € und sind günstiger als das Mannschaftspaket.

Merke **Multiplikation** ist die mehrmals ausgeführte Addition des gleichen Summanden.

6	·	17	=	102
1. Faktor	·	**2. Faktor**	=	**Wert des Produkts**
Produkt				

Beim Multiplizieren können zum leichteren Rechnen im Kopf die Aufgaben in einfachere Teilaufgaben zerlegt werden.

Man kann 6 · 17 auf verschiedene Weise zerlegen:

①
$6 \cdot 10 = 60$
$6 \cdot 7 = 42$ (addieren)
$= 102$

②
$6 \cdot 20 = 120$
$6 \cdot 3 = 18$ (subtrahieren)
$= 102$

HINWEIS
Durch Null darf nicht geteilt werden!

Herr Borgmann möchte wissen, wie viel der Aufdruck kostet.
Dazu muss er den Preis für ein Trikot aus dem Mannschaftspaket berechnen.

$114 : 6 = 19$

Ein Trikot aus dem Paket kostet 19 €, der Aufdruck wird also mit 19 € – 17 € = 2 € berechnet.

Merke **Dividieren** bedeutet so viel wie teilen oder aufteilen.

114	:	6	=	19
Dividend	:	**Divisor**	=	**Wert des Quotienten**
Quotient				

Auch beim Dividieren kann die Aufgabe in einfachere Teilaufgaben zerlegt werden.

Man kann 114 : 6 auf verschiedene Weise zerlegen:

①
$60 : 6 = 10$
$54 : 6 = 9$ (addieren)
$= 19$

②
$120 : 6 = 20$
$6 : 6 = 1$ (subtrahieren)
$= 19$

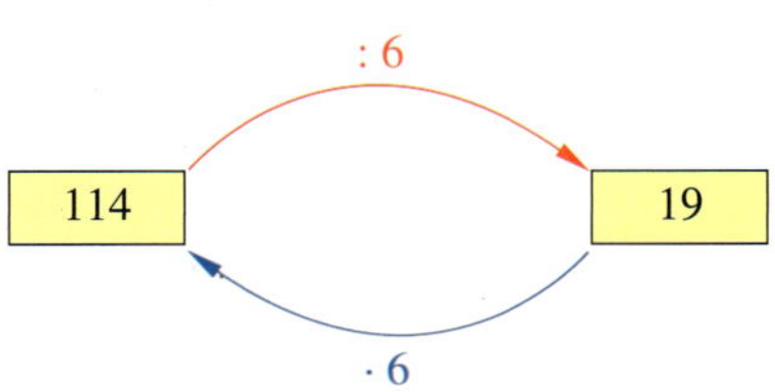

Um das Ergebnis einer Division zu prüfen, rechnet man die Umkehraufgabe.
Die Division ist die Umkehrung der Multiplikation.
Die Multiplikation ist die Umkehrung der Division.

Üben und anwenden

1 Schreibe kürzer und rechne aus.
a) 4 + 4 + 4 + 4 + 4 + 4 + 4 + 4 + 4 + 4
b) 7 + 7 + 7 + 7 + 7 + 7 + 7 + 7
c) 15 + 15 + 15 + 15 + 15
d) 23 + 23 + 23 + 23

2 Übertrage die Tabellen und fülle sie aus.

36
2 · 18
4 ·
6 ·
12 ·
3 ·

60
2 ·
4 ·
6 ·
10 ·
12 ·

48
2 ·
· 12
16 ·
· 6
3 ·

3 Berechne im Kopf.
a) 7 · 8 b) 8 · 9 c) 9 · 3 d) 6 · 9
e) 7 · 4 f) 8 · 5 g) 3 · 5 h) 4 · 6
i) 5 · 7 j) 10 · 5 k) 20 · 5 l) 30 · 5

4 Übertrage und ergänze. Der Wert der Summe der Spalten ist in Rot angegeben.

·	7		12		20		3	
4		36		20				
6						48		
12			144					120
22	154	198	264	110	440	176	66	220

5 Fülle die Tabelle im Heft aus.

a)

1. Faktor	8		9
2. Faktor	12	15	
Wert des Produkts		60	180

b)

1. Faktor		13	25
2. Faktor	200		25
Wert des Produkts	10 000	169	

1 Schreibe als Produkt und rechne.
a) 25 + 25 + 25 + 25 + 25 + 25 + 25
b) 17 + 17 + 17
c) 102 + 102 + 102 + 102 + 102 + 102
d) 150 + 150 + 150 + 150 + 150

2 Übertrage die Multiplikationstabellen ins Heft. Berechne die Produkte.
Zur Kontrolle ist die Summe aller Lösungen in Rot eingetragen. Kontrolliere.

a)

140	12	16
3		
2		

b)

325	8	5
11		
14		

3 Berechne im Kopf.
a) 6 · 12 b) 2 · 17 c) 5 · 13 d) 4 · 19
e) 6 · 16 f) 9 · 11 g) 3 · 16 h) 9 · 14
i) 6 · 14 j) 7 · 18 k) 8 · 18 l) 9 · 18

4 Übertrage und ergänze. Der Wert der Summe der Spalten ist in Rot angegeben.

·	12	16			50	8		
3		48		75				9
						16		
9			180				900	
14	168	224	280	350	700	112	1 400	42

5 Wie ändert sich der Wert des Produkts zweier Zahlen, wenn …
a) der erste Faktor verdoppelt wird?
b) der zweite Faktor halbiert wird?
c) der erste Faktor halbiert und der zweite Faktor verdoppelt wird?
d) ein Faktor verdoppelt und der andere verdreifacht wird?
e) ein Faktor vervierfacht und der andere halbiert wird?

6 Berechne die Anzahl der Kästchen mithilfe zweier Faktoren. Schreibe das Produkt auf.

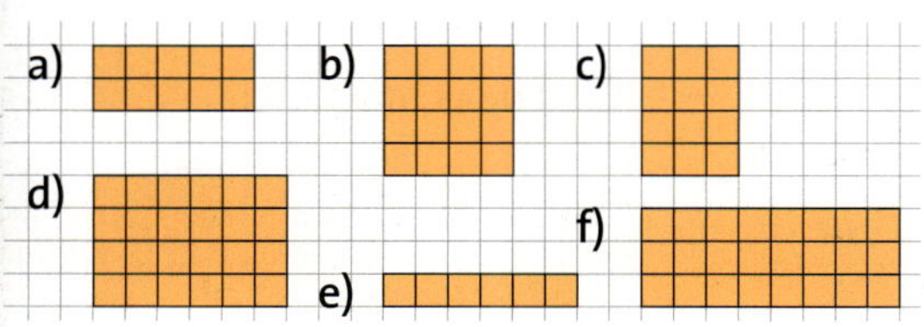

Beispiel

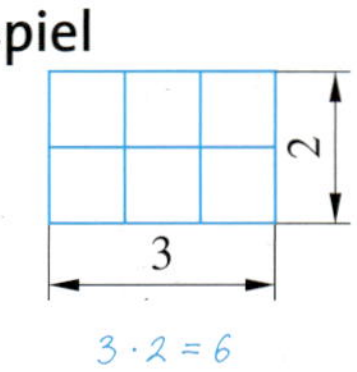

BEISPIEL
zu Aufgabe **7**

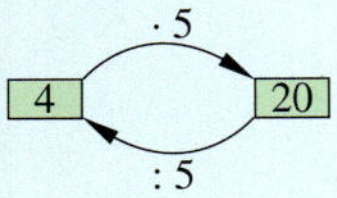

7 Du kannst jede Multiplikation durch eine Division kontrollieren.

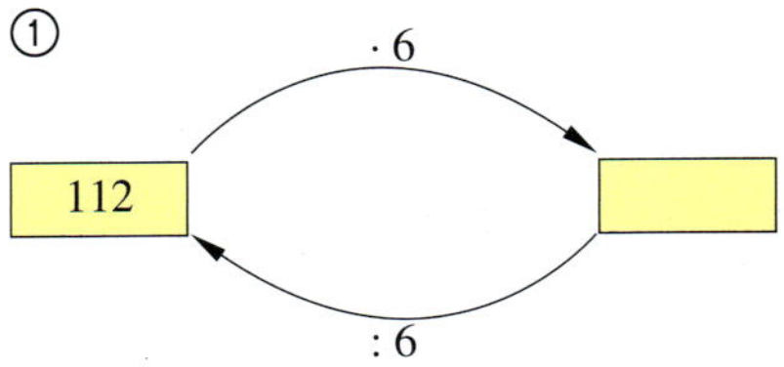

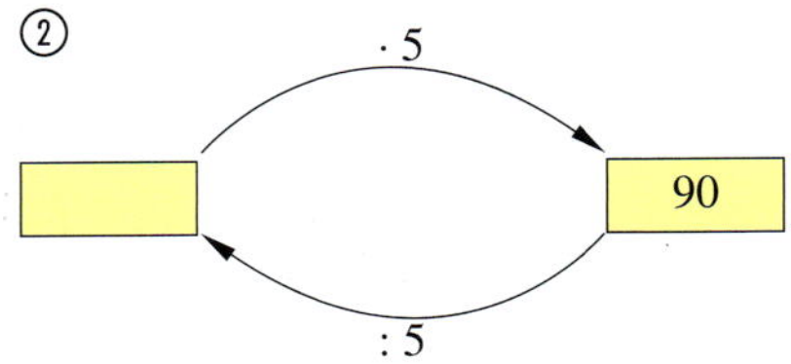

a) Erläutere das Beispiel in der Randspalte.
b) Übertrage die beiden gelben Muster in dein Heft und ergänze sie.
c) Erstelle zu drei weiteren Aufgaben ähnliche Muster zur Kontrolle einer Multiplikation.

8 Dividiere durch 10 (20, 30, 40).
a) 120   b) 1 200   c) 240   d) 2 400
e) 360   f) 3 600   g) 480   h) 4 800

8 Dividiere durch 5 (15, 25).
a) 75   b) 750   c) 150   d) 1 500
e) 225   f) 2 250   g) 300   h) 375

9 Übertrage und ergänze.

a)

:	2	4	6	8
24				
48				
72				

b)

:	2	4	6	8
120				
144				
240				

9 Übertrage und ergänze.

a)

:			6	9
18		9		
36	36			
54				

b)

:	2		6	
90		30		
108				
126				7

10 Übertrage und ergänze.
Zu welcher Situation können die Aufgaben passen? Finde zu einer Aufgabe ein Beispiel.

	a)	b)	c)	d)	e)	f)
Dividend	300		212		105	916
Divisor		9	4	16		2
Wert des Quotienten	10	8		4	15	

10 Wie ändert sich der Wert des Quotienten zweier Zahlen, wenn man …
a) den Dividenden verdoppelt?
b) den Dividenden halbiert?
c) den Divisor verdoppelt?
d) den Divisor halbiert?
e) den Dividenden und den Divisor halbiert?
f) den Dividenden und den Divisor tauscht?

11 Richtig oder falsch?
a) Ist einer der Faktoren 0, so ist der Wert des Produkts ebenfalls 0.
b) Ist der Divisor 0, so ist der Wert des Quotienten ebenfalls 0.
c) Die Division durch 0 ist nicht definiert, also nicht möglich.

11 Schreibe als Aufgabe und rechne.
a) Multipliziere 3 mit dem Quotienten aus 100 und 4.
b) Dividiere das Produkt der Zahlen 12 und 6 durch den Quotienten dieser Zahlen.
c) Verdopple den Quotienten aus 196 und 4 und teile dann durch 7.

ZUM WEITERARBEITEN
Erfinde zu den Divisionsaufgaben bei Nummer 12 Situationen aus dem Alltag, z. B. 65 € werden unter 5 Freunden aufgeteilt.

12 Finde Divisionsaufgaben, die keinen Rest lassen.
Setze die Aufgaben wie im Beispiel so zusammen, dass aus jeder Tabelle eine Zahl kommt.

Beispiel 65 : 5 = 13

Dividend

65	60	52
35	22	63
19	96	72

Divisor

4	13	7
15	5	19
11	12	6

Wert des Quotienten

1	2	13
8	5	7
12	9	4

Schriftlich multiplizieren und dividieren

Entdecken

1 Einmaleins einmal anders
Der Schotte Lord John Napier hat im 16. Jahrhundert mit Stäbchen multipliziert.
Die Abbildung unten zeigt, wie die Stäbchen beschriftet sind.

0/0	0/1	0/2	0/3	0/4	0/5	0/6	0/7	0/8	0/9
0/0	0/2	0/4	0/6	0/8	1/0	1/2	1/4	1/6	1/8
0/0	0/3	0/6	0/9	1/2	1/5	1/8	2/1	2/4	2/7
0/0	0/4	0/8	1/2	1/6	2/0	2/4	2/8	3/2	3/6
0/0	0/5	1/0	1/5	2/0	2/5	3/0	3/5	4/0	4/5
0/0	0/6	1/2	1/8	2/4	3/0	3/6	4/2	4/8	5/4
0/0	0/7	1/4	2/1	2/8	3/5	4/2	4/9	5/6	6/3
0/0	0/8	1/6	2/4	3/2	4/0	4/8	5/6	6/4	7/2
0/0	0/9	1/8	2/7	3/6	4/5	5/4	6/3	7/2	8/1

a) Erkennst du, nach welcher Regel die Stäbchen beschriftet sind? Erkläre.

b) Die Aufgabe $523 \cdot 4 = 2092$ wird mit Stäbchen so „gerechnet“: Erkläre die Lösung mithilfe des Stellenwertsystems.

0/5	0/2	0/3
1/0	0/4	0/6
1/5	0/6	0/9
2/0	0/8	1/2
2/5	1/0	1/5

c) Übertrage die Tabelle ins Heft und ergänze sie.

T	H	Z	E	
		1	2	$4 \cdot 3$
		8	0	$4 \cdot 20$

d) Welche Multiplikation ist mit den Streifen gerechnet worden?

e) Wie kann man mithilfe der Streifen die Aufgaben $1643 \cdot 6$ und $3075 \cdot 8$ berechnen?

1/4	0/0	3/5	4/2
1/6	0/0	4/0	4/8
1/8	0/0	4/5	5/4

2 An der Tafel wird die Aufgabe $6702 \cdot 38$ unterschiedlich gelöst.

Tara

·	6000	700	2	
30	180000	21000	60	201060
8	48000	5600	16	53616
				254676

Robin

6	7	0	2	·	3	8
	2	0	1	0	6	0
+		5	3	6	1	6
	2	5	4	6	7	6

Charlotte

		1/8	2/1	0/0	0/6
/1	/1	4/8	5/6	0/0	1/6
2	5	4	6	7	6

a) Vergleiche die vorgestellten Lösungswege.
Welche Rechnung kannst du am besten nachvollziehen?

b) In allen drei Rechenwegen ist die Zahl 53 616 enthalten. Wo steckt sie in Charlottes Lösung?

c) Berechne mit jedem der Rechenwege die Aufgabe $4173 \cdot 52$.

d) Wähle einen Rechenweg aus und berechne $2089 \cdot 207$. Begründe deine Wahl.

3 15 Spieler der Schulmannschaft möchten ein Länderspiel besuchen.
Für Busfahrt, Verpflegung und Eintritt sind insgesamt 390 € zu zahlen.

a) Berechne, wie viel jeder für die Reise bezahlen muss. Benutze dabei folgende Rechenwege.

①
3	9	0	:	1	5	=
3	0	0	:	1	5	=
	9	0	:	1	5	=

②
	3	9	0	:	1	5	=
−	3	0				

b) Erkläre, welcher Rechenweg für dich einfacher ist.

c) Berechne die Aufgabe 984 : 8 auf beide Arten. Welcher Rechenweg ist einfacher?

Verstehen

Die Jahrgangsstufe 5 plant im nächsten Jahr eine gemeinsame Fahrt. Alle 127 Schülerinnen und Schüler sparen im Schuljahr je 312 € an. Welcher Betrag wird insgesamt zur Verfügung stehen?

Zahlen mit mehreren Ziffern lassen sich nicht immer einfach im Kopf multiplizieren. Vor der schriftlichen Berechnung sollte das Ergebnis überschlagen werden.
127 wird mit 312 multipliziert. Überschlag: $150 \cdot 300 = 45\,000$

①				H	Z	E
1	2	7	·	3	1	2
		3	8	1	0	0

Schritt ①: Hunderter
$127 \cdot 300 = 38\,100$

②				H	Z	E
1	2	7	·	3	1	2
		3	8	1	0	0
			1	2	7	0

Schritt ②: Zehner
$127 \cdot 10 = 1\,270$

③					H	Z	E
	1	2	7	·	3	1	2
			3	8	1	0	0
				1	2	7	0
+					2_1	5	4
			3	9	6	2	4

Schritt ③: Einer
$127 \cdot 2 = 254$

Zum Schluss werden die Zwischenergebnisse addiert.

Antwort: Insgesamt werden 39 624 € gespart.

MERKE
Kontrolliere deine Ergebnisse mithilfe der ***Probe****: Vertausche die Reihenfolge der Faktoren oder rechne die Umkehraufgabe. Vergleiche deine Ergebnisse mit deinem Überschlag.*

Merke Bei der **schriftlichen Multiplikation** mit mehrstelligen Zahlen wird zunächst nacheinander mit den …, Hundertern, Zehnern, Einern des zweiten Faktors multipliziert. Die Zwischenergebnisse werden stellengerecht notiert und zum Schluss addiert.

Mit einem Reisebus fahren 56 Personen. Das Reiseunternehmen berechnet für die Fahrt insgesamt 1 400 €. Wie viel Euro zahlt jeder?

Auch viele Divisionen lassen sich schriftlich einfacher lösen als im Kopf. Das Ergebnis wird vor der Berechnung überschlagen.
1 400 wird durch 56 dividiert. Überschlag: $1\,500 : 50 = 30$

	T	H	Z	E					T	H	Z	E
	1	4	0	0	:	5	6	=	0	0	2	5
−	0	↓										
	1	4										
−		0	↓					Probe:				
	1	4	0					2	5	·	5	6
−	1	1	2	↓					1	2	5	0
		2	8	0				+		1	5	0
	−	2	8	0					1	4	0	0
				0								

Merke Bei der **schriftlichen Division** durch mehrstellige Divisoren wird der Dividend so zerlegt, dass durch den Divisor geteilt werden kann.

Zum jeweiligen Rest der Differenzen werden so lange die nächsten Ziffern hinzugefügt, bis die Einerziffer erreicht ist.

Hat die letzte Differenz den Wert 0, so bleibt bei der Division kein Rest.

HINWEIS
Überprüfe dein Ergebnis mit der Umkehraufgabe.

Antwort: Jeder zahlt 25 € für den Busplatz.

Üben und anwenden

1 Überschlage das Ergebnis.
Berechne dann die Produkte.
Kontrolliere mithilfe der Probe.

a) 162 · 4 b) 122 · 3 c) 224 · 5
d) 717 · 7 e) 313 · 6 f) 482 · 5
g) 201 · 8 h) 990 · 2 i) 108 · 9

2 Rechne schriftlich. Beachte bei diesen Aufgaben die Bedeutung der Null.

a) 320 · 4 b) 710 · 9 c) 3125 · 8
d) 502 · 4 e) 751 · 8 f) 5206 · 5
g) 1006 · 7 h) 8850 · 6 i) 9405 · 6
j) 3050 · 8 k) 7858 · 7 l) 9063 · 9

3 Der Eintritt in den Freizeitpark kostet für Schüler 7,00 €.
Wie viel müssen 27 Schülerinnen und Schüler insgesamt bezahlen?

4 Vervollständige die Multiplikationsmauern in deinem Heft.

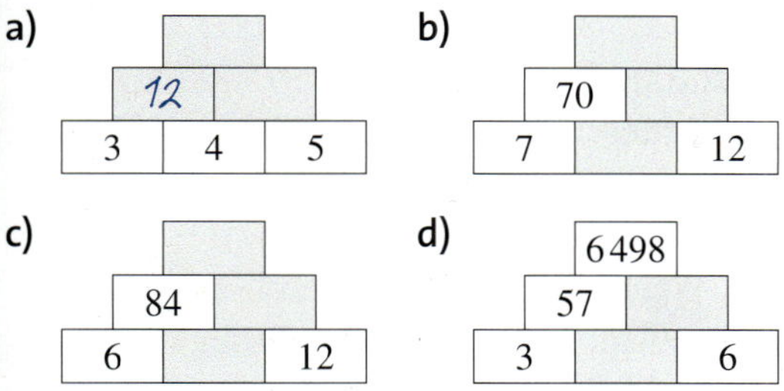

5 Schreibe die Quadratzahlen als Produkt mit zwei gleichen Faktoren.

49 81 121 144

6 Welche der folgenden Zahlen sind Quadratzahlen? Begründe.
34, 36, 42, 55, 64, 88, 93, 100

7 Der Wert des Produkts ist 12 (20, 24, 30).
Schreibe alle möglichen Produkte auf.

8 In einer Kantine werden täglich 867 Mahlzeiten ausgegeben.
Wie viele Mahlzeiten sind das in …
a) einer Woche mit fünf Arbeitstagen?
b) einem Monat mit 22 Arbeitstagen?

1 Überschlage das Ergebnis.
Berechne dann die Produkte.
Kontrolliere mithilfe der Probe.

a) 297 · 35 b) 191 · 805 c) 822 · 932
d) 963 · 273 e) 884 · 327 f) 645 · 92
g) 647 · 477 h) 473 · 125 i) 4738 · 32

2 Berechne und beachte die Nullen.
Die Lösungen in der Randspalte ergeben als Lösungswort den Namen einer Hauptstadt.

a) 486 · 502 b) 726 · 404 c) 802 · 306
d) 1804 · 609 e) 507 · 850 f) 407 · 501
g) 2030 · 700 h) 1405 · 29 i) 913 · 870

3 Katharina war im Schwimmbad und ist 35 Bahnen geschwommen. Eine Bahn ist 25 m lang.
Wie weit ist sie geschwommen?

4 Multiplikationsmauern
a) Ergänze die Mauern in deinem Heft.

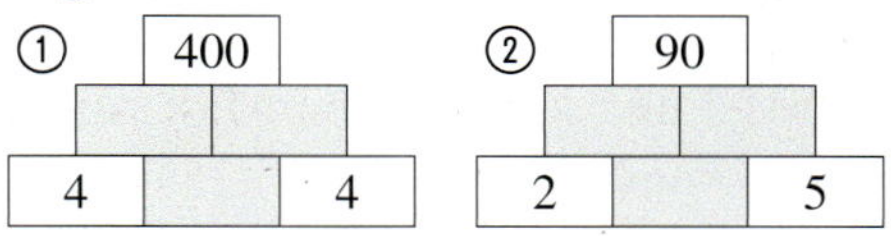

b) Erfinde Multiplikationsmauern mit…
– der Zahl 600 in der Spitze.
– genau drei ungeraden Zahlen.
– genau vier ungeraden Zahlen.

5 Schreibe die Quadratzahlen als Produkt mit zwei gleichen Faktoren.

169 196 225 361

6 Schreibe alle Quadratzahlen auf, die …
a) größer als 10 und kleiner als 70 sind.
b) größer als 100 und kleiner als 200 sind.

7 Der Wert des Produkts ist 64 (150, 240, 500). Schreibe alle möglichen Produkte auf.

8 Ein Fahrradmarkt bestellte bei einer Fahrradfabrik 300 Trekkingräder zu je 249 €, 500 Mountainbikes zu je 259 € und 600 Kinderfahrräder zu je 128 €.
Wie viel war insgesamt zu zahlen?

zu Aufgabe 2
40745 (L)
203907 (H)
243972 (S)
245412 (O)
293304 (T)
430950 (K)
794310 (M)
1421000 (O)
1098636 (C)

zu Aufgabe 2
Als Lösungswort ergeben sich zwei Hauptstädte.
1280 (M)
2008 (K)
6008 (A)
6390 (O)
7042 (M)
24400 (R)
25000 (S)
26030 (U)
53100 (A)
55006 (I)
56430 (D)
81567 (D)

9 Übertrage die Rechnungen in dein Heft und ergänze die fehlenden Ziffern. Kontrolliere die Ergebnisse mithilfe der Umkehraufgabe.

a)
```
  5142 : 6 = 8□□
 -□□
   34
  -□□
    42
   -□□
     0
```
b)
```
  7240 : 8 = □0□
 -□□
   04
  - 0
    □□
   -□□
     0
```
c)
```
  5040 : 9 = □□0
 -45
   54
  -□□
    00
   - 0
     0
```
d)
```
  6181 : 7 = □□3
 -□□
   5□
  -□□
    2□
   -□□
     0
```

HINWEIS
Wenn der Dividend kein Vielfaches des Divisors ist, dann bleibt bei der Division ein Rest. Man schreibt dann den Rest hinter den Wert des Quotienten, z. B.:

```
217 : 15 = 14 Rest 7
-15
  67
 -60
   7
```

10 Dividiere. Es bleibt jeweils ein Rest.
a) 279 : 6 b) 591 : 8 c) 2137 : 6
d) 423 : 7 e) 572 : 9 f) 3409 : 8
g) 545 : 3 h) 653 : 4 i) 7369 : 5

11 Vergleiche die Ergebnisse.
a) 11 220 : 2 und 11 220 : 20
b) 33 250 : 5 und 33 250 : 50
c) 31 360 : 4 und 31 360 : 40
d) 68 950 : 70 und 68 950 : 7
e) 50 760 : 90 und 50 760 : 9

12 Ist das Ergebnis 78 oder 87?
a) 3276 : 42 b) 2088 : 24
c) 2262 : 26 d) 2028 : 26
e) 5394 : 62 f) 3654 : 42

13 Daniel hat bei einem Gewinnspiel den Hauptpreis gewonnen:
12 345 Freikilometer mit der Bahn.
Er möchte mit seinen Eltern verreisen.
Wie viele Kilometer kann jeder fahren?

14 Prüfe, ob das Ergebnis bei jeder Aufgabe gleich ist. Beschreibe dein Vorgehen.
a) 41 296 : 58 b) 66 928 : 94
c) 61 944 : 87 d) 49 128 : 69
e) 50 544 : 72 f) 61 232 : 86

9 Übertrage die Rechnungen in dein Heft und ergänze die fehlenden Ziffern. Kontrolliere die Ergebnisse mithilfe der Umkehraufgabe.

a)
```
  15672 : 24 = 6□□
 -□□□
   127
  -□□□
     72
    -□□
      0
```
b)
```
  44100 : 45 = □□0
 -405
   □□
  -□□
    00
   -□□
     0
```
c)
```
  7548 : 37 = □0□
 -□□
   14
  - 0
   148
  -□□□
     0
```
d)
```
  9555 : 65 = □□□
 -□□
   30□
  -□□□
    45□
   -□□□
      0
```

10 Bei welchen Aufgaben bleibt ein Rest?
a) 494 : 4 b) 3192 : 7 c) 5980 : 9
d) 1170 : 5 e) 4540 : 8 f) 2706 : 6
g) 2070 : 16 h) 6109 : 19 i) 5848 : 28

11 Dividiere. Überschlage vorher.
a) 41 100 : 30 b) 62 400 : 40
c) 68 400 : 40 d) 550 500 : 50
e) 935 000 : 500 f) 534 000 : 600
g) 4 550 000 : 700 h) 912 800 : 800

12 „Wenn man eine Zahl durch eine einstellige Zahl teilt, kann niemals der Rest 9 auftreten." Prüfe die Behauptung, indem du 4199 nacheinander durch 2, …, 9 teilst. Welche Reste treten auf?

13 Diskutiert und begründet.
a) Kann man ein ganzes Jahr ohne Rest durch die Anzahl der Wochen teilen?
b) An wie viele Kinder kann man 48 € verteilen, sodass jedes volle Euro erhält?

14 Welche Ergebnisse sind gleich? Beschreibe, wie du dabei vorgehst.
a) 20 358 : 87 b) 1425 : 57
c) 9594 : 41 d) 4140 : 92
e) 3555 : 79 f) 2075 : 83

HINWEIS
*zu **15**:
Die Methode „Plakate erstellen" findest du auf S. 219,*

15 Erstellt ein Lernplakat zum Thema „Ergebnisse kontrollieren mithilfe einer Probe". Erklärt, wie man eine Probe für die Addition, Subtraktion, Multiplikation und Division rechnen kann. Stellt das Verfahren mit Beispielen übersichtlich dar.

Rechenregeln sinnvoll anwenden

Entdecken

1 Spiel 71, ein Spiel für 2 Personen
Benötigt werden drei Würfel sowie Zettel und Stift.

Wer mit einem Würfel die höchste Augenzahl würfelt, beginnt. Abwechselnd wird mit drei Würfeln gewürfelt. Jeder Spieler kann seine Augenzahlen beliebig sortieren und durch Rechenzeichen und Klammern verbinden. Die Ergebnisse beider Spieler werden auf einem gemeinsamen Zettel addiert. Wer als Erster genau den Wert 71 erreicht, hat gewonnen. Wer 71 überschreitet, hat leider verloren.

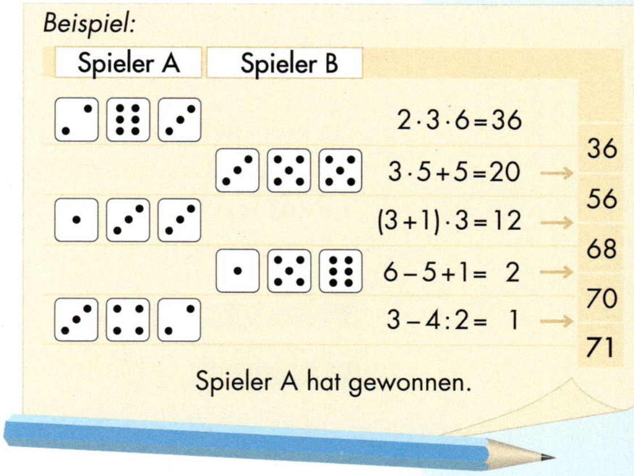

2 Spielt in Kleingruppen.
Jede Gruppe benötigt Karten mit den Zahlen von 1 bis 49.
Die Karten werden gemischt und verdeckt auf einen Stapel gelegt.
Jeder hat das Zahlenfeld wie im Bild rechts vor sich liegen.
Jetzt wird eine Karte gezogen und die Zahl genannt.
Jeder versucht nun, drei benachbarte Zahlen in dem Quadrat so zu verknüpfen, dass die gezogene Zahl als Ergebnis steht.
Es sind die Rechenzeichen +, –, · und : erlaubt.
Im Beispiel wurde die Zahl 22 gezogen und durch $2 + 4 \cdot 5$ oder $3 \cdot 7 + 1$ ausgedrückt.
Wer zuerst einen passenden Rechenausdruck nennen kann, erhält die Zahlenkarte.
Am Ende gewinnt der Spieler oder die Spielerin mit den meisten Zahlenkarten.

3 Leonie und Julian haben für die Klassenfeier Neuner-Packungen Trinktüten eingekauft. Leonie hat sieben Packungen, Julian hat fünf Packungen mitgebracht. Leonie und Julian möchten wissen, wie viele Trinktüten sie nun haben.

Leonie rechnet so:

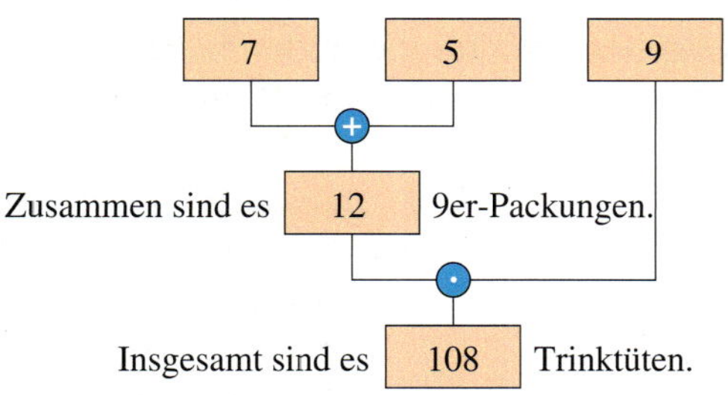

$(7 + 5) \cdot 9 = 108$

Julian rechnet so:

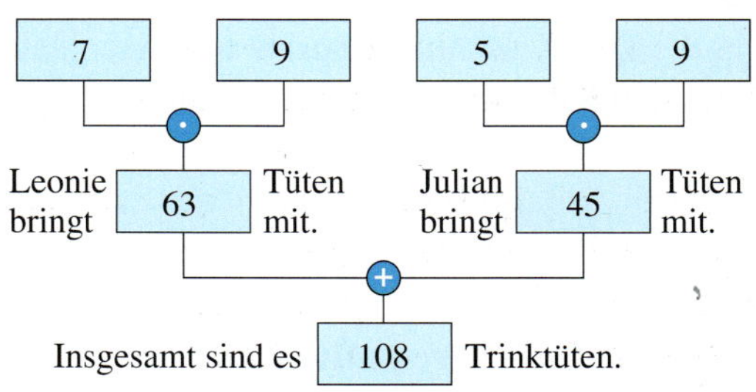

$7 \cdot 9 + 5 \cdot 9 = 108$

Leonie und Julian haben unterschiedlich gerechnet, aber das gleiche Ergebnis.
Erläutere die beiden Rechenwege.
Entscheide, welcher Rechenweg für dich einfacher ist.

HINWEIS
Zuerst kommt die Punktrechnung, dann die Strichrechnung. Also wird erst multipliziert oder dividiert und erst dann wird addiert oder subtrahiert. Wenn man zuerst addieren oder subtrahieren möchte, muss man eine Klammer setzen.

Verstehen

Kommen verschiedene Rechenzeichen in einer Rechnung vor, muss man folgende Regeln und Gesetze beachten.

Merke Vorrangregeln

1. Werte in **Klammern** berechnen ( )
2. **Punktrechnung** · :
3. **Strichrechnung** + –

Ansonsten wird von links nach rechts gerechnet.

Beispiel 1

$$\begin{aligned} & 5 + 8 : (6 - 4) - 3 \\ = {} & 5 + 8 : 2 - 3 \\ = {} & 5 + 4 - 3 \\ = {} & 6 \end{aligned}$$

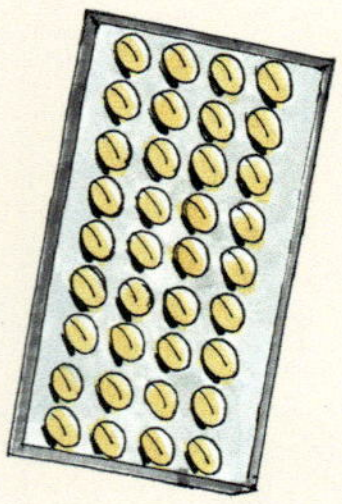

Auf dem Backblech sind 9 Reihen mit je 4 Brötchen in einer Reihe, also $9 \cdot 4 = 36$ Brötchen.
Wenn der Bäcker das Blech umdreht, hat er 4 Reihen mit je 9 Brötchen: $4 \cdot 9 = 36$.

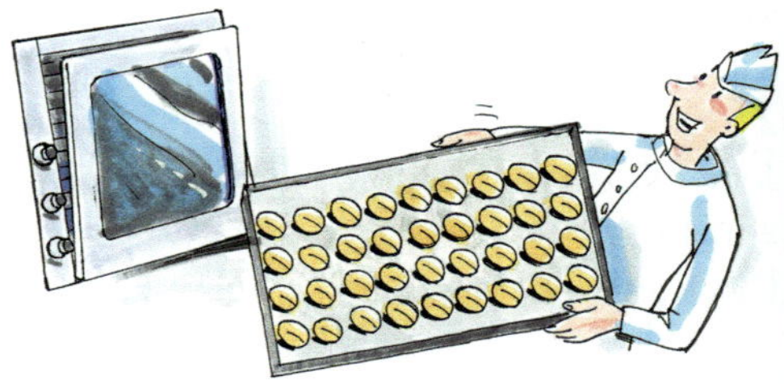

Merke **Kommutativgesetz** (Vertauschungsgesetz)

Beim **Multiplizieren** dürfen die Zahlen **beliebig vertauscht** werden.
Das Ergebnis ändert sich dabei nicht.

Beispiel 2

a) $8 \cdot 9 = 72$
$9 \cdot 8 = 72$

b) $2 \cdot 7 \cdot 5 = 14 \cdot 5 = 70$
$2 \cdot 5 \cdot 7 = 10 \cdot 7 = 70$

Manchmal ist es auch vorteilhaft, Zahlen mit Klammern zusammenzufassen.

Merke **Assoziativgesetz** (Verbindungsgesetz)

Beim **Multiplizieren** dürfen einzelne Zahlen beliebig **durch Klammern zusammengefasst** werden.

Beispiel 3

$$\begin{aligned} & 9 \cdot 4 \cdot 25 \\ = {} & (9 \cdot 4) \cdot 25 \\ = {} & 36 \cdot 25 \\ = {} & 900 \end{aligned}$$

$$\begin{aligned} & 9 \cdot 4 \cdot 25 \\ = {} & 9 \cdot (4 \cdot 25) \\ = {} & 9 \cdot 100 \\ = {} & 900 \end{aligned}$$

⚠ Das Kommutativgesetz und Assoziativgesetz gelten auch für die Addition.
Aber Vorsicht: Beim Dividieren und Subtrahieren gelten diese beiden Gesetze nicht.

Merke **Distributivgesetz** (Verteilungsgesetz)

Beim **Multiplizieren mit einer Summe oder Differenz** in Klammern darf man auch einzeln multiplizieren und dann addieren oder subtrahieren.
Das Verteilungsgesetz gilt auch für die Division.

Beispiel 4

a)
$$\begin{aligned} & (12 + 9) \cdot 10 \\ = {} & 12 \cdot 10 + 9 \cdot 10 \\ = {} & 120 + 90 \\ = {} & 210 \end{aligned}$$

b)
$$\begin{aligned} & (14 - 6) : 2 \\ = {} & 14 : 2 - 6 : 2 \\ = {} & 7 - 3 \\ = {} & 4 \end{aligned}$$

Üben und anwenden

1 Vergleiche die Ergebnisse. Erkläre deine Beobachtung.
a) $(3 \cdot 2) \cdot 5$ und $3 \cdot (2 \cdot 5)$
b) $(5 \cdot 5) \cdot 4$ und $5 \cdot (5 \cdot 4)$
c) $(2 \cdot 6) \cdot 7$ und $2 \cdot (6 \cdot 7)$

2 Setze vorteilhaft Klammern und berechne.
Beispiel $13 \cdot 4 \cdot 25 = 13 \cdot (4 \cdot 25)$
$= 13 \cdot 100 = 1300$
a) $43 \cdot 5 \cdot 20$ b) $8 \cdot 50 \cdot 7$
c) $27 \cdot 8 \cdot 125$ d) $2 \cdot 50 \cdot 9$
e) $7 \cdot 4 \cdot 5$ f) $12 \cdot 15 \cdot 4$
g) $8 \cdot 25 \cdot 19$ h) $13 \cdot 20 \cdot 50$

3 Rechne vorteilhaft. Nutze dabei Stufenzahlen wie im Beispiel.
Beispiel $75 \cdot 50 \cdot 2 = 75 \cdot (50 \cdot 2)$
$= 75 \cdot 100 = 7500$
a) $500 \cdot 7 \cdot 2$ b) $5 \cdot 69 \cdot 20$
c) $125 \cdot 9 \cdot 8$ d) $125 \cdot 8 \cdot 5$
e) $250 \cdot 15 \cdot 4$ f) $4 \cdot 11 \cdot 25$
g) $250 \cdot 4 \cdot 12$ h) $125 \cdot 8 \cdot 17$

4 Zerlege einen Faktor in ein Produkt, sodass du mit Stufenzahlen weiterrechnen kannst.
a) $120 \cdot 25$ b) $114 \cdot 50$ c) $48 \cdot 125$
d) $60 \cdot 250$ e) $264 \cdot 50$ f) $326 \cdot 500$

5 Eine Schule hat zwei Gebäude mit je drei Stockwerken. In jedem Stockwerk befinden sich zwölf Unterrichtsräume mit je 30 Stühlen. Wie viele Stühle gibt es insgesamt in dieser Schule?

6 An der Leergutkasse werden Kästen mit je 12 Flaschen gestapelt. 6 Kästen stehen nebeneinander und immer 5 Kästen übereinander.
a) Wie viele Flaschen sind das insgesamt?
b) Mit wie viel Flaschenpfand muss man rechnen, wenn für eine Flasche 15 Cent Pfand gezahlt wird?

7 Bilde aus den Zahlen 16, 5 und 32 mithilfe der vier Grundrechenarten …
a) einen möglichst großen Wert.
b) einen möglichst kleinen positiven Wert.
c) einen Wert, der nahe bei 50 liegt.

1 Vergleiche die Ergebnisse und erkläre deine Beobachtung.
a) $(4 \cdot 25) \cdot 6$ und $4 \cdot (25 \cdot 6)$
b) $(16 \cdot 5) \cdot 4$ und $16 \cdot (5 \cdot 4)$
c) $(10 \cdot 6) \cdot 20$ und $10 \cdot (6 \cdot 20)$

2 Rechne vorteilhaft.
Beispiel $25 \cdot 9 \cdot 4 \cdot 10 = 25 \cdot 4 \cdot 9 \cdot 10$
$= (25 \cdot 4) \cdot (9 \cdot 10)$
a) $4 \cdot 9 \cdot 3 \cdot 50$ b) $4 \cdot 9 \cdot 8 \cdot 50$
c) $500 \cdot 3 \cdot 7 \cdot 4$ d) $8 \cdot 7 \cdot 250 \cdot 4$
e) $10 \cdot 15 \cdot 4 \cdot 25$ f) $7 \cdot 50 \cdot 4$
g) $125 \cdot 4 \cdot 8 \cdot 3$ h) $250 \cdot 6 \cdot 7 \cdot 8$

3 Rechne vorteilhaft mit Stufenzahlen.
Beispiel $175 \cdot 50 \cdot 2 = 175 \cdot (50 \cdot 2)$
$= 175 \cdot 100 = 17500$
a) $250 \cdot 4 \cdot 12$ b) $125 \cdot 8 \cdot 17$
c) $40 \cdot 5 \cdot 200$ d) $2 \cdot 175 \cdot 50$
e) $25 \cdot 14 \cdot 4$ f) $20 \cdot 25 \cdot 5$

4 Bilde aus den Zahlen Produkte aus drei oder vier Faktoren und berechne ihre Werte.

60   15   4   25   8

5 Täglich werden 200 Kisten Milch mit je 24 Tüten geliefert. Wie viele Tüten werden …
a) pro Woche (5 Tage) geliefert?
b) im Monat (4 Wochen) geliefert?
c) im Jahr (12 Monate) geliefert?

6 Für den Besuch der Fußballweltmeisterschaft haben 21 976 Personen einen Flug gebucht. Mit dem eingesetzten Jumbojet können bis zu 440 Personen befördert werden. Reicht es aus, wenn fünf dieser Flugzeuge mit jeweils zehn Flügen eingesetzt werden? Überschlage das Ergebnis, bevor du rechnest. Überprüfe mit einer Probe.

7 Setze Klammern, so dass sich als Lösung eine der Zahlen aus den Kästen ergibt.
a) $3 \cdot 4 + 5$ b) $5 - 3 \cdot 8 + 2$
c) $5 \cdot 8 \cdot 9 - 5$ d) $8 \cdot 2 \cdot 5 + 5$
e) $6 + 3 \cdot 3$ f) $28 - 3 \cdot 8 : 10$

27   20   160

HINWEIS
Einige Produkte helfen dir beim schnellen Rechnen, z. B.:
$2 \cdot 50 = 100$
$4 \cdot 25 = 100$
$5 \cdot 20 = 100$
$8 \cdot 125 = 1000$

8 Berechne.

a) $8 \cdot 4 + 5$ b) $8 \cdot (4 + 5)$
c) $(8 + 4) \cdot 5$ d) $8 + 4 \cdot 5$
e) $10 - (4 : 2)$ f) $10 - 4 : 2$
g) $(10 - 4) : 2$ h) $10 : 2 - 4$
i) $(5 + 3) \cdot (7 - 4)$ j) $5 + 3 \cdot 7 - 4$
k) $(5 + 3) \cdot 7 - 4$ l) $5 + 3 \cdot (7 - 4)$
m) $16 : (8 : 4)$ n) $(16 - 8) - 4$

9 Ordne die Aufgaben nach der Größe des Ergebnisses.

a) $(5 + 3) \cdot (7 - 4)$ b) $5 + 3 \cdot 7 - 4$
c) $(5 + 3) \cdot 7 - 4$ d) $5 + 3 \cdot (7 - 4)$

10 Wende das Distributivgesetz an und berechne die Lösungen.

Beispiel $4 \cdot 17 + 4 \cdot 3 = 4 \cdot (17 + 3)$
$= 4 \cdot 20 = 80$

a) $3 \cdot 12 + 3 \cdot 8$ b) $8 \cdot 18 + 8 \cdot 82$
c) $430 \cdot 7 + 270 \cdot 7$ d) $63 \cdot 12 + 37 \cdot 12$
e) $7 \cdot 84 - 7 \cdot 44$ f) $9 \cdot 71 - 9 \cdot 21$
g) $32 \cdot 8 - 19 \cdot 8$ h) $4 \cdot 78 - 68 \cdot 4$
i) $8 \cdot 25 - 5 \cdot 8$ j) $54 \cdot 6 - 6 \cdot 39$

11 Wie viel Euro können mit dem „Tramp“ in einer Stunde, an einem Tag und an fünf Tagen eingenommen werden?

TRAMP
SPASSFAKTOR
VON 1 BIS 99 JAHRE!
1 mal Springen 4 Euro (5 Minuten)
TÄGLICH VON 10 BIS 18 UHR

12 Eine Judogruppe besteht aus acht Mitgliedern. Sie bestellen gemeinsam neue Anzüge und neue Gürtel. Jeder Anzug kostet 27 €, ein Gürtel kostet 9 €.
Wie viel kostet die Bestellung insgesamt? Berechne das Ergebnis einmal mit Klammern und einmal ohne Klammern.

13 Sven hat zum Skiwochenende 40 € mitgenommen. Wie viele Sechserkarten zu 4,25 € kann er sich für den Lift kaufen?

8 Wo kannst du die Klammern weglassen? Vergleiche durch Rechnung und begründe.

a) $12 + (9 \cdot 2)$ b) $(2 + 7) \cdot 9$
c) $(6 + 18) : 3$ d) $(9 : 3) - 2$
e) $32 - (18 : 2)$ f) $32 : (8 : 2)$

9 Setze im Heft Klammern so, dass das Ergebnis stets 30 ist.

a) $36 + 144 : 9 + 10$ b) $135 - 45 : 45 - 42$
c) $240 - 60 : 15 - 9$ d) $160 + 240 : 8 - 20$

10 Rechne vorteilhaft durch Anwendung des Distributivgesetzes.

Beispiel $29 \cdot 5 = (30 - 1) \cdot 5 = 30 \cdot 5 - 1 \cdot 5$
$= 150 - 5 = 145$

a) $38 \cdot 9$ b) $47 \cdot 5$ c) $9 \cdot 29$
d) $56 \cdot 8$ e) $79 \cdot 4$ f) $7 \cdot 87$
g) $5 \cdot 99$ h) $7 \cdot 57$ i) $89 \cdot 7$
j) $8 \cdot 28$ k) $88 \cdot 8$ l) $4 \cdot 47$
m) $7 \cdot 97$ n) $888 \cdot 8$ o) $999 \cdot 99$

11 Die Klasse 5 c hat bei einem Schulfest 51 € mit Kaffee und Kuchen und 69 € mit Grillwürstchen verdient.
Das Geld soll an drei Hilfsprojekte gespendet werden.
Anne meint, dass für jedes Hilfsprojekt 74 € gespendet werden können. Sie hat so gerechnet: $51 + 69 : 3 = 51 + 23 = 74$.
Max sagt, dass für jedes Projekt nur 40 € zur Verfügung stehen.

a) Begründe, wer von beiden recht hat.
b) Zeichne zur Lösung einen Rechenbaum.

12 Produkte aus gleichen Faktoren kann man kürzer als Potenz schreiben.

Beispiel $10 \cdot 10 \cdot 10 \cdot 10 = 10^4$
(sprich „10 hoch 4“)

Schreibe als Produkt und berechne.

a) 3^3 b) 9^2 c) 3^5 d) 9^3
e) 5^3 f) 4^2 g) 5^5 h) 2^4
i) 7^2 j) 10^5 k) 2^7 l) 6^4

13 Für ein Büro werden jeden Monat acht Kartons mit je sechs Packungen Papier bestellt. Jede Packung hat 250 Blatt Papier. Am Ende des Jahres sind 130 Blatt Papier übrig. Wie viel Blatt wurden verbraucht?

Terme und Gleichungen

Entdecken

1 Anna möchte bei einem Online-Fotoversand für 40 Fotos Abzüge bestellen.

Format	Preis	
9 × 13	10 ct	Postversand: 3 € für Verpackung und Versand.
10 × 15	15 ct	Lieferzeit: Je nach Bestellung 2 bis 5 Arbeitstage.

a) Wie viel muss Anna bezahlen, wenn alle Fotos im Format 9 × 13 gedruckt werden (im Format 10 × 15)?
b) Wie viel muss Anna bezahlen, wenn sie 10 Fotos im Format 9 × 13 und 30 Fotos im Format 10 × 15 bestellt?
c) Welcher der folgenden Terme eignet sich zur Berechnung des Gesamtpreises? Wofür stehen die Zeichen ▲ und ● darin?
① (▲ + ●) · (10 ct + 15 ct) + 300 ct
② ▲ · 10 ct + ● · 15 ct + 300 ct
③ ▲ · 10 ct + ● · 15 ct + 40 · 300 ct

2 Spielt das folgende Spiel für zwei oder drei Mitspieler.

- Würfelt abwechselnd mit einem Spielwürfel.
- Setze deine Würfelzahl für ▲ in einen der Rechenausdrücke ein. Versuche, ein möglichst großes Ergebnis zu erzielen. Dieses Ergebnis ist deine Punktzahl.
- Vereinbart vorher, wie viele Runden ihr spielt.
- Es gewinnt, wer die meisten Punkte hat.

▲ + 11   14 − ▲   2 · ▲ + 8   4 · ▲

3 Setze im Heft für ■, ● und ▲ Zahlen ein, sodass richtig gelöste Aufgaben entstehen.
a) ■ + ● − ▲ = 200   b) ■ · ● + ▲ = 100   c) ■ − ● · ▲ = 25

4 Findet eigene Aufgaben wie in 1 und stellt sie euch gegenseitig. Überprüft gemeinsam die Lösungen.

5 Finde die fehlenden Größen.
Beschreibe jeweils eine passende Situation zur Aufgabe.

a) ■ —(35 min später)→ 8.45 Uhr   b) 35 € —(+ ■)→ 62 €
c) 18 € —(− 15 €)→ ■   d) 8 kg —(+ ■)→ 49 kg
e) 10 °C —(− 3 °)→ ■   f) ■ —(+ 15 €)→ 74 €

Verstehen

Nico hat sich ein Handy ausgesucht.
Pro SMS bezahlt er 5 ct.
Eine Gesprächsminute kostet 10 ct.
Nico überlegt, dass er seine Kosten in Euro so berechnen kann: 5 · ◆ + 10 · ●
Darin steht ◆ für die Anzahl der SMS und ● für die Anzahl der Gesprächsminuten.

Merke Ein Platzhalter, für den man verschiedene Zahlen oder Größen einsetzen kann, heißt **Variable**. Statt Zeichen wie ◆, ▲ oder ● verwendet man für Variable meist kleine Buchstaben, zum Beispiel a, b, c oder auch x, y, z.

Eine sinnvolle Verbindung von Variablen, Zahlen, Größen, Klammern und Rechenzeichen heißt **Term** (Rechenausdruck).

Beispiel 1
Terme sind z. B.: 12; x; $12 - (6 + 12)$; $x + 5\,\text{cm}$; $2 \cdot a + 2 \cdot b$; $5 \cdot x + 10 \cdot y$

Merke Wenn man für die Variablen Zahlen einsetzt, kann man den **Wert des Terms** bestimmen.

Beispiel 2
Term $5 \cdot x + 10 \cdot y$
Einsetzen von 80 für x und 30 für y:
$5 \cdot 80 + 10 \cdot 30 = 400 + 300 = 700$

Welche Zahl hat sich Klara wohl gedacht? Um dies herauszufinden, kann man eine Gleichung schreiben:
$x + 15 = 40.$

Nico findet die gedachte Zahl so:
$20 + 15 = 30 < 40$
$30 + 15 = 45 > 40$
$25 + 15 = 40$

HINWEIS
Eine Gleichung kann man sich als Waage vorstellen, die im Gleichgewicht ist.

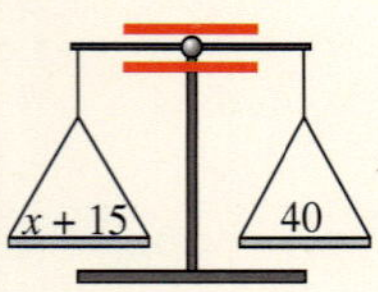

Merke Werden zwei Terme durch das Zeichen „=“ miteinander verbunden, dann entsteht eine **Gleichung**.

Beispiel 3
Gleichungen sind z. B.: $3 + 4 = 7$; $42 = x - 5$; $2 \cdot 6\,\text{cm} + 2 \cdot b = 40\,\text{cm}$.

Merke
Wenn eine Zahl für die Variable in eine Gleichung eingesetzt wird und die Terme auf beiden Seiten den gleichen Wert ergeben, dann ist die Zahl eine **Lösung** der Gleichung.

Beispiel 4
Gleichung $5 \cdot x = 30$

Die Zahl 6 ist eine Lösung der Gleichung $5 \cdot x = 30$, denn $5 \cdot 6 = 30$.
Die Zahl 2 ist *keine* Lösung der Gleichung $5 \cdot x = 30$, denn $5 \cdot 2 = 10 \neq 30$.

Um deine Lösungen zu überprüfen, setze die gefundene Lösung in die Gleichung ein und berechne.

Üben und anwenden

1 Berechne den Wert des Terms $4 \cdot x$ für …

a) $x = 5$ **b)** $x = 25$ **c)** $x = 0$
d) $x = 12$ **e)** $x = 35$ **f)** $x = 100$

2 Gegeben ist der Term $3 \cdot x + 6$.

a) Setze für x nacheinander die Zahlen 6; 1; 0; 14; 25 und 100 ein. Berechne.

b) Für welche der eingesetzten Zahlen ergibt sich …
– das größte Ergebnis,
– das kleinste Ergebnis,
– das Ergebnis 6?

c) Löse die Aufgaben a) und b) auch für den Term $106 - x$.

d) Löse die Aufgaben a) und b) auch für den Term $2x + 4$.

3 Vervollständige die Preistabellen im Heft.

a)

Anzahl Zitronen	x	1	2	4	6
Preis (ct)	$39 \cdot x$				

b)

Gewicht Äpfel (kg)	x	1	2	4	8
Preis (€)	$2 \cdot x$				

c)

Gewicht Pilze (g)	x	50	100	250	500
Preis (ct)	$3 \cdot x$				

4 In einem Eiscafé kostet eine Kugel Eis 80 Cent. Schlagsahne oder Streusel kosten je 50 Cent. Berechne die Preise.

a)

b)

+ Sahne

c)

+ Streusel

d)

+ Sahne
+ Streusel

e) Schreibe einen Term, mit dem man den Preis für eine Portion Eis mit Sahne und Streuseln berechnen kann.

1 Berechne den Wert des Terms $2 \cdot a + 4$ für …

a) $a = 2$ **b)** $a = 5$ **c)** $a = 9$
d) $a = 13$ **e)** $a = 24$ **f)** $a = 0$

2 Übertrage die Tabelle in dein Heft und berechne die Werte der Terme.

x	2	4	6	10	12
$x + 10$					
$x + 2$					
$2 \cdot x$					
$5 \cdot x$					
$x - 2$					
$17 - x$					
$60 : x$					
$x : 2$					

3 Übertrage in dein Heft und berechne.

a)

x	4	6		9		48
$x + 28$			35		42	

b)

x	25		32		100	
$x - 16$		14		34		100

c)

x		5		11		17
$5 \cdot x$	15		35		65	

d)

x		3	4			12
$144 : x$	72			24	18	

4 Anna möchte ihrer Großmutter zum Geburtstag einen schönen Blumenstrauß schenken. Bei einem Blumenversand stellt sie einen Strauß zusammen.

Rosen:	Stück 90 ct
Gerbera:	Stück 80 ct
Nelken:	Stück 60 ct
Anemonen:	Stück 100 ct
Glückwunschkarte:	250 ct

Anna überlegt sich, dass sie den Gesamtpreis (in Euro) für einen Strauß so berechnen kann:
$90 \cdot r + 80 \cdot g + 60 \cdot n + 100 \cdot a + 250$

a) Gib an, wofür die Variablen in diesem Term stehen.

b) Stelle sechs unterschiedliche Sträuße zusammen. Berechne die Preise der Sträuße.

5 Setze in die Gleichungen für x jeweils die Zahlen 1; 2; 3; 4 und 5 ein.
Welche Zahl ist die Lösung der Gleichung?

a) $x + 11 = 15$ **b)** $3 \cdot x = 9$
c) $15 = 13 + x$ **d)** $10 = 15 \cdot x$

5 Finde die Lösungen der Gleichungen.
Sie sind unter den Zahlen 1; 2; 3; 4 und 5.

a) $72 - x = 70$ **b)** $27 : x = 9$
c) $2 \cdot x + 15 = 19$ **d)** $2 \cdot x - 2 = 8$
e) $28 = 2 \cdot x + 22$ **f)** $10 = 4 \cdot x - 6$

6 Fülle im Heft die Tabellen aus.
Gib an, welche der Zahlen Lösung der Gleichung ist.

a) Gleichung $3 \cdot x = 15$

x	2	4	5	8
$3 \cdot x$	6			
Wert des Terms = 15?	nein			

b) Gleichung $4 \cdot x + 2 = 18$

x	1	2	3	4
$4 \cdot x + 2$				
Wert des Terms = 18?				

6 Fülle im Heft die Tabellen aus.
Gib an, welche der Zahlen Lösung der Gleichung ist.

a) Gleichung $8 \cdot x - 4 = 20$

x	1	2	3	4	5	6
$8 \cdot x - 4$						

b) Gleichung $13 \cdot y = 65$

y	2	3	4	5	6	7
$13 \cdot y$						

c) Gleichung $2 \cdot x - 5 = 9$

x	3	5	7	9	11	13
$2 \cdot x - 5$						

7 Klara löst eine Gleichung mit einer Umkehrrechnung.

a) Erkläre Klaras Rechnung.
b) Löse die folgenden Gleichungen wie Klara.
- $x + 50 = 80$ • $x - 30 = 40$
- $x : 2 = 8$ • $x \cdot 4 = 32$

Gleichung: $x + 35 = 60$
Umkehrrechnung: $60 - 35 = x$
$25 = x$
Ergebnis: Die Zahl 25 ist Lösung der Gleichung $35 + x = 60$.

8 Löse die Gleichungen. Die Lösungen sind unter den Zahlen in der Lösungsblüte.

a) $10 + x = 38$
b) $47 - y = 26$
c) $20 \cdot x = 100$
d) $28 : a = 4$
e) $b \cdot 9 = 81$
f) $44 - y = 7$
g) $z + 35 = 68$

8 Löse die Gleichungen. Die Lösungen sind unter den Zahlen auf den Kärtchen.

a) $8 + x = 20$
b) $x + 16 = 25$
c) $34 - x = 28$
d) $x - 13 = 18$
e) $5 \cdot x = 35$
f) $x \cdot 10 = 80$
g) $20 : x = 5$

9 12 8 5 31 7 6 4

9 Ordne den Texten die passenden Gleichungen zu.
Löse dann die Gleichungen.

Addiere zur unbekannten Zahl 12. Du erhältst als Ergebnis 60.
Verdreifache die gesuchte Zahl. Du erhältst als Ergebnis 60.
Subtrahiere von der gesuchten Zahl die Zahl 3. Du erhältst als Ergebnis 60.

$x + 12 = 60$	$x - 3 = 60$	$3 \cdot x = 60$

9 Notiere zu den Texten jeweils eine passende Gleichung.
Löse dann die Gleichungen und kontrolliere deine Lösungen.

a) Ich multipliziere die gesuchte Zahl mit 5 und erhalte als Ergebnis 75.
b) Wenn ich eine unbekannte Zahl von 189 subtrahiere, erhalte ich 24 als Ergebnis.
c) Wenn ich das Zehnfache einer unbekannten Zahl bilde und dazu 5 addiere, erhalte ich als Ergebnis 45.

Methode: Textaufgaben mit Rechenbäumen lösen

1 Der Sportverein „Victoria“ plant eine Grillparty. Es haben sich 15 Kinder und 12 Erwachsene angemeldet.
Frau Alldorf wird für jedes Kind zwei Würstchen und für jeden Erwachsenen drei Würstchen einkaufen.
Wie viele Würstchen braucht sie insgesamt?

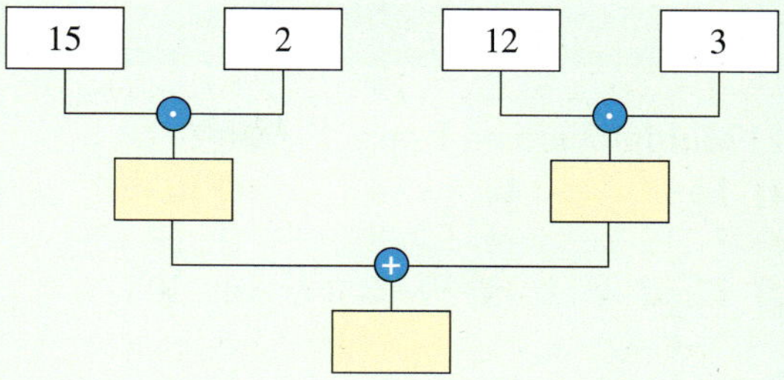

Übertrage den Rechenbaum in dein Heft. Ordne jeder Angabe im Text ein Feld des Rechenbaums zu. Fülle alle leeren Felder aus und beantworte die Frage.

2 Welche Rechenaufgaben passen nicht zum Rechenbaum der Aufgabe 1?
Prüfe durch Rechnung.

a) $15 \cdot 2 + 12 \cdot 3 = ■$ **b)** $(15 \cdot 2) + (12 \cdot 3) = ■$ **c)** $15 \cdot (2 + 12) \cdot 3 = ■$
d) $15 + 2 \cdot 12 \cdot 3 = ■$ **e)** $15 \cdot 12 + 2 \cdot 3 = ■$ **f)** $15 + (2 \cdot 12) \cdot 3 = ■$

3 Finde zu jeder Textaufgabe (A bis C) den passenden Rechenbaum (① bis ③).
Ordne jedem Rechenbaumkästchen eine Bedeutung aus der Textaufgabe zu.

A Eine Jugendgruppe hat für ihre Ferienfahrt in einer Jugendherberge Zimmer gebucht. Sie haben zwei Dreibett-Zimmer, ein Sechsbett-Zimmer und ein Achtbett-Zimmer zur Verfügung.
Wie viele Teilnehmer können in den Zimmern untergebracht werden?

B Paul kauft auf einem Trödelmarkt drei CDs zu je 6 € und zwei CDs zu je 8 €.
Wie viel Geld muss Paul dem Händler zahlen?

C Anja joggt dreimal wöchentlich sechs Kilometer und am Wochenende zusätzlich noch einmal acht Kilometer.
Wie viele Kilometer insgesamt ist sie in zwei Wochen gelaufen?

①

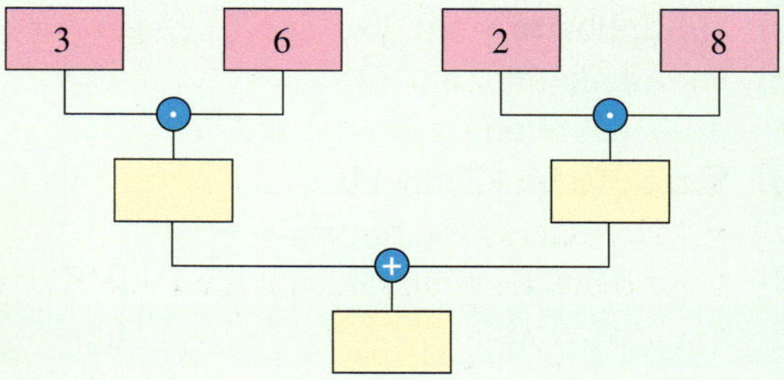

②

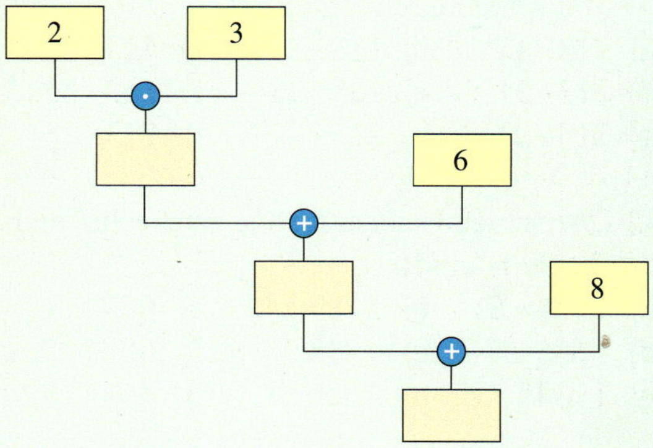

③

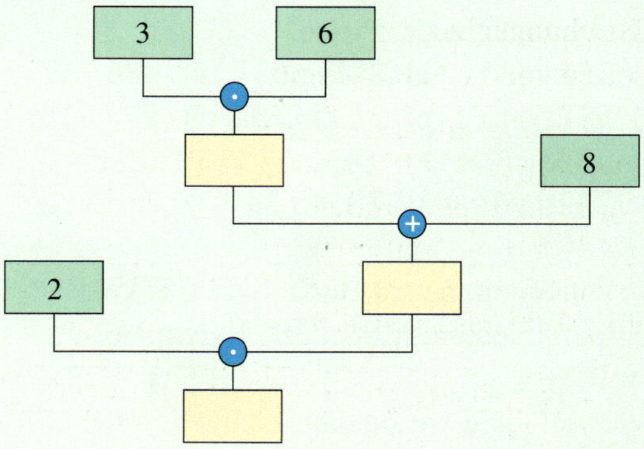

4 Schreibe zu jedem Rechenbaum aus Aufgabe 3 die zugehörige Rechenaufgabe auf und berechne das Ergebnis. Erkläre, welche Rechengesetze du angewendet hast.

5 Wähle eine der Aufgaben aus.
Zeichne dazu einen Rechenbaum und erfinde eine passende Textaufgabe.

① $4 \cdot 8 + 5 \cdot 6$ ② $2 \cdot (3 + 5)$
③ $2 \cdot 5 + 3 \cdot 7$ ④ $3 \cdot 10 + 2 \cdot 6$
⑤ $6 \cdot (7 + 8)$ ⑥ $11 \cdot (1 + 1)$

Klar so weit?

→ Seite 132

Im Kopf multiplizieren und dividieren

1 Multipliziere im Kopf.

a) 12 · 2 b) 13 · 4 c) 6 · 14
d) 7 · 12 e) 15 · 8 f) 19 · 8
g) 32 · 7 h) 59 · 6 i) 203 · 9

2 Dividiere durch 2 (durch 4).

a) 28 b) 80 c) 32 d) 96 e) 64
f) 16 g) 72 h) 212 i) 100 j) 128

3 Übertrage und bestimme den Faktor.

a) 20 · ■ = 480 b) ■ · 60 = 480
c) 12 · ■ = 480 d) ■ · 6 = 480
e) 48 · ■ = 480 f) ■ · 4 = 480

4 Löse die Aufgaben.

a) Multipliziere 8 mit 20.
b) Verdopple die Zahl 13.
c) Bilde das Produkt aus 17 und 4.
d) Vervielfache 12 mit 11.

1 Multipliziere im Kopf.

a) 15 · 5 b) 25 · 6 c) 75 · 4
d) 34 · 8 e) 17 · 9 f) 109 · 3
g) 62 · 7 h) 8 · 27 i) 410 · 7

2 Dividiere im Kopf.

a) 100 durch 2, 4, 5, 10, 20 und 25
b) 144 durch 3, 4, 6, 8, 9 und 12

3 Übertrage und ergänze den Faktor.

a) 25 · ■ = 175 b) ■ · 6 = 180
c) 9 · ■ = 108 d) ■ · 9 = 270
e) 41 · ■ = 287 f) ■ · 95 = 475

4 Löse die Aufgaben.

a) Multipliziere 45 mit 3 und addiere 120.
b) Verfünffache die Zahl 27.
c) Berechne das Dreifache der Zahl 99.
d) Dividiere 72 durch 9.

→ Seite 136

Schriftlich multiplizieren und dividieren

5 Multipliziere schriftlich.

a) 113 · 11 b) 113 · 21 c) 113 · 23
d) 113 · 31 e) 113 · 32 f) 113 · 33
g) 213 · 21 h) 213 · 22 i) 213 · 23

6 Überschlage zuerst, rechne dann schriftlich. 5-mal bleibt ein Rest.

a) 1724 : 2 b) 3189 : 4 c) 6714 : 6
d) 1635 : 5 e) 4138 : 3 f) 6385 : 7
g) 1954 : 7 h) 4621 : 8 i) 4944 : 12

7 Überschlage zuerst, berechne dann schriftlich und mache die Probe.

a) 324 · 43 b) 217 · 56 c) 436 · 39
d) 581 · 44 e) 2645 · 65 f) 87 · 3157
g) 9735 : 3 h) 9824 : 4 i) 6565 : 5
j) 7326 : 6 k) 7854 : 7 l) 7635 : 3

8 Von einem neuen Buch, das 22 € kostet, wurden in einem Monat 386 Exemplare verkauft.
Wie viel Geld wurde damit eingenommen?

5 Berechne. Überschlage zuerst.

a) 112 · 221 b) 123 · 231 c) 211 · 131
d) 671 · 176 e) 729 · 279 f) 2432 · 72
g) 3815 · 62 h) 4256 · 12 i) 4371 · 52

6 Dividiere mindestens drei der folgenden Zahlen durch 4, 5, 6 und 25.

a) 31538 b) 84520 c) 16940
d) 76431 e) 603405 f) 326004
g) 80211 h) 654209 i) 832664

7 Überschlage zunächst, berechne dann schriftlich und mache die Probe.

a) 104 · 990 b) 229 · 781 c) 920 · 210
d) 1247 · 49 e) 5867 · 203 f) 408 · 1247
g) 276 : 23 h) 1120 : 56 i) 1148 : 41
j) 3015 : 15 k) 1584 : 18 l) 792 : 24

8 Der Eintritt ins Schwimmbad kostet 3,25 €. Lukas geht mit fünf Freunden schwimmen.
Wie viel Eintritt zahlen sie insgesamt?

Rechenregeln sinnvoll anwenden

→ Seite 140

9 Berechne.
a) $5 \cdot 6 + 2 \cdot 12$
b) $7 \cdot 8 + 4 \cdot 9$
c) $3 + 4 + 8 \cdot 2$
d) $14 + 6 \cdot (23 + 27)$
e) $11 + 9 \cdot (38 - 27)$
f) $12 + 2 \cdot (40 - 21)$
g) $174 + (16 + 9) : 5$
h) $460 + (112 - 52) \cdot 9$

9 Berechne.
a) $14 + 3 \cdot 6 + 12$
b) $190 - 180 : 6 - 45$
c) $90 - 3 \cdot 8 - 5$
d) $9 \cdot 12 + (29 + 63)$
e) $126 : 7 + (135 - 26)$
f) $14 \cdot 5 - (18 + 49)$
g) $8 \cdot 55 - (253 - 88)$
h) $20 : 5 + (80 - 4)$

10 Welche Aufgaben führen zum gleichen Ergebnis?
Bei einigen Aufgaben siehst du es sofort.

$315 : 5 - 215 : 5$ | $13 \cdot 8 + 7 \cdot 8$ | $2 \cdot 7 \cdot 7$ | $4 \cdot 8 \cdot 5$ | $140 : (2 + 5)$
$20 \cdot 8$ | $100 : 5$ | $140 : 7$ | $(575 - 85) : 5$ | $140 : 2 + 140 : 5$

11 Eine Schatzkiste enthält 150 Goldmünzen, 250 Silbermünzen und 850 Kupfermünzen. Jede Goldmünze wiegt 16 Gramm, eine Silbermünze wiegt 21 Gramm und jede Kupfermünze wiegt 8 Gramm.
Die Schatzkiste ohne die Münzen wiegt 2 350 Gramm.
Wie schwer ist der gesamte Schatz?

11 So viele Lebensmittel werden für eine 148 Tage dauernde Kreuzfahrt an Bord genommen. 590 Passagiere und 250 Besatzungsmitglieder werden davon satt.
a) Wie viel Kilogramm werden pro Tag insgesamt benötigt?
b) Wie viel Kilogramm werden pro Person insgesamt benötigt?

84 794 kg Obst
19 258 kg Fleisch
55 897 kg Gemüse
12 320 kg Fisch

Terme und Gleichungen

→ Seite 144

12 Setze die Zahlen für die Variablen in die Terme ein und berechne dann.
a) $a + 16$ — $a = 12$
b) $5 \cdot b$ — $b = 20$
c) $2 \cdot c + 8$ — $c = 11$
d) $4 \cdot d + 3 \cdot e$ — $d = 6; e = 5$

12 Setze die Zahlen für die Variablen in die Terme ein und berechne dann.
a) $5 + 4 \cdot m$ — $m = 9$
b) $4 \cdot x - 12 : y$ — $x = 5; y = 3$
c) $5 \cdot z - 7 - 2 \cdot z$ — $z = 12$
d) $30 - 2 \cdot s + 4 \cdot t$ — $s = 15; t = 8$

13 Löse die Gleichungen.
a) $35 + x = 50$
b) $28 - x = 16$
c) $x - 8 = 31$
d) $6 \cdot x = 42$
e) $x \cdot 12 = 60$
f) $45 : x = 5$

13 Löse die Gleichungen.
a) $128 + x = 210$
b) $214 - x = 126$
c) $x - 75 = 28$
d) $13 \cdot x = 364$
e) $x : 8 = 280$
f) $2 \cdot x + 8 = 32$

14 Das Fünffache einer Zahl ist genauso groß wie 70.
Wie heißt die Zahl?

14 Das Achtfache einer Zahl vermehrt um 2 ist genauso groß wie 42.
Wie heißt die Zahl?

Vermischte Übungen

1 Sortiere die Dominosteine der Reihe nach. Rechne im Kopf.

Start	24 · 8
22	235 : 5
192	4 · 38
31	136 : 8
17	198 : 9
273	186 : 6
47	Ende
152	7 · 39

2 Berechne den gesuchten Wert.

a) $4 \cdot \square = 48$ b) $\square \cdot 5 = 75$
c) $\square : 8 = 7$ d) $\square : 9 = 6$
e) $49 : \square = 7$ f) $72 : \square = 8$

2 Berechne den gesuchten Wert.

a) $8 \cdot \square = 104$ b) $\square \cdot 9 = 270$
c) $\square : 75 = 4$ d) $\square : 125 = 2$
e) $105 : \square = 5$ f) $297 : \square = 9$

3 Berechne. Beachte die „Punkt-vor-Strich-Regel“ und die Klammern.

a) $(9 + 6) \cdot 30$ b) $(77 - 32) \cdot (7 + 13)$
c) $(25 + 5 \cdot 6) \cdot 20$ d) $(47 + 6 \cdot 2) \cdot 4$
e) $(75 - 9 \cdot 8) \cdot 125$ f) $27 : (25 - 8 \cdot 2)$

3 Welche Klammern können wegfallen? Begründe und berechne die Lösungen.

a) $(25 \cdot 2) + 7$ b) $25 \cdot (2 + 7)$
c) $27 : (9 \cdot 3)$ d) $(27 : 9) \cdot 3$
e) $12 + (9 \cdot 6)$ f) $(12 + 9) \cdot 6$

4 In welche Ergebnisablage muss jeder Zettel einsortiert werden?

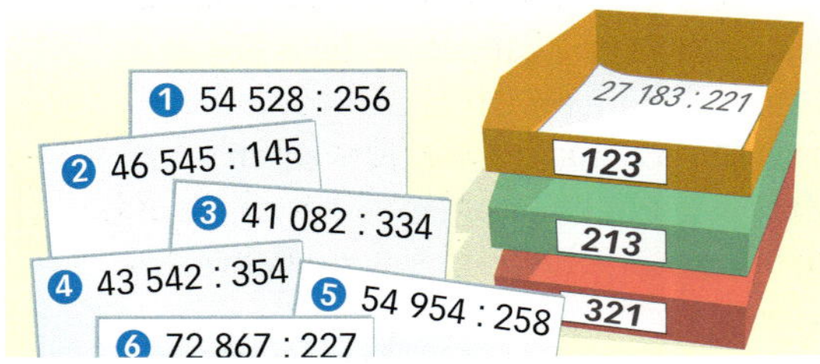

4 Berechne. Ordne die Ergebnisse der Größe nach. Du erhältst ein Lösungswort.
Hinweis: Es kann ein Rest bleiben.

①	6580 : 234	F
②	7749 : 187	T
③	15438 : 249	O
④	11877 : 321	K
⑤	10399 : 358	A
⑥	119170 : 1402	R

5 In der Andersen-Schule gibt es 84 neue Fünftklässler. Sie werden in drei gleich große Klassen eingeteilt.
Berechne im Kopf, wie viele Schülerinnen und Schüler in jeder Klasse sind.
Beschreibe, wie du dabei vorgehst.

5 Ein Erwachsener atmet in einer Minute etwa 18-mal, ein kleines Kind atmet dagegen etwa 40-mal.
Wie oft atmet ein Erwachsener bzw. ein kleines Kind in einer Stunde (an einem Tag; in einem Monat; in einem Jahr)?

6 Berechne. Die Lösungen in der Randspalte ergeben ein Lösungswort.

a) $46 + 5 \cdot 4 - 7 \cdot 8$ b) $15 + 3 \cdot 4 - 9 + 12$ c) $26 - 4 \cdot 5 + 7 \cdot 8$ d) $15 \cdot 3 \cdot 4 - 9 + 12$

7 Herr Müller hat einen Sparvertrag abgeschlossen. Er zahlt monatlich 195 € ein.

a) Hat er nach einem Jahr mehr als 2 200 € gespart?
b) Wie viel Euro muss er monatlich sparen, wenn er in einem Jahr 3 000 € braucht?

7 Eine Fahrt mit dem Bus kostet 420 €.

a) Wie viel Euro zahlt jeder, wenn 30 Teilnehmer die Busfahrt mitmachen?
b) Wie viele Teilnehmer müssen mitfahren, damit jeder nur 12 € (10 €) bezahlen muss?

8 Finde drei Zahlen a, b und c, sodass gilt:

a) $a \cdot b \cdot c = 84$ b) $a \cdot b \cdot c = 105$

8 Finde drei Zahlen a, b und c, sodass gilt:

a) $a \cdot b : c = 30$ b) $a : b \cdot c = 9$

9 Schreibe die Aufgabe und berechne sie.
a) Multipliziere 15 und 8.
b) Berechne das Produkt aus 12 und 9.
c) Dividiere 220 durch 4.
d) Addiere die Summe aus 12 und 28 zum Produkt aus 12 und 20.

9 Bei dem magischen Quadrat in der Randspalte wird multipliziert.
Der Wert des Produkts in den Spalten, in den Zeilen und in den Diagonalen ist 4 096.
Übertrage das magische Quadrat in dein Heft und ergänze fehlende Zahlen.

128		
	16	64

10 Übertrage und ergänze im Heft. Schreibe die zugehörige Aufgabe auf.

a)
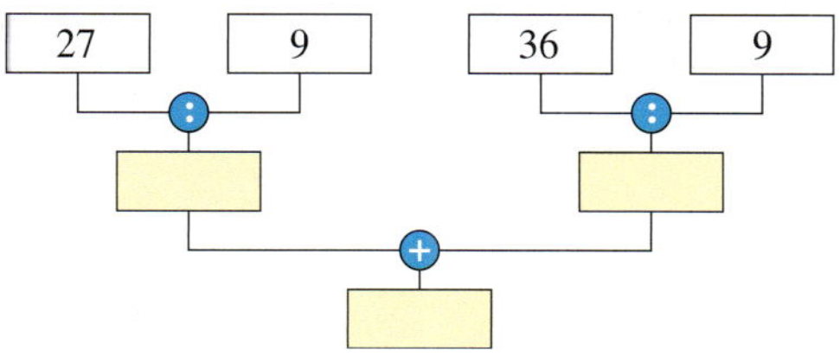

b)
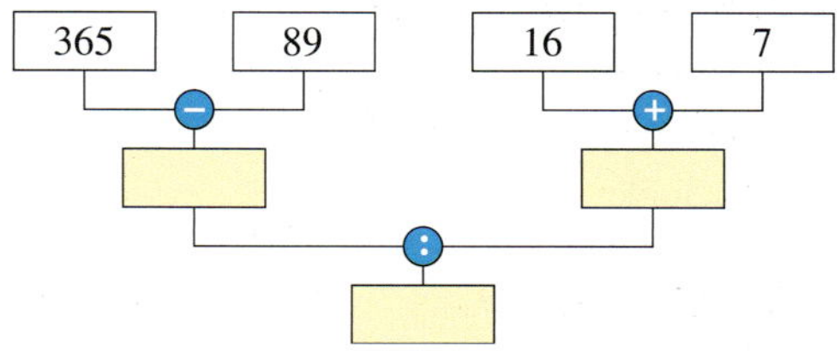

11 Rechentrick?
a) Berechne die Produkte.
① $25 \cdot 25$ ② $24 \cdot 26$ ③ $23 \cdot 27$
④ $22 \cdot 28$ ⑤ $21 \cdot 29$ ⑥ $20 \cdot 30$
b) Was fällt dir auf?
c) Überprüfe deine Vermutung am Produkt $50 \cdot 50$ sowie an weiteren Beispielen.

11 Benutze die Ziffern 3, 4, 5, 6, 7, 8 jeweils genau einmal für folgende Multiplikationsaufgabe: ▢▢▢ · ▢▢▢ =
a) Wie lautet das größte Ergebnis, das du so erreichen kannst?
b) Wie lautet das kleinste Ergebnis, das du so erreichen kannst?

12 Setze in die beiden Terme für x die Zahlen 1 bis 10 ein. Für welche Zahlen ist der Wert des Terms ① höher als der des Terms ②?

x	① $x+3$	② $2x-2$
1		
2		

12 Setze in die beiden Terme für x die Zahlen 1 bis 10 ein. Für welche Zahlen ist der Wert des Terms ① höher als der des Terms ②?

x	① $3x+4$	② $4x-2$
1		
2		

13 Finde die unbekannten Zahlen.
a) Arne subtrahiert von einer unbekannten Zahl 12. Sein Ergebnis ist 15.
b) Lana multipliziert eine unbekannte Zahl mit 7. Ihr Ergebnis ist 63.

13 Finde die unbekannten Zahlen.
a) Mona dividiert eine unbekannte Zahl durch 14. Ihr Ergebnis ist 7.
b) Arian addiert zum Doppelten einer Zahl 5. Sein Ergebnis ist 29.

14 Schreibe als Potenz bzw. als Produkt.
Beispiel $5 \cdot 5 \cdot 5 = 5^3$ $2^2 = 2 \cdot 2$
a) $6 \cdot 6 \cdot 6$ b) $4 \cdot 4$ c) $7 \cdot 7 \cdot 7 \cdot 7$
d) 9^2 e) 8^4 f) 2^5

14 Schreibe als Potenz bzw. als Produkt und berechne. **Beispiel** $2 \cdot 2 \cdot 2 = 2^3 = 8$
a) $8 \cdot 8$ b) 5^3 c) $3 \cdot 3 \cdot 3$
d) 12^2 e) $10 \cdot 10 \cdot 10 \cdot 10$ f) 10^6

HINWEIS
Produkte aus gleichen Faktoren kann man kurz als Potenz schreiben:
$2 \cdot 2 \cdot 2 \cdot 2 = 2^4$
(„2 hoch 4")

15 Immer zwei Kärtchen gehören zueinander. Welche sind es?
④ $2+2+2$
① $2 \cdot 2 \cdot 2$ ② $3 \cdot 2$ ③ $3 \cdot 3$
⑤ $2+3$ ⑥ 3^2 ⑦ 2^3 ⑧ $3+2$

15 Je zwei Kärtchen gehören zueinander. Welche sind es? Prüfe, indem du für $x = 2$ einsetzt.
① $x \cdot x \cdot x$ ② $3+x$ ③ x^3
④ $x+3$ ⑤ $x+x+x$ ⑥ $x \cdot 3$

Im Filmpark Babelsberg kann man die Welt von Kino und TV auf dem Gelände der Medienstadt Babelsberg in der Nähe von Berlin erleben. Die folgende Tabelle beinhaltet die Eintrittspreise für den Park.

Eintrittspreise	**pro Person**
Kinder (bis 3 Jahre)	kostenlos
Kinder (4 bis 16 Jahre)	14 €
Erwachsene	21 €
Familienkarte 2 Erwachsene + 3 Kinder (4 bis 16 Jahre)	60 €
Saisonkarte	49 €
AudioGuide	3 €
Eintrittspreise Gruppen (ab 15 Personen)	**pro Person**
Kinder und Jugendliche (4 bis 21 Jahre) je 10 Kinder, 1 Betreuer freien Eintritt	12,50 €
Erwachsene	17 €

16 Drei Familien mit je zwei Erwachsenen gehen zusammen in den Filmpark.
Was müssen sie jeweils zahlen?
a) Familie Schmidt, zwei Kinder (7 und 9 Jahre)
b) Familie Hansen, ein Kind (8 Jahre)
c) Familie Sauer, vier Kinder (3, 7, 11 und 17 Jahre)

HINWEIS
zu den Aufgaben 17 und 20: Rechne die Euro-Beträge zuerst in Cent um.

17 Drei Klassen möchten mit dem Bus den Filmpark besuchen.
a) Jede Klasse fährt mit 21 Schülern und zwei Betreuern.
Berechne den Eintrittspreis, den alle zusammen bezahlen müssen.
b) Für den Ausflug bezahlen sie insgesamt 1228,50 €.
Wie hoch ist die Rechnung für das Busunternehmen?
c) Bestimme den Preis, den jedes Kind bezahlen muss, wenn es außer Buskosten und Eintritt noch einen Audio-Guide ausleihen möchte.

18 In den Sommerferien organisieren Busunternehmen Touren zu den Shows.
2500 Zuschauer besuchen im Juli und August täglich die „Stuntshow im Vulkan“.
Berechne die Besucherzahl in diesem Zeitraum.

19 An einem Wochenende im Mai wurden 72 240 € allein durch den Verkauf von Erwachsenenkarten eingenommen.
Wie viele Karten wurden verkauft?

20 Auf der Speisekarte vom Erlebnisrestaurant „Prinz Eisenherz“ stehen folgende Eisangebote. Fünf Kinder haben sich jeweils den gleichen Eisbecher bestellt.
Zusammen zahlen sie 21,00 €.

„Piccolo“	3,20 €
„Sandmännchen“	3,50 €
Spagetti-Eis mit Sahne	4,20 €
Prinz Eisenherz	4,30 €
Vulkanbecher mit Früchten	4,80 €
„Kleine Muck“ Spezi	3,80 €

a) Welchen Eisbecher hatten sich die Kinder ausgesucht?
b) Wie viel Geld bleibt jedem Kind, wenn es 10 € dabei hatte?

Zusammenfassung

Im Kopf multiplizieren und dividieren

→ Seite 132

Multiplikation

6	·	17	=	102
1. Faktor	·	2. Faktor	=	Wert des Produkts
Produkt				

Division

114	:	6	=	19
Dividend	:	Divisor	=	Wert des Quotienten
Quotient				

Schriftlich multiplizieren und dividieren

→ Seite 136

Bei der **schriftlichen Multiplikation** und **Division** werden Zwischenergebnisse notiert.

					H	Z	E
	1	2	7	·	3	1	2
			3	8	1	0	0
				1	2	7	0
+					2_1	5	4
			3	9	6	2	4

	T	H	Z	E					T	H	Z	E
	1	4	0	0	:	5	6	=	0	0	2	5
−	0											
	1	4										
−		0										
	1	4	0									
−	1	1	2									
		2	8	0								
−		2	8	0								
				0								

Probe:

2	5	·	5	6
	1	2	5	0
+		1	5	0
	1	4	0	0

Rechenregeln sinnvoll anwenden

→ Seite 140

Vorrangregeln
1. Werte in Klammern werden zuerst berechnet.
2. Punktrechnung
3. Strichrechnung

$4 \cdot (5 + 4) - 8$
$= 4 \cdot 9 - 8$
$= 36 - 8$
$= 28$

Ansonsten wird von links nach rechts gerechnet.

Kommutativgesetz (Vertauschungsgesetz)
$a \cdot b = b \cdot a$ — $36 \cdot 25 = 25 \cdot 36 = 900$

Assoziativgesetz (Verbindungsgesetz)
$(a \cdot b) \cdot c = a \cdot (b \cdot c)$ — $(9 \cdot 4) \cdot 25 = 9 \cdot (4 \cdot 25) = 900$

Distributivgesetz (Verteilungsgesetz)
① $(a + b) \cdot c = a \cdot c + b \cdot c$
② $(a - b) \cdot c = a \cdot c - b \cdot c$
③ $(a + b) : c = a : c + b : c$
④ $(a - b) : c = a : c - b : c$

Terme und Gleichungen

→ Seite 144

Ein **Term** ist ein Rechenausdruck.
Setzt man für die Variablen Zahlen ein, kann man den **Wert des Terms** bestimmen.

Terme: 12; x; $12 - (6 + 1)$; $x + 5\,\text{cm}$; $2 \cdot a + b$
Wert des Terms $10 \cdot x + 8$, für $x = 3$:
$10 \cdot 3 + 8 = 38$

Eine **Gleichung** verbindet zwei Terme durch ein Gleichheitszeichen.
Wenn eine Zahl für die Variable in eine Gleichung eingesetzt wird und die Terme auf beiden Seiten den gleichen Wert ergeben, dann ist die Zahl eine **Lösung** der Gleichung.

Gleichung $5 \cdot x = 30$

Die Zahl 6 ist eine Lösung der Gleichung $5 \cdot x = 30$, denn $5 \cdot 6 = 30$.
Die Zahl 2 ist keine Lösung der Gleichung $5 \cdot x = 30$, denn $5 \cdot 2 = 10 \neq 30$.

Teste dich!

9 Punkte

1 Berechne im Kopf.

a) $5 \cdot 9 \cdot 2$ **b)** $0 : 6$ **c)** $18 - 12 : 2$
d) $12 : 6 : 2$ **e)** $(18 - 12) : 2$ **f)** $5 \cdot 28 \cdot 2$
g) $27 + 123 : 3$ **h)** $18 \cdot 17$ **i)** $15 \cdot 17 + 15 \cdot 3$

8 Punkte

2 Berechne schriftlich. Überschlage zuerst das Ergebnis. Manchmal bleibt ein Rest.

a) $5262 \cdot 3$ **b)** $1489 \cdot 62$ **c)** $90\,804 \cdot 95$ **d)** $2465 \cdot 104$
e) $41\,992 : 8$ **f)** $37\,686 : 11$ **g)** $2766 : 25$ **h)** $1817 : 60$

4 Punkte

3 Ordne der folgenden Textaufgabe den passenden Rechenbaum zu und ergänze ihn in deinem Heft.
Ergänze auch den zweiten Rechenbaum im Heft und erfinde eine passende Textaufgabe.

In der Garage von Familie Meier stehen drei Kisten Saft.
In jeder Kiste befinden sich zehn Flaschen.
Außerdem stehen fünf Flaschen Saft im Vorratsraum.

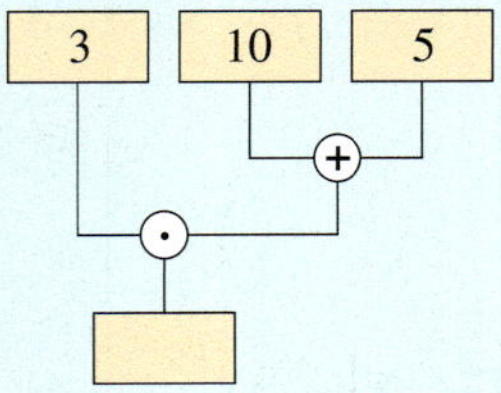

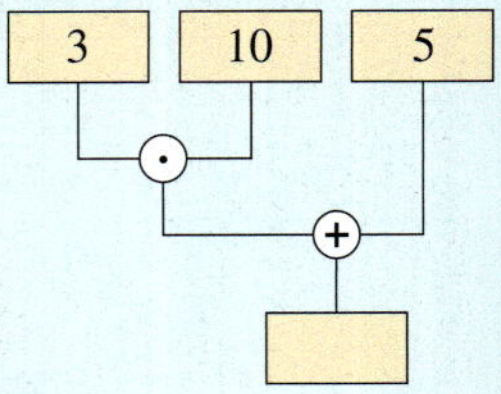

6 Punkte

4 Schreibe die Aufgabe ins Heft und löse sie.

a) Dividiere die Summe der Zahlen 32 und 76 durch die Zahl 18.
b) Multipliziere die Summe der Zahlen 14 und 39 mit 11.
c) Dividiere die Differenz der Zahlen 225 und 50 durch die Zahl 35.

4 Punkte

5 Familie Weiland lässt ihr Wohnzimmer von einem Maler streichen.
Die Materialkosten betragen 213 €.
Für eine Arbeitsstunde verlangt der Maler 36 €.

a) Herr Weiland meint, dass der Maler für die Arbeiten fünf Stunden benötigen wird. Wie hoch sind in diesem Fall die Kosten?
b) In seiner Rechnung verlangt der Maler von Familie Weiland 465 €. Wie lange hat der Maler gearbeitet?

8 Punkte

6 Übertrage das Kreuzzahlrätsel in dein Heft und trage die richtigen Ergebnisse ein.

waagerecht (von links nach rechts)

① Produkt aus 18 und 23 ② Quotient aus 3 577 und 49
③ Produkt aus 118 und 33 ④ Quotient aus 65 352 und 42

senkrecht (von oben nach unten)

⑤ Produkt aus 15 und 89 ⑥ Produkt aus 17 und 5
⑦ Quotient aus 1 488 und 3 ⑧ Quotient aus 3 234 und 11

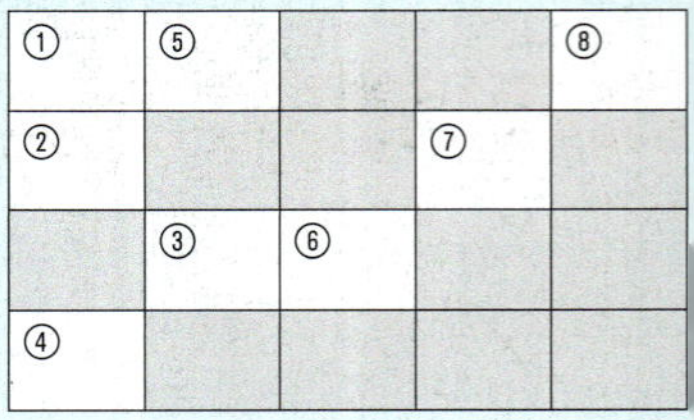

3 Punkte

7 Berechne den Wert des Terms für $x = 4$ und $y = 3$.

a) $x + 2 \cdot x$ **b)** $3 \cdot x + 4 \cdot y$ **c)** $8 \cdot y - 2 \cdot x$ **d)** $15 \cdot y + 26$

5 Punkte

8 Setze in die Gleichungen für die Variable x jeweils die Zahlen 5; 10; 25 ein.
Welche dieser Zahlen ist jeweils die Lösung der Gleichung?

a) $x + 35 = 60$ **b)** $12 \cdot x = 120$ **c)** $45 + x = 65 - x$ **d)** $x - 4 = x : 5$

Gold: 42–47 Punkte, Silber: 35–41 Punkte, Bronze: 28–34 Punkte

Lösungen ab Seite 202

Flächen

In dem Gemälde „Spitzen im Bogen“ von Wassily Kandinsky, das im Jahr 1927 entstand, sind überwiegend geometrische Figuren zu sehen. Kandinsky, der von 1866 bis 1944 lebte, war ein Künstler, der in seinen Gemälden die „abstrakte Malerei“ verfolgte, in der häufig Grundformen aus der Geometrie verwendet wurden.

Noch fit?

Einstieg

Aufstieg

1 Parallele und senkrechte Geraden

Gib jeweils Geraden in der Zeichnung an, die …

a) parallel zueinander sind.
b) senkrecht zueinander sind.
c) parallel und senkrecht zueinander sind.
d) nicht parallel zur Geraden b sind.
e) nicht senkrecht zur Geraden e sind.
f) weder parallel noch senkrecht zu c sind.

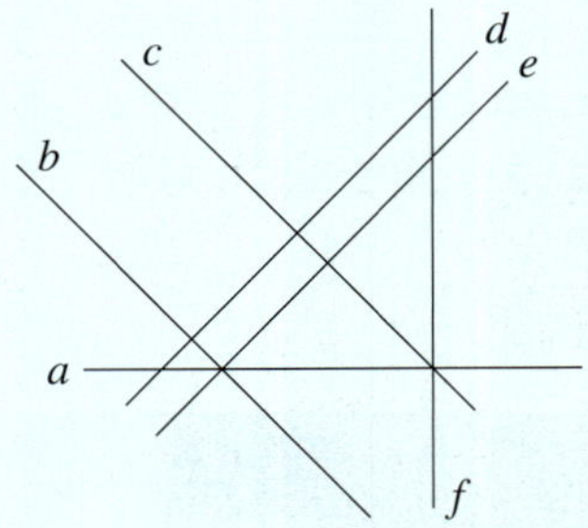

2 Parallele und senkrechte Strecken

Zeichne die Figur ins Heft.

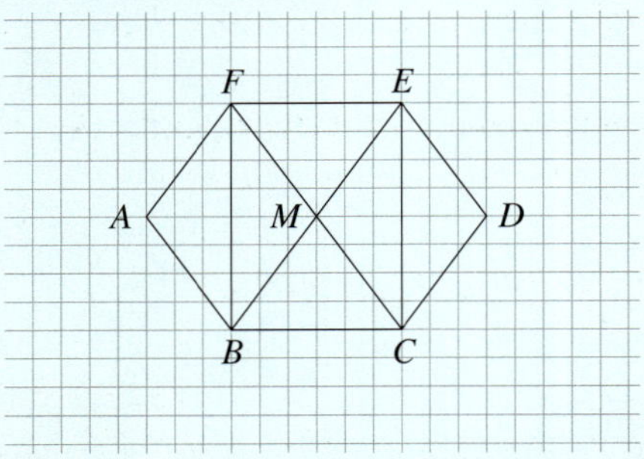

a) Gib alle Strecken an, die parallel zueinander sind.
Schreibe: $\overline{AB} \parallel \ldots$
b) Gib alle Strecken an, die senkrecht zueinander stehen.
Schreibe: $\overline{BC} \perp \ldots$
c) Gib alle Strecken an, die gleich lang sind.
Schreibe: $\overline{AB} = \ldots = \ldots$
d) Bestimme im Heft den Abstand des Punkts B zur Strecke $\overline{CF}$ und zur Strecke $\overline{EF}$.

2 Parallele und senkrechte Strecken

Übertrage die Punkte A und B ins Heft.

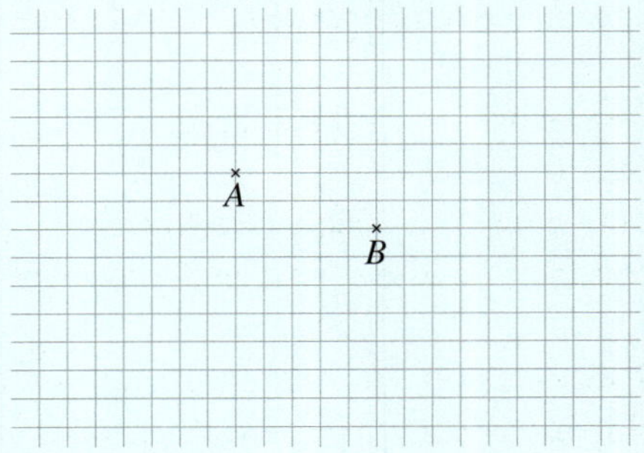

a) Zeichne die Strecke $\overline{AB}$.
b) Zeichne jeweils eine Senkrechte zu $\overline{AB}$ durch die Punkte A und B.
c) Zeichne eine Parallele p im Abstand von 2 cm zur Strecke $\overline{AB}$.
d) Gib den zwei neuen Schnittpunkten jeweils einen Namen.
e) Beschreibe die entstandene Figur.
f) Denke dir eine ähnliche Figur aus und beschreibe, wie sie zu zeichnen ist.

HINWEIS
Nutze zum Umwandeln der Längen eine Stellenwerttafel.

3 Längen umwandeln

Wandle in die nächstkleinere Einheit um.

Beispiel 5 cm = 50 mm; 17 dm = 170 cm

Beschreibe, wie du dabei vorgehst.

a) 7 km
b) 8 m
c) 11 cm
d) 13 m
e) 24 dm
f) 4 cm
g) 250 cm
h) 312 dm

3 Längen umwandeln

Von einer Rolle mit 40 m Teppichboden wurden drei Stücke verkauft: 3 m 20 cm, 90 cm und 120 cm.

a) Wie viele Meter Teppichboden wurden insgesamt verkauft?
b) Wie viel Meter Teppichboden sind noch auf der Rolle?

4 Strecken messen

Miss die Strecken.

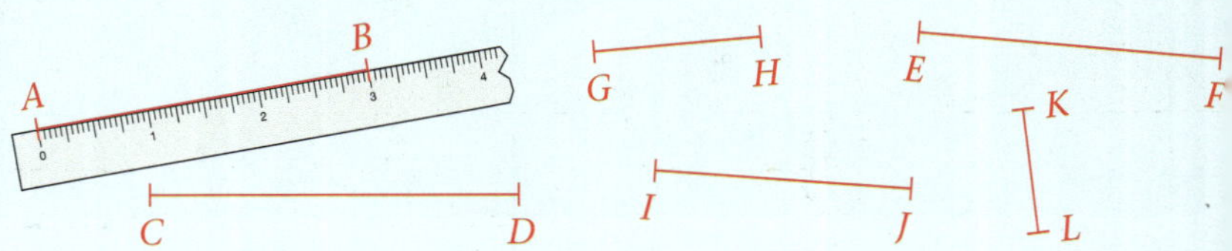

Lösungen ab Seite 202

Flächenformen erkennen und benennen

Entdecken

1 Bei vielen Kunstwerken spielen geometrische Formen eine wichtige Rolle.

Links: Victor Vasarely, Marsan 1962

Rechts: Paul Klee, Burg und Sonne

Beschreibe, welche geometrischen Formen die beiden Künstler jeweils benutzt haben.

2 Male selbst ein Bild aus geometrischen Formen. Benutze dabei z. B. Kreise, Dreiecke, Vierecke, Fünfecke.
Male die einzelnen Flächen farbig aus.
Präsentiert eure Bilder vor der Klasse und erläutert, wie ihr vorgegangen seid.

3 Ihr benötigt Transparentpapier in vier verschiedenen Farben. Schneidet daraus vier 15 cm lange Streifen aus.
Zwei Streifen sollen 4 cm und zwei Streifen 6 cm breit sein.
Nehmt jeweils zwei Streifen und legt sie wie im Bild übereinander. Dort, wo sich die Streifen überlappen, entsteht ein Viereck.
Bewegt die Streifen hin und her. Probiert auch verschiedene Streifen aus.
Welche Vierecksarten können entstehen?

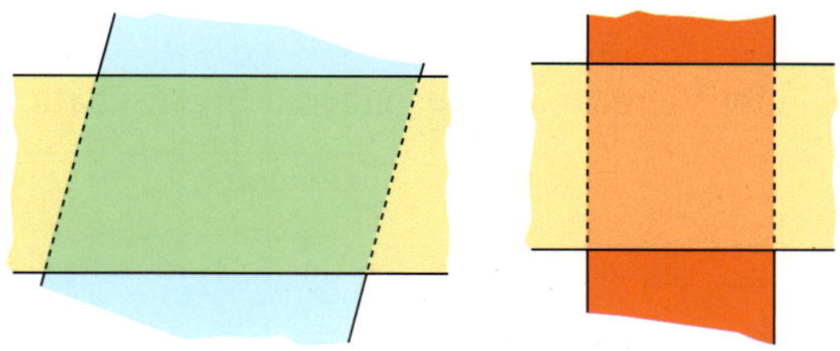

4 Manche Vierecke sind miteinander verwandt, da sie die gleichen Eigenschaften haben.
Überlege zuerst allein und sortiere die abgebildeten Vierecke nach gemeinsamen Eigenschaften.
Besprecht eure Ergebnisse zu zweit. Bereitet anschließend eine Präsentation vor.
Achtung: Manche Vierecke sind mit mehreren Vierecken verwandt.

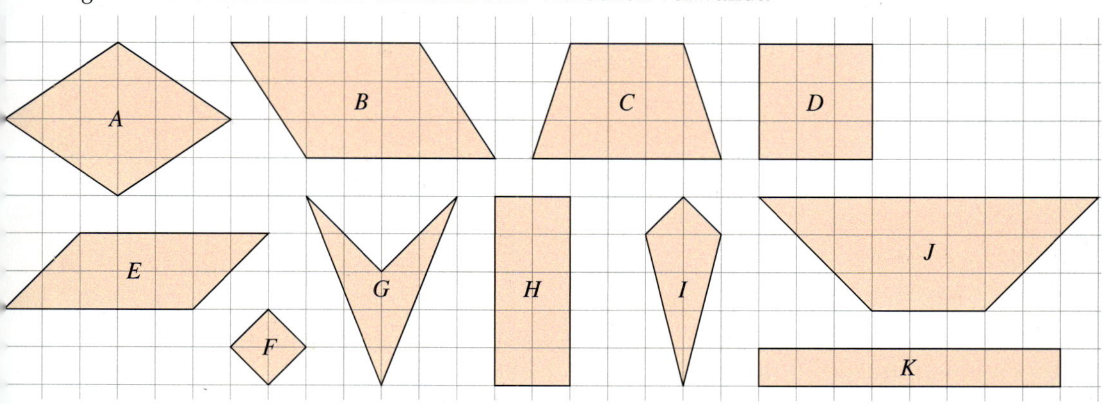

Verstehen

Dieses Bleiglasfenster wurde aus unterschiedlich großen und bunten Glasscheiben zusammengesetzt.

Beispiel

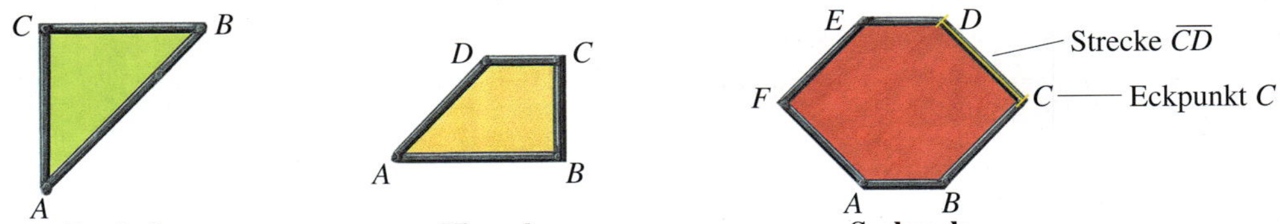

Dreieck **Viereck** **Sechseck**

Merke Jede geometrische Figur, die nur von Strecken begrenzt wird, heißt **Vieleck**.
Die Anzahl der Eckpunkte bestimmt den Namen des Vielecks.
Die Eckpunkte werden mit großen Buchstaben bezeichnet.
Die einzelnen Strecken, z. B. Strecke $\overline{AB}$, werden **Seite einer Fläche** genannt.

Es gibt Vierecke mit besonderen Eigenschaften.

Quadrat
– gegenüberliegende Seiten sind parallel
– benachbarte Seiten stehen senkrecht aufeinander
– alle Seiten sind gleich lang

Ein Pfeil bedeutet: → „… ist auch ein(e) …“

Rechteck
– gegenüberliegende Seiten sind parallel
– benachbarte Seiten stehen senkrecht aufeinander

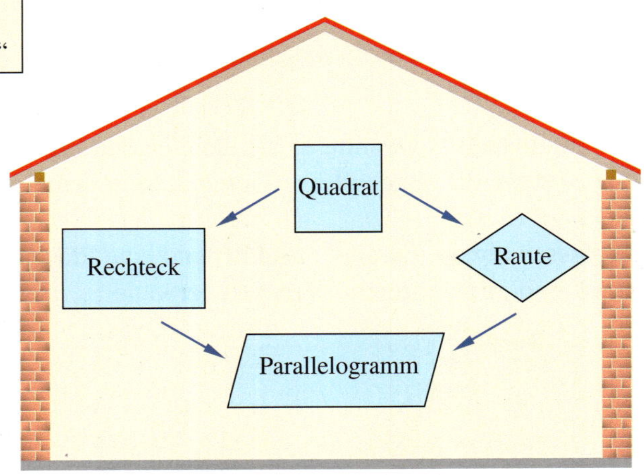

Raute (Rhombus)
– gegenüberliegende Seiten sind parallel
– alle Seiten sind gleich lang

Parallelogramm
– gegenüberliegende Seiten sind parallel

Merke Vierecke mit besonderen Eigenschaften haben besondere Namen, z. B.: **Quadrat**, **Rechteck**, **Raute** und **Parallelogramm**.

ZUM WEITERARBEITEN
Erstellt ein Plakat, auf dem ihr die unterschiedlichen Vierecke beschreibt und zeichnet.

Üben und anwenden

1 In dem links abgebildeten Fenster kann man viele Flächen mit verschiedenen Formen und Farben finden.
a) Wie heißen die grünen Flächen des Fensters?
b) Die gelben Flächen haben jeweils vier Eckpunkte. Gibt es auch Vierecke, die nicht gelb sind?
c) Welche Flächen sind gleich groß?
d) Vergleiche die Vierecke.
Was kannst du über die Seitenlängen und die Lage der Seiten bei den verschiedenen Vierecken sagen?

1 Auch bei diesem Teppichmuster gibt es verschiedenfarbige Flächen.
a) Schreibe ihre Namen auf.

b) Zeichne ein Teppichmuster mit geradlinig begrenzten Flächen.

2 Gib jeweils den Namen des Vielecks an.

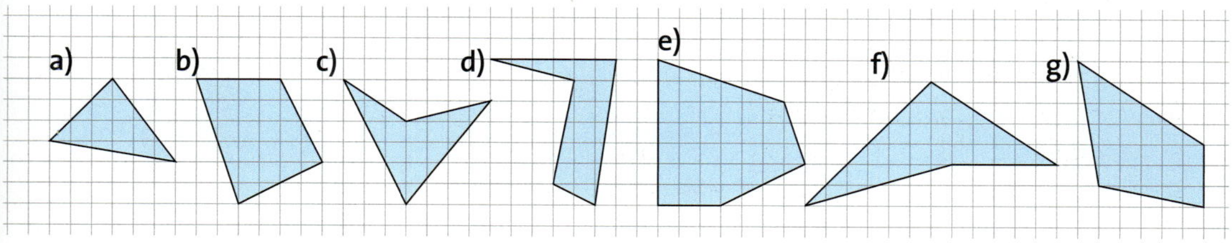

3 Übertrage die Punkte in dein Heft und verbinde sie so, dass Flächen entstehen. Gib den Namen der Fläche an.

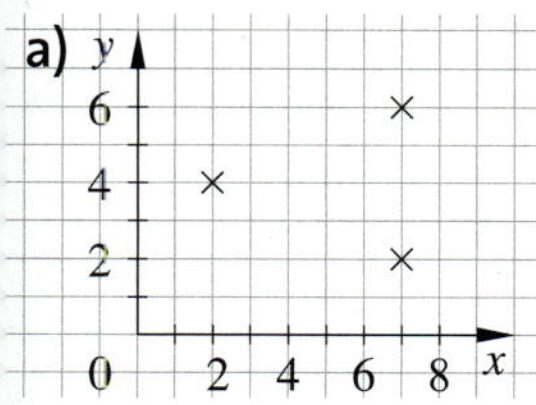

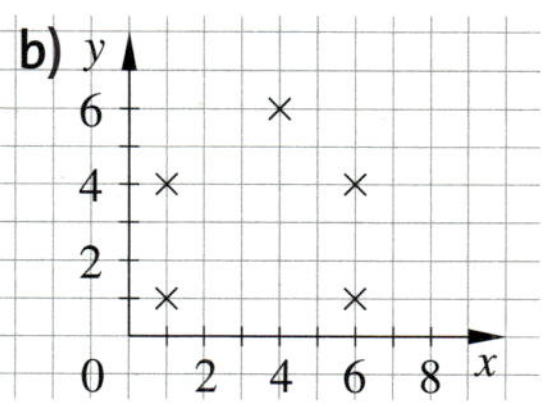

3 Zeichne ein passendes Koordinatensystem in dein Heft.
Trage die Punkte ein und verbinde sie so, dass sie zu Eckpunkten von Flächen werden. Wie heißen die Flächen?
① $A(1|3)$; $B(4|1)$; $C(7|6)$; $D(4|8)$; $E(2|8)$
② $A(6|2)$; $B(11|1)$; $C(10|7)$
③ $A(1|10)$; $B(4|13)$; $C(7|7)$; $D(10|8)$; $E(10|14)$; $F(1|14)$

NACHGEDACHT
zu 3
Kannst du auch ohne zu zeichnen bestimmen, um welche Flächen es sich handelt? Erkläre, woran du das erkennen kannst.

4 Arbeite mit einem Geobrett (5 × 5).
a) Beschreibe die abgebildeten Figuren und spanne sie auf deinem Geobrett.

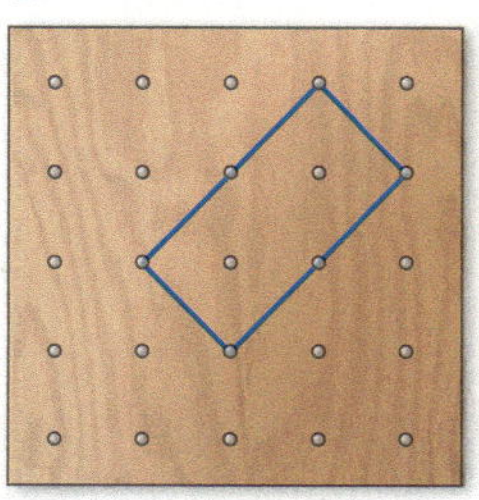

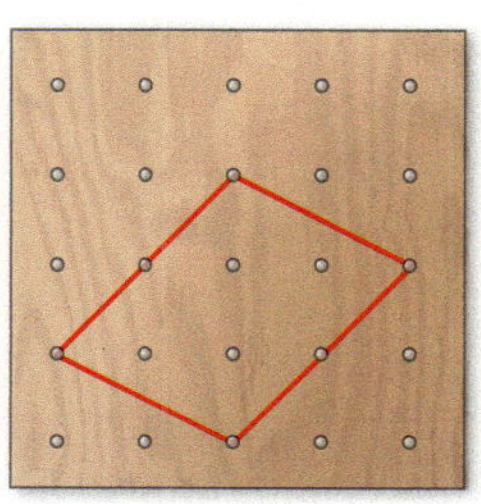

b) 👥 Spanne weitere Figuren und zeichne sie in dein Heft. Besprich mit einer Partnerin oder einem Partner, welche Figuren ihr erkennt.

4 Arbeite mit einem Geobrett (5 × 5).
a) 👥 Spanne auf deinem Geobrett nacheinander alle Vierecksformen, die du kennst und zeichne sie in dein Heft.
Kontrolliert gegenseitig eure Ergebnisse.
b) Spanne ein Rechteck, das genau einen Nagel einschließt. Was ist das besondere an dem Rechteck?
Hinweis: In der Abbildung links werden vom blauen Gummiring zwei Nägel eingeschlossen.
c) Spanne ein Rechteck, das genau 3 Nägel (4, 6 Nägel) einschließt.
Ist das auch mit 5 Nägeln möglich?

NACHGEDACHT
Suche nach weiteren Beispielen für Firmenlogos, die aus Vielecken bestehen.

5 Welche der folgenden Figuren sind Rechtecke oder sogar Quadrate?
Woran hast du das erkannt?

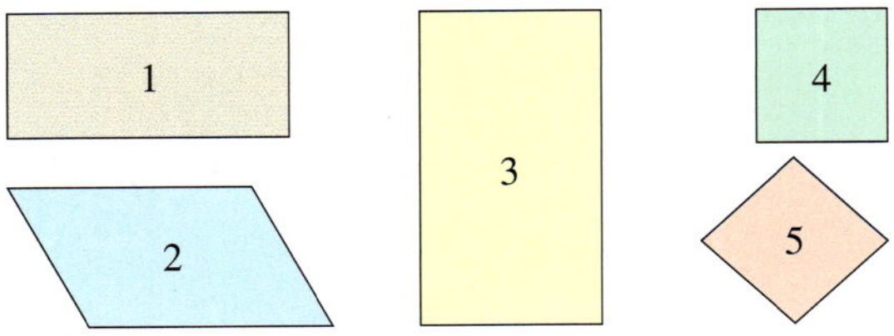

5 Welche Flächen erkennst du in den Firmenlogos?
Begründe mithilfe der Eigenschaften der Vierecke.

6 Das folgende Bild zeigt, wie man aus einem Blatt Papier ein Rechteck faltet.

a) Falte ebenso verschiedene Rechtecke. Was haben alle Rechtecke gemeinsam?

b) Was passiert, wenn du eine Kante schräg faltest?

c) Wie viele Rechtecke findest du auf dem aufgefaltetem Blatt?

7 Nimm ein gefaltetes Rechteck.

a) Zeige mithilfe eines Geodreiecks, welche Faltlinien senkrecht aufeinanderstehen.

b) Zeige mithilfe eines Geodreiecks, welche Faltlinien parallel zueinander sind.

7 Reiße aus einer Zeitung ein Stück Papier heraus, das nicht rechteckig ist.

a) Falte daraus ein Rechteck.

b) Falte aus einem anderen nichtrechteckigen Stück Zeitungspapier ein Quadrat.

8 Das folgende Bild zeigt, wie man mit einem Geodreieck ein Rechteck zeichnet.
Welche Seitenlängen hat das gezeichnete Rechteck im Original?

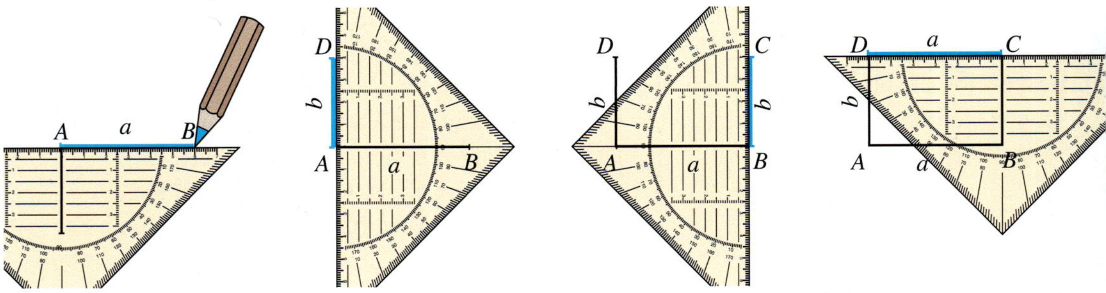

9 Zeichne Rechtecke.

a) Länge 6 cm, Breite 4 cm

b) Länge 7 cm, Breite 2,5 cm

c) Länge 3,5 cm, Breite 8 cm

d) Länge 4,8 cm, Breite 4,8 cm

e) Länge 108 mm, Breite 105 mm

9 Zeichne ein Quadrat mit der Seitenlänge 8 cm. Dann halbiere die Seiten und verbinde die Punkte auf den Seitenmitten zu einem neuen Quadrat.
Versuche auf diese Weise, möglichst viele Quadrate ineinander zu zeichnen.

Methode: Argumentieren und Begründen

Beim Argumentieren und Begründen in der Mathematik musst du mathematische Argumente finden, mit denen du deine Meinung begründen kannst. Wenn du etwas behauptest, musst du auch Gründe nennen können, um deine Behauptung zu rechtfertigen.

Versuche für deine Argumentation Sätze zu bilden, wie
„Das ist so, weil …“
„Das muss so sein, denn …“
„Das kann nicht richtig sein, weil …“

Wenn du zeigen möchtest, dass eine Behauptung nicht stimmt, brauchst du nur ein Beispiel zu finden, das gegen diese Behauptung spricht. Man nennt dies ein **Gegenbeispiel**.

Wenn du aber eine Behauptung begründen willst, die *immer* gelten soll, z. B.
„In **allen** Vierecken ist …“ oder
„In **jedem** Rechteck gilt …“,
dann darf es kein einziges Gegenbeispiel geben, sonst hat man herausgefunden, dass die Behauptung nicht stimmt. Man sagt dann: „Die Behauptung ist widerlegt.“

1 Schau dir die Begründungen für die angegebene Behauptung im Bild an.

a) Sind alle Aussagen zu der Behauptung gut begründet?

b) Durch welche der Aussagen wird die Behauptung ausreichend begründet?

c) Zeige durch ein Gegenbeispiel, dass die Behauptung „Jedes Rechteck ist auch ein Quadrat“ falsch ist.

2 Übertrage die Tabelle in dein Heft und fülle sie aus.

Die gegenüberliegenden Seiten sind gleich lang.				
Die benachbarten Seiten sind gleich lang.				
Die benachbarten Seiten sind senkrecht zueinander.				
Alle Seiten sind gleich lang.				

3 Welche der Behauptungen sind wahr, welche sind falsch? Begründe.

a) Jedes Rechteck ist auch ein Parallelogramm.

b) Jedes Parallelogramm ist auch ein Rechteck.

c) Jede Raute ist ein Parallelogramm.

d) Jedes Rechteck ist eine Raute.

e) Wenn in einem Viereck die gegenüberliegenden Seiten gleich lang sind, dann ist es ein Rechteck.

f) Wenn in einem Viereck die gegenüberliegenden Seiten parallel zueinander sind, dann ist es ein Rechteck.

g) Wenn in einem Viereck die benachbarten Seiten senkrecht zueinander sind, dann ist es ein Rechteck.

4 Wie könnte Lena die Behauptung von Niko widerlegen?

Erinnere dich:
Diagonalen verbinden nichtbenachbarte Eckpunkte eines Vielecks, z. B. gegenüberliegende Eckpunkte.

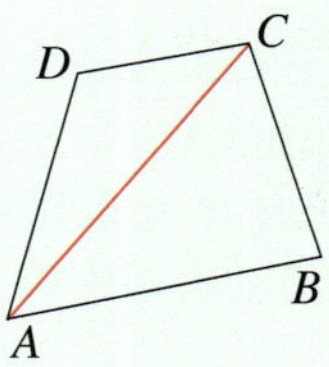

5 Zeichne die Vierecke.

Dringend gesucht

Viereck mit vier gleich langen Seiten, bei dem die Diagonalen gleich lang sind.

Wanted

Parallelogramm, bei dem die Diagonalen gleich lang sind.

6 „Ich sehe was, das du nicht siehst", behauptet Sarah. „Ich sehe nämlich 6 Parallelogramme, 3 Rechtecke, 3 Rauten und 2 Quadrate."
Siehst du das auch so? Begründe.

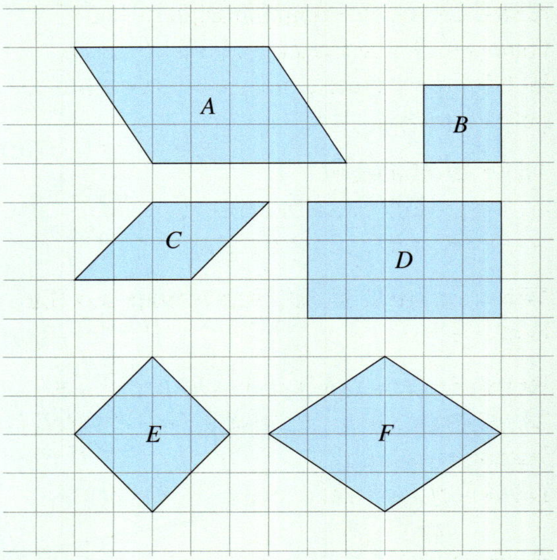

7 Zeichne jeweils mehrere mögliche Figuren auf Karopapier, sodass die Eckpunkte auf den Gitterpunkten liegen:

a) ein Viereck, bei dem zwei gegenüberliegende Seiten parallel, aber nicht gleich lang sind

b) ein Viereck, das zwei Paare gleich langer benachbarter Seiten hat

c) eine Raute mit zwei gleich langen Diagonalen

d) ein Parallelogramm, bei dem alle vier Seiten 4 cm lang sind

e) ein Viereck, bei dem eine Diagonale außerhalb des Vierecks liegt

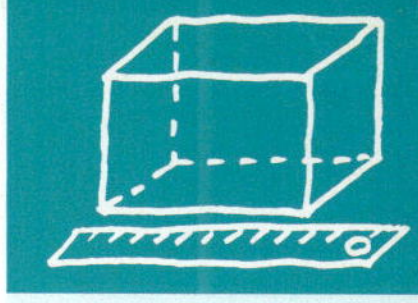

Umfang von Vielecken

Entdecken

1 Vermessungen
Für den folgenden Versuch benötigt ihr ein Maßband, eine Tabelle und einen Stift.

Name	Kopfumfang in cm
…	…

a) Messt gegenseitig euren Kopfumfang. Wie geht ihr dabei vor?
Sammelt eure Messergebnisse in der Tabelle.
b) Was bedeutet das Wort Umfang? Recherchiert.

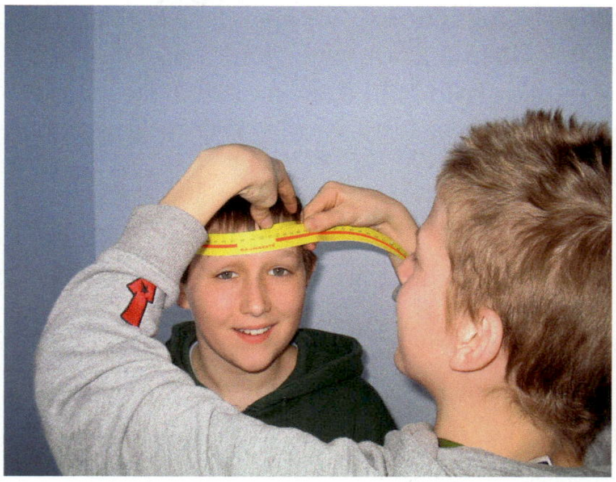

2 Die Kunst-AG verschönert die Klassenräume durch selbstgemalte Bilder. Dazu bauen die Schülerinnen und Schüler aus Holzleisten Rahmen, auf die eine Leinwand gespannt wird.

Maße der Rahmen:
– 75 cm breit und 120 cm lang
– 80 cm breit und 80 cm lang

Wie viele Meter Holzleisten werden pro Bild benötigt?

Begründe dein Ergebnis durch eine Skizze.
Gibt es mehrere Möglichkeiten, die Holzleisten zuzusägen?
Diskutiert darüber zu zweit.

3 Mit Blumendraht lassen sich viele verschiedene geometrische Figuren biegen.
Für diese Aufgabe benötigt jeder einen 24 cm langen Blumendraht.
a) Stellt aus dem Draht möglichst viele verschiedene Rechtecke her. Zeichnet die verschiedenen Rechtecke in euer Heft.
b) Zeichnet weitere Rechtecke in euer Heft und überlegt, wie viel Draht man braucht, um die gezeichneten Rechtecke zu formen.
Legt dazu eine Tabelle in eurem Heft an und tragt eure Ergebnisse ein.

Länge	Breite	benötigte Drahtlänge
15 cm	5 cm	…
…	…	…

HINWEIS
Du kannst statt Blumendraht auch Pfeifenputzer verwenden.

Verstehen

Laura macht Ferien auf einem Reiterhof.
Am ersten Tag soll sie ihr Pony kennenlernen und es einmal um den Hof führen.
Laura überlegt, wie viel Meter sie laufen wird.
Auf dem Foto vom Reiterhof sieht sie sich die Strecke an.

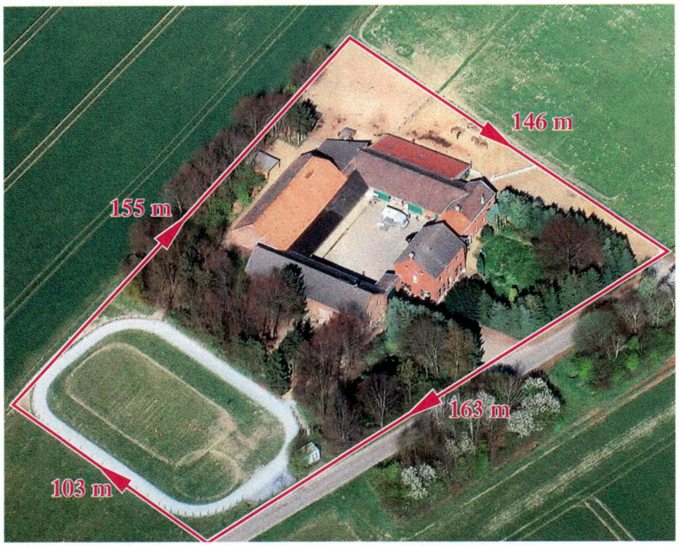

Laura rechnet:

	1	4	6
+	1	6	3
+	1	0	3
+	1_1	5_1	5
	5	6	7

Insgesamt ist Laura eine Strecke von 567 m gelaufen.

Merke Werden die Längen aller Begrenzungslinien eines Vielecks addiert, dann erhält man den **Umfang *u***.

Bei Rechteck und Quadrat lässt sich der Umfang durch einfache Formeln angeben.

Rechteck
Umfang =
Länge + Breite
+ Länge + Breite

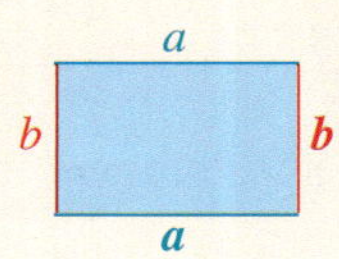

$u = a + b + a + b$
$u = 2 \cdot a + 2 \cdot b$
$\boldsymbol{u = 2 \cdot (a + b)}$

Quadrat
Länge = Breite, also
Umfang =
Länge + Länge
+ Länge + Länge

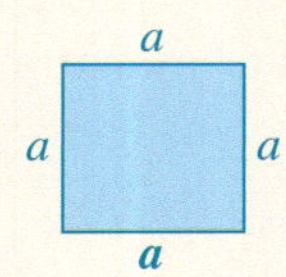

$u = a + a + a + a$
$\boldsymbol{u = 4 \cdot a}$

Beispiel
Zwei Koppeln sollen neu eingezäunt werden.
Wie viel Meter Zaun werden jeweils benötigt?

① Die Koppel ist rechteckig.

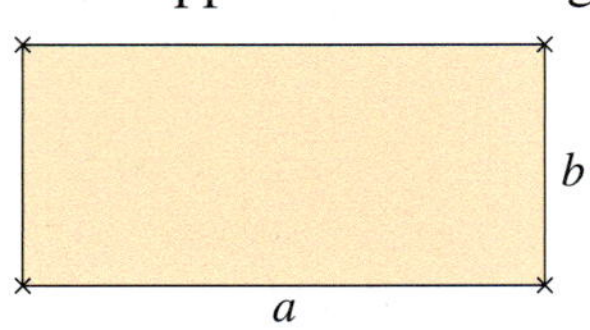

$a = 80\,\text{m}$ und $b = 35\,\text{m}$

$\boldsymbol{u = 2 \cdot (a + b)}$
$u = 2 \cdot (80 + 35)$
$= 2 \cdot 115 = 230$

Es werden 230 m Zaun benötigt.

② Die Koppel ist quadratisch.

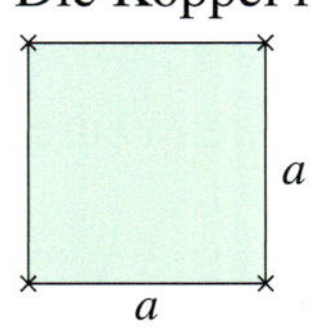

$a = 35\,\text{m}$

$\boldsymbol{u = 4 \cdot a}$
$u = 4 \cdot 35$
$= 140$

Es werden 140 m Zaun benötigt.

Üben und anwenden

1 Berechne den Umfang des Rechtecks mit der Länge a und der Breite b.
Achte dabei auf die Einheiten.

a) $a = 5\,\text{dm}$, $b = 3\,\text{dm}$
b) $a = 10\,\text{cm}$, $b = 12\,\text{cm}$
c) $a = 38\,\text{cm}$, $b = 15\,\text{cm}$
d) $a = 3\,\text{dm}$, $b = 21\,\text{cm}$
e) $a = 6\,\text{dm}$, $b = 49\,\text{cm}$
f) $a = 105\,\text{cm}$, $b = 9\,\text{dm}$

2 Zeichne drei verschiedene Rechtecke, die jeweils einen Umfang von 16 cm haben.

3 Der Zaun einer rechteckigen Pferdekoppel mit den Maßen 84 m und 33 m muss erneuert werden.
Wie viel Meter Holzstangen muss der Reitklub mindestens bestellen?

4 Timos Eltern wollen ihr rechteckiges Grundstück von 40 m Länge und 15 m Breite einzäunen. Wie viel Meter Zaun müssen sie einkaufen?

5 Um ein rechteckiges Sportgelände, das 110 m lang und 95 m breit ist, sollen Pflastersteine gelegt werden. Ein Pflasterstein ist 25 cm lang, 17 cm breit und 5 cm hoch.
Wie viele Pflastersteine werden mindestens gebraucht?
Tipp: Überlege, wie die Steine verlegt werden können. Erstelle dann eine Skizze.

6 Das Rechteck hat einen Umfang von 16 cm. Erkläre anhand der Zeichnung, wie lang die zweite Seite des Rechtecks sein muss.

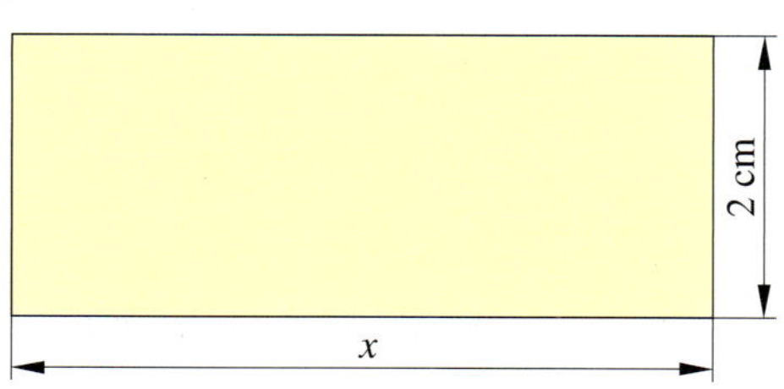

1 Berechne den Umfang des Rechtecks mit der Länge a und der Breite b.
Achte dabei auf die Einheiten.

a) $a = 7\,\text{cm}$, $b = 4\,\text{cm}$
b) $a = 5\,\text{cm}$, $b = 34\,\text{mm}$
c) $a = 113\,\text{cm}$, $b = 11\,\text{dm}$
d) $a = 21\,\text{cm}$, $b = 3\,\text{m}$
e) $a = 4\,\text{dm}$, $b = 12\,\text{mm}$
f) $a = 72\,\text{mm}$, $b = 3\,\text{dm}$

2 Zeichne zwei verschiedene Rechtecke und ein Quadrat mit dem Umfang 18 cm.

3 Vor dem Wändestreichen klebt ein Maler alle Lichtschalter und Steckdosen mit Klebeband ab.
Die Lichtschalter sind 8 cm breit und 7 cm hoch. Die Steckdosen sind 15 cm breit und 8 cm hoch.
Wie viel Meter Klebeband benötigt der Maler mindestens für einen Raum mit zwei Lichtschaltern und drei Steckdosen?
Schätze zuerst und überprüfe deine Schätzung durch eine Rechnung.
Tipp: Eine Skizze hilft.

4 Ein Zimmer von 5 m Länge und 3 m 50 cm Breite soll an der Decke an den Kanten entlang eine Zierbordüre erhalten. Wie viel Meter der Bordüre werden benötigt?

5 Rund um eine rechteckige Parkanlage, die 180 m lang und 105 m breit ist, sollen Bäume angepflanzt werden.

a) Die Bäume stehen 15 m voneinander entfernt.
Wie viele Bäume braucht man?
b) Könnten auch andere Bäume, die 6 m Abstand benötigen, gepflanzt werden?

6 Nils und Klara wollen die fehlende Gesamtlänge des Rechtecks bestimmen. Der Umfang des Rechtecks ist 16 cm. Die Längen sind in cm angegeben.

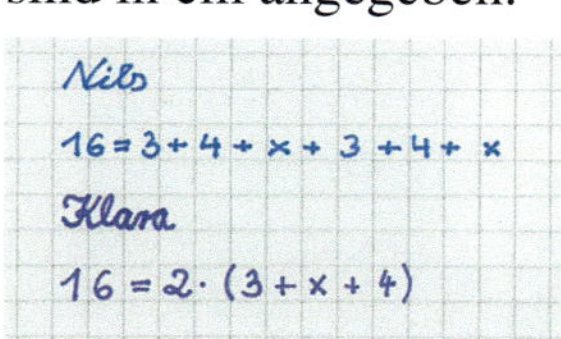

Wer hat richtig gerechnet?
Begründe deine Antwort.

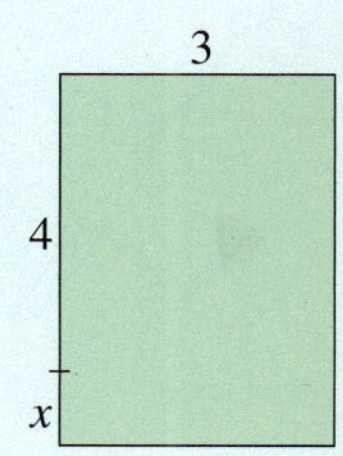

7 Die Seitenlänge a eines Quadrats ist gegeben. Berechne den Umfang des Quadrats in cm.

a) $a = 9\,\text{cm}$ b) $a = 16\,\text{cm}$ c) $a = 125\,\text{cm}$
d) $a = 8\,\text{m}$ e) $a = 16\,\text{dm}$ f) $a = 18\,\text{mm}$
g) $a = 22{,}4\,\text{dm}$ h) $a = 1{,}4\,\text{m}$ i) $a = 7{,}8\,\text{cm}$

8 Übertrage die Tabelle in dein Heft und fülle sie aus.

Seitenlänge *a*	Umfang *u* des Quadrats
	32 m
	240 mm
9 dm	
12 cm	

9 Finde die Seitenlängen.

a) Welches Quadrat kann man aus 36 cm Draht biegen?
b) Welche Rechtecke kann man aus 36 cm Draht biegen? Gib drei Möglichkeiten für die Seitenlängen mit vollen Zentimetern an. Begründe, warum es mehr Möglichkeiten gibt als für Quadrate.
c) Welche Dreiecke kann man aus 36 cm Draht biegen? Gib mindestens zwei Möglichkeiten an.

10 Beim regelmäßigen Sechseck sind alle Seiten gleich lang.
Berechne den Umfang der regelmäßigen Sechsecke.

a)
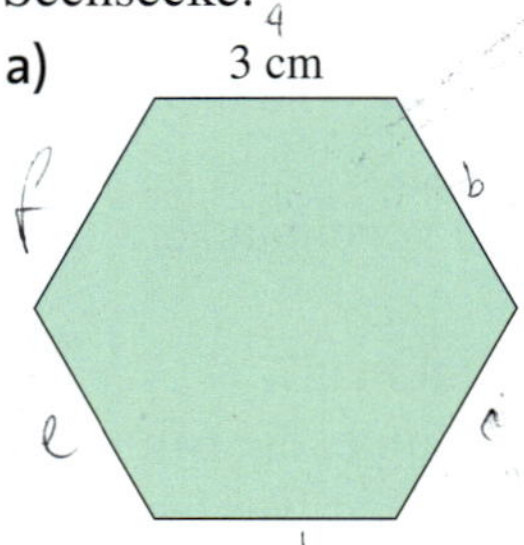

b)
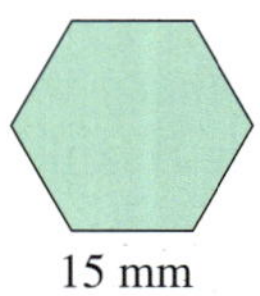

11 Benenne die Vielecke und berechne jeweils den Umfang.

a)
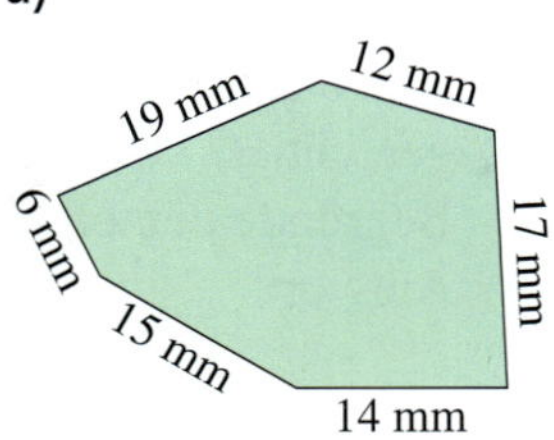

b)
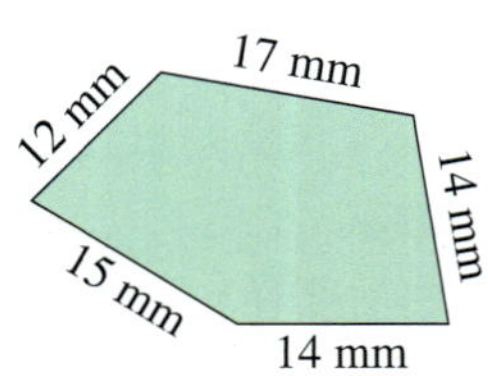

7 Berechne aus dem gegebenen Umfang die Seitenlänge des Quadrats in cm.

a) 144 cm b) 48 mm c) 25,6 dm
d) 4,4 dm e) 5,2 m f) 1,68 m
g) 44,8 dm h) 33,6 cm i) 2,56 m

8 Übertrage die Tabelle in dein Heft und fülle sie aus.

Seitenlänge *a*	Umfang *u* des Quadrats
	17 m 60 cm
	512 mm
6 cm 3 mm	
1 dm 8 cm	

9 Finde die Seitenlängen.

a) Welches Quadrat kann man aus 34 cm Draht biegen?
b) Welche Rechtecke kann man aus 34 cm Draht biegen? Gib alle Möglichkeiten für die Seitenlängen mit vollen Zentimetern an. Begründe, warum es mehr Möglichkeiten gibt als für Quadrate.
c) Welche Dreiecke kann man aus 34 cm Draht biegen? Gib mindestens vier Möglichkeiten an.

10 Berechne die fehlenden Maße und gib den Umfang der einzelnen Figuren an.

a)
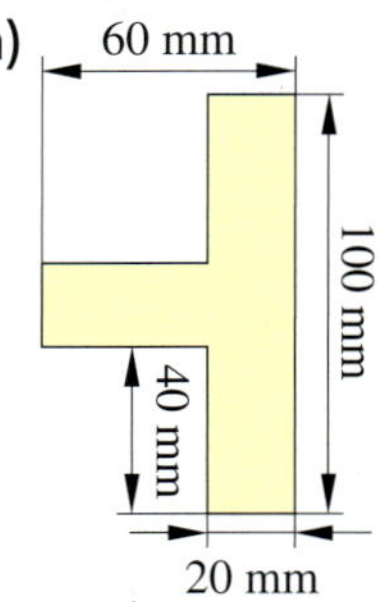

b)
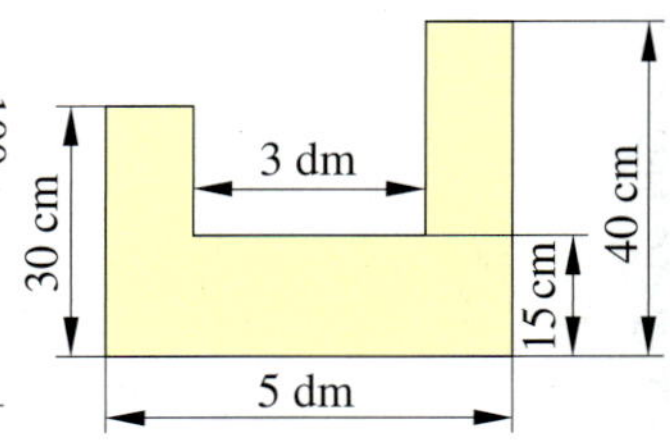

11 Berechne den Umfang der Figur.

a)
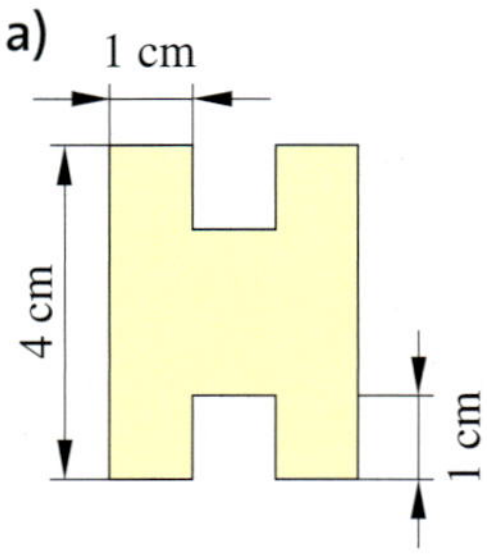

b)
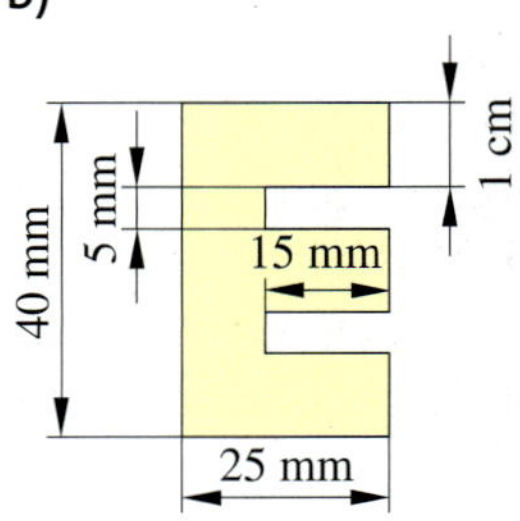

Vergleichen und Messen von Flächen

Entdecken

1 Muster aus Quadraten
Ihr benötigt Karopapier und einige farbige Stifte.
Zeichnet ein Quadrat mit einer Seitenlänge von 10 cm auf das Karopapier.
a) Unterteilt dieses Quadrat in kleinere Quadrate, die aus jeweils 4 Kästchen (1 cm Seitenlänge) bestehen.
b) Malt die kleinen Quadrate bunt aus. Achtet darauf, dass nebeneinander liegende Kästchen nicht die gleiche Farbe haben.

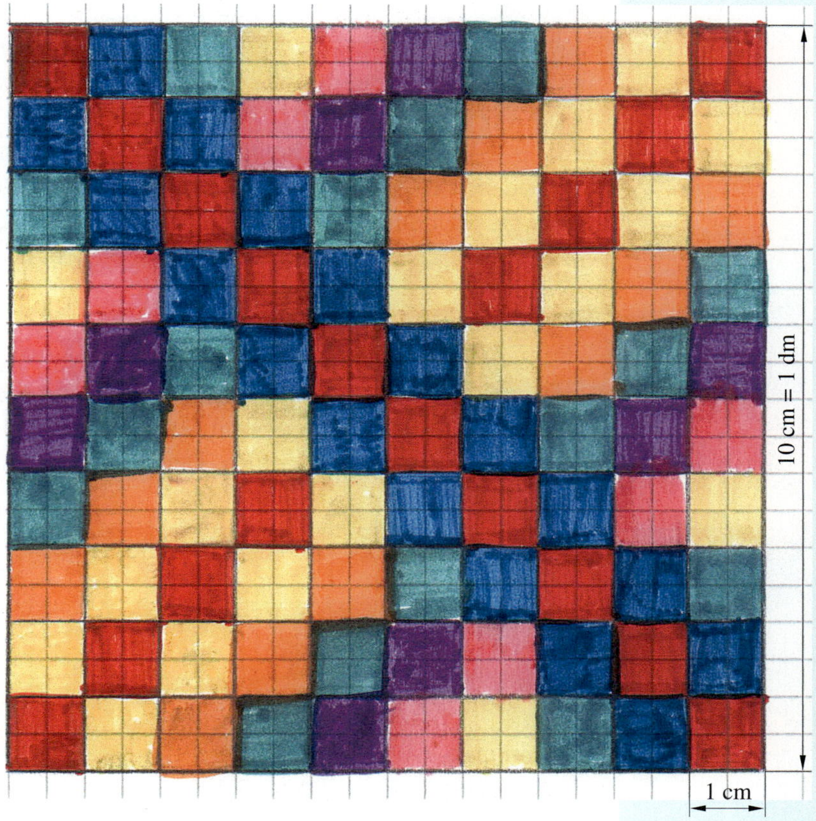

2 Nutze das Quadrat aus Aufgabe 1.
In eurem Klassenraum befinden sich viele rechteckige oder quadratische Gegenstände: z. B. die Tafel, der Tisch, das Mathematikbuch …
Schätze erst, wie viele deiner hergestellten Quadrate nötig sind, um den Gegenstand vollständig auszulegen. Überprüfe anschließend deine Schätzung durch Auslegen oder Messen.

Übertrage die Tabelle in dein Heft und trage die Ergebnisse ein.

Gegenstand	geschätzte Anzahl der Quadrate	genaue Anzahl der Quadrate
Tisch	60	…
…	…	…

3 Erstellt gemeinsam eine quadratische Collage für euer Klassenzimmer. Sie soll eine Seitenlänge von einem Meter haben. Nutzt dazu die Quadrate aus Aufgabe 1.
a) Was denkt ihr, wie viele Quadrate muss jeder anfertigen?
b) Stellt gemeinsam die Collage fertig.
c) Wie viele kleine Quadrate (1 cm Seitenlänge) könnt ihr auf der Collage sehen?

4 Lisa und Tom vergleichen ein Quadrat und ein Rechteck.
Sie fragen sich, ob beide Flächen den gleichen Flächeninhalt haben und wollen die Figuren mit den Figuren ① bis ④ auslegen.

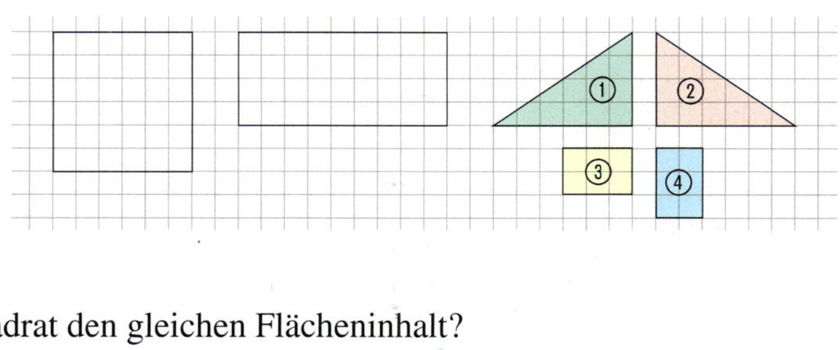

a) Vergleiche wie Lisa und Tom.
Haben das Rechteck und das Quadrat den gleichen Flächeninhalt?
b) Kannst du auch anders herausfinden, ob die Flächen gleich groß sind?

Verstehen

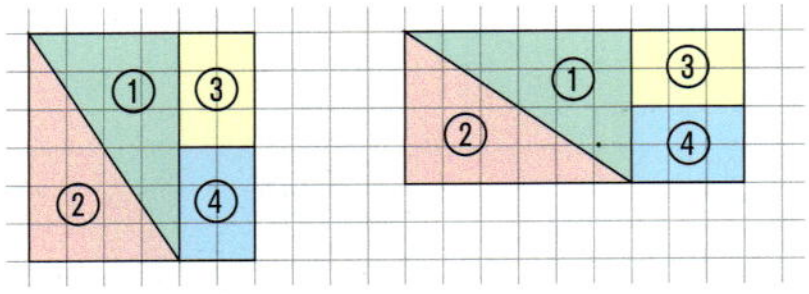

Das Quadrat und das Rechteck kann man mit der gleichen Anzahl gleicher Teilfiguren auslegen, daher haben beide Flächen den gleichen Flächeninhalt.

Merke Wenn man Flächen mit der gleichen Anzahl gleicher Teilflächen auslegen kann, dann haben sie den gleichen **Flächeninhalt**.
Der Flächeninhalt wird durch den Vergleich mit **Einheitsquadraten** gemessen.
Einheitsquadrate sind Quadrate, mit z. B. 1 cm oder 1 dm Seitenlänge.

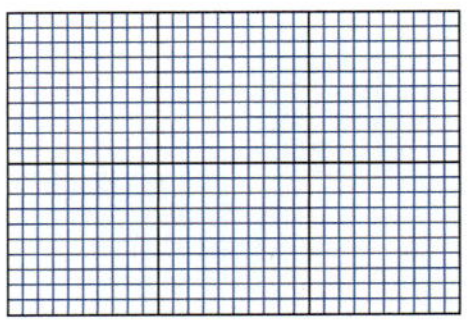

Beispiel 1

Das Rechteck ist 2 cm breit und 3 cm lang.
Das Rechteck kann mit 6 Einheitsquadraten mit der Seitenlänge 1 cm oder mit 600 Einheitsquadraten mit der Seitenlänge 1 mm ausgelegt werden. Der Flächeninhalt beträgt 6 cm^2 bzw. 600 mm^2.

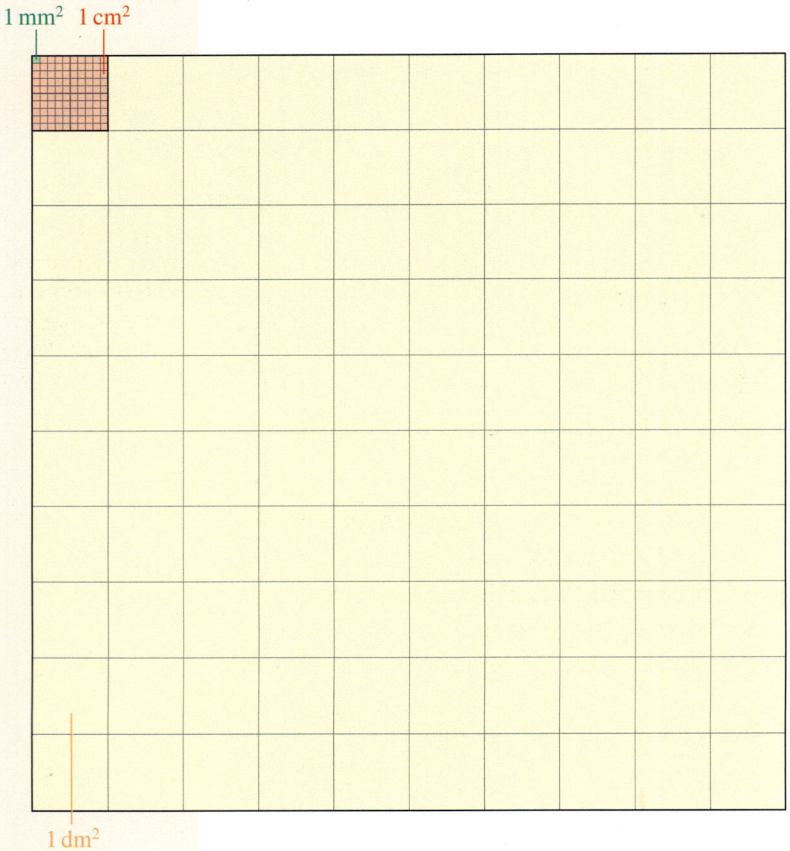

Flächeneinheiten und ihre Umrechnung

Quadratkilometer	km^2	1 km^2 = 100 ha
Hektar	ha	1 ha = 100 a
Ar	a	1 a = 100 m^2
Quadratmeter	m^2	1 m^2 = 100 dm^2
Quadratdezimeter	dm^2	1 dm^2 = 100 cm^2
Quadratzentimeter	cm^2	1 cm^2 = 100 mm^2
Quadratmillimeter	mm^2	

HINWEIS
Wird eine Größe in eine kleinere Maßeinheit umgerechnet, dann vergrößert sich die Maßzahl und umgekehrt.

Merke Wandelt man Flächenmaße in eine benachbarte Flächeneinheit um, so ist die **Umrechnungszahl 100**.

km^2 (· 100 →, ← : 100) **ha** (· 100 →, ← : 100) **a** (· 100 →, ← : 100) **m^2** (· 100 →, ← : 100) **dm^2** (· 100 →, ← : 100) **cm^2** (· 100 →, ← : 100) **mm^2**

Der Computerraum soll einen neuen Fußbodenbelag bekommen. Der Raum ist 8 m lang und 5 m breit.

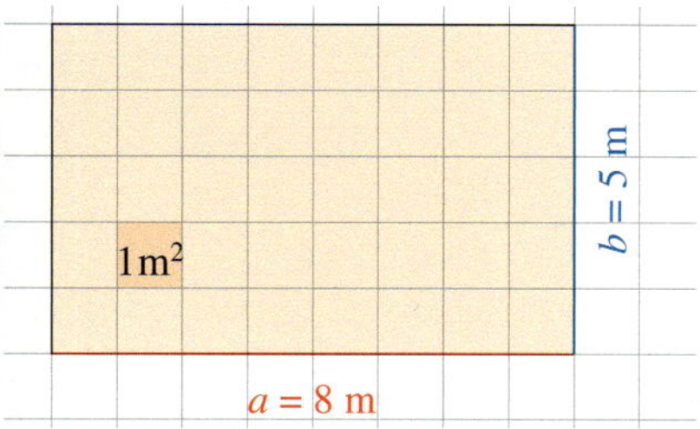

Der Raum kann mit 5 Reihen mit jeweils 8 Einheitsquadraten ausgelegt werden.

1 Einheitsquadrat hat den Flächeninhalt $1\,m^2$.

Somit hat er einen Flächeninhalt von $5 \cdot 8 \cdot \boxed{1\,m^2} = 40\,m^2$.

Merke Der **Flächeninhalt** A **eines Rechtecks** wird mit der Formel $\boldsymbol{A = a \cdot b}$ bestimmt.

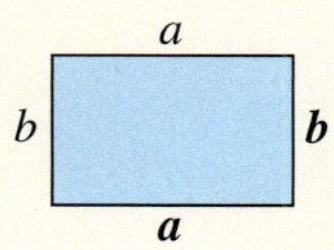

Der **Flächeninhalt** A **eines Quadrats** wird mit der Formel $\boldsymbol{A = a \cdot a}$ bestimmt.

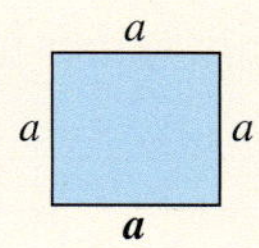

Üben und anwenden

1 Ordne den Bildern die folgenden Größen zu:
$1\,mm^2$, $1\,cm^2$, $1\,dm^2$, $1\,m^2$, 1 a, 1 ha, $1\,km^2$.

Tafelseite

Würfel-Seitenfläche

Fußballfeld

Helgoland

Ringermatte

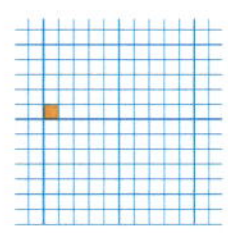
Millimeterpapier

Schokolade

HINWEIS
Ein Quadrat mit dem Flächeninhalt 1 a (1 ha) hat eine Seitenlänge von 10 m (100 m).

2 Zeichne die roten Flächen in dein Heft. Überprüfe, ob die roten Flächen den gleichen Flächeninhalt haben.
Zeichne dazu blaue Dreiecke so in die rote Fläche, dass sie vollständig ausgelegt ist.

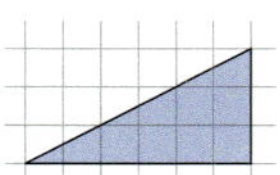

Beispiel

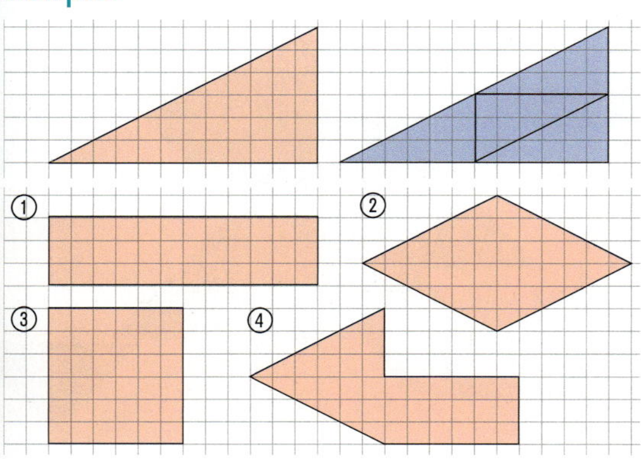

2 Übertrage die roten Flächen in dein Heft.
a) Überprüfe mithilfe der blauen Flächen, ob alle den gleichen Flächeninhalt haben.
b) Finde weitere Flächenpaare, die mit den blauen Figuren ausgelegt werden können.

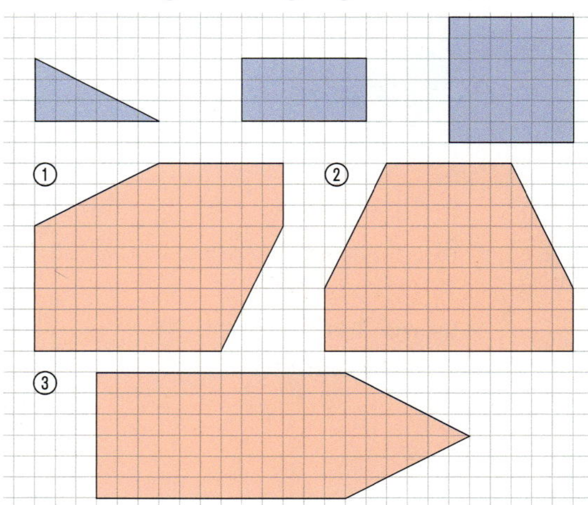

Thema: Mit dem Tangram Figuren legen

Das Tangram ist ein altes Legespiel aus China. Es besteht aus sieben Teilen, die durch Zerlegen eines Quadrats entstanden sind. Aus diesen Teilen lassen sich geometrische Figuren oder andere Bilder legen. Die Chinesen nennen das Tangram auch „Sieben-Schlau-Brett“ oder „Weisheitsbrett“, denn wenn man das Spiel nach den chinesischen Regeln spielen will, muss man beim Legen jeder Figur alle sieben Tans (Teile) des Tangrams benutzen und das ist nicht immer leicht. Wenn du die Lösung nicht findest, hilft vielleicht Teamarbeit.

1 Stelle nach der Anleitung ein Tangram selber her.

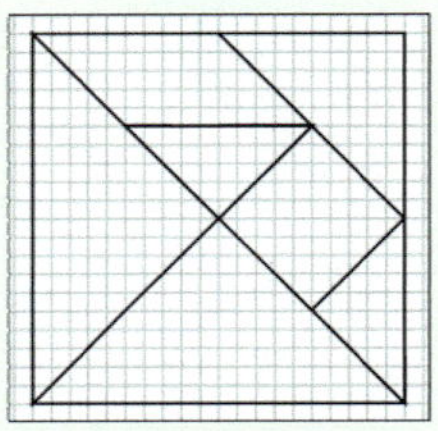

① Übertrage die Figur auf ein kariertes Blatt.

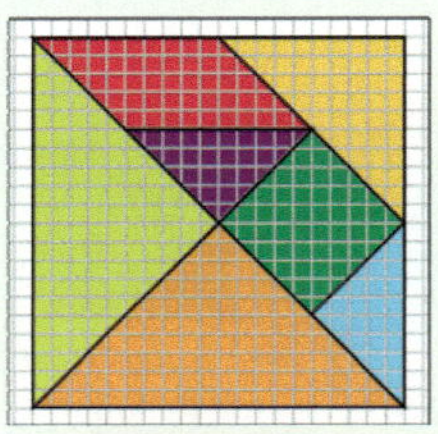

② Färbe die Flächen wie in der Zeichnung ein.

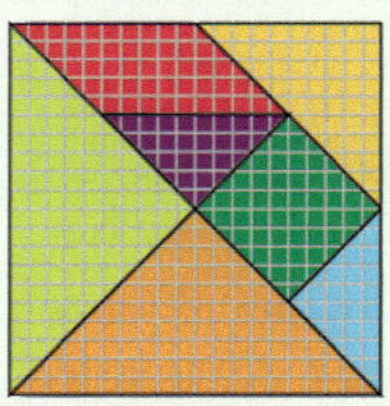

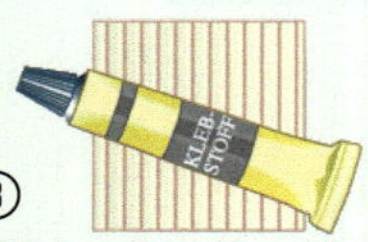

③ Klebe das Quadrat auf Pappe und schneide die Pappe passend zu.

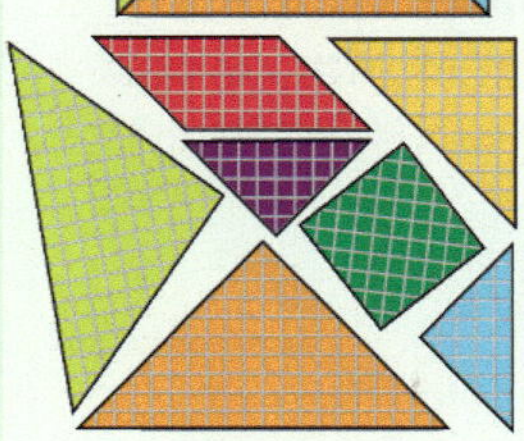

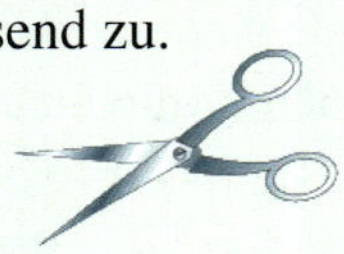

④ Schneide die Teilflächen aus.

2 Aus welchen Flächen besteht ein Tangram?

3 Lege die geometrischen Figuren mit den sieben Teilen des Tangrams nach.

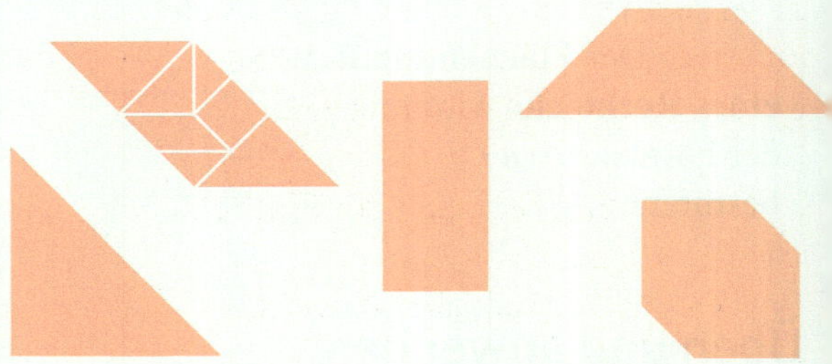

4 Lege die Häuser und Schiffe nach.

3 Zeichne die drei Figuren in dein Heft.

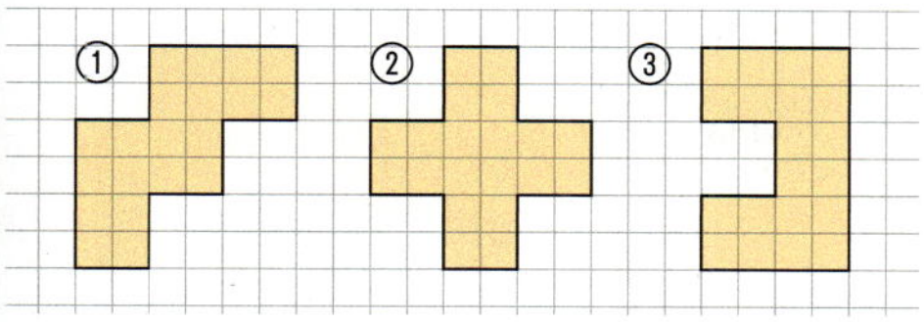

a) Begründe, warum alle drei Figuren den gleichen Flächeninhalt haben.
b) Figuren, die aus 5 gleich großen Quadraten zusammengesetzt sind, nennt man Pentominos. Erfinde weitere Pentominos und zeichne sie in dein Heft.

---

4 Mit welcher Flächeneinheit wird die Größe der Flächen sinnvoll angegeben? Begründe.

a) Postkarte b) DIN-A4-Heft
c) Poster d) Briefmarke
e) Toastbrotscheibe f) Handy-Display

4 Ordne den richtigen Flächeninhalt zu.

a) Briefmarke ① $72\,dm^2$
b) Schülertisch ② $170\,cm^2$
c) CD-Hülle ③ $480\,mm^2$
d) Mathematikbuch ④ $3\,m^2$
e) Plakat ⑤ $5\,dm^2$

---

5 Gib den Flächeninhalt der Fläche in mm^2 und in cm^2 an.
Beschreibe, wie du dabei vorgehst.

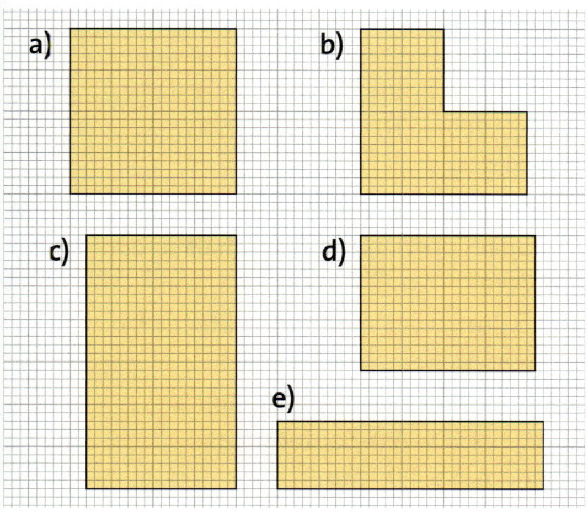

5 Gib den Flächeninhalt in mm^2 an.
Beschreibe, wie du dabei vorgehst.

Beispiel

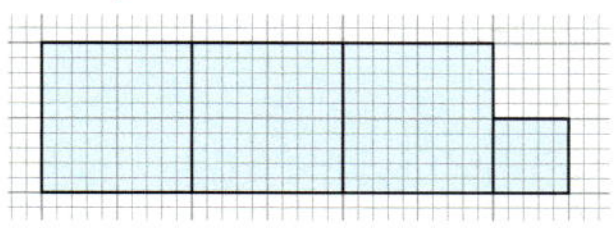

$3\,cm^2\ 25\,mm^2 = 325\,mm^2$

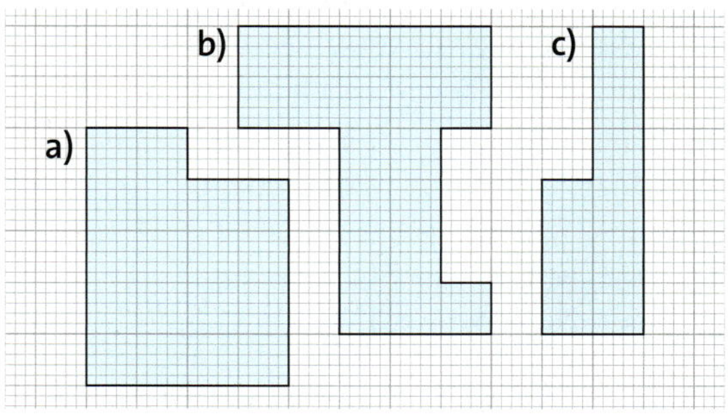

---

6 Übertrage die Stellenwerttafel in dein Heft. Rechne mithilfe der Stellenwerttafel in die nächstkleinere Einheit um.

Beispiel $6\,dm^2 =$

m²		dm²		cm²		mm²	
Z	E	Z	E	Z	E	Z	E
			6				
			6	0	0		

$\cdot 100$

$6\,dm^2$
$= 600\,cm^2$

a) $5\,m^2$ b) $9\,cm^2$ c) $50\,dm^2$
d) $18\,m^2$ e) $25\,cm^2$ f) $60\,dm^2$
g) $130\,m^2$ h) $190\,cm^2$ i) $106\,dm^2$

6 Übertrage die Stellenwerttafel in dein Heft. Rechne in die nächstkleineren Einheiten um.

Beispiel $2\,m^2 =$

m²		dm²		cm²		mm²		
	2							$2\,m^2$
	2	0	0					$= 200\,dm^2$
	2	0	0	0	0			$= 20\,000\,cm^2$
	2	0	0	0	0	0	0	$= 2\,000\,000\,mm^2$

a) $15\,m^2$ b) $3\,dm^2$ c) $4\,m^2$
d) $70\,cm^2$ e) $98\,dm^2$ f) $600\,cm^2$
g) $400\,m^2$ h) $105\,dm^2$ i) $1\,100\,cm^2$

7 Umwandeln von Flächeneinheiten

a) Schreibe in Quadratzentimeter.
① $700\,mm^2$ ② $600\,mm^2$ ③ $2\,600\,mm^2$
④ $2\,dm^2$ ⑤ $11\,dm^2$ ⑥ $534\,dm^2$

b) Schreibe in Quadratdezimeter.
① $900\,cm^2$ ② $1\,200\,cm^2$ ③ $1\,500\,cm^2$
④ $2\,m^2$ ⑤ $9\,m^2$ ⑥ $55\,m^2$

8 Kontrolliere die Hausaufgaben von Tina. Erkläre ihre Fehler und korrigiere sie.

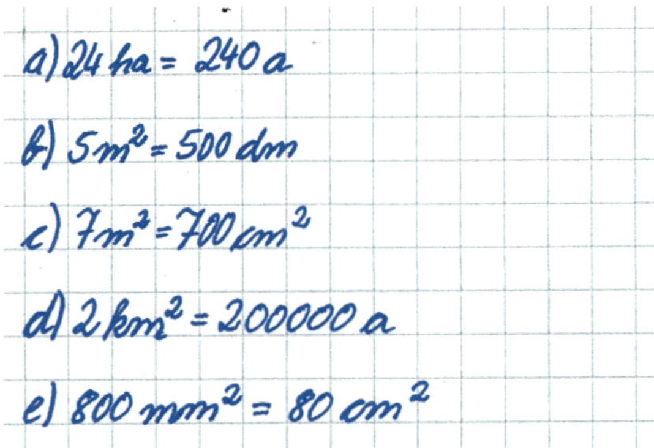

9 Ordne die Flächeninhalte der Größe nach.
$1\,m^2$; $200\,dm^2$; $300\,cm^2$; $40\,000\,mm^2$

10 Zeichne je zwei verschiedene Rechtecke mit dem angegebenen Flächeninhalt ins Heft.

a) $12\,cm^2$ b) $20\,cm^2$
c) $1\,dm^2$ d) $500\,mm^2$

11 Wie groß ist der Flächeninhalt …

a) einer Tischplatte 80 cm × 120 cm?
b) einer Wiese 114 m × 52 m?
c) der abgebildeten Briefmarke?

d) eines Plakats 40 cm × 60 cm?
e) eines Kinderzimmers 3 m × 4 m?
f) einer Reithalle 30 m × 66 m?

12 Der Fußboden einer Küche soll mit quadratischen Fliesen ausgelegt werden. Die Küche hat eine Länge von 400 cm und eine Breite von 250 cm.
Eine Fliese ist $500\,cm^2$ groß.
Wie viele Fliesen werden mindestens benötigt?

7 Wandle die Angaben einmal in die nächstkleinere Einheit und einmal in die nächstgrößere Einheit um.

a) $3\,000\,dm^2$ b) $5\,500\,dm^2$
c) $400\,m^2$ d) $3\,500\,m^2$
e) $987\,dm^2$ f) $5\,995\,dm^2$
g) $4\,004\,m^2$ h) $9\,090\,m^2$

8 Kai liebt große Zahlen. Überprüfe, ob seine Behauptungen stimmen können.

a) Ein Toastbrot ist $1\,200\,000\,mm^2$ groß.
b) Mein Kinderzimmer ist mindestens $154\,000\,cm^2$ groß.
c) Unser Garten ist $300\,000\,000\,mm^2$ groß.
d) Rheinland-Pfalz hat eine Fläche von $19\,854\,000\,000\,m^2$.
e) Unser Schulhof ist $25\,000\,000\,mm^2$ groß.

9 Ordne die Flächeninhalte der Größe nach.
$2\,km^2$; 120 ha; 1 300 a; $1\,000\,000\,m^2$

10 Zeichne je zwei verschiedene Flächen mit dem angegebenen Flächeninhalt in dein Heft.

a) $17\,cm^2$ b) $15{,}5\,cm^2$
c) $1{,}5\,dm^2$ d) $480\,mm^2$

11 Wie groß ist der Flächeninhalt …

a) eines DIN-A 4-Papierbogens 210 mm × 297 mm?
b) der Grundfläche eines Schwimmbeckens 10 m × 25 m?
c) eines Handballfeldes 20 m × 40 m?
d) eines Hasenstalls 194 cm × 80 cm?
e) einer Taste vom Mobiltelefon 8 mm × 6 mm
f) eines Gartens 11 m × 16 m?

12 Frau Müller-Fieler streicht die Decke ihres Wohnzimmers, die 75 dm lang und 45 dm breit ist. Wie viele Dosen weißer Deckenfarbe braucht sie zum Streichen der Decke, wenn sie sparsam mit der Farbe umgeht?

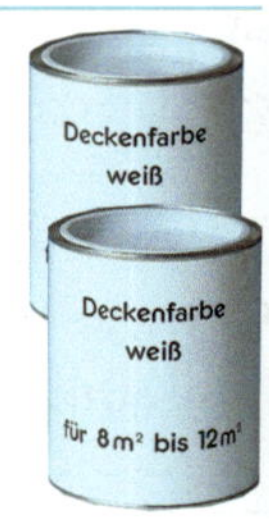

13 Wandle in die gleiche Einheit um und berechne den Flächeninhalt der Rechtecke.

a) $a = 6\,\text{cm}$; $b = 18\,\text{mm}$
b) $a = 45\,\text{mm}$; $b = 2\,\text{cm}$
c) $a = 750\,\text{m}$; $b = 2\,\text{km}$
d) $a = 6\,\text{dm}$; $b = 200\,\text{cm}$
e) $a = 2\,\text{m}\ 2\,\text{cm}$; $b = 20\,\text{cm}$

14 Berechne die fehlenden Größen.
Beispiel $8 \cdot 7\,\text{cm}^2 = 56\,\text{cm}^2$

	a)	b)	c)	d)	e)
a	3 m	10 m	15 mm	12 dm	14 cm
b	6 m		2 mm		
A		$170\,\text{m}^2$		$96\,\text{dm}^2$	$84\,\text{cm}^2$

15 Ordne die Seitenlängen der Quadrate im linken Kasten den entsprechenden Flächeninhalten im rechten Kasten zu. Ergänze anschließend fehlende Angaben.

7 cm, 18 cm, 3 cm, 25 cm, 8 cm, 12 cm, 19 cm, 6 cm, 13 cm

$144\,\text{cm}^2$, $169\,\text{cm}^2$, $324\,\text{cm}^2$, $49\,\text{cm}^2$, $9\,\text{cm}^2$, $36\,\text{cm}^2$, $625\,\text{cm}^2$, $121\,\text{cm}^2$

16 Der quadratische Fußboden eines Raums soll mit Parkett ausgelegt werden.

a) Berechne den Flächeninhalt des Fußbodens, wenn seine Seitenlänge 6 m beträgt.
b) Wie viel muss man bezahlen, wenn $1\,\text{m}^2$ Parkett 24 € kostet?

17 Ein Quadrat hat die folgende Seitenlänge. Berechne jeweils den Flächeninhalt.

a) 10 cm
b) 16 mm
c) 45 m
d) 31 dm
e) 3,5 cm
f) 10,6 m
g) 26,5 cm
h) 10,4 dm

18 Fülle die Tabelle mit den Maßen eines Quadrats im Heft aus.

Seitenlänge	4 cm	6	6 dm	7
Flächeninhalt	1[illegible]	$36\,\text{m}^2$	36	$49\,\text{mm}^2$

13 Berechne jeweils den Flächeninhalt der Rechtecke. Rechne die Probe.

a) $a = 3\,\text{m}$; $b = 27\,\text{cm}$
b) $a = 56\,\text{mm}$; $b = 8\,\text{dm}$
c) $a = 880\,\text{m}$; $b = 2\,\text{km}$
d) $a = 401\,\text{mm}$; $b = 25\,\text{dm}$
e) $a = 2\,030\,\text{cm}$; $b = 3{,}10\,\text{m}$

14 Berechne die fehlenden Größen.
Beispiel $9 \cdot 13\,\text{cm}^2 = 117\,\text{cm}^2$

	a)	b)	c)	d)	e)
a	55 m	43 m	94 dm	25 m	5 cm
b	3 m		94 dm		
A		$2\,236\,\text{m}^2$		$4\,275\,\text{m}^2$	$760\,\text{cm}^2$

15 Gegeben sind die Seitenlängen eines Quadrats. Ordne jeder Seitenlänge jeweils den entsprechenden Flächeninhalt zu. Bestimme anschließend fehlende Angaben.

a) 9 cm
b) 15 mm
c) 5 dm
d) 2 m
e) 12 mm
f) 2 dm 2 cm

$1\,\text{cm}^2\ 44\,\text{mm}^2$, $484\,\text{cm}^2$, $400\,\text{dm}^2$, $81\,\text{cm}^2$, $2\,\text{cm}^2\ 25\,\text{mm}^2$, $250\,000\,\text{mm}^2$, $16\,\text{cm}^2$

16 Auf dem Fußboden einer Küche sollen Fliesen verlegt werden. Die Küche ist quadratisch mit einer Seitelänge von 55 dm.

a) Welchen Flächeninhalt hat der Fußboden?
b) Berechne die Kosten der Fliesen für einen Quadratmeterpreis von 20 €.

17 Berechne den Flächeninhalt der Quadrate für die gegebenen Seitenlängen.

a) 12 cm
b) 5 mm
c) 24,5 m
d) 18,6 dm
e) 2,6 cm
f) 14,2 m
g) 9,5 cm
h) 150,1 dm

18 Fülle die folgende Tabelle mit den Maßen eines Quadrats in deinem Heft aus.

Seitenlänge	3,5 cm		1,4 dm	
Flächeninhalt		$16\,\text{mm}^2$	5,	49 a

19 Welche Seitenlänge haben die Quadrate?

a) $A = 9\,m^2$ b) $A = 4\,cm^2$
c) $A = 100\,dm^2$ d) $A = 25\,cm^2$

19 Welche Seitenlänge haben die Quadrate?

a) $A = 81\,cm^2$ b) $A = 144\,mm^2$
c) $A = 225\,dm^2$ d) $A = 10\,000\,mm^2$

20 Der quadratische Fußboden eines Saals soll einen neuen Fußboden bekommen. Der Saal hat eine Länge von 13 m. Wie viel Quadratmeter müssen verlegt werden?

20 Ein 3 m langer und 3 m breiter Raum soll mit rechteckigen Fliesen ausgelegt werden. Die Fliesen sind 10 cm lang und 15 cm breit. Ist das möglich? Begründe.

21 Beantwortet folgende Frage: Reichen die Seiten eines einzelnen Mathematikbuchs aus, um damit die Wände eures Klassenzimmers zu tapezieren?
Schätzt dazu die Breite und Höhe der Wände eures Klassenraums und den Flächeninhalt einer Seite eures Mathematikbuchs. Überprüft eure Schätzung durch Messen.
Beschreibt, wie ihr vorgeht.

22 Berechne den Flächeninhalt der abgebildeten Rasenfläche.
Findest du einen weiteren Rechenweg?
Vergleicht eure Rechenwege untereinander.

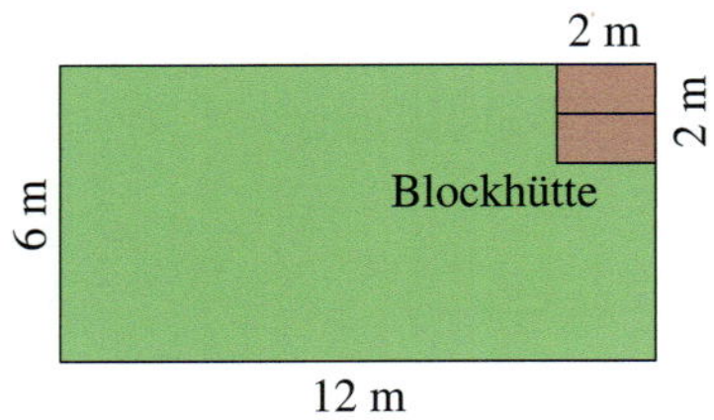

22 Miss die Längen der Figur.
Berechne den Flächeninhalt auf möglichst vielen verschiedenen Wegen.
Vergleicht eure Rechenwege untereinander.

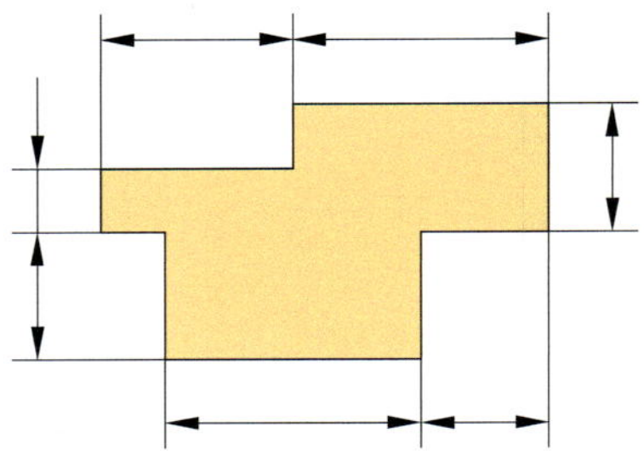

HINWEIS
zu 23
Du kannst dein Ergebnis überprüfen, indem du z. B. im Lexikon nachschlägst.

23 Berechne den Flächeninhalt der geometrischen Figur.

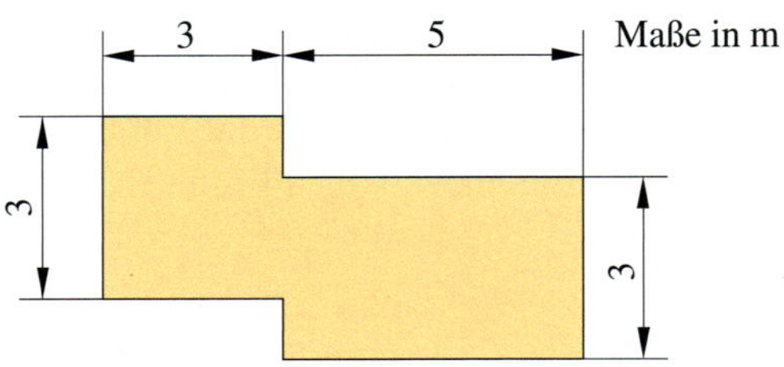

23 Arbeitet zu zweit.
Welchen Flächeninhalt hat der Bodensee?
Beschreibt eure Lösungsschritte.

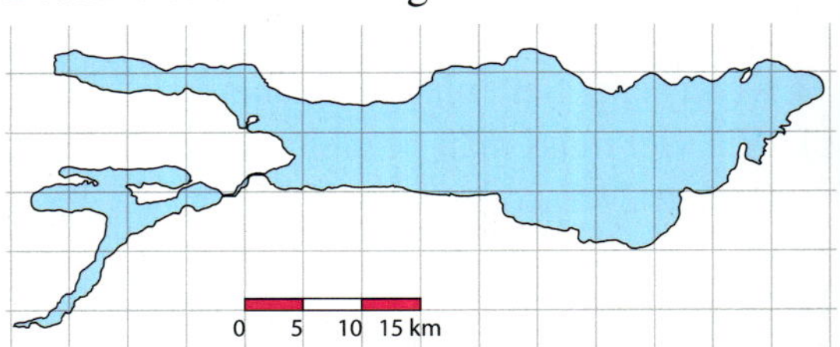

24 Arbeitet zu zweit.
Sarah hat einige Behauptungen über den Flächeninhalt von Rechtecken aufgestellt.
Überprüft, ob sie recht hat. Falls nicht, begründet z. B mit einem Gegenbeispiel.

① Wenn man bei einem Rechteck die Breite verdoppelt und die Länge beibehält, dann verdoppelt sich auch der Flächeninhalt.

② Wenn man bei einem Rechteck die Breite verdreifacht und die Länge verdoppelt, dann verfünffacht sich der Flächeninhalt.

③ Wenn man bei einem Quadrat alle Seitenlängen verdoppelt, dann verdoppelt sich auch der Flächeninhalt.

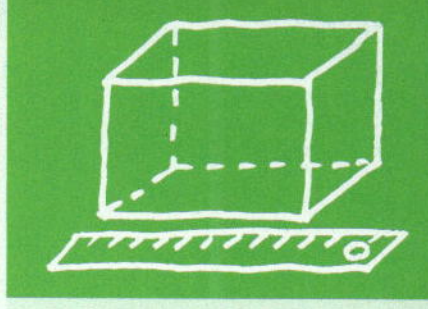

Methode: Dreiecke mit dem Computer zeichnen

Mithilfe des Computers kann man wie auf Papier geometrische Figuren zeichnen.
Das Computerprogramm dazu ist eine dynamische Geometrie-Software (abgekürzt DGS).
Die Arbeit mit einer dynamischen Geometrie-Software bietet Vorteile:
Figuren können schnell und genau gezeichnet werden, aber auch bewegt und verändert werden.
Die fertigen Zeichnungen können gespeichert und ausgedruckt werden.

HINWEIS
Alle Aufgaben beziehen sich auf GeoGebra. Es gibt weitere Programme zum Konstruieren wie z.B. GEONExT und DynaGeo.

1 Grundwerkzeuge

Öffne das Programm, klicke in der Menü-Leiste auf **Perspektive** und wähle **Geometrie** aus.
Mache dich nun mit den Werkzeugen des Programms vertraut. Zeichne einige Grundelemente wie Strecke, Kreis oder Dreieck.
Auf den einzelnen Werkzeug-Schaltflächen siehst du kleine Dreiecke. Wenn du auf den unteren Rand der Schaltfläche klickst, wird das Dreieck rot und du kannst aus weiteren Werkzeugen wählen. Probiere die einzelnen Werkzeuge aus.

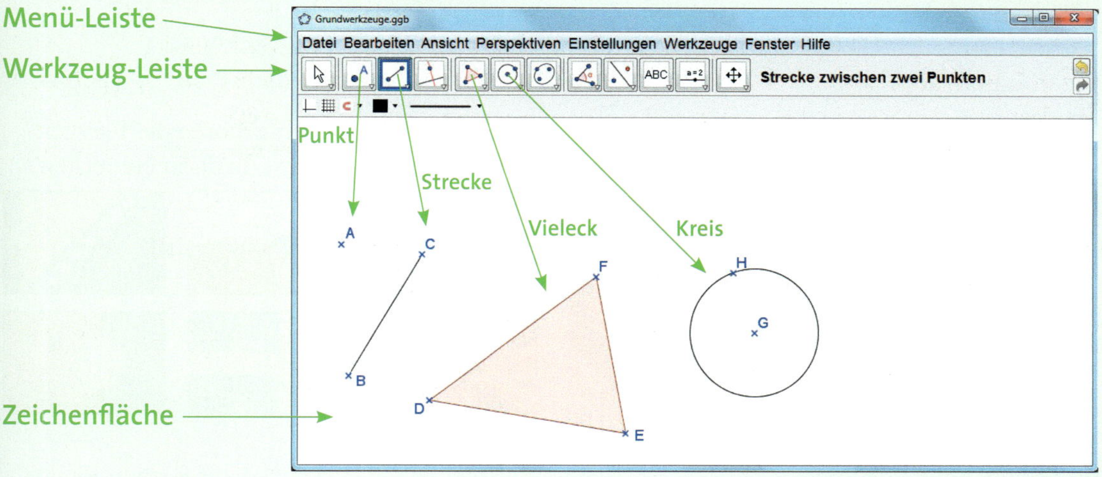

2 Zeichne erste Figuren mithilfe dynamischer Geometrie-Software.

a) Zeichne verschiedene Dreiecke, Vierecke und Kreise.
b) Zeichne drei sich schneidende Geraden. Bewege diese.
Wie viele Schnittpunkte sind möglich?
c) Zeichne verschiedene Flaggen.
Tipp: Wenn du mit der rechten Maustaste auf eine Figur klickst, kannst du unter Eigenschaften die Farbe ändern.

3 Koordinatensystem und Gitterlinien

Auf der Zeichenfläche kann man ein Koordinatensystem und Gitterlinien einblenden.
a) Zeichne das nebenstehende Dreieck über die Eckpunkte ab.
b) Zeichne weitere Figuren mithilfe ihrer Eckpunkte.
Beschreibe jeweils ihre Form.
① $D(5|5)$, $E(5|7)$, $F(1|7)$, $G(1|5)$
② $H(5|3)$, $I(6|1)$, $J(8|2)$, $K(7|4)$
③ $L(7|8)$, $M(6|7)$, $N(6|5)$, $O(8|5)$, $P(8|7)$

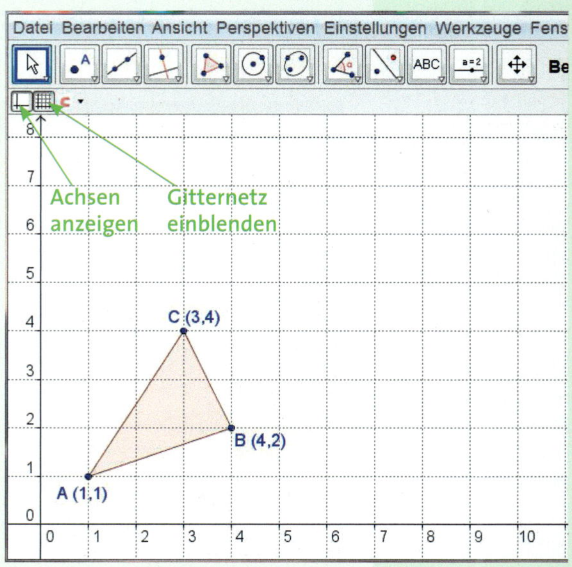

Klar so weit?

→ Seite 158

Flächenformen erkennen und benennen

1 Welche der Figuren sind Rechtecke? Begründe.
Welche anderen Vierecke sind abgebildet?

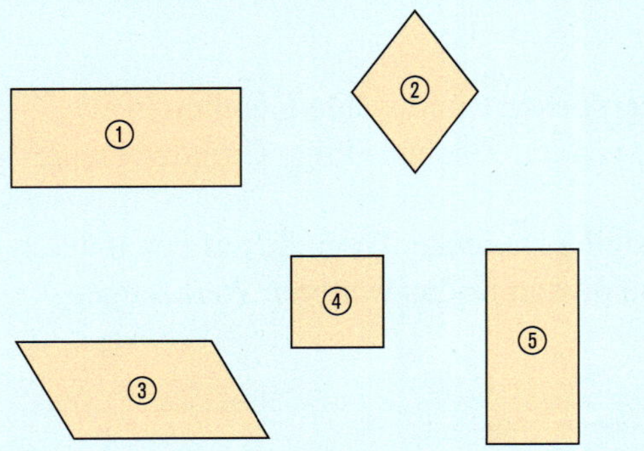

1 Diese Figuren sind keine Rechtecke. Welche Eigenschaften sind nicht erfüllt?

a)
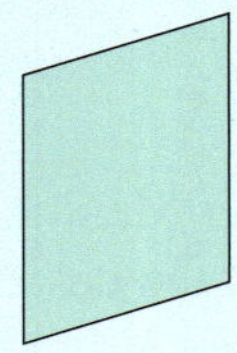

b)
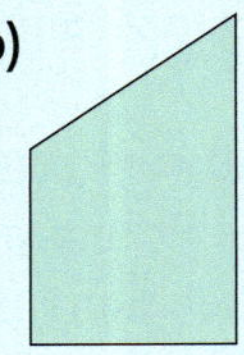

c)
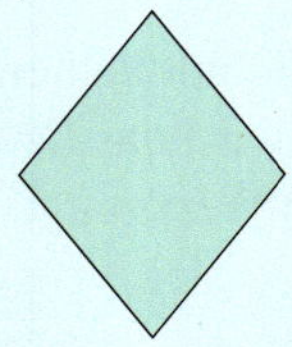

d)
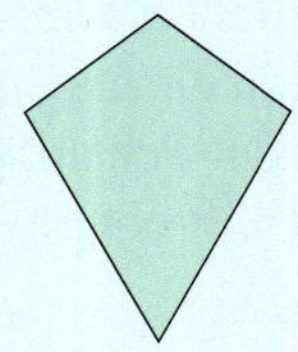

2 Der Künstler Max Bill verwendete in seinen Grafiken Vielecke.
Beschreibe, welche Vielecke in dem Bild zu sehen sind. Kannst du auch erklären, wie das Bild nach und nach entsteht?

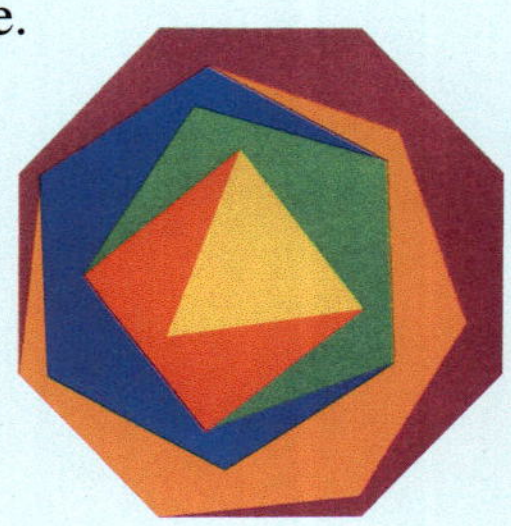

2 Zu welchen Staaten gehören die Flaggen? Welche Vielecke kannst du darin entdecken?

3 Zeichne folgende Rechtecke.
a) Länge $a = 4\,\text{cm}$; Breite $b = 3\,\text{cm}$
b) Länge $a = 5\,\text{cm}$; Breite $b = 5\,\text{cm}$
c) Länge $a = 5{,}2\,\text{cm}$; Breite $b = 7\,\text{cm}$

3 Zeichne die Rechtecke auf Blanko-Papier.
a) $a = 6\,\text{cm}$, $b = 4\,\text{cm}$
b) $a = 4\,\text{cm}$, $b = 2\,\text{cm}$
c) $a = 5{,}5\,\text{cm}$, $b = 3{,}5\,\text{cm}$

→ Seite 164

Umfang von Vielecken

4 Ein Rechteck hat die Länge a und die Breite b. Berechne den Umfang.
a) $a = 4\,\text{cm}$, $b = 9\,\text{cm}$
b) $a = 22\,\text{m}$, $b = 41\,\text{m}$
c) $a = 13{,}0\,\text{cm}$, $b = 150\,\text{mm}$

4 Berechne den Umfang für ein …
a) Rechteck mit $a = 5{,}7\,\text{cm}$; $b = 23\,\text{mm}$.
b) Quadrat mit $a = 4{,}2\,\text{cm}$.
c) gleichseitiges Dreieck mit $a = 5{,}6\,\text{cm}$.

5 Berechne den Umfang der Figur.

a)
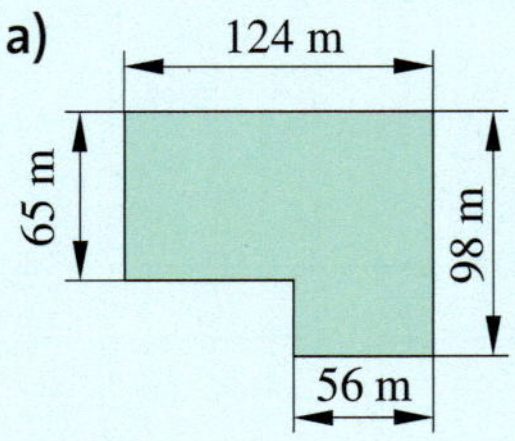

b)
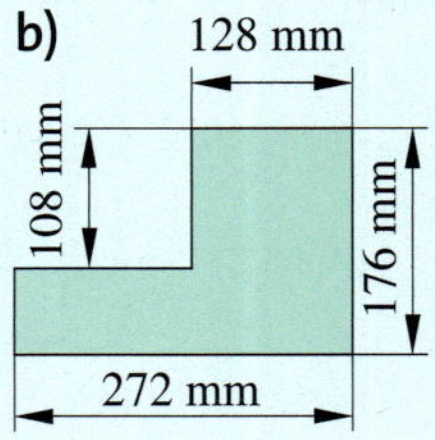

5 Berechne die Umfänge (Angaben in mm).

a)
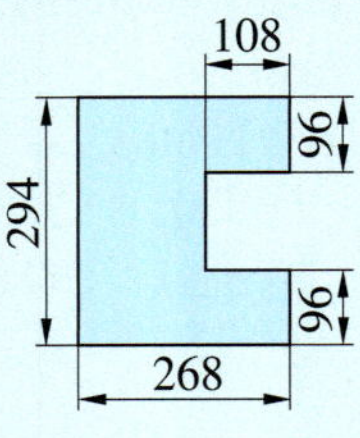

b)
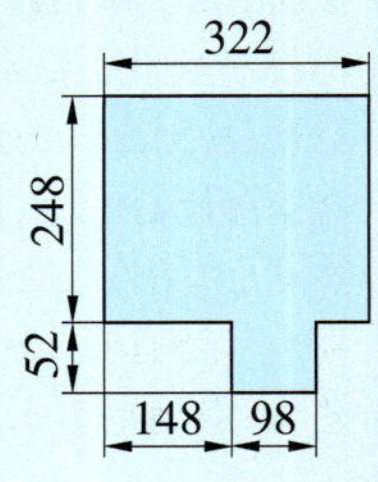

6 Welche Seitenlänge a hat das Viereck?

a) Quadrat mit $u = 64\,\text{cm}$

b) Rechteck mit $u = 136\,\text{m}$; $b = 17\,\text{m}$

7 Ein rechteckiger Garten hat eine Länge von 87 m und eine Breite von 54 m. Wie viel Meter Maschendraht werden zur Einzäunung des Gartens gebraucht, wenn man für den Eingang 2 m frei lässt?

6 Welche Seitenlänge a hat das Viereck?

a) Quadrat mit $u = 22{,}84\,\text{dm}$

b) Parallelogramm mit $u = 9\,\text{m}$; $b = 2{,}1\,\text{m}$

7 In einem Raum mit zwei Türen (jeweils 1 m 6 cm breit) sollen Fußleisten verlegt werden. Der Raum ist 4 m 82 cm lang und 3 m 90 cm breit.
Wie viel Meter Leisten werden benötigt?

Vergleichen und Messen von Flächen

→ Seite 168/169

8 Ordne die Flächen der Größe nach.

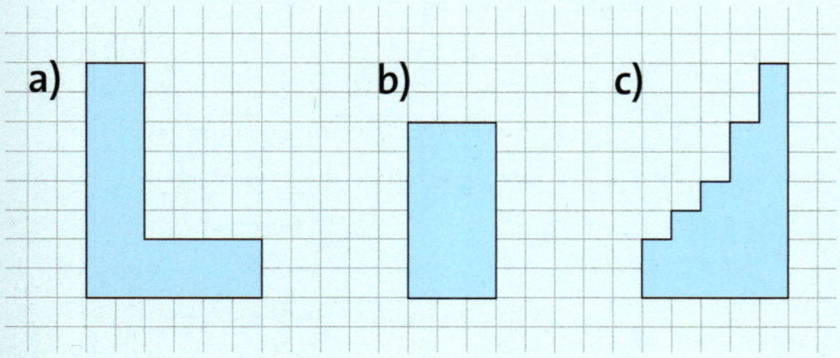

9 Berechne.

a) $10\,\text{m}^2 + 14\,\text{m}^2 + 7\,\text{m}^2$

b) $556\,\text{cm}^2 - 329\,\text{cm}^2 + 178\,\text{cm}^2$

c) $5\,\text{dm}^2 + 127\,\text{cm}^2 + 29\,\text{cm}^2$

d) $4\,\text{m}^2 + 210\,\text{dm}^2 - 57\,\text{dm}^2$

10 Schreibe in der nächstkleineren Einheit.

a) $10\,\text{dm}^2$; $115\,\text{a}$; $65\,\text{dm}^2$; $44\,\text{km}^2$

b) $8\,\text{km}^2$; $100\,\text{dm}^2$; $202\,\text{cm}^2$; $22\,\text{m}^2$

c) $15\,\text{cm}^2$; $37\,\text{m}^2$; $368\,\text{cm}^2$; $12\,\text{m}^2$

11 Berechne den Flächeninhalt des Rechtecks aus den gegebenen Seitenlängen.

Länge	4 cm	25 mm	12 m	40 dm
Breite	3 cm	6 mm	10 m	20 dm

12 Berechne den Flächeninhalt des Quadrats.

a) $a = 7\,\text{cm}$ b) $a = 35\,\text{m}$ c) $a = 90\,\text{km}$

13 Berechne die Breite des Rechtecks.

a) $A = 216\,\text{m}^2$; $a = 18\,\text{m}$

b) $A = 253\,\text{cm}^2$; $a = 23\,\text{cm}$

c) $A = 156\,\text{dm}^2$; $a = 12\,\text{dm}$

d) $A = 300\,\text{mm}^2$; $a = 25\,\text{mm}$

8 Ordne die Flächen der Größe nach.

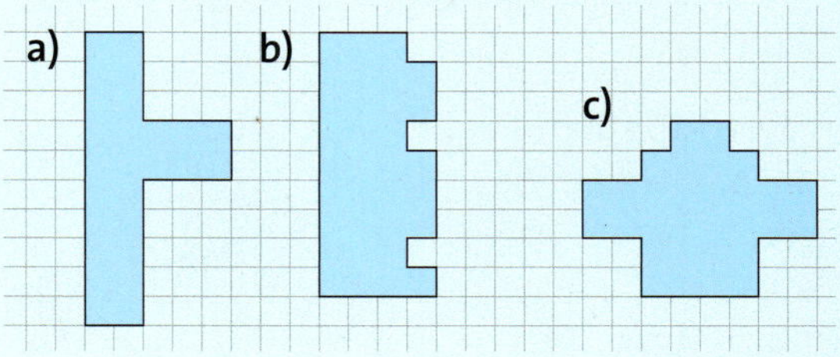

9 Berechne.

a) $4\,\text{dm}^2\,25\,\text{cm}^2 + 75\,\text{cm}^2 - 2\,\text{dm}^2$

b) $2\,\text{m}^2\,11\,\text{dm}^2 - 1\,\text{m}^2\,47\,\text{dm}^2$

c) $12\,\text{cm}^2\,50\,\text{mm}^2 - 3\,\text{cm}^2\,75\,\text{mm}^2 - 90\,\text{mm}^2$

d) $17\,\text{dm}^2\,1\,\text{cm}^2 + 3\,\text{dm}^2\,29\,\text{cm}^2 - 21\,\text{cm}^2$

10 Schreibe in der nächstkleineren Einheit.

a) $5\,338\,\text{dm}^2$; $85\,\text{a}$; $23\,\text{ha}$; $6\,544\,\text{km}^2$

b) $1\,\text{m}^2$; $10\,102\,\text{ha}$; $298\,\text{cm}^2$; $785\,\text{m}^2$

c) $23\,\text{m}^2\,56\,\text{dm}^2$; $41\,\text{m}^2\,42\,\text{dm}^2$; $2\,\text{a}\,9\,\text{m}^2$

11 Berechne die Flächeninhalte der Rechtecke mit folgenden Angaben:

Länge	5 dm	14 mm	3 m 2 dm	5 cm 5 mm
Breite	15 cm	3 cm	19 dm	2 dm 4 cm

12 Berechne den Flächeninhalt des Quadrats.

a) $a = 6\,\text{km}\,100\,\text{m}$ b) $a = 82\,\text{m}\,40\,\text{cm}$

13 Berechne die Breite des Rechtecks.

a) $A = 256\,\text{mm}^2$; $a = 32\,\text{mm}$

b) $A = 1\,840\,\text{cm}^2$; $a = 4\,\text{dm}\,6\,\text{cm}$

c) $A = 363\,\text{km}^2$; $a = 110\,000\,\text{dm}$

d) $A = 42\,\text{a}$; $a = 60\,\text{m}$

Vermischte Übungen

1 Übertrage die Vierecke in dein Heft.
Was für Vierecke sind es? Begründe.

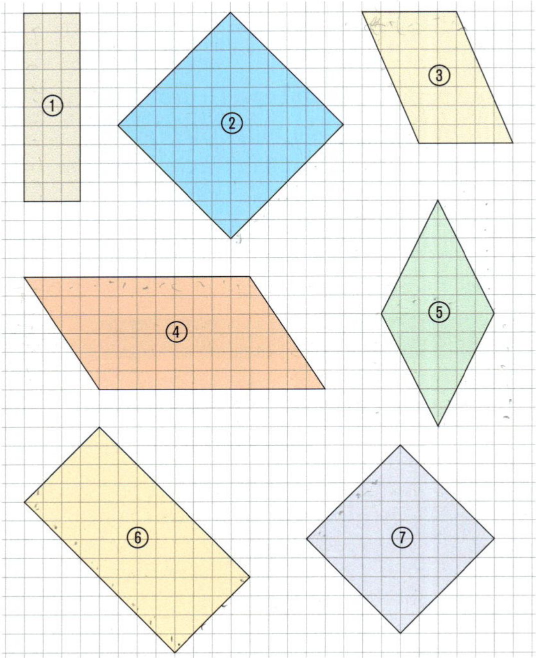

1 Übertrage jedes Dreieck ins Heft.
Kannst du es zu einem Rechteck ergänzen?
Falls ja, zeichne das Rechteck.
Falls nein, begründe, warum nicht.

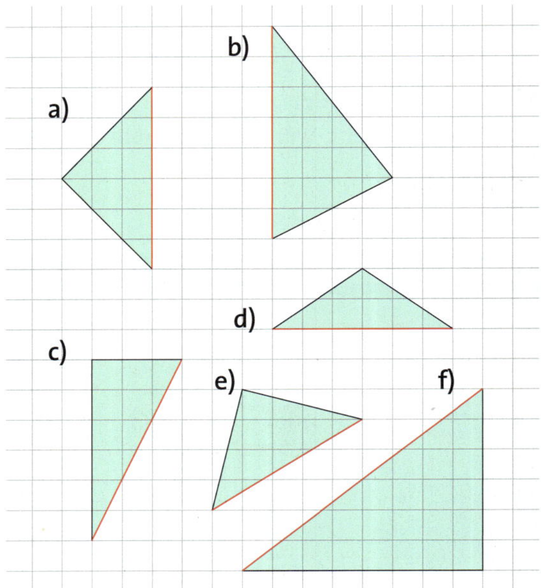

2 Betrachte das Bild von Paul Klee.

a) Welche Vielecke erkennst du?
b) Wie viele Rechtecke findest du?

2 Betrachte das Fachwerkhaus.

a) Welche Vielecke erkennst du?
b) Wie viele Rechtecke findest du?

3 Finde die Seitenlängen.

a) Welches Quadrat kann man aus 64 cm Draht biegen?

b) Gib vier verschiedene Rechtecke an, die man aus 64 cm Draht biegen kann.

4 Welche Breite hat eine rechteckige Fläche von 700 a mit einer Länge von 20 m?

5 Das Raumprogramm für Schulen schreibt für jede Schülerin und jeden Schüler 2 m^2 Platz im Klassenraum vor.

a) Der Klassenraum der 5 b hat die Maße 10 m 50 cm × 8 m 10 cm.
Ist die Vorschrift bei 32 Kindern erfüllt?

b) Überprüft, ob euer Klassenraum die Vorgaben des Raumprogramms erfüllt.

6 Zeichne in dein Heft ein Rechteck mit den Seitenlängen 10 cm und 20 cm.

a) Wie viel dm^2 hat das Rechteck?

b) Teile das Rechteck in fünf gleich große Rechtecke. Wie groß ist ihr Flächeninhalt?

3 Ein Stück Pappe hat eine Länge von 40 cm und eine Breite von 90 cm.

a) Welche Seitenlänge hat ein Quadrat mit dem gleichen Flächeninhalt?

b) Ist der Umfang beider Figuren gleich?

4 Die Haustür rechts soll gestrichen werden. Berechne den Flächeninhalt.

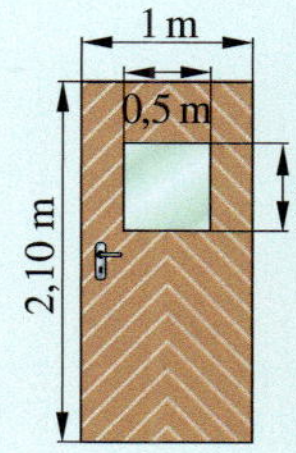

5 Wohnung zu vermieten

a) Wo kannst du Wohnungsanzeigen finden?

b) Diskutiere, welches Angebot günstiger ist.

Ruhige Wohnung zu vermieten
3 Zi. + K, D, Bad insgesamt 96 m^2
Mietpreis kalt ohne Nebenkosten 528 €

Wohnung in ruhiger Lage

Wohnzimmer	26,40 m^2
Elternschlafzimmer	12,80 m^2
Kinderzimmer	14,80 m^2
Kinderzimmer	15,30 m^2
Küche	12,50 m^2
Diele	9,60 m^2
Bad	7,90 m^2

5,40 € je m^2 kalt ohne Nebenkosten

6 Berechne. Gib die Probe an.

a) $45\,m^2 \cdot 15$
b) $128\,mm^2 \cdot 23$
c) $456\,m^2 \cdot 102$
d) $1\,045\,dm^2 \cdot 13$
e) $1\,118\,m^2 : 43$
f) $6\,930\,dm^2 : 66$
g) $1\,692\,mm^2 : 47$
h) $1\,032\,cm^2 : 12$

7 Bäuerin Weber hat 110 Hühner, für die sie einen Auslauf bauen möchte. Der Auslauf soll 5 m lang und 3 m 30 cm breit sein.

a) Zeichne den Auslauf im Maßstab 1 : 100.

b) Gib die Größe des Auslaufs in m^2 an.
Wie viel Fläche steht jedem Huhn zur Verfügung?

c) Bei der Bodenhaltung sind nach den Richtlinien der Europäischen Union maximal 70 Hühner auf 10 m^2 erlaubt. Hält sich Bäuerin Weber an diese Richtlinie?

8 Ein rechteckiger Garten ist 18 m lang und 13 m breit. Im Garten befindet sich ein rechteckiges Schwimmbecken mit einer Länge von 6 m 50 cm und einer Breite von 4 m 20 cm.

a) Berechne die Grundfläche und den Umfang des Schwimmbeckens.

b) Berechne die Größe der verbleibenden Gartenfläche.

Familie Bender renoviert das Wohnzimmer.

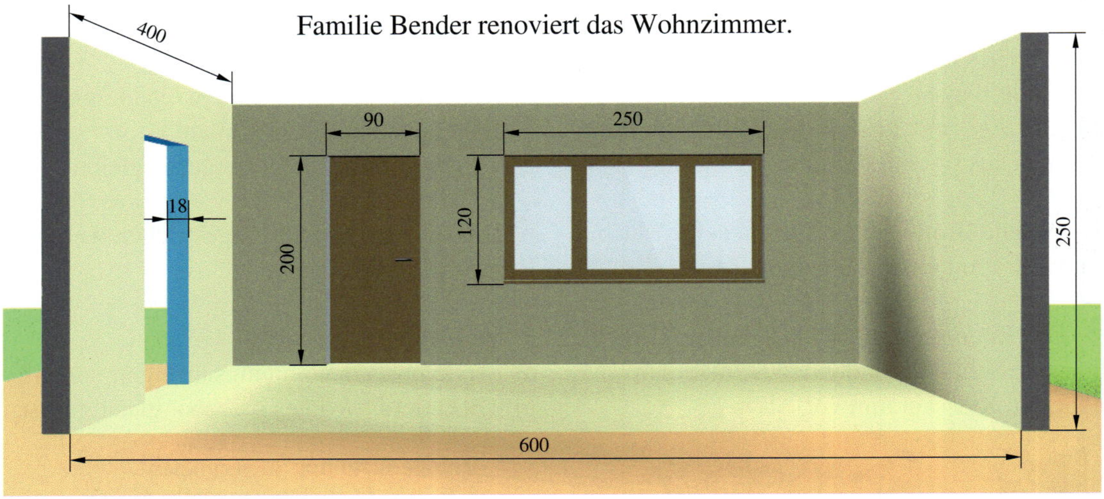

Die Maße für die folgenden Aufgaben kannst du aus der Zeichnung entnehmen.
Alle Maße sind in Zentimeter angegeben.

9 Herr Bender möchte die Decke des Wohnzimmers streichen.

a) Gib alle Maße aus der Zeichnung an, die zur Flächenberechnung der Decke benötigt werden.

b) Berechne den Flächeninhalt der Decke.

c) Pro Quadratmeter werden 250 g Farbe verbraucht.
Reicht ein Eimer mit 10 kg Farbe für den Anstrich der Decke? Begründe.

10 Herr Bender fährt in den Baumarkt und will Fußleisten für sein Wohnzimmer kaufen.

a) Wie viel Meter Fußleisten muss Herr Bender mindestens kaufen? Begründe deine Antwort.

b) Die Fußleisten sind 2 m lang und kosten 13,60 Euro. Wie viel muss er bezahlen?

11 Die beiden Wände ohne Tür und Fenster sollen mit Textiltapete tapeziert werden.

a) Frau Bender will die Bahnen zuschneiden. Jede Tapetenbahn ist 50 cm breit.
Wie viele Bahnen benötigt sie für die beiden Wände?

b) Wie viele Rollen Tapete muss sie kaufen, wenn auf jeder Rolle 10,85 m Tapete sind?

12 Zur Wärme- und Schallisolierung soll in das Fenster eine neue Scheibe aus Doppelglas eingesetzt werden. 1 m^2 Doppelglas kostet 55 €.
Wie teuer ist die Scheibe ungefähr?

13 Die Flächen der beiden Türrahmen sollen blau gestrichen werden. Herr Bender hat dazu eine Dose mit 1 000 g Farbe gekauft. Sie reicht nach den Angaben des Herstellers für eine Fläche von ungefähr 12 m^2.

a) Wie groß ist die zu streichende Fläche? Gib den Flächeninhalt in cm^2 und in m^2 an.

b) Hat Herr Bender vor dem Einkauf überlegt, wie viel Farbe er brauchen wird? Begründe.

14 Zum Auslegen des Fußbodens findet Frau Bender im Baumarkt einen Teppichrest mit den Maßen 9 m × 3 m. Der Rest kostet 13,80 Euro je Quadratmeter.

a) Sie überlegt, ob mit dem Rest das Wohnzimmer so ausgelegt werden kann, dass höchstens eine Naht entsteht. Welche Maße müssten die beiden Stücke haben? Erstelle eine Skizze.

b) Wie teuer ist der Teppichrest? Wie teuer ist der Verschnitt?

Zusammenfassung

Flächenformen erkennen und benennen

→ Seite 158

Jede geometrische Figur, die nur von Strecken begrenzt wird, heißt **Vieleck**.
Die Anzahl der Eckpunkte bestimmt den Namen der Fläche.

Vierecke mit besonderen Eigenschaften sind das **Quadrat**, das **Rechteck**, das **Parallelogramm** und die **Raute**.

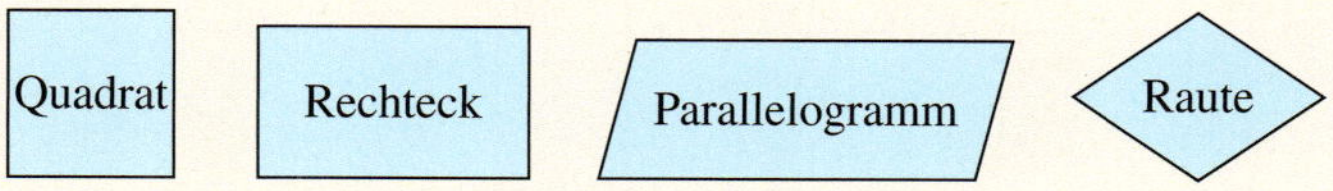

Umfang von Vielecken

→ Seite 164

Man berechnet den **Umfang *u*** eines Vielecks, indem man alle Seitenlängen addiert.

Für Rechtecke gilt:

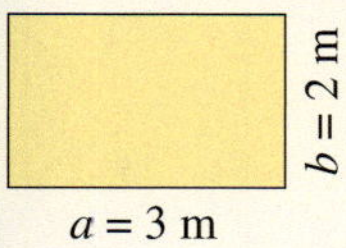

$\boldsymbol{u = 2 \cdot (a + b)}$
$u = 2 \cdot (3\,\text{m} + 2\,\text{m})$
$ = 2 \cdot 5\,\text{m} = 10\,\text{m}$

Für Quadrate gilt:

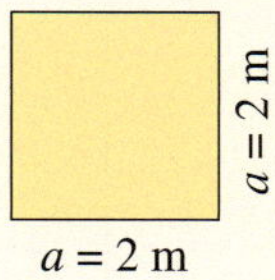

$\boldsymbol{u = 4 \cdot a}$
$u = 4 \cdot 2\,\text{m} = 8\,\text{m}$

Vergleichen und Messen von Flächen

→ Seiten 168/169

Wenn man zwei Flächen mit der gleichen Anzahl gleicher Teilflächen auslegen kann, dann haben sie den gleichen **Flächeninhalt**.

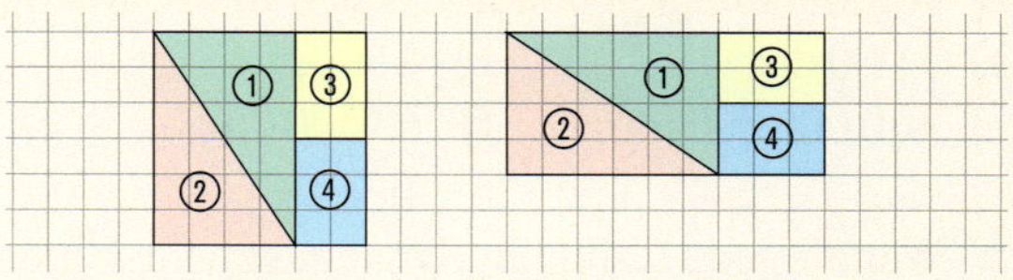

Zum Messen von Flächen vergleicht man mit Einheitsquadraten. Die Einheitsquadrate haben einen Flächeninhalt von $1\,\text{km}^2$, 1 ha, 1 a, $1\,\text{m}^2$, $1\,\text{dm}^2$, $1\,\text{cm}^2$, $1\,\text{mm}^2$.

$1\,\text{km}^2 = 100\,\text{ha}$
$1\,\text{ha} = 100\,\text{a}$
$1\,\text{a} = 100\,\text{m}^2$
$1\,\text{m}^2 = 100\,\text{dm}^2$
$1\,\text{dm}^2 = 100\,\text{cm}^2$
$1\,\text{cm}^2 = 100\,\text{mm}^2$

Wandelt man Flächenmaße in eine benachbarte Einheit um, so ist die **Umrechnungszahl 100**.

Man bestimmt den **Flächeninhalt *A*** eines Rechtecks über die Anzahl der Einheitsquadrate.
Vereinfacht kann man sagen: Länge · Breite

Für Rechtecke gilt:

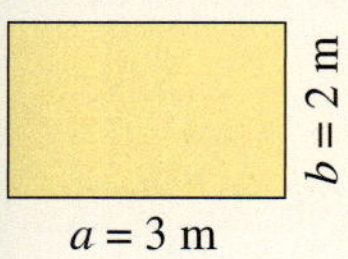

$\boldsymbol{A = a \cdot b}$
$A = 3 \cdot 2\,\text{m}^2 = 6\,\text{m}^2$

Für Quadrate gilt:

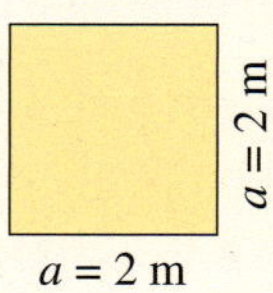

$\boldsymbol{A = a \cdot a = a^2}$
$A = 2 \cdot 2\,\text{m}^2 = 4\,\text{m}^2$

Teste dich!

4 Punkte

1 Ergänze die Figuren im Heft zum jeweils angegebenen Viereck.

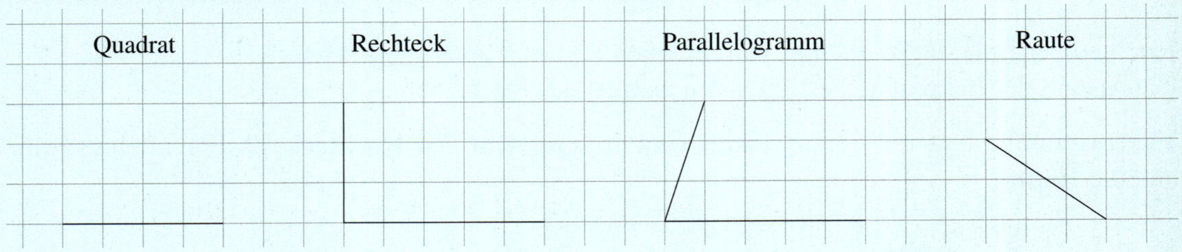

4 Punkte

2 Welche Aussagen sind richtig, welche sind falsch? Begründe.

a) Jedes Rechteck ist auch ein Quadrat.
b) In jedem Rechteck sind die Diagonalen gleich lang.
c) Jedes Quadrat ist eine Raute.
d) Jedes Viereck ist ein Parallelogramm.

2 Punkte

3 Überprüfe, welche der Figuren jeweils den gleichen Flächeninhalt haben.

a)

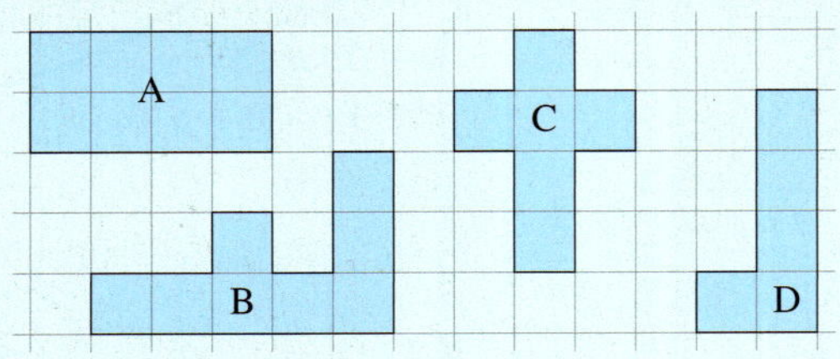

b)

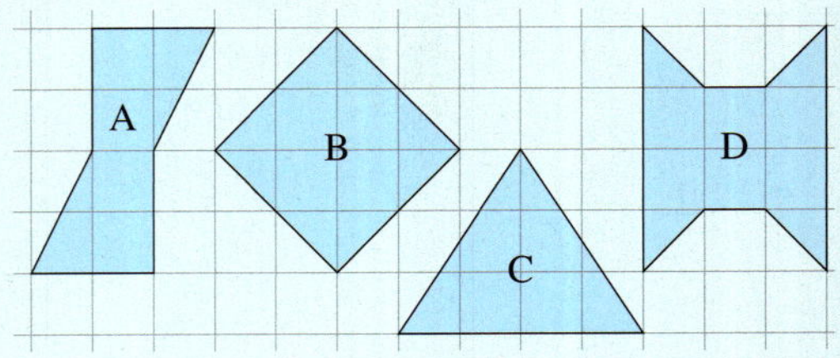

8 Punkte

4 Wandle die gegebenen Größen in m^2 um.

a) $1\,000\,dm^2$ **b)** $4\,500\,cm^2$ **c)** $41\,000\,mm^2$ **d)** $176\,km^2$
e) $440\,000\,000\,mm^2$ **f)** $63\,500\,dm^2$ **g)** 3 a **h)** 12 ha

8 Punkte

5 Wandle jede Größe in die angegebene Einheit um.

a) $28\,m^2$ (dm^2) **b)** 3 a (dm^2) **c)** $20\,000\,cm^2$ (dm^2) **d)** $8\,000\,000\,m^2$ (km^2)
e) $2\,850\,mm^2$ (cm^2) **f)** $1\,m^2\,35\,dm^2$ (cm^2) **g)** $200\,m^2$ (a) **h)** $33\,km^2$ (ha)

6 Punkte

6 Berechne und gib das Ergebnis jeweils in der kleinsten Einheit an.

a) $24\,m^2 + 96\,m^2 + 1\,700\,dm^2$
b) $100\,cm^2 + 3\,dm^2 - 17\,cm^2$
c) $2\,ha + 12\,a + 220\,m^2$
d) $1\,650\,m^2 + 27\,dm^2 + 230\,cm^2$
e) $3\,dm^2 + 45\,cm^2 - 2\,700\,mm^2$
f) $10\,km^2 + 220\,ha - 28\,000\,m^2$

2 Punkte

7 Der Landwirt Herr Emmerich soll eine neue Weide erhalten.
Herr Emmerich kann zwischen zwei rechteckigen Weideflächen auswählen.
Weide 1: 200 m lang, 60 m breit
Weide 2: 160 m lang, 80 m breit

a) Welche Weide hat den größeren Flächeninhalt?
b) Die Weideflächen sollen umzäunt werden. Wie viel Meter Zaun wird dazu jeweils benötigt?

2 Punkte

8 Familie Nowak möchte ihr Wohnzimmer renovieren.

a) Wie viel Quadratmeter Teppichboden müssen gekauft werden?
b) Wie viel Meter Fußleisten werden benötigt, wenn die Türen 80 cm breit sind?

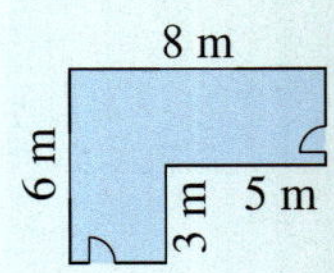

Gold: 33–36 Punkte, Silber: 27–32 Punkte, Bronze: 22–26 Punkte

Lösungen ab Seite 202

Bruchteile

Die Bespannung der Schirme wurde jeweils aus gleich großen Einzelteilen zusammengenäht. Beim Schirm der Frau sind es acht Teile, von denen je zwei die gleiche Farbe haben. Wie viele „Bruchteile“ sind es beim rechten Schirm? Und welchen Anteil hat eine einzelne Farbe an der ganzen Bespannung?

Noch fit?

BEISPIEL
zu 2 und 2
378 : 6
Überschlag:
360 : 6 = 60
Rechnung:
378 : 6 = 63
Umkehraufgabe:
63 · 6 = 378

Einstieg

1 Im Kopf dividieren
a) 64 : 8 b) 15 : 15
c) 140 : 14 d) 143 : 13
e) 65 : 5 f) 180 : 6

2 Schriftlich dividieren
Überschlage zuerst, rechne dann schriftlich. Prüfe mit der Umkehraufgabe.
a) 784 : 8 b) 216 : 9
c) 342 : 6 d) 6825 : 7

3 Halbes im Alltag
a) Wie viele Stunden sind ein halber Tag?
b) Wie viele Monate hat ein halbes Jahr?
c) Eine Melone wiegt 3 kg. Wie schwer ist die Hälfte dieser Melone?

4 Gerecht teilen

Zeichne es jeweils auf und male mit verschiedenen Farben an.
a) Anna und Julian wollen sich die Tafel Schokolade gerecht teilen.
Wie viele Stückchen bekommt jeder?
b) Wie viele Stückchen bekommt jeder, wenn sich drei Kinder die Schokolade gerecht teilen?

5 Größen umrechnen
Rechne in die in Klammern angegebene Einheit um.
a) 1 kg (g) b) 1 m (cm)
c) 1 l (ml) d) 1 h (min)
e) 2,35 € (ct) f) 3 h (min)

Aufstieg

1 Im Kopf dividieren
a) 42 : 3 b) 420 : 70
c) 180 : 15 d) 4900 : 7
e) 123 : 3 f) 56000 : 8000

2 Schriftlich dividieren
Überschlage zuerst, rechne dann schriftlich. Prüfe mit der Umkehraufgabe.
a) 4071 : 3 b) 24240 : 8
c) 122436 : 12 d) 81510 : 11

3 Bekannte Brüche
a) Wie viele Minuten hat eine Dreiviertelstunde?
b) Wie viele Zentimeter ergeben zusammen eineinhalb Meter?

4 Gerecht teilen

Till und Lea wollen sich eine Tafel Schokolade teilen. Till hat aber schon 8 Stück gegessen.
Zeichne es jeweils auf und male mit verschiedenen Farben an.
a) Wie viele Stücke darf er nur noch essen?
b) Wie viele Stücke darf Till noch essen, wenn sie sich zu dritt die Tafel teilen?

5 Größen umrechnen
Rechne in die in Klammern angegebene Einheit um.
a) 5 t (kg) b) 3 m (mm)
c) 300 min (h) d) 4,5 kg (g)
e) 18,50 € (ct) f) 1,5 l (ml)

6 Kurz und knapp
a) Vier Kinder sollen sich 5 € gerecht teilen. Wie viel Geld erhält jedes Kind?
b) Finde den Fehler! 14 + 21 : 7 = 35 : 7 = 5
c) Wie viele Monate (Tage, Stunden) bist du ungefähr alt?
d) Runde 34507 auf Tausender, auf Hunderter und auf Zehner.

Lösungen ab Seite 202

Brüche als Teile von Ganzen

Entdecken

1 Arbeitet zu zweit oder in kleinen Gruppen

a) Lest euch den Dialog zwischen den beiden Jungen gegenseitig vor.
b) Schreibt alle Brüche heraus, die im Gespräch genannt werden.
c) Sammelt gemeinsam weitere Beispiele von Brüchen, die in eurem Alltag vorkommen.

ZU AUFGABE 2

Skizze:

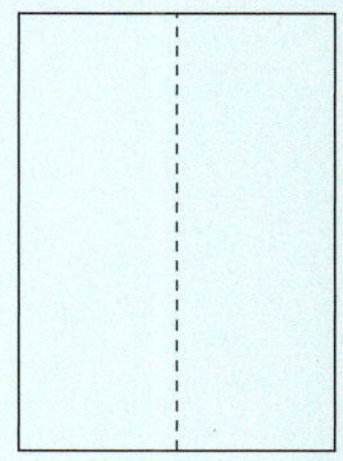

2 Besorge dir mehrere Blätter DIN-A4-Papier.
a) Gib mindestens drei Möglichkeiten an, das Blatt durch einmaliges Falten in zwei gleich große Teile zu zerlegen.
Skizziere alle gefundenen Möglichkeiten in deinem Heft.
b) Wie oft musst du das Blatt falten, um vier gleich große Teile zu erhalten?
c) Wie viele Teile erhältst du, wenn du ein Blatt viermal faltest?

3 Drei Kinder wollen eine Pizza gerecht untereinander aufteilen.
Welche Aufteilungen sind fair? Diskutiere mit deiner Partnerin oder deinem Partner.

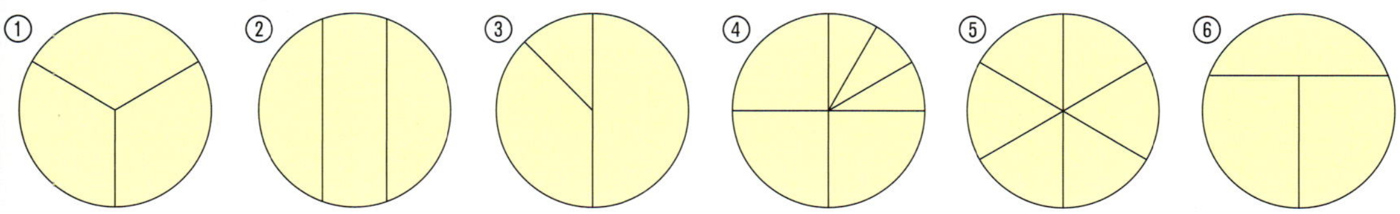

4 Moritz, Mika, Laurin und Lucia haben jeweils drei Viertel eines Quadrats rot ausgemalt.

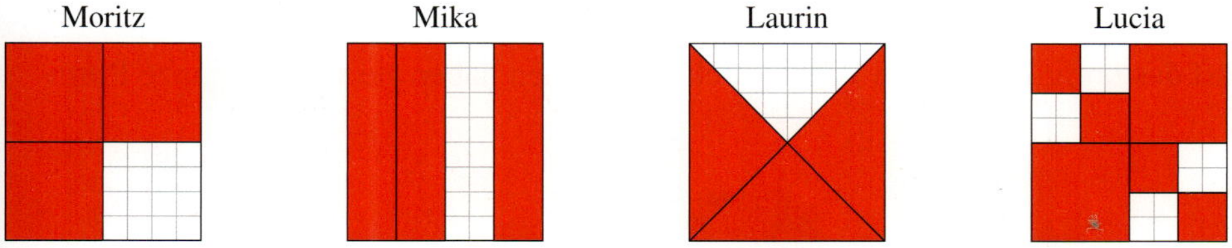

a) Beschreibe Gemeinsamkeiten und Unterschiede in der Vorgehensweise.
b) Zeichne ein Quadrat mit der Seitenlänge $a = 4\,\text{cm}$. Male fünf Achtel der Fläche rot aus. Vergleicht untereinander eure Ergebnisse. Beschreibt, wie ihr vorgegangen seid.
c) Zeichne mehrfach ein Rechteck mit $a = 4\,\text{cm}$ und $b = 3\,\text{cm}$. Färbe jeweils einen Anteil und benenne ihn. Vergleiche mit deinen Partnern, findet möglichst viele verschiedene Bruchteile.

Verstehen

Herr Bruns hat für seine Tochter Lena eine Pizza gebacken.
Die fertige Pizza schneidet er in vier gleich große Stücke.
1 Stück ist dann 1 Viertel der Pizza.

Als Bruch geschrieben: $\frac{1}{4}$ (gesprochen: „1 Viertel“).

HINWEIS
Die angehängte Silbe „-tel“ kommt vom Wort „Teil“. Ein „Vier-tel“ heißt also: eines von vier gleichen Teilen.

Merke Wird ein Ganzes in **gleich große Teile** zerlegt, so erhält man **Bruchteile**.
Zerlegt man es in 2, 3, 4, 5, 6 gleich große Teile, so erhält man:

Halbe	Drittel	Viertel	Fünftel	Sechstel

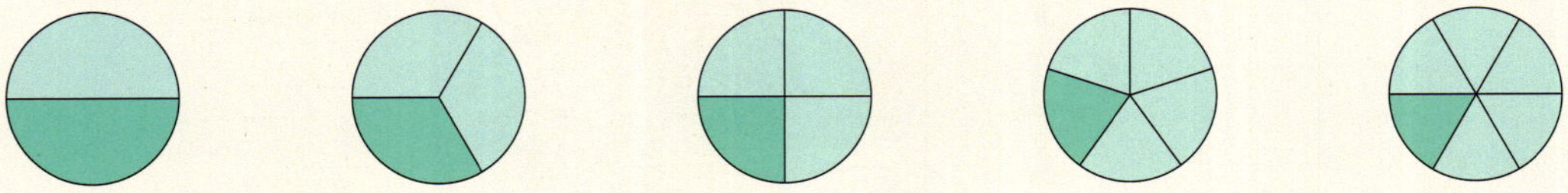

$\frac{1}{2}$	$\frac{1}{3}$	$\frac{1}{4}$	$\frac{1}{5}$	$\frac{1}{6}$

Lena nimmt sich drei der vier Pizzastücke.
Sie hat also 3 Viertel der Pizza.

Als Bruch geschrieben: $\frac{3}{4}$ (gesprochen: „3 Viertel“).

Merke Mehrere gleich große Bruchteile können zu einem Bruch zusammengefasst werden.

Der **Nenner** gibt an, in wie viele gleich große Teile das Ganze geteilt wird.

$$\frac{3}{4}$$

Der **Zähler** gibt an, wie viele dieser gleich großen Teile genommen werden.

Zähler und Nenner werden durch den waagerechten **Bruchstrich** getrennt.

Beispiele

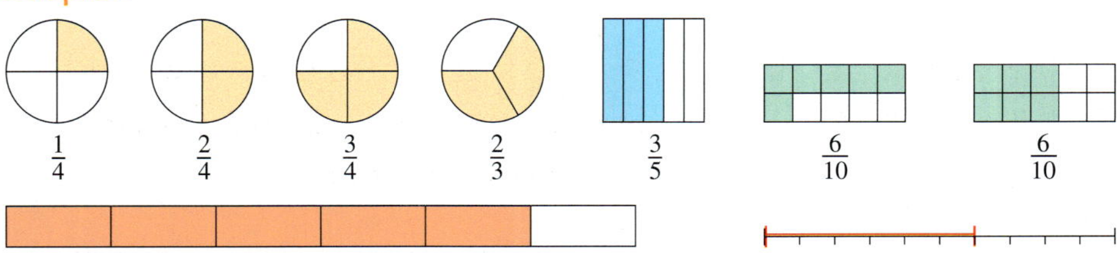

$\frac{1}{4}$ $\frac{2}{4}$ $\frac{3}{4}$ $\frac{2}{3}$ $\frac{3}{5}$ $\frac{6}{10}$ $\frac{6}{10}$

$\frac{5}{6}$ $\frac{6}{10}$

HINWEIS
$\frac{4}{4} = 1$
Sind Zähler und Nenner eines Bruches gleich groß, so erhält man 1 Ganzes.

Lenas Vater isst das übrig gebliebene Viertelstück, zusammen haben sie also die ganze Pizza aufgegessen.

$\frac{3}{4}$ Pizza + $\frac{1}{4}$ Pizza = 1 ganze Pizza

$$\frac{3}{4} + \frac{1}{4} = \frac{4}{4} = 1$$

Üben und anwenden

1 Bestimme den Teil der Fläche, der rot ist.

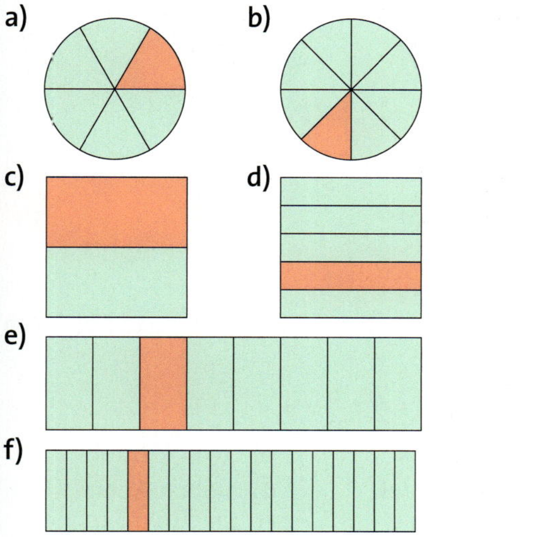

1 Welcher Teil der Fläche ist rot, welcher grün?

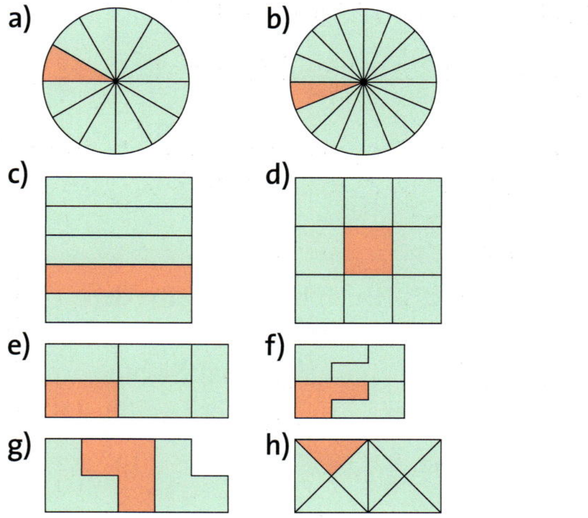

2 Falte wie im Bild einen Kreis so, dass du vier gleich große Teile erhältst.

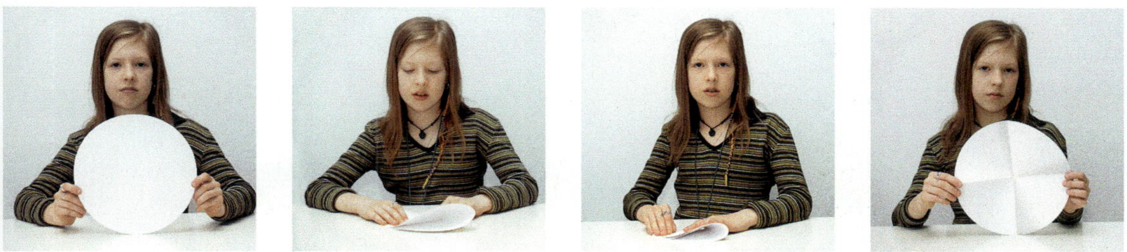

a) Färbe ein Viertel der Kreisfläche rot und eine Hälfte blau ein.
b) Falte den Kreis nun so, dass du acht gleich große Teile erhältst. Färbe auf der Rückseite ein Achtel der Kreisfläche grün ein und ein Viertel rot.
Was fällt dir auf?

3 Sind die farbigen Teile als Bruch richtig geschrieben? Erkläre und korrigiere die Fehler.

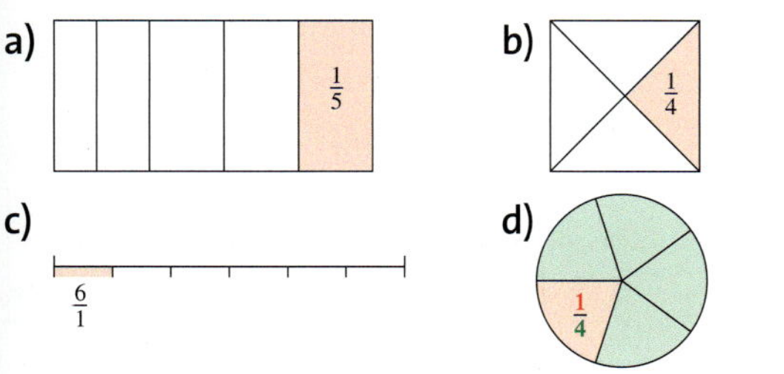

3 Ein Quadrat wurde in fünf Teile zerlegt.
In welcher Abbildung ist $\frac{1}{5}$ rosa markiert?
Begründe deine Antwort.

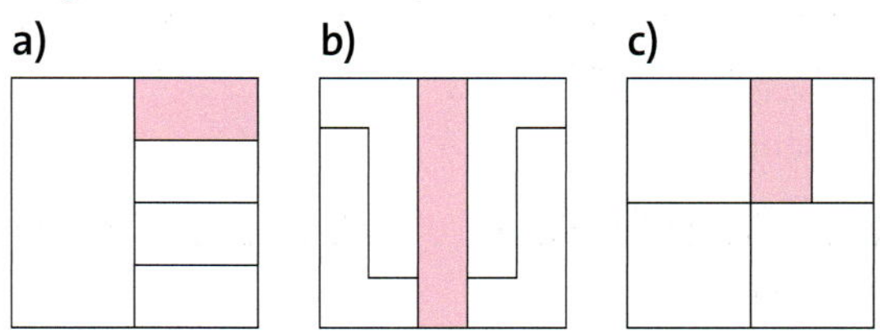

4 Schneide mehrere gleich lange Papierstreifen aus und falte diese, wie unten angegeben. Vergleiche dein Ergebnis jeweils mit einem Partner oder einer Partnerin.
a) Falte einen Streifen so, dass du Halbe bekommst.
b) Falte einen Streifen so, dass du Viertel bekommst.
c) Kannst du den Streifen auch in Drittel, Sechstel und Fünftel falten?

ZUM WEITERARBEITEN
zu 1 und 1
Schreibe die Brüche so auf:
$\frac{1}{7}$ = 1 Siebtel
Diktiert euch abwechselnd weitere Brüche und schreibt sie auf.

Deutschland

NACHGEDACHT

Die deutsche Flagge ist zu $\frac{1}{3}$ schwarz, zu $\frac{1}{3}$ rot und zu $\frac{1}{3}$ gold. Bei welchen anderen Flaggen kann man die Farbanteile durch Brüche ausdrücken? Zeichne sie und gib die Bruchteile an.

Polen

NACHGEDACHT

Was ist am größten: $\frac{3}{3}$, $\frac{4}{4}$ oder 1? Begründe.

5 Ordne die Brüche den Kreisen passend zu.

a) $\frac{3}{4}$ b) $\frac{1}{2}$ c) $\frac{3}{10}$ d) $\frac{5}{8}$ e) $\frac{1}{8}$ f) $\frac{2}{6}$

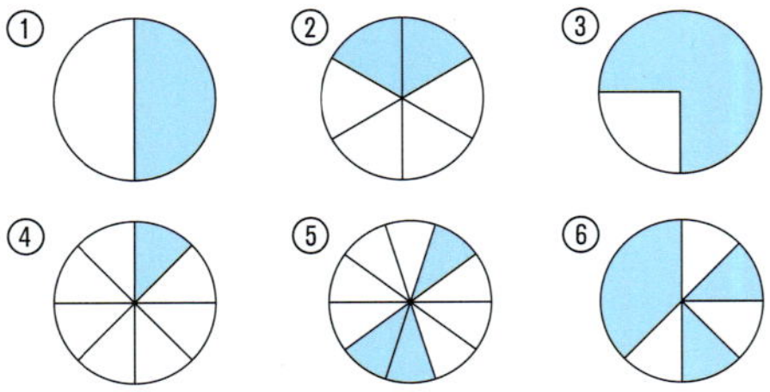

6 Schreibe als Bruch bzw. schreibe den Bruch in Worten.

a) drei Fünftel b) fünf Siebtel
c) neun Zehntel d) vier Dreißigstel
e) $\frac{2}{3}$ f) $\frac{5}{6}$ g) $\frac{1}{12}$ h) $\frac{7}{100}$

7 Schreibe den roten Anteil als Bruch. Dann ergänze rote und grüne Anteile zu einem Ganzen.

Beispiel $\frac{3}{5} + \frac{2}{5} = \frac{5}{5} = 1$

a) 
b) 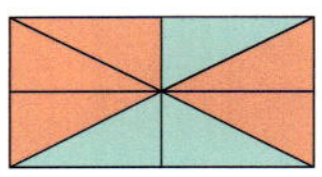
c) 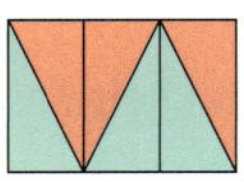
d) 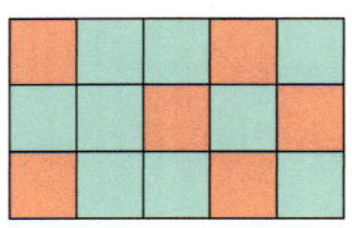

8 Zeichne fünf Rechtecke mit den Seitenlängen $a = 6\,\text{cm}$ und $b = 4\,\text{cm}$. Färbe von jedem Rechteck einen Bruchteil.

a) $\frac{3}{4}$ b) $\frac{2}{3}$ c) $\frac{1}{12}$ d) $\frac{5}{6}$ e) $\frac{3}{8}$

9 Der Schirm ist in verschiedenfarbige Segmente aufgeteilt. Bestimme jeweils den Anteil am gesamten Schirm.

a) das grüne Segment
b) das rote und das blaue Segment
c) alle weißen Segmente
d) alle farbigen Segmente
e) alle Segmente, die nicht gelb sind
f) alle Segmente

5 Welcher Teil der Fläche ist rot eingefärbt?

a) 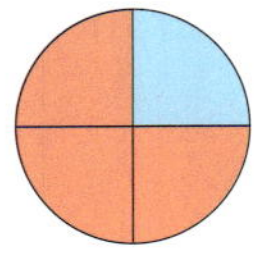
b) 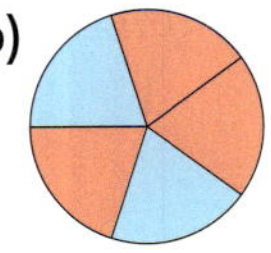
c) 
d) 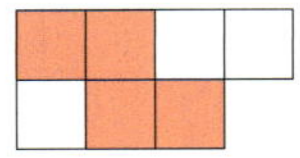
e) 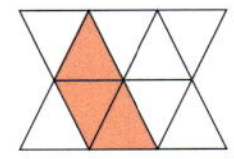

6 Schreibe als Bruch. Dann ergänze zu einem Ganzen.

Beispiel $\frac{4}{6} + \frac{2}{6} = \frac{6}{6} = 1$

a) ein Halbes b) zwei Drittel
c) vier Zehntel d) sieben Achtel
e) drei Fünftel f) elf Zwölftel

7 Welcher Anteil des Körpers ist blau?

a) 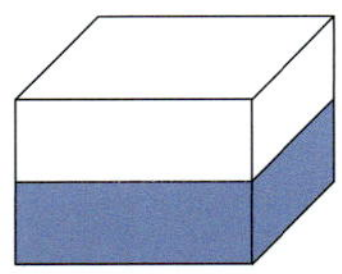
b) 
c) 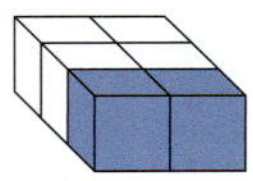
d) 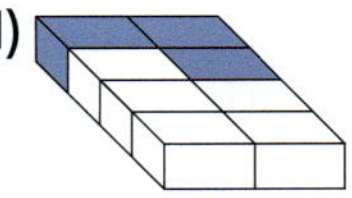
e) 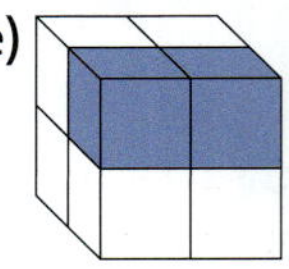

8 Zeichne fünf Kreise mit dem Radius 3 cm. Färbe von jedem Kreis einen Bruchteil.

a) $\frac{1}{2}$ b) $\frac{3}{4}$ c) $\frac{3}{8}$ d) $\frac{4}{8}$ e) $\frac{6}{8}$

Vergleiche die Flächen. Was fällt dir auf?

9 Bei den folgenden Figuren sollte jeweils ein Drittel der Fläche blau eingefärbt werden. Bei einigen Figuren wurden Fehler gemacht. Suche sie heraus und erkläre, was falsch ist.

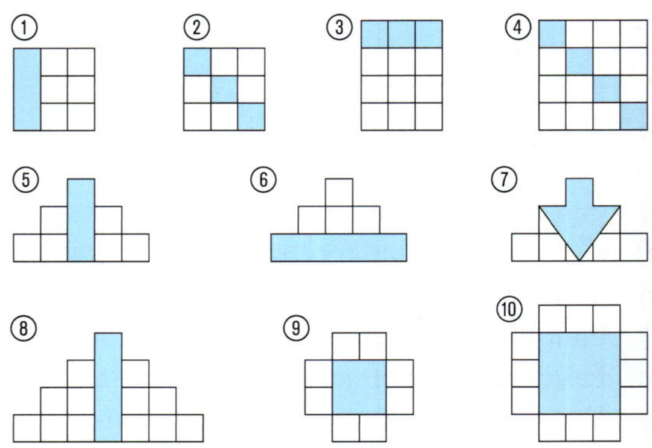

Bruchteile von Größen

Entdecken

1

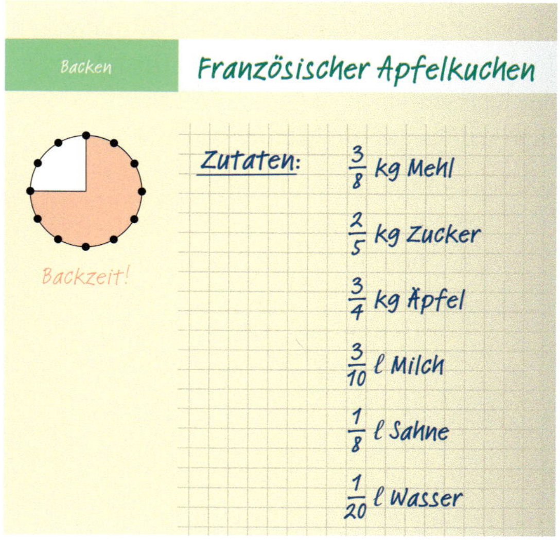

Sarah und Maik feiern ihre Geburtstage gemeinsam und backen dafür einen Kuchen. Sarah wiegt schon einmal die Zutaten ab.

Um $\frac{3}{8}$ kg Mehl abzuwiegen, rechnet Sarah so:

1 kg	$\xrightarrow{:8}$	$\frac{1}{8}$ kg	$\xrightarrow{\cdot 3}$	$\frac{3}{8}$ kg
1 000 g	$\xrightarrow{:8}$	125 g	$\xrightarrow{\cdot 3}$	375 g

$\frac{3}{8}$ kg Mehl sind ______ g.

a) Erkläre, wie Sarah gerechnet hat.
b) Rechne aus, wie viel Gramm Zucker und Äpfel Sarah jeweils abwiegen muss.
c) Berechne die flüssigen Zutaten auf die gleiche Weise.

ZUR INFORMATION
Liter (l) und Milliliter (ml)
1 l = 1000 ml

2 In Maiks Backbuch wird die Backzeit mit einem Bild angegeben.

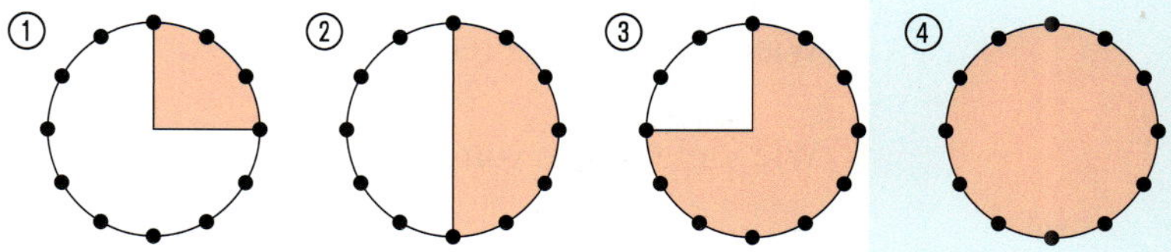

a) Welche Zeiten sind dargestellt? Gib die Zeiten jeweils als Bruchteil einer Stunde an und gib sie in Minuten an.
b) Wie viel Minuten sind $1\frac{1}{4}$ Stunden, $2\frac{1}{2}$ Stunden, $\frac{1}{3}$ Stunde?

3 In der Klasse von Sarah und Maik sind 24 Kinder. Wie viele Kinder gehören zu den folgenden Gruppen?

Tipp: Nimm dir 24 Spielfiguren (oder Steine, Papierkügelchen …) und lege die Aufgaben wie rechts im Beispiel gezeigt. Teile die Klasse jeweils in gleich große Gruppen.

a) Die Hälfte der Kinder sind Mädchen.
b) Sarah lädt zu ihrem Geburtstag ein Viertel der Kinder ein.
c) Fünf Sechstel der Kinder kommen mit dem Bus zur Schule.
d) Sieben Achtel der Kinder können schwimmen.
e) Fünf Zwölftel der Kinder nennen als Lieblingsfach „Sport“.
f) Zählt die Kinder in eurer Klasse.
Könnt ihr sie auch gut aufteilen? Wenn ja, teilt sie auf.
Wenn nein, weshalb geht es nicht?

BEISPIEL
Drei Viertel der 24 Schüler treiben aktiv Sport. Das sind 18 Schüler.

Verstehen

ERINNERE DICH
Eine Größe besteht immer aus Maßzahl und Maßeinheit:
$\frac{1}{4}$ h
Maßzahl → $\frac{1}{4}$; *Maßeinheit* → h

„In einer Dreiviertelstunde sind wir in der Jugendherberge“, verkündet der Busfahrer bei der Klassenfahrt.
Inga will es auf die Minute genau wissen.

Wie viele Minuten sind $\frac{3}{4}$ h ?

$$1\text{ h} = 60\text{ min}$$
$$\downarrow :4 \qquad \downarrow :4$$
$$\frac{1}{4}\text{ h} = 15\text{ min}$$
$$\downarrow \cdot 3 \qquad \downarrow \cdot 3$$
$$\frac{3}{4}\text{ h} = 45\text{ min}$$

Merke So wandelt man Brüche bei Größen in natürliche Zahlen um:
1. in die nächstkleinere Maßeinheit umwandeln
2. durch den **Nenner** dividieren
3. das Zwischenergebnis mit dem **Zähler** multiplizieren

Beispiel 1

Ayla behauptet: „Mein Arm ist $\frac{2}{5}$ m lang.“

$$1\text{ m} = 100\text{ cm}$$
$$\downarrow :5 \qquad \downarrow :5$$
$$\frac{1}{5}\text{ m} = 20\text{ cm}$$
$$\downarrow \cdot 2 \qquad \downarrow \cdot 2$$
$$\frac{2}{5}\text{ m} = 40\text{ cm}$$

Beispiel 2

Ben hat noch $\frac{3}{8}$ l Apfelsaft.

$$1\text{ l} = 1\,000\text{ ml}$$
$$\downarrow :8 \qquad \downarrow :8$$
$$\frac{1}{8}\text{ l} = 125\text{ ml}$$
$$\downarrow \cdot 3 \qquad \downarrow \cdot 3$$
$$\frac{3}{8}\text{ l} = 375\text{ ml}$$

In der Jugendherberge verkündet der Herbergsvater den 27 Kindern:
„Zwei Drittel von euch schlafen in der 2. Etage, der Rest wohnt im Anbau.“

Wieder muss Inga rechnen.

Wie viele sind $\frac{2}{3}$ von 27 Kindern?

$$\text{die ganze Klasse} = 27\text{ Kinder}$$
$$\downarrow :3 \qquad \downarrow :3$$
$$\frac{1}{3}\text{ der Klasse} = 9\text{ Kinder}$$
$$\downarrow \cdot 2 \qquad \downarrow \cdot 2$$
$$\frac{2}{3}\text{ der Klasse} = 18\text{ Kinder}$$

Merke Auch beim Berechnen von Bruchteilen großer Mengen geht man ähnlich vor wie oben:
1. man dividiert die Maßzahl durch den **Nenner**
2. man multipliziert das Zwischenergebnis mit dem **Zähler**

Beispiel 3

Ben berechnet $\frac{4}{5}$ von 350 g Käse.
Er schreibt kürzer:

$$350\text{ g} \xrightarrow{:5} 70\text{ g} \xrightarrow{\cdot 4} 280\text{ g}$$

$\frac{4}{5}$ von 350 g sind 280 g.

Beispiel 4

$\frac{5}{7}$ von den 140 Jugendherbergsbetten sind belegt.

$$140\text{ Betten} \xrightarrow{:7} 20\text{ Betten} \xrightarrow{\cdot 5} 100\text{ Betten}$$

Es sind 100 Betten belegt.

Üben und anwenden

1 Rechne um.

a) ① $\frac{1}{2}$m = $\square$ cm ② $\frac{3}{4}$m = $\square$ cm

③ $\frac{2}{5}$m = $\square$ cm ④ $\frac{7}{100}$m = $\square$ cm

b) ① $\frac{1}{4}$l = $\square$ ml ② $\frac{1}{8}$l = $\square$ ml

③ $\frac{23}{100}$l = $\square$ ml ④ $\frac{9}{20}$l = $\square$ ml

c) ① $\frac{3}{4}$h = $\square$ min ② $\frac{1}{6}$h = $\square$ min

③ $\frac{3}{5}$h = $\square$ min ④ $\frac{9}{10}$h = $\square$ min

1 Rechne um.

a) Gib in Minuten an.

① $\frac{1}{2}$h ② $\frac{3}{4}$h ③ $\frac{1}{6}$h

④ $\frac{11}{12}$h ⑤ $\frac{2}{5}$h ⑥ $\frac{8}{15}$h

b) Gib in Monaten an.

① $\frac{1}{2}$ Jahr ② $\frac{1}{12}$ Jahr ③ $\frac{5}{12}$ Jahr

④ $\frac{3}{4}$ Jahr ⑤ $\frac{2}{3}$ Jahr ⑥ $\frac{5}{6}$ Jahr

c) Gib in Zentimeter an: $\frac{1}{2}$m; $\frac{3}{4}$m; $\frac{7}{10}$m; $\frac{2}{5}$m

d) Gib in Meter an: $\frac{1}{2}$km; $\frac{3}{8}$km; $\frac{1}{4}$km; $\frac{7}{100}$km

2 Gib die Größen zuerst mit einem Bruch und dann umgerechnet an.

Beispiel $\frac{1}{4}$m = 25 cm

a)

b)

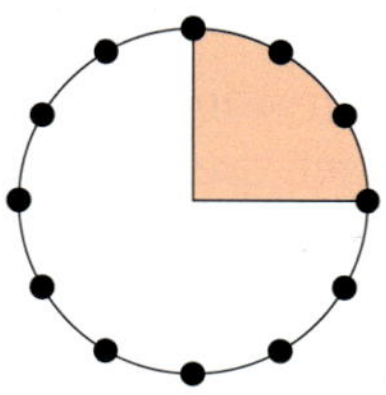

c)

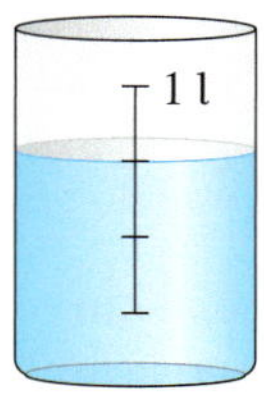

d)

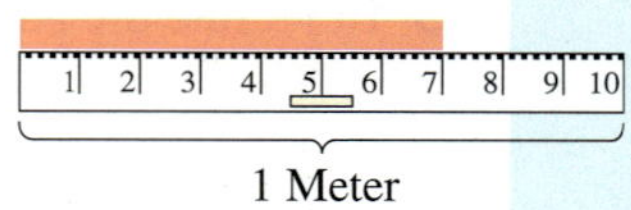

3 Rechne in die nächstkleinere Einheit um.

a) $\frac{1}{2}$ Tag = $\square$ h b) $\frac{1}{3}$min = $\square$ s

c) $\frac{1}{5}$€ = $\square$ ct d) $\frac{3}{4}$cm² = $\square$ mm²

3 Schreibe in der nächstkleineren Einheit.

a) $\frac{1}{4}$kg b) $\frac{2}{8}$kg c) $\frac{1}{2}$cm d) $\frac{1}{5}$cm²

e) $\frac{1}{2}$dm f) $\frac{4}{5}$m g) $\frac{3}{8}$t h) $\frac{3}{5}$km

4 Kannst du auch in die Bruchschreibweise umwandeln?

a) $\frac{1}{\square}$kg = 500 g b) $\frac{\square}{10}$l = 700 ml

c) $\frac{\square}{\square}$km = 125 m d) $\frac{\square}{\square}$h = 30 min

4 Bestimme die fehlenden Zahlen.

a) $\frac{\square}{4}$cm² = 75 mm² b) $\frac{\square}{\square}$kg = 125 g

c) $\frac{\square}{\square}$h = 20 min d) $\frac{\square}{\square}$€ = 50 Cent

e) $\frac{\square}{20}$km = 100 m f) $\frac{\square}{15}$min = 8 s

5 Auch gemischte Zahlen kann man umrechnen.

Beispiele $1\frac{1}{2}$h = 1 h + $\frac{1}{2}$h = 60 min + 30 min = 90 min

$3\frac{1}{4}$kg = 3 kg + $\frac{1}{4}$kg = 3 000 g + 250 g = 3 250 g

a) Gib in Minuten an.

① $1\frac{1}{2}$h ② $1\frac{3}{4}$h ③ $1\frac{1}{4}$h ④ $3\frac{1}{10}$h ⑤ $4\frac{3}{10}$h ⑥ $6\frac{4}{5}$h

b) Gib in Monaten an.

① $2\frac{1}{2}$ Jahre ② $1\frac{1}{4}$ Jahre ③ $2\frac{3}{4}$ Jahre ④ $3\frac{1}{3}$ Jahre ⑤ $1\frac{1}{6}$ Jahre ⑥ $2\frac{5}{6}$ Jahre

c) Gib in der nächstkleineren Einheit an.

① $1\frac{1}{4}$l ② $1\frac{2}{5}$kg ③ $2\frac{3}{4}$m ④ $5\frac{3}{4}$min ⑤ $2\frac{3}{5}$cm ⑥ $4\frac{2}{8}$km

HINWEIS
*Zahlen wie $1\frac{1}{2}$ oder $3\frac{1}{4}$ heißen **gemischte Zahlen**. Sie sind größer als 1 Ganzes.*
○ D: $1\frac{1}{2}$
○ ○ ○ D: $3\frac{1}{4}$

6 Beschreibt euch jeweils gegenseitig wie ihr rechnet.
Bestimmt dann den Anteil.

a) ein Fünftel von 35 Kindern
b) ein Sechstel von 48 Autos
c) drei Achtel von 24 Spielern
d) drei Zehntel von 50 Heften
e) zwei Drittel von 60 Büchern
f) fünf Achtel von 240 Äpfeln

7 Rechne im Kopf.

a) $\frac{1}{2}$ von 24 kg
b) $\frac{1}{3}$ von 24 kg
c) $\frac{1}{4}$ von 24 kg
d) $\frac{2}{3}$ von 24 kg
e) $\frac{2}{7}$ von 77 m
f) $\frac{1}{3}$ von 99 t
g) $\frac{1}{4}$ von 84 l
h) $\frac{1}{5}$ von 25 g

8 Berechne die Anteile.

a) $\frac{3}{4}$ von 424 kg
b) $\frac{2}{5}$ von 245 g
c) $\frac{7}{10}$ von 240 t
d) $\frac{2}{3}$ von 834 km
e) $\frac{2}{3}$ von 930 m
f) $\frac{5}{6}$ von 72 €

9 Ein Vollkornbrot wird aus mehreren Getreidesorten gemischt.
Wie viel von jedem Getreide ist in einem 1-kg-Brot enthalten? Gib in Gramm an.

Getreideart	Anteil
Weizen	$\frac{1}{2}$
Roggen	$\frac{1}{4}$
Gerste	$\frac{1}{10}$
Mais	$\frac{3}{20}$

10 Was ist mehr? Begründe, ohne zu rechnen.

a) $\frac{1}{5}$ von 10 Eiern oder $\frac{2}{5}$ von 10 Eiern
b) $\frac{1}{4}$ von 10 min oder $\frac{1}{5}$ von 10 min
c) Von 30 € erhält Saskia $\frac{1}{5}$, Lisa $\frac{1}{6}$.

6 Beschreibt euch jeweils gegenseitig wie ihr rechnet.
Bestimmt dann den Anteil.

a) ein Fünftel von 85 m Schnur
b) drei Zehntel von 50 kg Kartoffeln
c) fünf Zwölftel von 48 l Wasser
d) zwei Drittel von 27 Schülern
e) drei Viertel von 392 €
f) sieben Achtel von 120 g Mehl

7 Berechne die Anteile.

a) $\frac{3}{4}$ von 24 kg
b) $\frac{5}{6}$ von 30 h
c) $\frac{3}{5}$ von 10 m
d) $\frac{2}{3}$ von 30 min
e) $\frac{5}{12}$ von 168 g
f) $\frac{4}{15}$ von 255 l
g) $\frac{7}{11}$ von 176 h
h) $\frac{12}{13}$ von 234 €

8 Berechne nacheinander ein Zehntel, ein Viertel, drei Viertel und sieben Zehntel von den angegebenen Größen.

a) 60 kg
b) 200 cm
c) 1 000 g
d) 280 t
e) 240 l
f) 100 mm
g) 4 h
h) 150 €
i) 3 h

9 Wie viel Gramm Fett enthält 1 Kilogramm der verschiedenen Nahrungsmittel?

Nahrungsmittel	Fettanteil
Äpfel	$\frac{1}{250}$
Eis	$\frac{3}{25}$
Goudakäse	$\frac{3}{10}$
Haselnüsse	$\frac{3}{8}$
Möhren	$\frac{1}{500}$

10 Bestimme das Ganze.

a) $\frac{1}{2}$ sind 40 €
b) $\frac{1}{4}$ sind 5 kg
c) $\frac{1}{6}$ sind 10 min
d) $\frac{3}{4}$ sind 9 Monate
e) $\frac{2}{3}$ sind 18 m
f) $\frac{4}{5}$ sind 12 g

11 Fritz erhält $\frac{2}{5}$ von 50 €. Jonas bekommt $\frac{1}{10}$ von dem Geld.
Wie groß ist der Rest?

Thema: Kreisel basteln

Kreisel gibt es als Kinderspielzeug schon seit dem Altertum.
Solange ein Kreisel sich schnell dreht, hält er sich vollkommen gerade aufrecht und ist dabei sehr stabil.
Das heißt, dass er auch bei kleineren Stößen gegen die Drehachse nicht umfällt, sondern sich weiter dreht.
Probiere es einmal aus!

So wird's gemacht:

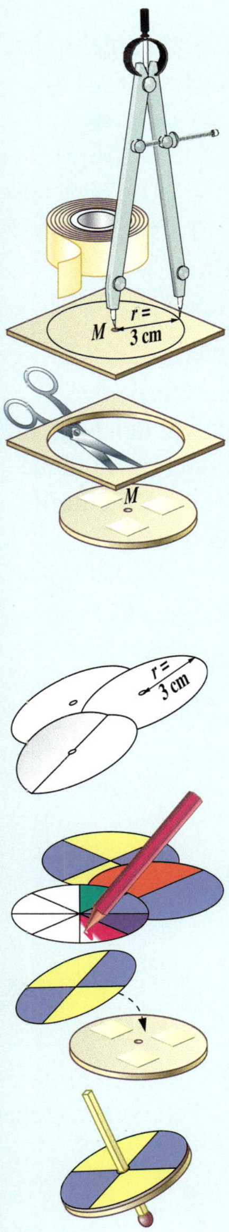

Material:

- ein kleines Stück Karton
- Doppelklebeband
- ein Streichholz
- weißes Papier
- Zirkel
- Schere und Buntstifte

Anleitung:

1. Fertige aus Karton eine Kreisscheibe, die den Radius $r = 3\,\text{cm}$ hat.
2. Hefte einige Stückchen Doppelklebeband auf die Kreisscheibe.
3. Stich ein kleines Loch in den Mittelpunkt M der Scheibe und schiebe das Streichholz durch M.
4. Stelle aus weißem Papier mehrere Kreise her, die ebenfalls den Radius $r = 3\,\text{cm}$ haben.
5. Falte die Papierkreise und färbe die Bruchteile der Kreise unterschiedlich ein.
6. Mit jedem Papierkreis, den du auf die Papp-Kreisscheibe klebst, erhältst du einen neuen Farbkreisel.
7. Der Kreisel soll sich auf dem Streichholzkopf drehen.

1 Bastle nach der Anleitung einen Kreisel.

2 Drehe den Kreisel unterschiedlich schnell.
Wie verändert sich das Bild beim Drehen?

3 Stelle diese drei Papierkreise her.
Wie sieht das Bild beim Drehen des Kreisels jeweils aus?
Notiere deine Ergebnisse z. B. so:
$\frac{1}{2}$ rot + $\frac{1}{4}$ blau + $\frac{1}{4}$ grün ergibt die Farbe ■.

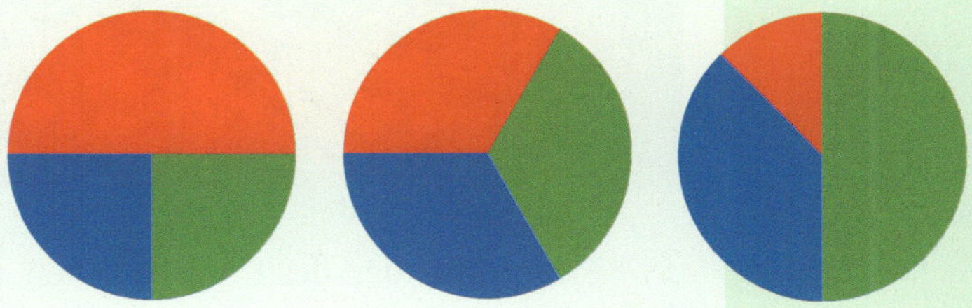

4 Untersuche auch andere Aufteilungen und Farbkombinationen.

Klar so weit?

→ Seite 186

Brüche als Teile von Ganzen

1 Welcher Bruchteil ist rot eingefärbt?
Welcher Bruchteil ist blau?

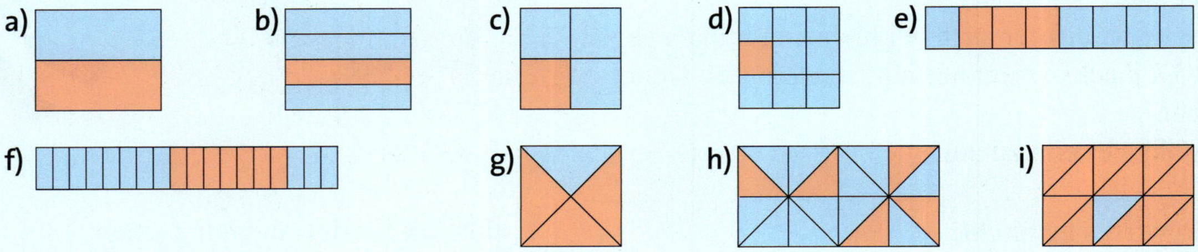

2 Sina hat sich das erste Stück aus der Pizza herausgeschnitten.
Welchen Bruchteil von der gesamten Pizza hat sie ungefähr gewählt?

2 Du siehst eine Schale mit 10 Kugeln, die orange, pink oder blau gefärbt sind.

a) Bestimme von jeder Kugelfarbe den Bruchteil an der Gesamtzahl der Kugeln.
b) Stell dir vor, es werden noch zwei blaue Kugeln hinzugelegt. Welche Bruchteile ergeben sich dann für die Farben?

3 Welcher Bruchteil des Körpers besteht aus farbigen Bauteilen?

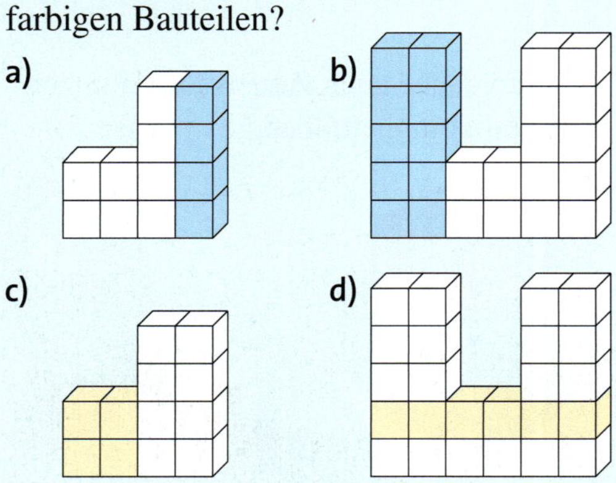

3 Welcher Bruchteil des Rechtecks fehlt hier?

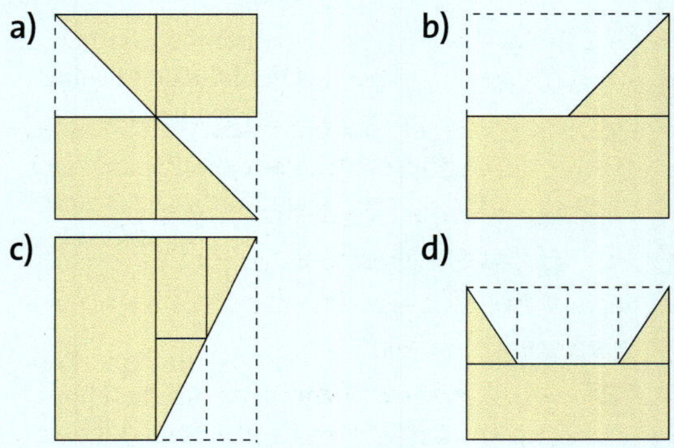

4 Zeichne je ein Quadrat aus 6×6 Rechenkästchen. Färbe die angegebenen Bruchteile.

a) $\frac{1}{4}$ b) $\frac{2}{3}$ c) $\frac{4}{4}$ d) $\frac{5}{6}$ e) $\frac{3}{12}$
f) $\frac{9}{9}$ g) $\frac{5}{36}$ h) $\frac{7}{9}$ i) $\frac{1}{2}$ j) $\frac{5}{18}$

4 Zeichne Rechtecke mit 30 Rechenkästchen und färbe:

a) $\frac{3}{5}$ b) $\frac{7}{10}$ c) $\frac{1}{3}$ d) $\frac{5}{6}$ e) $\frac{5}{5}$
f) $\frac{13}{15}$ g) $\frac{17}{30}$ h) $\frac{2}{3}$ i) $\frac{1}{2}$ j) $\frac{10}{10}$

Bruchteile von Größen

→ Seite 190

5 Berechne im Kopf.

a) 1 Sechstel von 42 Bonbons
b) 1 Fünftel von 45 Nüssen
c) 1 Achtel von 72 Erdbeeren
d) 1 Drittel von 15 Perlen

6 Gib in der Einheit an, die in Klammern steht.

a) $\frac{1}{4}$h (min) b) $\frac{2}{5}$kg (g)
c) $\frac{3}{4}$m (cm) d) $\frac{3}{4}$h (min)
e) $\frac{3}{5}$cm (mm) f) $\frac{7}{8}$km (m)
g) $\frac{8}{15}$min (s) h) $1\frac{3}{5}$kg (g)
i) $2\frac{2}{4}$kg (g) j) $1\frac{1}{2}$h (min)
k) $2\frac{3}{4}$h (min) l) $6\frac{4}{5}$km (m)

7 Berechne.

a) $\frac{3}{5}$ von 15 kg b) $\frac{4}{7}$ von 21 €
c) $\frac{2}{5}$ von 100 cm d) $\frac{3}{4}$ von 60 min
e) $\frac{7}{8}$ von 16 km f) $\frac{3}{50}$ von 100 €
g) $\frac{5}{12}$ von 240 g h) $\frac{3}{7}$ von 49 t
i) $\frac{4}{9}$ von 36 s j) $\frac{7}{100}$ von 1 000 €

8 Sachaufgaben

a) Zwei Drittel von ihrem Taschengeld gibt Andrea für einen Tischtennisschläger aus. Sie bekommt 24 € Taschengeld. Wie teuer ist der Tischtennisschläger?
b) Eine Halbzeit bei einem Fußballspiel dauert 45 Minuten. Wie lange dauert die gesamte Spielzeit?
c) Ein Drittel beim Eishockeyspiel dauert 20 Minuten. Gib die gesamte Spielzeit an.

9 Was ist mehr? Begründe, ohne zu rechnen.

a) $\frac{1}{3}$ von 21 kg oder $\frac{1}{3}$ von 30 kg
b) $\frac{3}{5}$ von 20 € oder $\frac{3}{10}$ von 20 €

5 Berechne im Kopf.

a) 3 Sechstel von 18 Bleistiften
b) 2 Fünftel von 10 Flugzeugen
c) 7 Achtel von 72 Erdbeeren
d) 3 Viertel von 32 Euro

6 Gib in der nächstkleineren Einheit an.

a) $\frac{1}{2}$m b) $\frac{1}{5}$t
c) $\frac{1}{4}$h d) $2\frac{1}{2}$g
e) $1\frac{1}{4}$kg f) $2\frac{4}{5}$m
g) $3\frac{3}{4}$min h) $2\frac{2}{5}$km
i) $3\frac{3}{5}$cm j) $1\frac{1}{2}$h
k) $2\frac{1}{4}$g l) $8\frac{3}{4}$km

7 Ergänze im Heft zu einem richtigen Satz.

a) ■ sind $\frac{1}{3}$ von 15 kg.
b) 4 kg sind ■ von 20 kg.
c) ■ sind $\frac{3}{4}$ von 20 m.
d) ■ sind $\frac{1}{8}$ von 32 cm.
e) 16 € sind ■ von 48 €.

8 Ein Passagierflugzeug braucht etwa sieben Stunden, um den Atlantik zu überqueren. Die Raumfähre Discovery benötigt $\frac{1}{42}$ dieser Zeit. Wie lange fliegt sie über den Atlantik?

9 Setze die richtigen Brüche ein.

a) $\frac{\blacksquare}{8}$m = 375 mm b) $\frac{\blacksquare}{\blacksquare}$t = 500 kg
c) $\frac{\blacksquare}{\blacksquare}$h = 45 min d) $\frac{\blacksquare}{\blacksquare}$€ = 2 ct

Lösungen ab Seite 202

Vermischte Übungen

1 Welcher Teil der Gesamtfläche ist rot, welcher Teil ist gelb?

a) 
b) 
c) 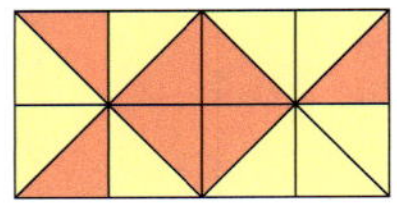
d) 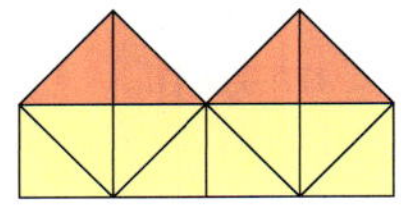

e) 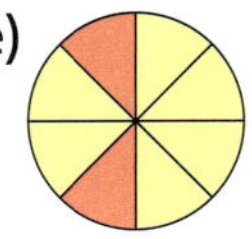
f) 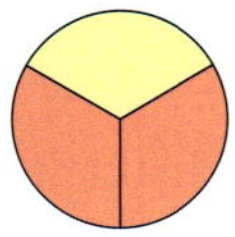
g) 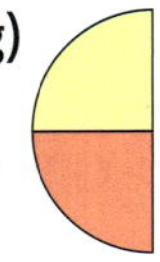
h) 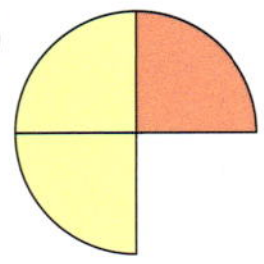
i) 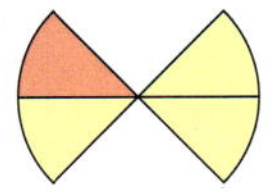

2 Welcher Bruchteil der Strecke ist rot?

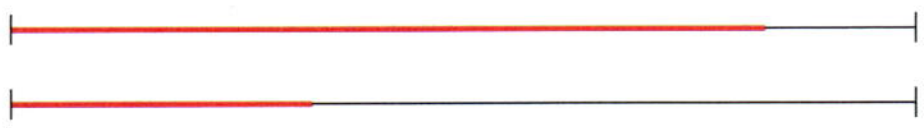
a)
b)

3 Hier siehst du verschiedene Flaggen:

a) Bestimme für jede Flagge den Bruchteil, den jede Farbe einnimmt.
b) Gestalte eine eigene Flagge, bei der $\frac{1}{4}$ grün und $\frac{1}{4}$ orange ist. Der restliche Teil der Flagge soll gelb werden.
Bestimme zunächst den Anteil der gelben Fläche.

4 Wie viel Wasser ist in den Behältern? Schreibe es als Bruchteil eines Liters und in Milliliter.

a) 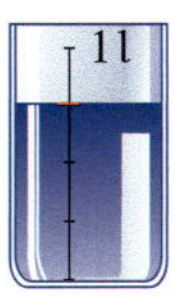

b) 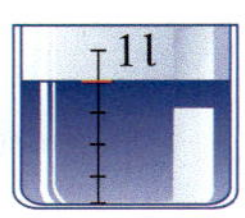

c) 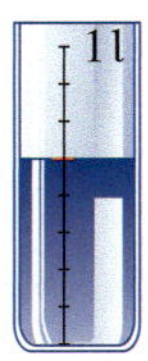

5 Rechne in die in Klammern angegebene Einheit um.

a) $\frac{1}{2}$m (cm) b) $\frac{2}{3}$h (min) c) $\frac{3}{4}$km (m)
d) $1\frac{1}{2}$min (s) e) $2\frac{3}{4}$kg (g) f) $5\frac{1}{5}$t (kg)
g) $\frac{3}{4}$h (min) h) $\frac{1}{2}$kg (g) i) $\frac{1}{100}$m (cm)

2 Zeichne für jede Teilaufgabe eine Strecke mit 8 cm Länge.
Markiere den angegebenen Streckenteil.
a) $\frac{1}{2}$ b) $\frac{1}{4}$ c) $\frac{5}{8}$ d) $\frac{7}{16}$

3 Bei einer vollen Umdrehung überstreicht der Sekundenzeiger einer Stoppuhr 60 Sekunden. Das ist eine Minute.
Welche Bruchteile einer Minute sind hier gestoppt? Wie viele Sekunden sind das?

a) 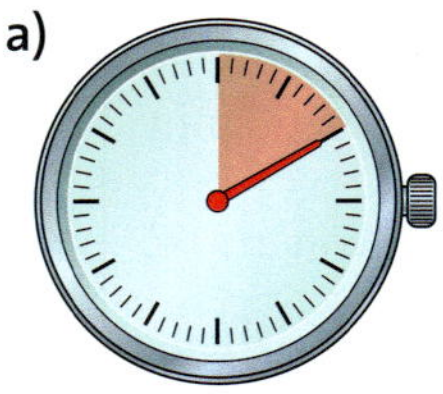
b) 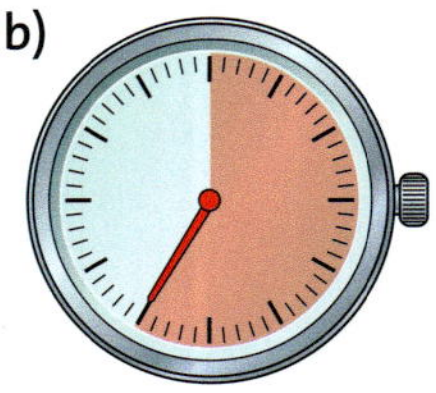
c) 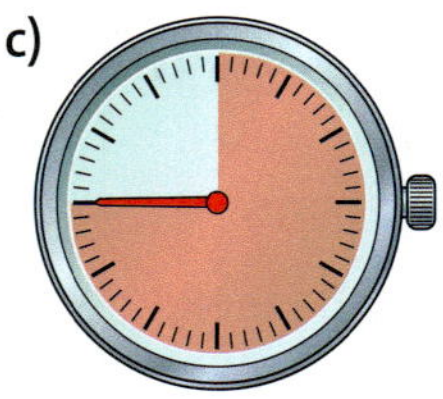
d) 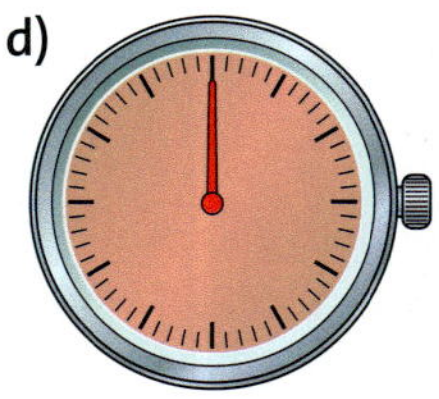

4 Rechne in die nächstkleinere Einheit um.
a) $\frac{1}{2}$min b) $\frac{3}{4}$km c) $\frac{5}{8}$t
d) $2\frac{1}{8}$kg e) $5\frac{3}{4}$h f) $3\frac{2}{3}$h

5 Gib in Brüchen an. Ergänze im Heft.
a) 500 g = □ kg b) 750 m = □ km
c) 20 min = □ h d) 3 mm = □ cm
e) 250 kg = □ t f) 125 m = □ km
g) 50 min = □ h h) 4 cm = □ dm
i) 6 mm = □ m j) 50 ct = □ €

NACHGEDACHT
Zeichne ein Quadrat mit 9 cm Seitenlänge und teile es so, dass du 8 gleich große Teile erhältst.
Färbe $\frac{3}{8}$ der Quadratfläche.

HINWEIS
1 l = 1000 ml

6 Ein Bruch besteht aus *Zähler* und *Nenner*. Erkläre diese Begriffe mit eigenen Worten. Wie merkst du dir, welche Größe über und welche unter dem Bruchstrich steht? Finde eine Eselsbrücke und tausche dich darüber mit deinen Partnern aus.

7 Berechne die Bruchteile.

a) $\frac{2}{9}$ von 360 € **b)** $\frac{2}{5}$ von 80 m
c) $\frac{3}{4}$ von 100 kg **d)** $\frac{5}{6}$ von 132 h
e) $\frac{3}{10}$ von 420 cm **f)** $\frac{5}{8}$ von 256 t
g) $\frac{7}{30}$ von 150 € **h)** $\frac{1}{60}$ von 1 h

7 Berechne.

a) $\frac{3}{4}$ von 424 kg **b)** $\frac{2}{5}$ von 245 g
c) $\frac{7}{10}$ von 3 240 kg **d)** $\frac{2}{3}$ von 834 km
e) $\frac{5}{9}$ von 180 mg **f)** $\frac{4}{15}$ von 90 €
g) $\frac{1}{120}$ von 2 min **h)** $\frac{4}{13}$ von 143 m

8 Betrachte die Kärtchen in der Randspalte. Was ergibt zusammen 1 kg?
Beispiel 200 g = $\frac{1}{5}$ kg; $\frac{4}{5}$ kg + $\frac{1}{5}$ kg = $\frac{5}{5}$ kg = 1 kg
Achtung: 2 Kärtchen bleiben übrig.

200 g | $\frac{4}{5}$ kg

$\frac{1}{4}$ kg | 600 g | 750 g | $\frac{3}{8}$ kg | $\frac{2}{5}$ kg | 300 g | $\frac{1}{2}$ kg | 500 g | 400 g | $\frac{3}{5}$ kg | $\frac{3}{10}$ kg | 700 g | 625 g | $\frac{3}{4}$ kg

9 Übertrage den gezeichneten Bruchteil in dein Heft und ergänze ihn zu einem Ganzen. Zeichne, wenn möglich, mehrere Lösungen.

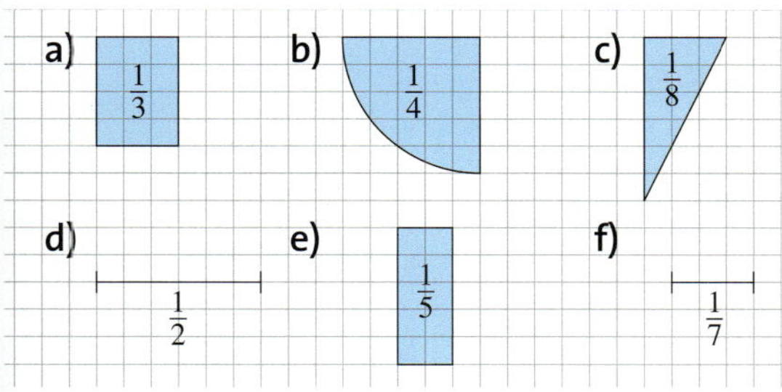

9 Die Abbildung zeigt die Ausgaben der Familie Berns.

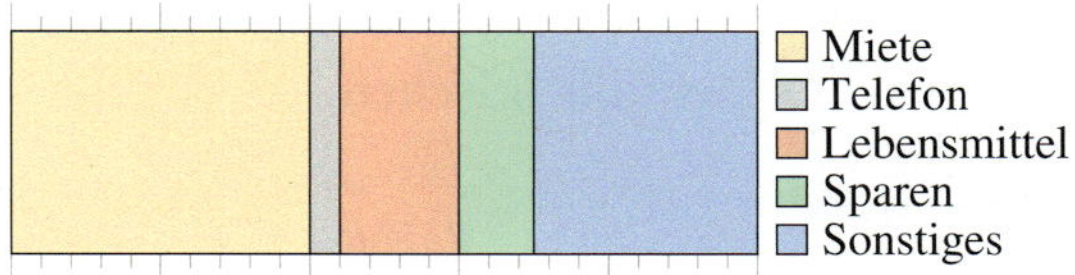

a) Bestimme jeweils den Bruchteil, den Familie Berns für Miete, Telefon und Lebensmittel ausgibt.
b) Die Ausgaben von Familie Berns betragen monatlich 1 500 €. Wie viel Euro werden für Miete, für Telefon und für Lebensmittel im Monat ausgegeben?

10 Das Kreisdiagramm zeigt, was mit dem Wasser geschieht, das in Deutschland als Regen oder Schnee herunterkommt.

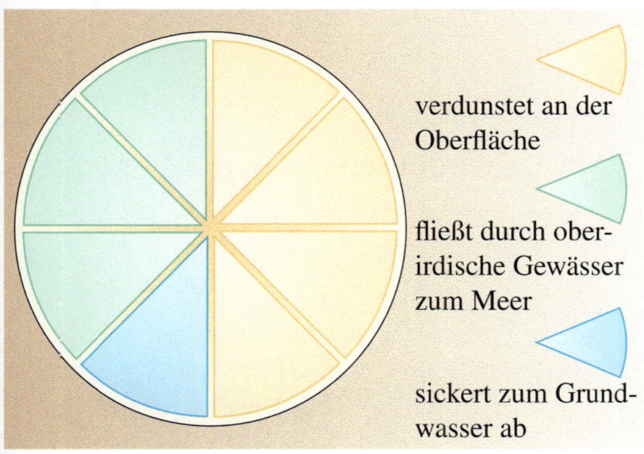

Notiere den Anteil, der
a) verdunstet,
b) oberirdisch zum Meer fließt,
c) versickert,
d) oberirdisch zum Meer fließt *oder* versickert.

10 Im Biologieunterricht wird eine Umfrage zu den Haustieren der Schülerinnen und Schüler gemacht.

In der Klasse 5 b sind 30 Kinder.
Davon haben $\frac{2}{5}$ ein Meerschweinchen, $\frac{3}{10}$ einen Hund, $\frac{4}{15}$ eine Katze, $\frac{1}{5}$ hat je zwei Vögel und $\frac{1}{30}$ hat eine Schlange zu Hause.

a) Wie viele Haustiere sind das?
b) Sieben Jungen und drei Mädchen aus der 5 b haben kein Haustier. Welcher Bruchteil der Kinder ist das?
c) Führe selbst in deiner Klasse eine Umfrage durch und bestimme daraus Bruchteile.

ZUM WEITERARBEITEN
zu 10
Erfindet eine ähnliche Aufgabe und stellt sie euren Mitschülern vor.

11 Cocktail „Sweet dream“

Sweet Dream 1

Zutaten
3–4 Eiswürfel
20 ml Bananensirup
20 ml flüssige Sahne
40 ml Grapefruitsaft
Menge: 80 ml
Zubereitung
Die Zutaten in einen Shaker geben und gut schütteln.

Sweet Dream 2

Ein Teil Bananensirup, ein Teil flüssige Sahne und zwei Teile Grapefruitsaft zusammen mit einigen Eiswürfeln in einen Shaker geben und gut schütteln. Shakerinhalt in ein Glas schütten.

Sweet Dream 3

Fülle ein Glas zu einem Viertel mit Bananensirup, zu einem weiteren Viertel mit flüssiger Sahne und zur Hälfte mit Grapefruitsaft.

a) Vergleiche die Rezepte für den Cocktail „Sweet Dream“. Nenne Gemeinsamkeiten und Unterschiede.
b) Welches Rezept würdest du nehmen, wenn du für deine Geburtstagsparty zwei Liter „Sweet Dream“ mixen möchtest? Erkläre, wie du vorgehst.
c) Welches Rezept würdest du nehmen, wenn du ein Glas (200 ml) „Sweet Dream“ herstellen möchtest?
Beschreibe und begründe, wie du vorgehst.

12 Frucht-Cocktails mischen

Roadrunner
Energiespender

Zutaten
4 Teile Kirschnektar
3 Teile Grapefruitsaft
1 Teil flüssige Sahne
1 Teil Zuckersirup

Rabbit
Karottentrunk

Zutaten
3 Teile Karottensaft
1 Teil Ananassaft
1 Teil Limettensirup

Tutti-Frutti
pfiffiger Frucht-Mix

Zutaten
je 1 Teil Maracujasaft,
Pfirsichnektar,
Ananassaft,
Kirschnektar und
flüssige Sahne

Amazonas
Tropen-Cocktail

Zutaten
2 Teile Zitronensaft
2 Teile Maracujasirup
2 Teile Ananassaft
3 Teile Orangensaft

a) Gib für jeden Cocktail die Bruchteile der einzelnen Zutaten an.
b) Bestimme die Menge der Zutaten, wenn 450 ml von jedem Cocktail hergestellt werden sollen.

13 Kaffee-Mix

Frau Völler ist leidenschaftliche Kaffeetrinkerin.
Sie hat in einer Zeitschrift die folgende Tabelle entdeckt.

Cappuccino	ein Teil Espresso, ein Teil Milch und ein Teil aufgeschäumte Milch.
Latte	ein Teil Espresso, drei Teile heiße Milch und ein Teil aufgeschäumte Milch
Mocha	ein Teil Espresso, zwei Teile heiße Schokolade und ein Teil aufgeschäumte Milch
Café au lait	Filterkaffee und heiße Milch je zur Hälfte

a) Bestimme für jede Kaffeespezialität den Bruchteil der benötigten Zutaten.
b) Fertige wie im Bild rechts zu jeder Kaffeespezialität eine Zeichnung an, aus der die Anteile der jeweiligen Zutaten hervorgehen.
c) Berechne die Menge der Zutaten, die zur Herstellung von je 300 ml einer Kaffeespezialität benötigt werden.

Zusammenfassung

Brüche als Teile von Ganzen

→ Seite 186

Wird ein Ganzes in 2, 3, 4, 5, 6, … gleich große Teile zerlegt, so erhält man Halbe, Drittel, Viertel, Fünftel, Sechstel, … .

Dafür schreibt man $\frac{1}{2}, \frac{1}{3}, \frac{1}{4}, \frac{1}{5}, \frac{1}{6}, \ldots$

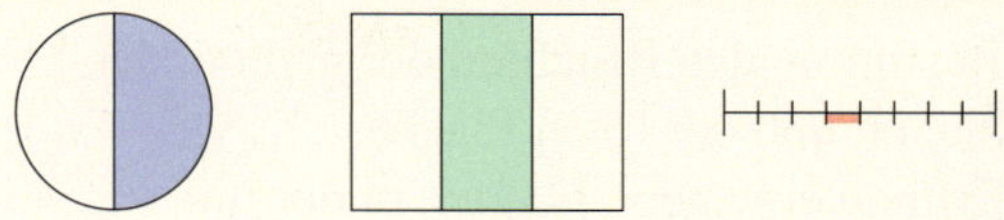

$\frac{1}{2}$ $\frac{1}{3}$ $\frac{1}{8}$

Gleiche Bruchteile können zu einem Bruch zusammengefasst werden.
Der **Nenner** gibt an, in wie viele gleich große Teile das Ganze unterteilt wurde.
Der **Zähler** gibt an, wie viele dieser Teile genommen wurden.

$\frac{3}{4}$ — 3: Zähler, —: Bruchstrich, 4: Nenner

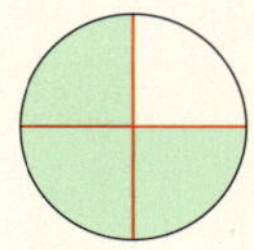

$\frac{3}{4}$

Bruchteile mit gleichem Nenner kann man zu einem Ganzen zusammenfügen.

$\frac{2}{5} + \frac{3}{5} = \frac{5}{5} = 1$

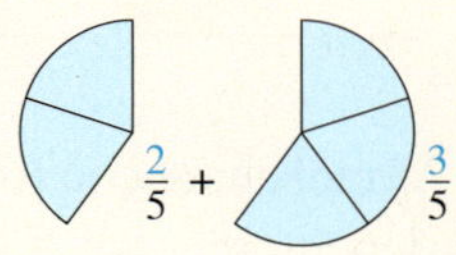

Bruchteile von Größen

→ Seite 190, 191

Brüche werden häufig genutzt, um **Anteile von Größen** anzugeben.

Möchte man wissen, wie groß der Anteil ist, geht man in drei Schritten vor:

1. die Ausgangsgröße in die nächstkleinere Maßeinheit umwandeln
2. durch den **Nenner** des Bruches dividieren
3. das Zwischenergebnis mit dem **Zähler** multiplizieren

Wie viele Milliliter sind $\frac{3}{8}$ Liter Milch?

1 Liter = 1 000 Milliliter
:8 ↓ :8
$\frac{1}{8}$ Liter = 125 Milliliter
·3 ↓ ·3
$\frac{3}{8}$ Liter = 375 Milliliter

Beim Berechnen von Bruchteilen größerer Mengen geht man ähnlich vor:

1. man dividiert die Maßzahl durch den **Nenner**
2. man multpliziert das Zwischenergebnis mit dem **Zähler**

Wie viel sind $\frac{3}{4}$ von 60 €?

der ganze Geldbetrag = 60 €
:4 ↓ :4
$\frac{1}{4}$ des Geldbetrages = 15 €
·3 ↓ ·3
$\frac{3}{4}$ des Geldbetrages = 45 €

Brüche, die größer sind als ein Ganzes, werden häufig als **gemischte Zahlen** geschrieben.
Eine gemischte Zahl besteht aus einer natürlichen Zahl und einem Bruch.

Wie viele Minuten sind $1\frac{1}{4}$ Stunden?

$1\,\text{h} = 60\,\text{min}$ und $\frac{1}{4}\,\text{h} = 15\,\text{min}$

$1\frac{1}{4}\,\text{h} = 60\,\text{min} + 15\,\text{min} = 75\,\text{min}$

Teste dich!

2 Punkte

1 Die abgebildete Flagge ist die Flagge Kolumbiens.

a) Bestimme den Bruchteil der gelben, der blauen und der roten Fläche.

b) Erfinde eine neue Flagge, in der die Bruchteile der Farben unverändert bleiben.

4 Punkte

2 Welcher Bruchteil der Gesamtfläche ist eingefärbt, welcher Bruchteil ist weiß?

a) 

b) 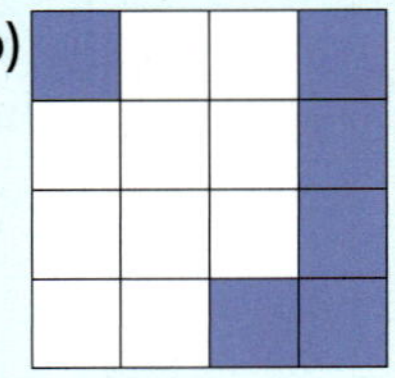

c) 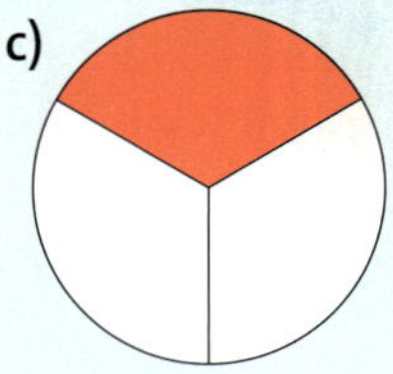

d) 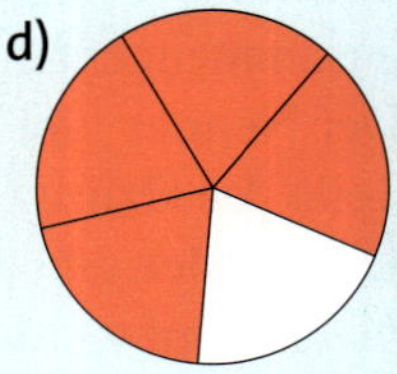

5 Punkte

3 Veranschauliche folgende Brüche an Rechtecken.

a) $\frac{1}{2}$ b) $\frac{7}{10}$ c) $\frac{3}{5}$ d) $\frac{1}{3}$ e) $\frac{75}{100}$

3 Punkte

4 Der abgebildete Würfel besteht aus 27 kleinen, gleich großen Würfeln.
Die sichtbaren Seitenflächen des großen Würfels sind mit I, II und III nummeriert.

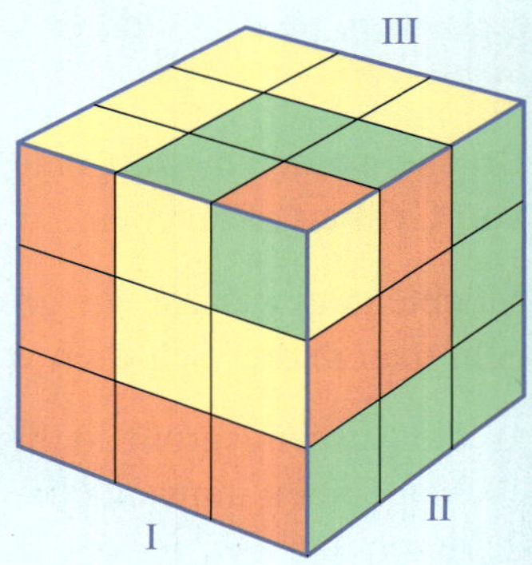

a) Welcher Bruchteil der Seitenfläche I ist gelb?

b) Welcher Bruchteil der Seitenflächen II und III zusammen ist rot?

c) Welcher Bruchteil der Seitenflächen I, II und III zusammen ist grün?

8 Punkte

5 Setze die richtigen Zahlen ein.

a) $\frac{1}{2}$kg = ■ g b) $\frac{1}{5}$t = ■ kg c) $\frac{3}{4}$h = ■ min d) $\frac{3}{10}$€ = ■ ct

e) $1\frac{1}{2}$min = ■ s f) $5\frac{3}{4}$km = ■ m g) 60 cm = $\frac{■}{■}$m h) 20 min = $\frac{■}{■}$h

8 Punkte

6 Berechne den jeweils angegebenen Bruchteil.

a) $\frac{2}{7}$ von 77 Gläsern b) $\frac{1}{4}$ von 108 kg c) $\frac{1}{3}$ von 930 m d) $\frac{5}{6}$ von 72 €

e) $\frac{1}{3}$ von 99 t f) $\frac{4}{5}$ von 95 Tagen g) $\frac{3}{7}$ von 28 € h) $\frac{5}{12}$ von 24 Monaten

5 Punkte

7 Formuliere zu den folgenden Situationen passende Fragen und beantworte sie.

a) Die Klasse 5 a hat 24 Schüler. Zwei Drittel sind Jungen.

b) Die Klasse 5 b hat 20 Schüler. Der Anteil der Mädchen beträgt $\frac{1}{5}$.

c) Drei Viertel von 600 Schülern kommen mit dem Fahrrad zur Schule.

d) Von 250 untersuchten Fahrrädern waren $\frac{3}{10}$ nicht verkehrssicher.

e) Bastians Oma Doris gewinnt 3 000 €. Ihrem Enkelkind gibt sie davon $\frac{7}{100}$.

Gold: 32–35 Punkte, Silber: 27–31 Punkte, Bronze: 21–26 Punkte

Lösungen ab Seite 202

Anhang

Daten

Seite 8

Noch fit?

1

die Hälfte	**220**	**1 500**	**540**	**705**
Zahl	440	3 000	1 080	1 410
das Doppelte	**880**	**6 000**	**2 160**	**2 820**

1

die Hälfte	**75**	2 222	1 700	**1 900**
Zahl	**150**	**4 444**	**3 400**	**3 800**
das Doppelte	300	**8 888**	**6 800**	7 600

2 5 < 13 < 87 < 97 < 627 < 628 < 637
oder: 637 > 628 > 627 > 97 > 87 > 13 > 5

2 376 < 673 < 763 < 3 607 < 3 706 < 7 063 < 7 603
oder: 7 603 > 7 063 > 3 706 > 3 607 > 763 > 673 > 376

3 a) 29 b) Die USA hatten die meisten Silbermedaillen. c) Die USA hatten die meisten Medaillen (103).

4 a) Kevin läuft 10 Minuten zur Schule.
b) Zwei Kinder laufen fünf Minuten bis zur Schule: Christina und David.
c) Dorothee, Maria und Hasan laufen drei Minuten zur Schule.
d) Max läuft am längsten zur Schule.
e) Luise und Mark laufen weniger lange zur Schule als Hasan.

4 a) Es laufen drei Kinder mehr als fünf Minuten zur Schule: Jonas, Kevin und Max.
b) Dorothee, Maria, Hasan, Luise und Mark benötigen weniger Zeit für den Schulweg als Christian.
c) Jonas braucht nicht am längsten für den Schulweg.
d) Der Schulweg von Max dauert nicht dreimal so lang wie der von Maria.

5 a) 25 b) 120 c) 15
d) 110 e) 6 f) 7

5 a) 72 b) 125 c) 381
d) 398 e) 30 f) 11

Seite 24/25

Klar so weit?

1 a) Jennifer: 3; Marcel: 10; Dilek: 8; Christine: 2; Mesut: 4
b) Marcel wurde Klassensprecher, Dilek erhielt die zweitmeisten Stimmen.
c) Es sind 29 Kinder in der Klasse.

1 a) Zoo: 5; Erlebnispark: 9; Schwimmbad: 11; Ausstellung: 1; Eisbahn: 2
b) Der Ausflug wird ins Schwimmbad gehen.
c) Ja, es hätte ein anderes Ziel herauskommen können. Hätten die fehlenden Schüler für den Erlebnispark gestimmt, gäbe es einen Gleichstand und eine Stichwahl zwischen Erlebnispark und Schwimmbad.

2

Automarke	Strichliste	Häufigkeit
Opel	𝍸𝍸𝍷𝍷	12
VW	𝍸𝍸𝍸𝍸𝍷𝍷	22
Mercedes	𝍸𝍷𝍷	7
Ford	𝍸𝍸𝍸	15
Renault	𝍸𝍸𝍸𝍷𝍷𝍷𝍷	19
Mazda	𝍸𝍷𝍷𝍷𝍷	9

(Angabe der Häufigkeiten in der Aufgabenstellung nicht verlangt.)

2 a) individuelle Lösungen, z. B.

> Besitzt du ein Haustier ja ☐ nein ☐
>
> Welches Haustier/welche Haustiere besitzt du? ________
>
> Wie viel Zeit verbringst du am Tag mit deinem Haustier? ____ min
>
> Falls du kein Haustier hast: Hättest du gerne eins?
> ja ☐ nein ☐

b)

Haustier	Strichliste	Häufigkeit
Hund	𝍸	5
Katze	𝍸𝍷𝍷	7
Vögel	𝍸	5
Hamster	𝍸𝍷𝍷𝍷	8
Fische	𝍸𝍸𝍷𝍷	12
Sonstige	𝍷𝍷𝍷	3

3 a) Minimum: 3; Maximum: 19; Spannweite: 16
b) Min.: 12 kg; Max.: 52 kg; Spannweite: 40 kg
c) Min.: 3 cm; Max.: 100 cm; Spannweite: 97 cm

3 a) Minimum: 8; Maximum: 542; Spannweite: 534
b) Min.: 3 €; Max.: 73,50 €; Spannweite: 70,50 €
c) Min.: 8 min; Max.: 1 h 28 min; Spannweite: 80 min

4 a)

Stadt	Oslo	Hamburg	London	Berlin	Paris	München	Wien	Madrid	Palma	Rom
Temperatur	12 °C	6 °C	8 °C	2 °C	7 °C	8 °C	6 °C	16 °C	18 °C	17°C

b) Das Maximum ist 18 °C. Es wurde in Palma gemessen.
c) Das Minimum ist 2 °C, es wurde in Berlin gemessen.
d) Die Spannweite der Temperaturen beträgt 16 °C.
e) In Lissabon war es 19 °C warm. (Probe: 19 °C – 2 °C = 17 °C)

5 Das Diagramm zeigt die Notenverteilung einer Klassenarbeit Folgende Noten wurden vergeben:
3-mal die *Note 1*; 5-mal die *Note 2*; 9-mal die *Note 3*;
7-mal die *Note 4*; 3-mal die *Note 5*; 1-mal die *Note 6*.

5 Das Diagramm zeigt die Sitzverteilung der einzelnen Parteien im Landtag nach der Landtagswahl in RHP im Jahr 2011.
SPD: 42 Sitze CDU: 41 Sitze Grüne: 18 Sitze

Seite 24/25

6 individuelle Lösung, z. B.

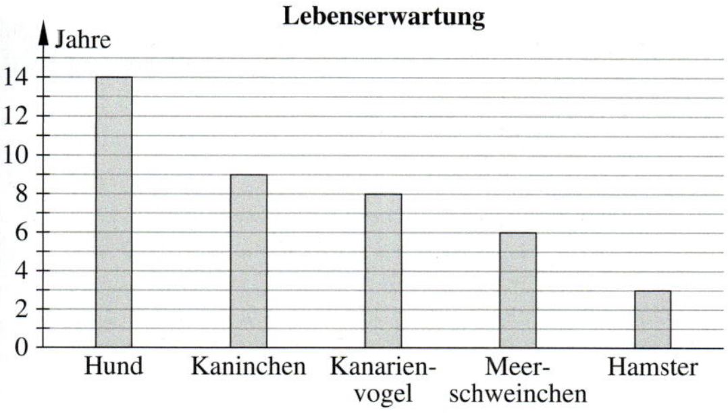

6 individuelle Lösung, z. B.

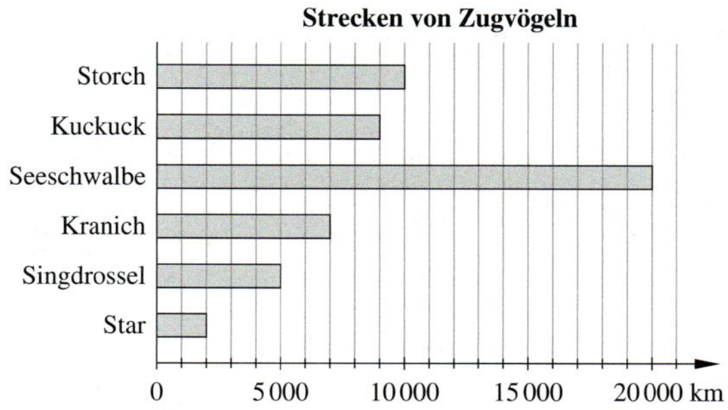

Teste dich!

Seite 30

1 Individuelle Lösung, z. B.

Wie viele Stunden schauen Sie am Tag Fernsehen?
- ☐ *weniger als 1 Stunde*
- ☐ *zwischen einer und zwei Stunden*
- ☐ *mehr als zwei Stunden*

Was ist Ihre Lieblingsserie? ______________________

Schauen Sie jeden Tag die Nachrichten?
☐ *ja* ☐ *nein*

2

Buchstabe	Strichliste	Häufigkeit
a	||||	4
e	𝍸𝍸𝍸	15
f	||	2
n	||||	4
z	||	2

3 a) Montags werden 20 Mohnbrötchen bestellt.
b) Montags werden insgesamt 150 Brötchen bestellt.
c) Es werden 110 Körnerbrötchen pro Woche bestellt.
d) Am besten verkaufen sich die Schokobrötchen.
e) Die Mohnbrötchen verkaufen sich am schlechtesten.
f) Maximum: 60; Minimum: 15; Spannweite: 45

4 Säulendiagramm, Balkendiagramm, Figurendiagramm (andere mögliche Antworten: Liniendiagramm, Kreisdiagramm)

5 a) Fußball: 140 Mitglieder; Handball: 120 Mitglieder; Turnen: 80 Mitglieder
b) Der Verein hat insgesamt 340 Mitglieder.

6
a)

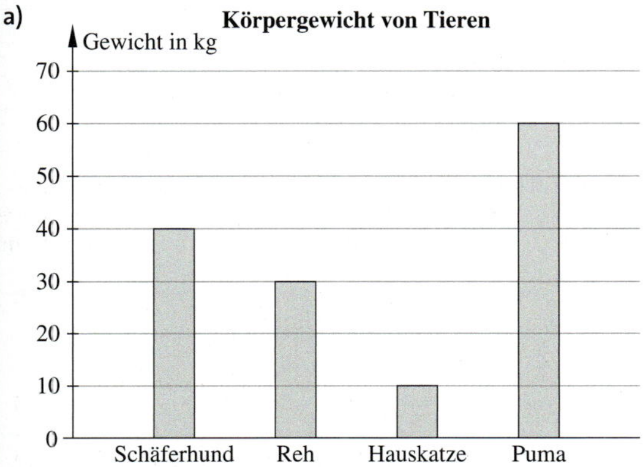

b) Das Gewicht z. B. eines Blauwals oder einer Spinne kann man bei dieser Einteilung der Werteachse nicht darstellen: Die Säule für den Wal wäre viel zu hoch; die Säule für eine Spinne wäre viel zu klein, um ihr Gewicht ablesen zu können.

Die natürlichen Zahlen

Seite 32

Noch fit?

1 a) 753 b) 1 100

1 a) 37 614 b) 49 100

2 a) 7 500, 7 600, 7 700, 7 800, 7 900, 8 000, 8 100, 8 200, 8 300, 8 400, 8 500, 8 600, 8 700, 8 800, 8 900, 9 000, 9 100, 9 200, 9 300, 9 400, 9 500
b) 7 500, 8 500, 9 500, 10 500, 11 500, 12 500, 13 500, 14 500, 15 500, 16 500, 17 500, 18 500, 19 500, 20 500
c) 7 500, 7 550, 7 800, 7 850, 7 900, 7 950, 8 000, 8 050, 8 100, 8 150, 8 200
d) 7 500, 8 000, 8 500, 9 000, 9 500, 10 000, 10 500, 11 000, 11 500, 12 000, 12 500, 13 000, 13 500, 14 000, 14 500, 15 000, 15 500, 16 000, 16 500, 17 000, 17 500, 18 000, 18 500, 19 000, 19 500, 20 000, 20 500, 21 000, 21 500, 22 000, 22 500, 23 000, 23 500, 24 000, 24 500

2 a) 97 500, 97 600, 97 700, 97 800, 97 900, 98 000, 98 100, 98 200, 98 300, 98 400, 98 500, 98 600, 98 700, 98 800, 98 900, 99 000, 99 100, 99 200, 99 300, 99 400, 99 500, 99 600, 99 700, 99 800, 99 900, 100 000
b) 97 500, 98 500, 99 500, 100 500, 101 500, 102 500, 103 500, 104 500, 105 500, 106 500
c) 97 500, 97 550, 97 600, 97 650, 97 700, 97 750, 97 800, 97 850, 97 900, 97 950, 98 000, 98 050, 98 100, 98 150, 98 200, 98 250, 98 300, 98 350, 98 400, 98 450, 98 500, 98 550, 98 600, 98 650, 98 700, 98 750, 98 800, 98 850, 98 900, 98 950, 99 000
d) 97 500, 98 000, 98 500, 99 000, 99 500, 100 000, 100 500, 101 000, 101 500, 102 000

3 a) 30, 60, 120, 240, 480, 960, 1 920
c) 70, 140, 280, 560, 1 120
b) 100, 200, 400, 800, 1 600
d) 2, 4, 8, 16, 32, 64, 128, 256, 512, 1 024

4 a) 1, 2, 3, 4, 5, 6, **7**, 8, 9, 10
b) 35, 36, 37, **38**, 39
c) 100, 101, **102**, 103, 104, 105, **106**, **107**, **108**, 109, 110
d) 2, 4, 6, **8**, **10**, 12

4 a) 111, 113, **115**, **117**, **119**, **121**, **123**, **125**, 127, 129
b) 34, 36, **38**, **40**, **42**, **44**, **46**, **48**, **50**, 52
c) 3 254, **3 255**, **3 256**, 3 257, **3 258**, **3 259**, **3 260**, 3 261, 3 262
d) 520, 530, **540**, **550**, **560**, **570**, **580**, **590**, 600

5 1, 4, 8, 12

5 1, 5, 8, 14, 18, 22

6 a) 12 < 44 < 78 < 99 < 102 < 199 < 201 < 300
b) 333 < 378 < 387 < 456 < 465 < 3 333

7

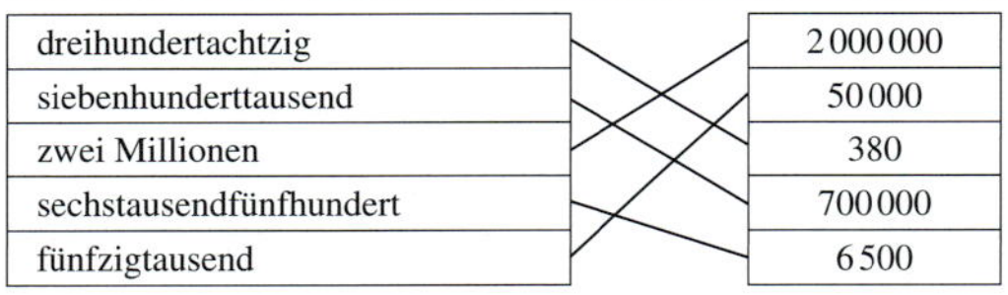

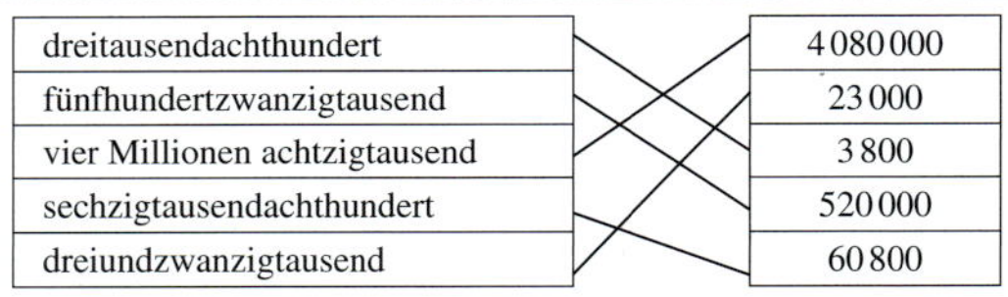

8 a) z. B.: 5 bis 14 b) z. B.: 60 bis 100

8 a) z. B.: 250–300 b) z. B.: ca. 500

Seite 48/49

Klar so weit?

1 a) 20, 22, 24, 26, 28, 30, 32, 34, 36
b) 204, 206, 208, 210, 212, 214, 216, 218, 220, 222, 224, 226
c) 2 005, 2 007, 2 009, 2 011, 2 013, 2 015, 2 017, 2 019
d) 992, 994, 996, 998, 1 000, 1 002, 1 004, 1 006, 1 008, 1 010, 1 012, 1 014, 1 016, 1 018

1 a) 20, 27, 34, 41, 48, 55
b) 203, 210, 217, 224, 231, 238, 245
c) 1 970, 1 977, 1 984, 1 991, 1 998, 2 005, 2 012, 2 019, 2 026
d) 992, 999, 1 006, 1 013, 1 020, 1 027

2 a) 6 b) 19 c) 35
d) 43 e) 56 f) 61

2 a) 8 000 b) 14 500 c) 22 500
d) 26 500 e) 33 000 f) 35 500

3 a)
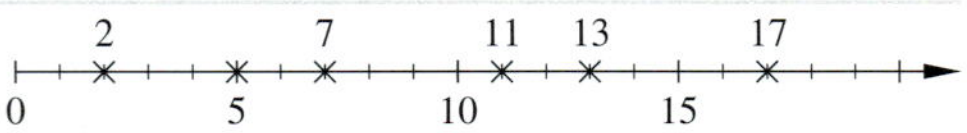

b)
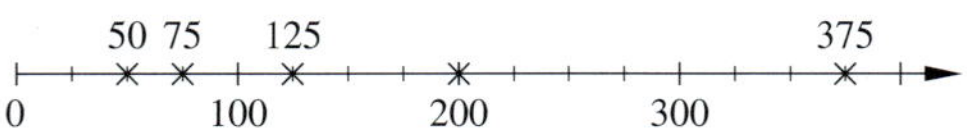

c)
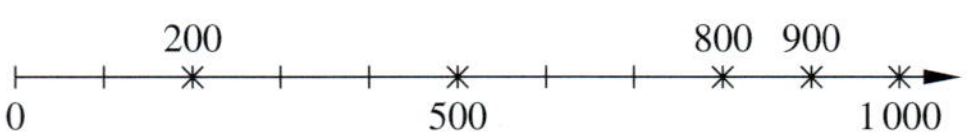

3 a)

b)
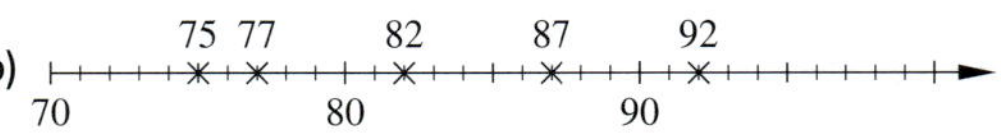

c)

4 a) > b) = c) > d) <

4 a) < b) < c) > d) <

5 a) 345
b) 345 < 453 < 454 < 543 < 544
c) 344, <u>345</u>, 346 452, <u>453</u>, 454 453, <u>454</u>, 455
542, <u>543</u>, 544 543, <u>544</u>, 545

5 a) 3 240 < 3 241 < 3 402 < 3 412 < 3 420 < 3 421
b) 3 239, <u>3 240</u>, 3 241, 3 242 3 240, <u>3 241</u>, 3 242, 3 243
3 401, <u>3 402</u>, 3 403, 3 404 3 411, <u>3 412</u>, 3 413, 3 414
3 419, <u>3 420</u>, 3 421, 3 422 3 420, <u>3 421</u>, 3 422, 3 423

Seite 48/49

6 a) 30 000 b) 55 500 c) 10 000 000
d) 105 500 e) 402 000

6 a) 11 550 305 b) 22 404 505 000 c) 8 011 014

7 a) siebenundzwanzig
b) dreihunderteinundvierzig
c) achthundertneuntausenddreihundertachtundsiebzig

7 a) eintausendfünfundfünzig
b) zweihundertneunundsechzigtausenddreihundert-dreiundreißig
c) siebenhundertneunundachtzig Millionen sechshundertachtundzwanzigtausendeins

8 10 580 = 10 T + 580 E
616 033 = 616 T + 33 E
70 960 100 = 70 Mio. + 960 T +100 E
2 500 450 991 = 2 Mrd. + 500 Mio. + 450 T + 991 E

8 77 320 = 77 T + 320 E
3 431 002 = 3 Mio + 431 T + 2 E
701 440 080 = 701 Mio + 440 T + 80 E
999 000 666 009 = 999 Mrd. + 666 T + 9 E

9

	Millionen			Tausender			Einer		
	H	Z	E	H	Z	E	H	Z	E
a)							3	0	0
b)						1	0	0	0
c)					2	0	0	0	0
d)			5	0	0	0	0	0	0

9

	Mrd.	Millionen			Tausender			Einer		
	E	H	Z	E	H	Z	E	H	Z	E
a)					2	0	6	0	0	4
b)	5	0	0	0	0	5	1	0	0	0

10 a)

	T	H	Z	E
Belchen	1	4	1	4
Schauinsland	1	2	8	4
Kandel	1	2	4	1
Feldberg	1	4	9	3
Schliffkopf	1	0	5	5

b) 1 410; 1 280; 1 240; 1 490; 1 060
c) 1 400; 1 300; 1 200; 1 500; 1 100

10 a)

	T	H	Z	E
Moskau	2	0	2	2
Athen	1	8	0	8
Rio	9	5	6	4
Kairo	2	9	1	9

	HT	T	H	Z	E
Tel Aviv		2	9	5	3
Las Palmas		3	1	8	1
New York		6	1	8	8
Tokio	1	3	0	9	5

b) 2 020; 1 810; 9 560; 2 920; 2 950; 3 180; 6 190; 13 100
c) 2 000; 1 800; 9 600; 2 900; 3 000; 3 200; 6 200; 13 100

11 a) in 24 Felder b) pro Feld ca. 3 Schokolinsen, also insgesamt ca. 24 · 3 = 72 Schokolinsen

12 a) 60 Jahre b) 1 100 kg c) 300 m

12 a) 610 km b) 2 000 km

Teste dich!

Seite 54

1 40 000, 170 000, 350 000, 640 000, 990 000, 1 040 000

2 a)
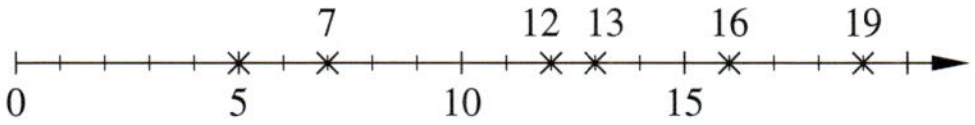

b)
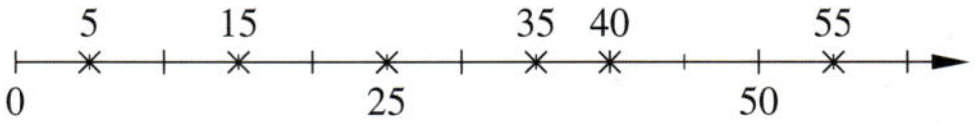

c)
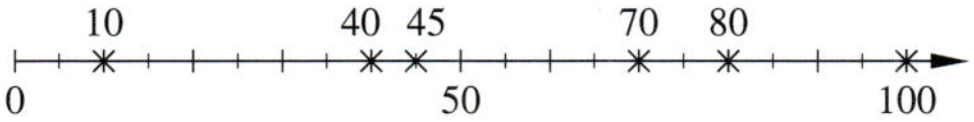

d)

e)
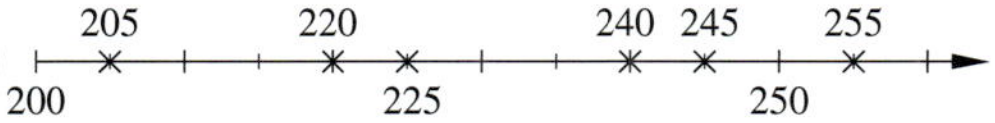

f)
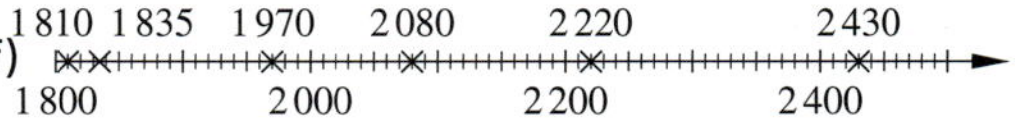

3 a) 9 200 b) 312 000 000 c) 275 502 d) 28 322 000 e) 20 000 600 000 f) 5 000 320 000 000 g) 123 465

4 dreitausendsechshunderteins
fünfundfünfzig Billionen einhundertdreiundfünfzig Milliarden zwölf
zwei Milliarden neun Millionen achtzigtausend

5

	Billionen			Milliarden			Millionen			Tausender			Einer		
	H	Z	E	H	Z	E	H	Z	E	H	Z	E	H	Z	E
a)											1	3	0	6	7
b)									2	6	2	0	0	0	0
c)						1	0	0	1	1	0	0	0	0	0
d)							1	2	7	0	0	0	3	4	5
e)		6	0	0	6	0	0	6	0	0	0	0	0	6	0
f)			5	0	0	0	0	0	0	5	0	0	0	0	1

6 a) 5 Zehntausend b) 4 Tausend c) 1 Million

Seite 54

7

		gerundet auf		
		Zehner	Tausender	Hunderttausender
a)	123 456	123 460	123 000	100 000
b)	3 000 999	3 001 000	3 001 000	3 000 000
c)	111 999 111	111 999 110	111 999 000	112 000 000

8

	Vorgänger	Zahl	Nachfolger
a)	666 998	666 999	667 000
b)	101 009	101 010	101 011
c)	9999	10 000	10 001
d)	5 Bio. 5 Mrd. 998 = 5 005 000 000 998	5 Bio. 5 Mrd. 999 = 5 005 000 000 999	5 Bio. 5 Mrd. 1 000 = 5 005 000 001 000
e)	99 998 999 999	99 999 000 000	99 999 000 001
f)	0 hat keine natürliche Zahl als Vorgänger.	0	1

9 **a)** 101 101 **b)** 2 463 577 899 **c)** 2 463 577 **d)** 32 325 467 865 **e)** 123 789 760 000 **f)** 178 157 789 999

Grundbegriffe der Geometrie

Seite 56

Noch fit?

1 **a)** 1 cm **b)** 4 cm **c)** 9,5 cm **d)** 2,2 cm

1 **a)** 0,5 cm **b)** 1,2 cm **c)** 8 cm **d)** 8,5 cm

2 a) b)

2 a) b)

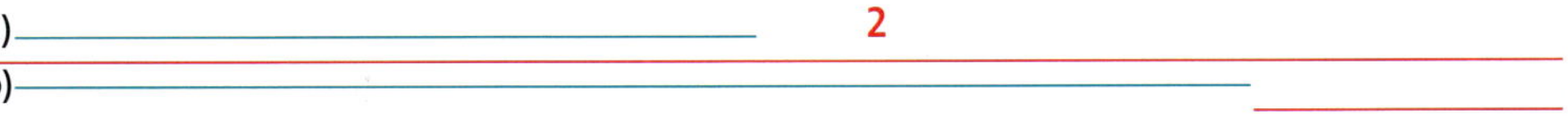

3 ② und ⑥: senkrechte und parallele Teilstücke ③ und ⑤: senkrechte Linien ① und ④: gerade Linien

4 a) b) c)

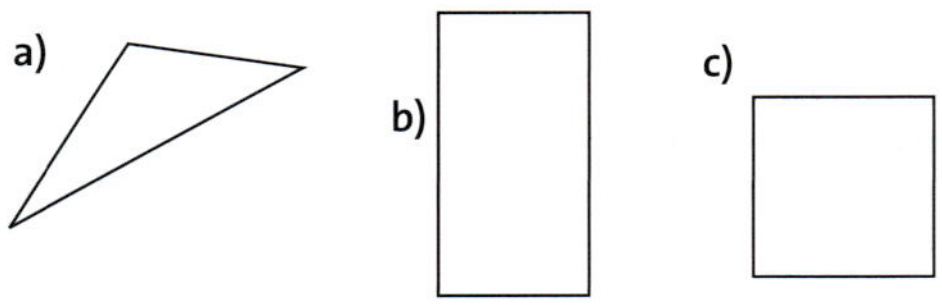

4 a) b) c)

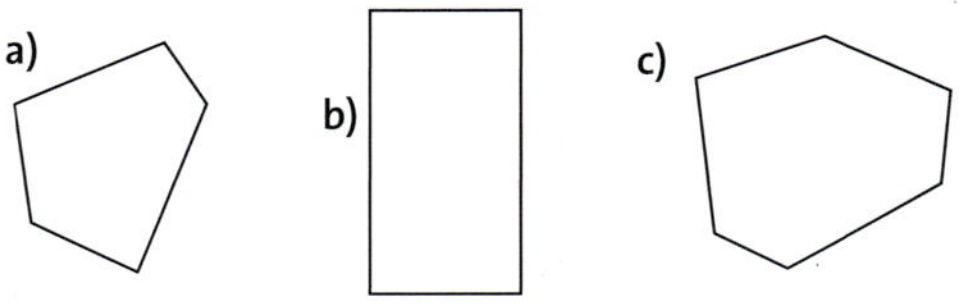

5 Zeichenübung

5 Zeichenübung

Seite 72/73

Klar so weit?

1 $A(\mathbf{0}|7)$; $B(2|\mathbf{3})$; $C(\mathbf{7}|6)$; $D(\mathbf{9}|11)$; $E(19|11)$; $F(\mathbf{11}|9)$; $G(17|\mathbf{0})$; $H(\mathbf{13}|4)$; $I(\mathbf{22}|4)$; $J(20|\mathbf{7})$; $K(0|\mathbf{10})$

1 $A(3|2)$; $B(4|5)$; $C(2|10)$; $D(6|7)$; $E(10|9)$; $F(9|12)$; $G(13|10)$; $H(18|9)$; $I(22|6)$; $J(17|6)$; $K(21|5)$; $L(18|4)$; $M(14|4)$; $N(12|2)$; $O(12|4)$; $P(6|5)$

2 **a)** vom Nullpunkt aus 1 Schritt nach rechts und 1 Schritt nach oben

b)

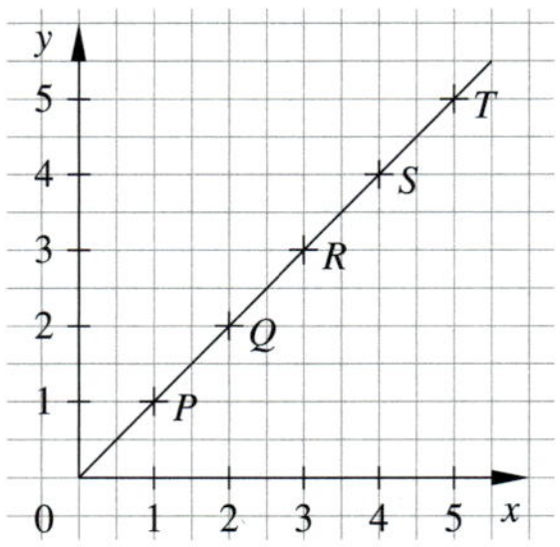

Wenn man die Punkte *P*, *Q*, *R*, *S* und *T* verbindet, liegen alle auf einer geraden Linie.

2

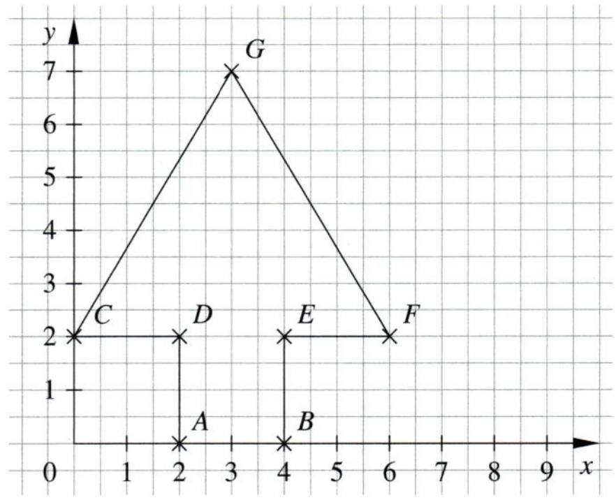

3 Man erhält jeweils dieselbe Figur.

a)

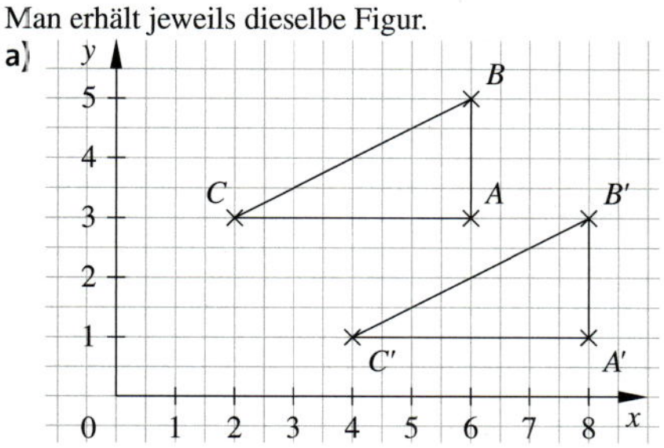

b)

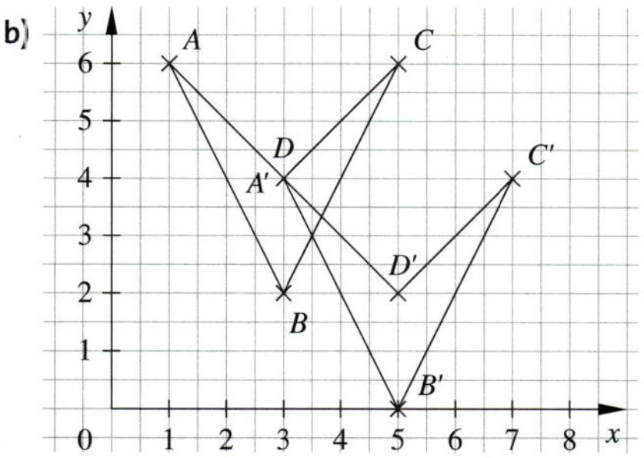

3 Man erhält dieselbe Figur.

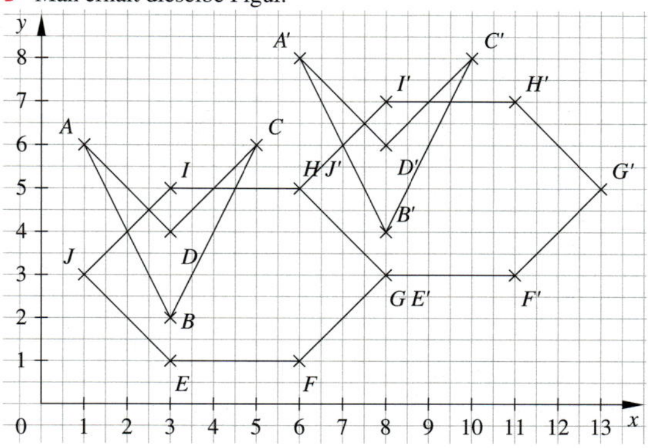

4 individuelle Lösung, z. B.
parallel: untere Kante Fenster zu oberer Kante Tür; Autodach zu Straße
senkrecht: Fensterkreuze; Autoreifen zu Straße

5 **a)** 1,8 cm **b)** 1,3 cm **c)** 2 cm **d)** 2,3 cm

6

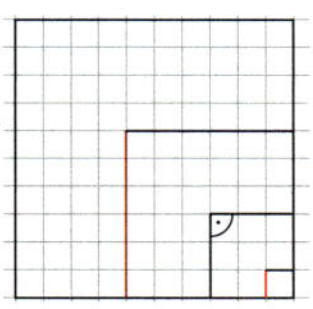

6

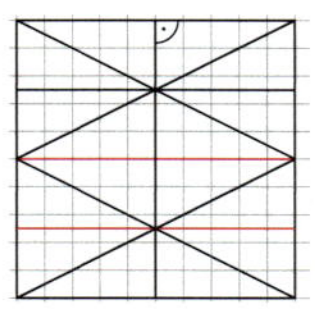

7

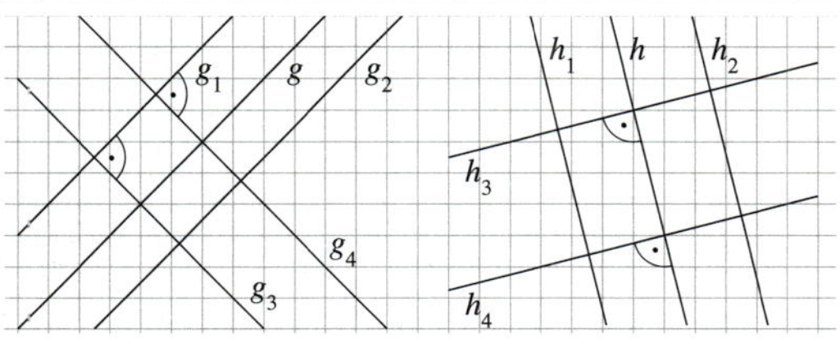

7

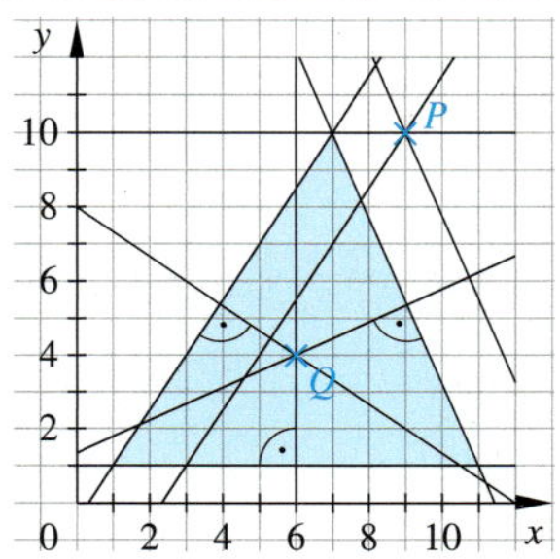

Seite 72/73

8

a)

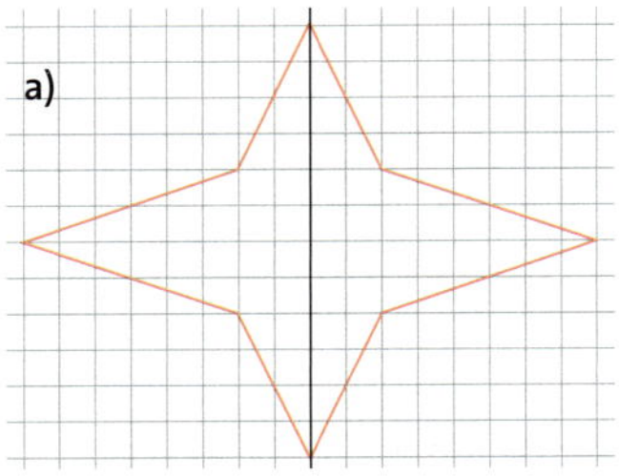

b)

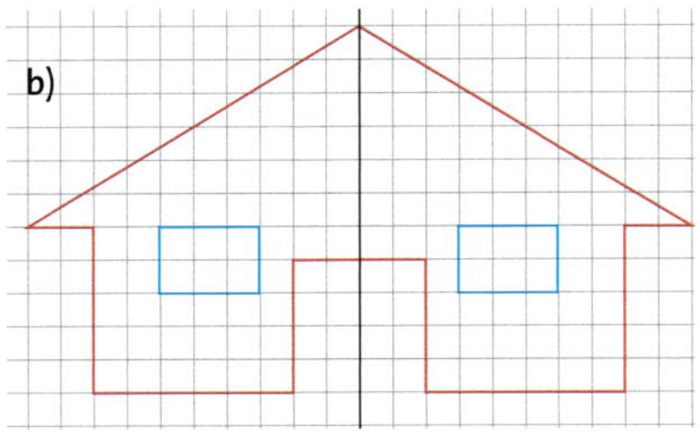

8

a)

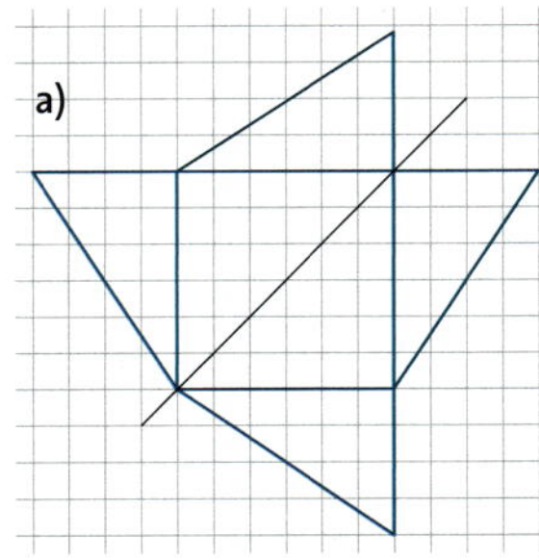

b)

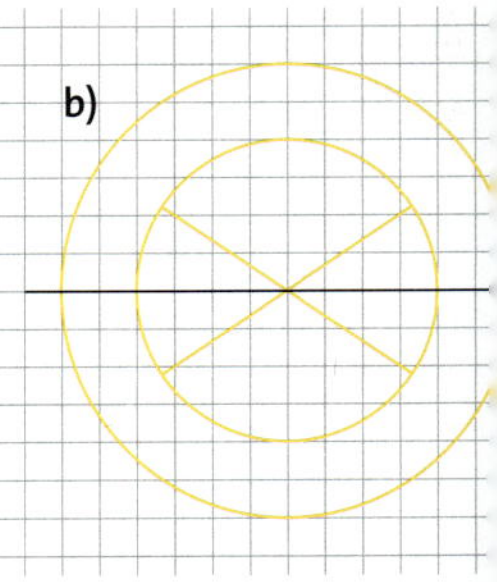

9 a) 8 Eckpunkte

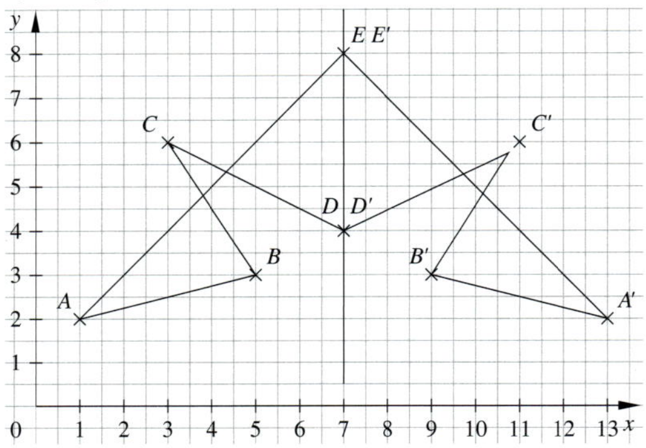

b) 7 Eckpunkte

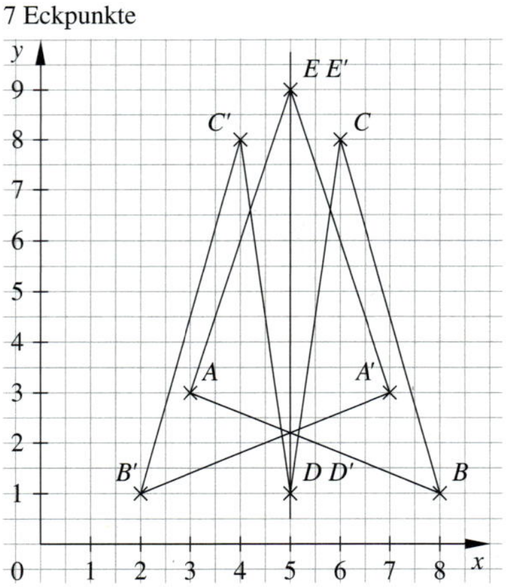

9 a)

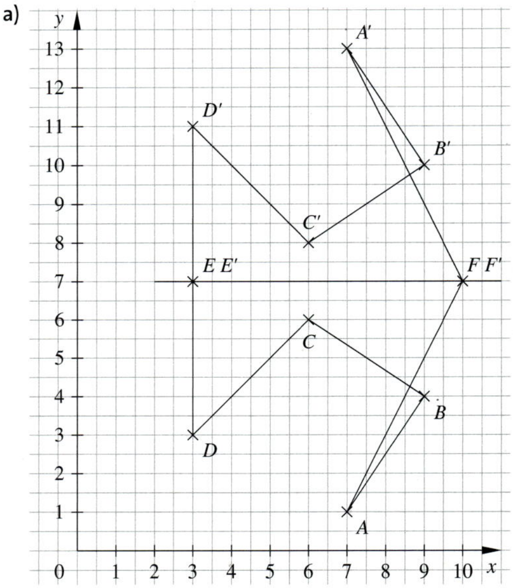

b)

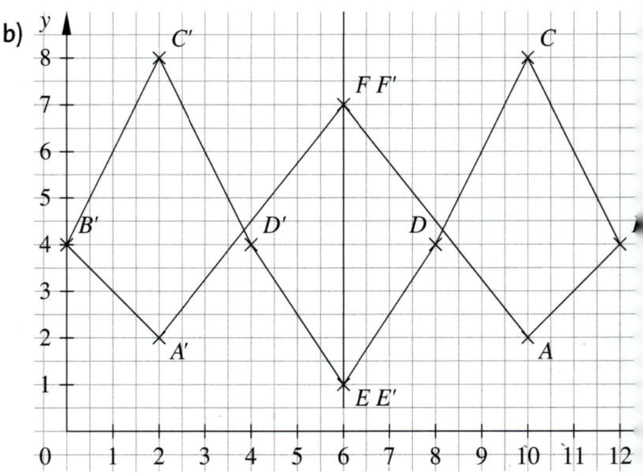

10

a)

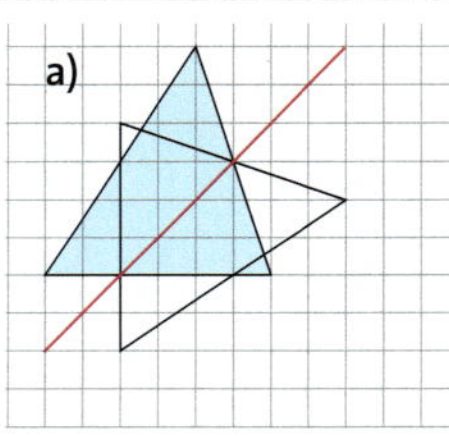

b)

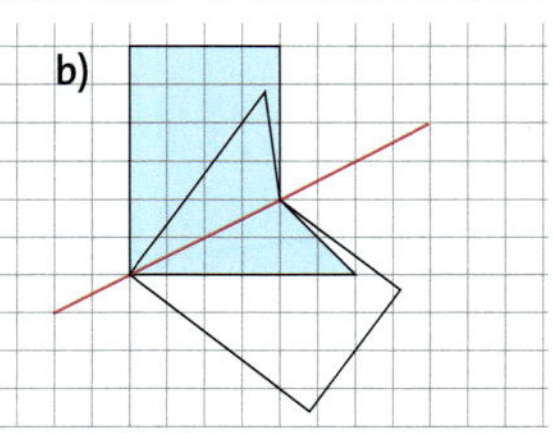

10

a)

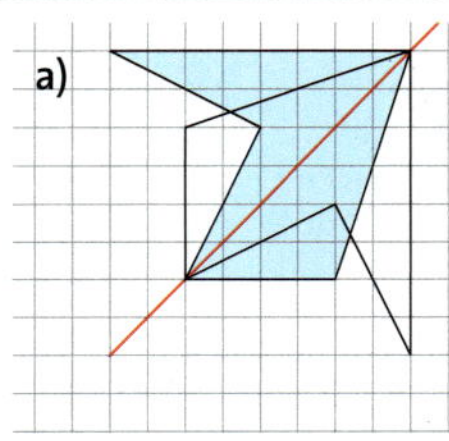

b)

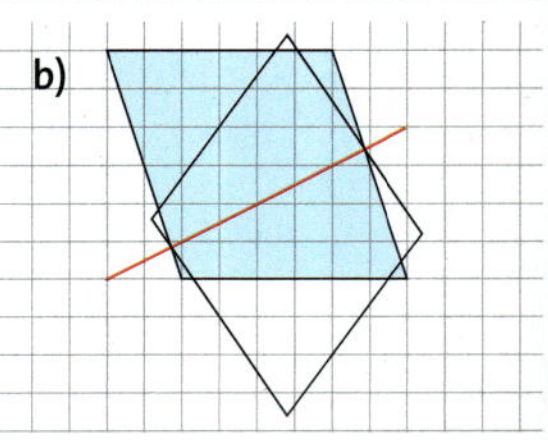

Teste dich!

Seite 78

1 **a)** $A(1|3)$; $B(4|3)$; $C(3|2)$; $D(2|4)$; $E(7|2)$; $F(9|3)$ **b)** $A(1|1)$; $B(0|3)$; $C(2|0)$; $D(3|3)$; $E(5|2)$; $F(7|1)$

2 Es entsteht ein Herz.

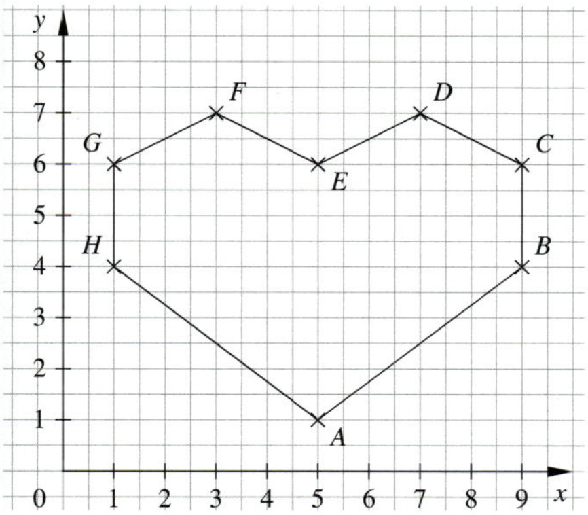

3 **a)** $\overline{AB} = 3{,}6\,\text{cm}$ $\overline{BC} = 2\,\text{cm}$
$\overline{CD} = 4{,}5\,\text{cm}$ $\overline{AC} = 5\,\text{cm}$
$\overline{BD} = 4\,\text{cm}$ $\overline{AD} = 2{,}2\,\text{cm}$

b)

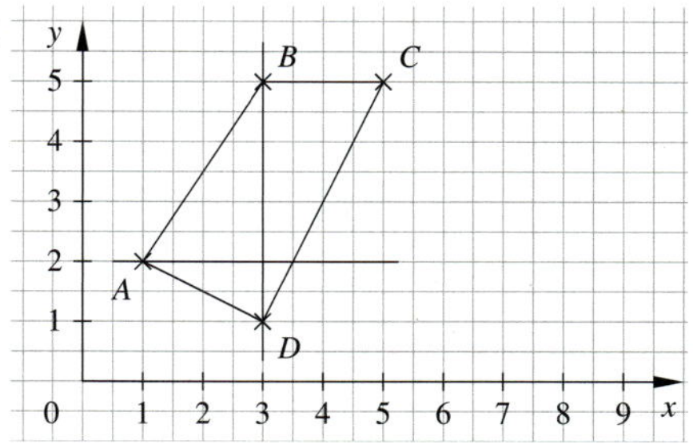

4

Punkt	A	B	C	D	E
Abstand von g in mm	20	0	32	7	7

5

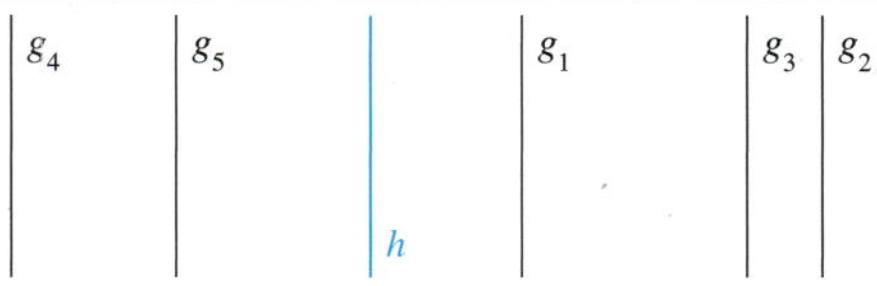

6 Die Kreise konnten aus Platzgründen nicht dargestellt werden.
In der Randspalte sind die Radien zum Vergleich abgebildet.

zu 6

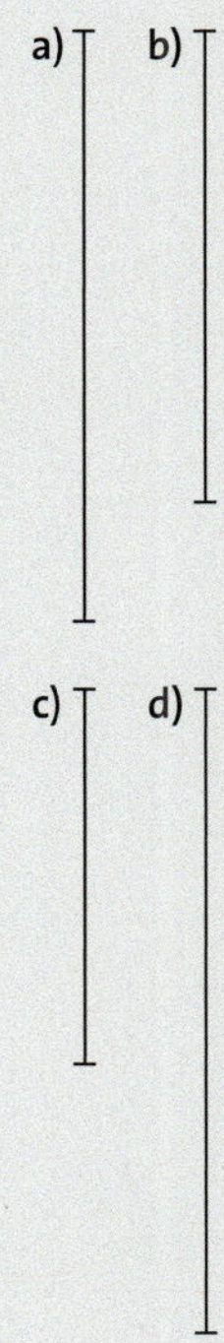

7 **a)**

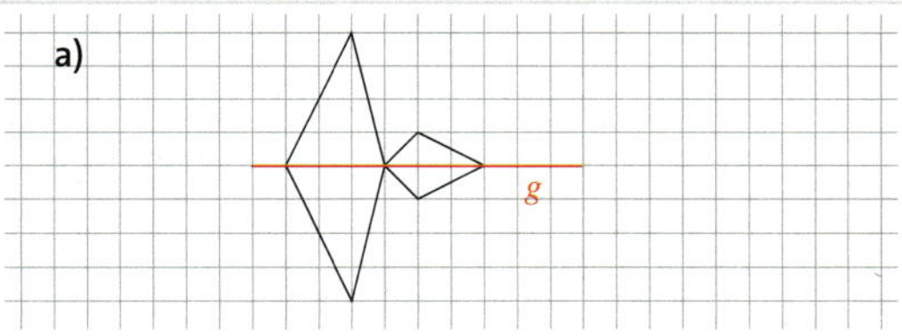

b)

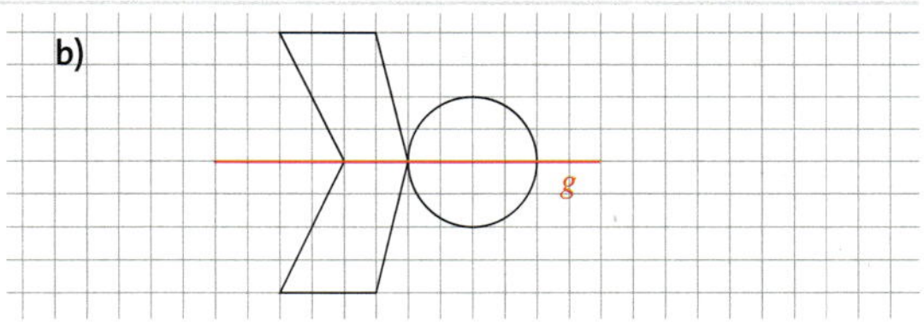

8 **a)**

1 Symmetrieachse

b)

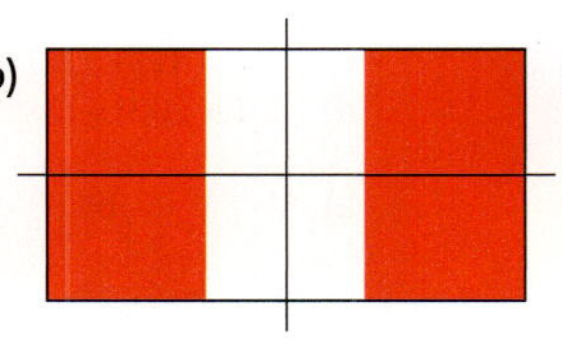

2 Symmetrieachsen

c)

1 Symmetrieachse

Natürliche Zahlen addieren und subtrahieren

Noch fit?

Seite 80

1 **a)** 19 **b)** 42 **c)** 340 **d)** 43 **e)** 76 **f)** 250

2 Runden auf Zehner ist sinnvoll.

Eifelturm Paris	320 m
Antennentürme Nauen	270 m
Fernsehturm Stuttgart	220 m
Kölner Dom	160 m
Cheopspyramide	140 m

1 **a)** 453 **b)** 289 **c)** 210 **d)** 153 **e)** 103 **f)** 388

2 Runden auf Hunderter ist sinnvoll.

Mädelgabel	2 600 m
Nebelhorn	2 200 m
Fellhorn	2 000 m
Rubihorn	2 000 m
Grünten	1 500 m

Seite 80

3

	Milliarden			Millionen			Tausender			Einer		
	H	Z	E	H	Z	E	H	Z	E	H	Z	E
a)						3	4	6	9	2	6	4
b)								4	5	8	9	0
c)		2	3	7	1	8	0	4	9	2	1	9
a)						5	3	2	0	0	4	6
b)			4	0	1	0	0	1	0	0	1	5

4 40, 404, 440, 444, 4000, 4004

4 57000, 55789, 55698, 54798, 5589

5 a) ① 1000, 2000, 4000, 8000, 16000, 32000, 64000, 128000
② 2000, 4000, 8000, 16000, 32000, 64000, 128000
③ 4500, 9000, 18000, 36000, 72000, 144000
b) ① 176, 88, 44, 22
② 400, 200, 100, 50
③ 1000000, 500000, 250000, 125000

5 a) ① 1000, 2000, 4000, 8000, 16000, 32000, 64000, 128000, 256000, 512000, 1024000
② 2000, 4000, 8000, 16000, 32000, 64000, 128000, 256000, 512000, 1024000
③ 4500, 9000, 18000, 36000, 72000, 144000, 288000, 576000, 1152000
b) ① 8888, 4444, 2222, 1111
② 50010, 25005
③ 1000000, 500000, 250000, 125000, 62500, 31250, 15625

Seite 94/95

Klar so weit?

1 795
268
3682
4199
11000

1 a) Summe erhöht sich um 5 b) Summe erhöht sich um 20
c) Summe verdoppelt sich d) Summe bleibt gleich

2 127
677
652
5536
913

2 a) 284 – 115 = 169 b) 559 – 318 = 241
c) 238 – 199 = 39 d) 120 – 38 = 82
e) z. B.: Subtrahiere von der Summe der Zahlen 121 und 45 die Zahl 64. Ergebnis: 102
f) z. B.: Subtrahiere von der Summe der Zahlen 80 und 56 die Summe der Zahlen 20 und 15. Ergebnis: 101
g) z. B.: Subtrahiere von 51 die Summe der Zahlen 26 und 15. Ergebnis: 10

3 a) 99 b) 201 c) 306 d) 572
e) 37 f) 39 g) 80 h) 476

3 a) 981 b) 1813 c) 1538 d) 1617
e) 538 f) 1150 g) 188 h) 486

4 a) (28 + 22) + 36 = 86 b) 382 + (125 + 275) = 782
c) (225 + 125) + 116 = 466 d) (367 + 23) – 98 = 488
e) (368 + 32) + 79 = 479 f) (134 + 166) + 120 = 420
g) (423 + 27) + 99 = 549 h) (186 + 14) + 41 = 241

4 a) (731 + 69) + (67 + 13) = 880
b) (451 + 109) + (127 + 203) + 10 = 900
c) (111 + 89) + (222 + 188) = 610
d) (208 + 202) + (215 + 225) = 850

5 a) 95 b) 2 c) 122 d) 13

5 a) 63 b) 83 c) 31 d) 67

6 a) (36 + 24) – 33 = 27 b) 68 – (24 + 34) = 10

6 a) (87 + 29) – 35 = 81 b) (34 + 66) – (101 – 55) = 54

7 a) 13 b) 36 c) 40

7 a) 60 b) 42 c) 127

8 a) 741 b) 7748 c) 3074 d) 7873
e) 6160 f) 2412 g) 9868 h) 1894

8 a) 77911 b) 154042 c) 144690
d) 80389 e) 471319

9 a) 2038952 b) 41771
c) 2111111 d) 373

9 a) 124515 b) 51671
c) 159194 d) 19383

10 a) 27 km; 13 km; 19 km; 36 km; 56 km; 241 km
b) 392 km

10 individuelle Lösungen, z. B.:
a) Wie viele Männer leben in Rheinland-Pfalz?
In Rheinland-Pfalz leben 2035359 Männer.
b) Wie viele Lehrer arbeiten in Rheinland-Pfalz?
In Rheinland-Pfalz arbeiten 11948 Lehrer.
c) Wie viele Motorräder, Busse, Lkw und sonstige Kfz sind in Worms zugelassen?
In Worms sind 7570 Motorräder, Busse, Lkw und sonstige Kfz zugelassen.
d) Wie viele Personen leben in Kaiserslautern?
In Kaiserslautern leben 97382 Personen.

Teste dich!

Seite 100

1 a) 158 b) 313 c) 1305 d) 3889 e) 37914 f) 7791

2
a) 45 + 136 = 181 b) 89 − 19 = 70 c) 2401 + 5428 = 7829
d) 47 − ▢ = 36; 47 − 36 = <u>11</u> e) 368 + 378 = 746 f) ▢ − 60 = 48; 48 + 60 = <u>108</u>

3 a) 13723 b) 12539536 c) 845020 d) 8404 e) 4687 f) 54444

4 a) Er hat noch 29 Brötchen übrig. b) Es bleiben noch 12791 Liter im Tank.

5 Ende 2015 hat der Verein noch 5916 Mitglieder.

6 a)

14676				
13880	**796**			
13339	**541**	**255**		
12912	**427**	**114**	**141**	
12584	328	99	15	126

b)

197367				
77371	**119996**			
38411	**38960**	**81036**		
25459	**12952**	**26008**	**55028**	
20003	5456	**7496**	**18512**	**36516**

7
a) (35 + 75) + (61 + 19) = 110 + 80 = 190
b) (74 + 26) + (88 + 12) = 100 + 100 = 200
c) (778 + 122) + (11 + 99) = 900 + 110 = 1010
d) (68 + 2) + (27 + 13) = 79 + 40 = 110
e) (1234 + 566) + 667 = 1800 + 667 = 2467
f) (37 + 13) + (58 + 12) + (19 + 11) = 50 + 70 + 30 = 150

8
Überschlag: 4,80 € + 2,40 € + 3,00 € + 1,60 € + 3,70 € = 15,50 €
Die Gesamtkosten betragen 15,41 €, also reichen 15 € nicht für den Einkauf.

Größen

Noch fit?

Seite 102

1 33 mm; 34 cm; 41 cm; 43 cm

1 a) 360 s; b) 75 min c) 140 min d) 2 h 21 min

2 a) 35 **kg** b) 157 **cm** c) 29,90 **€** d) 5 **min** e) 40 **ct** f) 50 **m**

2 a) 500 **g**; $\frac{1}{2}$ **l** b) 2 **h** c) 29,90 **€**; 1 **ct**

3 a) 10 b) 100 c) 1 d) 30

3 a) 30 b) 800 c) 2 d) 770

4 Ameise, Maus, Inline-Skates, Katze, Fahrrad, Pferd, Elefant, LKW, Flugzeug

5 a) 5 Euro b) 2 Kilogramm c) 3 Meter d) 25 Stunden

Klar so weit?

Seite 120/121

1 Zeit: 5 Sekunden; 17 Jahre; 15 Stunden; 45 min
Gewicht: 35 Gramm
Geld: 3,70 €; 2 Cent
Länge: 300 m; 5 Kilometer; 1,5 cm

2 a) cm (Zollstock, Maßband) b) €, ct (auszählen) c) h, min (Uhr) d) kg (Personenwaage)

2 a) m (Maßband) b) a (Jahre) (Kalender) c) kg, g (z. B. Personenwaage) d) km/h (Tachometer)

3 3 €; 6,50 €; 14,10 €; 12,70 €

3 64,70 €; 56,57 €; 50 €; 75,46 €

4 a) Zeitspanne b) Zeitpunkt c) Zeitspanne d) Zeitpunkt

4 a) Zeitpunkt b) Zeitpunkt c) Zeitspanne d) Zeitpunkt

5 a) 4:00 Uhr b) 3:10 Uhr c) 3:30 Uhr d) 3:00 Uhr

5 a) 16:55 Uhr b) 13:40 Uhr c) 14:35 Uhr d) 1:25 Uhr

6 a) 2 h b) 180 min c) 240 s d) 72 h e) 49 d

6 a) 132 h b) 10800 s c) 840 s d) 1440 min e) 336 h

7 Elefant: 7 t; Tiger: 200 kg; Schäferhund: 35 kg; Pferd: 1 t; Marienkäfer: 1 g; Blauwal: 150 t;
Hamster: 120 g; Frosch: 100 g; Katze: 5 kg; Floh: 2 mg

8 a) 6000 g b) 50000 g c) 2 g d) 200 g e) 400 g f) 2700 g g) 0,3 g h) 5,1 g

8 a) 310000 kg b) 2310 kg c) 0,75 kg d) 12,034 kg e) 12030 kg f) 5000,3 kg g) 0,0007 kg h) 0,000034 kg

Seite 120/121

9 7,807 kg (oder 7 807 g)

9 Das höchstmögliche Gewicht in der Plastiktüte ist 3 977 g. Paula erreicht es mit der halben Melone, der Schokocreme, der Butter und den Äpfeln.

10 **a)** cm (z. B. mit Geodreieck) **b)** m (z. B. mit Schnur bzw. Maßband, deren/dessen eines Ende durch ein Gewicht beschwert ist)
c) mm (z. B. Geodreieck) **d)** km oder m (z. B. mit dem Kilometerzähler eines Fahrradtachos; mit Schrittlängen)

11 Die wirkliche Entfernung beträgt 1 500 m.

11 **a)** 12 m **b)** 2,40 m

12 **a)** 600 cm **b)** 1 000 cm **c)** 4 cm **d)** 200 000 cm **e)** 900 000 cm **f)** 120 cm
g) 7 cm **h)** 30 cm **i)** 95 cm

13 **a)** 2 000 m **b)** 3 m **c)** 4 m **d)** 1 500 m **e)** 5,5 m **f)** 3 m
g) 8,9 m **h)** 850 m **i)** 50 m

Seite 128

Teste dich!

1 **a)** Geld, Zeit, Länge, Gewicht (Masse)
b) Geld: €, ct; Zeit: s, min (oder: h, d, a); Länge: mm, cm (oder: dm, m, km); Gewicht: mg, g (oder: kg, t)

2 1C; 2E; 3D; 4F; 5A; 6B

3 **a)** 15,50 €; 2,20 € **b)** 26,50 €; 100,00 €

4 **a)** 3 h 14 min **b)** 49 min **c)** 1 h 37 min **d)** 15 h 59 min **e)** 2 h 11 min **f)** 9 h 46 min

5 **a)** 4 000 m **b)** 34,50 € **c)** 360 ct **d)** 34 mm
e) 3 500 mg **f)** 72 h **g)** 16 000 dm **h)** 5 m

6 **a)** Spielmannsau 983 m; Riffenkopf 1 749 m; Kegelkopf 1 960 m; Höpats 2 258 m; Strahlkopf 2 351 m; Kreuzeck 2 375 m; Kratzer 2 424 m; Öfnerspitze 2 578 m; Großer Krottenkopf 2 657 m
b) Der Höhenunterschied beträgt 1 674 m.

7 Das Gesamtgewicht beträgt 333 t. Der Airbus darf starten.

Natürliche Zahlen multiplizieren und dividieren

Seite 130

Noch fit?

1 **a)** 30 **b)** 5

2 **a)** 24 **b)** 36 **c)** 25
d) 7 **e)** 6 **f)** 20

3 im 1 × 1 der …
a) 3 **b)** 2 **c)** 5 **d)** 7

4 3 · 5 = 5 · 3 = 15 8 · 10 = 10 · 8 = 80
2 + 10 = 10 + 2 = 12
20 + 6 = 26 20 − 6 = 14

5 **a)** 8, 10, 12 **b)** 20, 25, 30 **c)** 40, 50, 60
d) 12, 8, 4 **e)** 70, 60, 50 **f)** 12, 15, 18

1 **a)** 1 800 km **b)** 18 000 km **c)** 108 000 km

2 **a)** 400 **b)** 540 **c)** 550
d) 25 **e)** 11 **f)** 22

3 im 1 × 1 der …
a) 2 und 4 **b)** 5 **c)** 7 **d)** 7

4 8 · 100 = 100 · 8 = 800 9 · 13 = 13 · 9 = 117
15 + 80 = 80 + 15 = 95 35 − 7 = 28 35 + 7 = 42
15 · 3 = 45 15 : 3 = 5

5 **a)** 80, 160, 320 **b)** 81, 64, 49
c) 24, 12, 6

6 **a)** 3 · 6 und 7 Nullen anhängen, also 180 000 000 **b)** 44 499, 33 500
c) z. B.: Telefonnummer, Postleitzahl, Hausnummer **d)** falsch, z. B. 21 + 23 = 44; richtig; richtig

Seite 148/149

Klar so weit?

1 **a)** 24 **b)** 52 **c)** 84
d) 84 **e)** 120 **f)** 152
g) 224 **h)** 354 **i)** 1 827

2 **a)** 14 (7) **b)** 40 (20) **c)** 16 (8)
d) 48 (24) **e)** 32 (16) **f)** 8 (4)
g) 36 (18) **h)** 106 (53) **i)** 50 (25)
j) 64 (32)

1 **a)** 75 **b)** 150 **c)** 300
d) 272 **e)** 153 **f)** 327
g) 434 **h)** 216 **i)** 2 870

2 **a)** 50; 25; 20; 10; 5; 4
b) 48; 36; 24; 18; 16; 12

Seite 148/149

3 a) 24 b) 8 c) 40
d) 80 e) 10 f) 120

4 a) 160 b) 26 c) 68 d) 132

5 a) 1 243 b) 2 373 c) 2 599
d) 3 503 e) 3 616 f) 3 729
g) 4 473 h) 4 686 i) 4 899

6 a) ≈ 850; 862 b) ≈ 800; 797 Rest 1
c) ≈ 1 100; 1 119 d) ≈ 300: 327
e) ≈ 1 400; 1 379 Rest 1 f) ≈ 900; 912 Rest 1
g) ≈ 300; 279 Rest 1 h) ≈ 600; 577 Rest 5
i) ≈ 400; 412

7 a) ≈ 12 000; 13 932 b) ≈ 12 000; 12 152 c) ≈ 16 000; 17 004
d) ≈ 24 000; 25 564 e) ≈ 180 000; 171 925 f) ≈ 270 000; 274 659
g) ≈ 3 200; 3 245 h) ≈ 2 500; 2 456 i) ≈ 1 300; 1 313
j) ≈ 1 200; 1 221 k) ≈ 1 100; 1 122 l) ≈ 2 500; 2 545

8 Es wurden 8 492 € eingenommen.

9 a) 54 b) 92 c) 23
d) 314 e) 110 f) 50
g) 179 h) 1 000

10 20 = 315 : 5 − 215 : 5 = 140 : (2 + 5) = 100 : 5 = 140 : 7
98 = 2 · 7 · 7 = (575 − 85) : 5 = 140 : 2 + 140 : 5
160 = 13 · 8 + 7 · 8 = 4 · 8 · 5 = 20 · 8

11 16 800 g = 16,8 kg

12 a) 28 b) 100 c) 30 d) 39

13 a) $x = 15$ b) $x = 12$ c) $x = 39$
d) $x = 7$ e) $x = 5$ f) $x = 9$

14 $x \cdot 5 = 70$; $x = 14$

3 a) 7 b) 30 c) 12
d) 30 e) 7 f) 5

4 a) 255 b) 135 c) 297 d) 8

5 a) ≈ 20 000; 24 752 b) ≈ 20 000; 28 413
c) ≈ 20 000; 27 641 d) ≈ 140 000; 118 096
e) ≈ 210 000; 203 391 f) ≈ 200 000; 175 104
g) ≈ 200 000; 236 530 h) ≈ 40 000; 51 072
i) ≈ 200 000; 227 292

6 a) 7 884 Rest 2; 6 307 Rest 3; 5 256 Rest 2; 1 261 Rest 13
b) 21 130; 16 904; 14 086 Rest 4; 3 380 Rest 20
c) 4 235; 3 388; 2 823 Rest 2; 677 Rest 15
d) 19 107 Rest 3; 15 286 Rest 1; 12 738 Rest 3; 3 057 Rest 6
e) 150 851 Rest 1; 120 681; 100 567 Rest 3; 24 136 Rest 5
f) 81 501; 65 200 Rest 4; 54 334; 13 040 Rest 4
g) 20 052 Rest 3; 16 042 Rest 1; 13 368 Rest 3; 3 208 Rest 11
h) 163 552 Rest 1; 130 841 Rest 4; 109 034 Rest 5; 26 168 Rest 9
i) 208 166; 166 532 Rest 4; 138 777 Rest 2; 33 306 Rest 14

7 a) ≈ 100 000; 102 960 b) ≈ 160 000; 178 849 c) ≈ 180 000; 193 200
d) ≈ 60 000; 61 103 e) ≈ 1 200 000; 1 191 001 f) ≈ 480 000; 508 776
g) ≈ 10; 12 h) ≈ 20; 20 i) ≈ 30; 28
j) ≈ 200; 201 k) ≈ 80; 88 l) ≈ 32; 33

8 Sechs Eintrittskarten kosten 19,50 €.

9 a) 44 b) 115 c) 61
d) 200 e) 127 f) 3
g) 275 h) 80

11 a) Pro Tag werden benötigt: 572,932 kg Obst; 377,682 kg Gemüse; 130,122 kg Fleisch, 83,243 kg Fisch
insgesamt: 1 163,979 kg
b) Pro Person werden benötigt: 100,945 kg Obst; 66,544 kg Gemüse; 22,926 kg Fleisch; 14,667 kg Fisch
insgesamt: 205,082 kg

12 a) 41 b) 16 c) 29 d) 32

13 a) $x = 82$ b) $x = 88$ c) $x = 103$
d) $x = 28$ e) $x = 2240$ f) $x = 12$

14 $8 \cdot x + 2 = 42$; $x = 5$

Teste dich!

Seite 154

1 a) 90 b) 0 c) 12 d) 1 e) 3 f) 280 g) 68 h) 306 i) 300

2 a) ≈ 15 000; 15 786 b) ≈ 90 000; 92 318 c) ≈ 9 000 000; 8 626 380 d) ≈ 250 000; 256 360
e) ≈ 5 000; 5 249 f) ≈ 3 000; 3 426 g) ≈ 100; 110 Rest 16 h) ≈ 30; 30 Rest 17

3

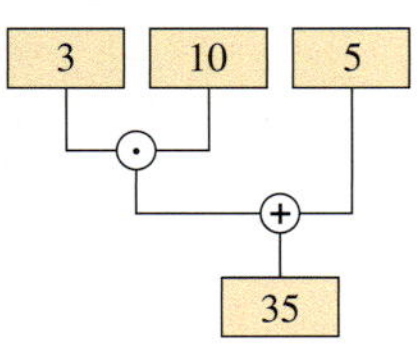

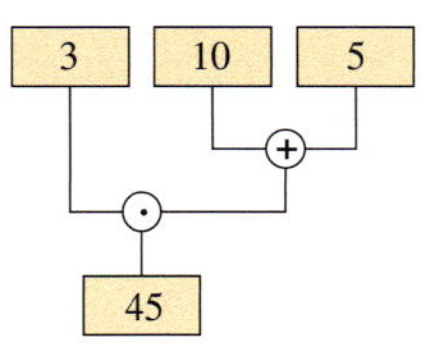

Z. B.: Drei Kisten mit je 10 Flaschen Saft und drei Kisten mit je 5 Flaschen Mineralwasser können zu 45 Flaschen Schorle gemischt werden.

4 a) (32 + 76) : 18 = 6 b) (14 + 39) · 11 = 583 c) (225 − 50) : 35 = 5

5 a) 393 € b) 7 Stunden

6

① 4	⑤ 1	4		⑧ 2
② 7	3		⑦ 4	9
	③ 3	⑥ 8	9	4
④ 1	5	5	6	

7 **a)** 12 **b)** 24 **c)** 16 **d)** 71

8 **a)** $x = 25$ **b)** $x = 10$ **c)** $x = 10$ **d)** $x = 5$

Flächen

Seite 156

Noch fit?

1 **a)** $b \parallel c$; $d \parallel e$ **b)** $a \perp f$; $b \perp d$; $b \perp e$; $c \perp d$; $c \perp e$
c) Es gibt keine Geraden, die gleichzeitig senkrecht und parallel zueinander sind.
d) a, d, e, f **e)** a, d, e, f **f)** a, f

2 **a)** $\overline{AB} \parallel \overline{FM} \parallel \overline{FC} \parallel \overline{MC} \parallel \overline{ED}$; $\overline{BC} \parallel \overline{EF}$;
$\overline{CD} \parallel \overline{EM} \parallel \overline{MB} \parallel \overline{EB} \parallel \overline{AF}$; $\overline{BF} \parallel \overline{CE}$
b) $\overline{BC} \perp \overline{BF}$; $\overline{BC} \perp \overline{CE}$; $\overline{EF} \perp \overline{BF}$; $\overline{EF} \perp \overline{CE}$
c) $\overline{AB} = \overline{AF} = \overline{CD} = \overline{DE}$; $\overline{BC} = \overline{EF}$; $\overline{BE} = \overline{CF}$; $\overline{BF} = \overline{CE}$;
$\overline{BM} = \overline{CM} = \overline{EM} = \overline{FM}$
d) B zu $\overline{CF} = 2{,}4\,\text{cm}$; B zu $\overline{EF} = 4\,\text{cm}$

2 **a)–d)**

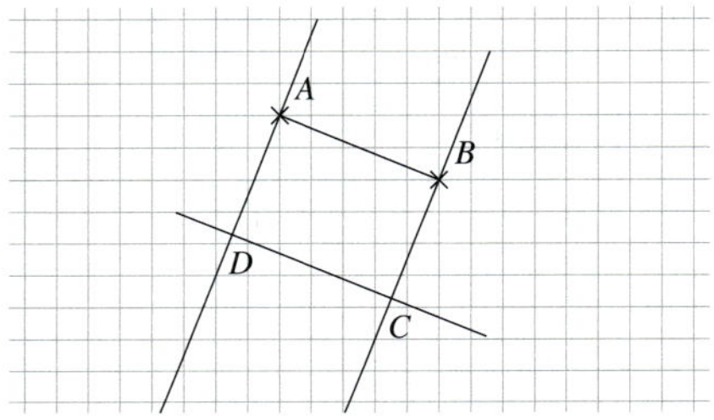

e) Es entsteht ein Rechteck (Viereck).
f) individuell

3 **a)** 7000 m **b)** 80 dm **c)** 110 mm **d)** 130 dm
e) 240 cm **f)** 40 mm **g)** 2500 mm **h)** 3120 cm

3 **a)** Insgesamt wurden 5 m 30 cm Teppichboden verkauft.
b) Auf der Rolle sind noch 34 m 70 cm Teppichboden.

4 $\overline{AB} = 3\,\text{cm}$; $\overline{CD} = 3{,}3\,\text{cm}$; $\overline{EF} = 2{,}7\,\text{cm}$; $\overline{GH} = 1{,}5\,\text{cm}$; $\overline{IJ} = 2{,}3\,\text{cm}$; $\overline{KL} = 1{,}1\,\text{cm}$

Seite 176/177

Klar so weit?

1 Die Figuren ①, ④ und ⑤ sind Rechtecke, da benachbarte Seiten jeweils senkrecht aufeinanderstehen.

2 Von unten nach oben werden folgende Vielecke übereinandergelegt: Achteck, Siebeneck, Sechseck, Fünfeck, Viereck, Dreieck. Die Vielecke haben dieselbe Seitenlänge.

1 **a)** Benachbarte Seiten stehen nicht senkrecht aufeinander.
b) Nicht alle gegenüberliegenden Seiten sind parallel und gleich lang. Nicht alle benachbarten Seiten stehen senkrecht aufeinander.
c) Benachbarte Seiten stehen nicht senkrecht aufeinander.
d) Gegenüberliegende Seiten sind nicht parallel und nicht gleich lang. Benachbarte Seiten stehen nicht senkrecht aufeinander.

3

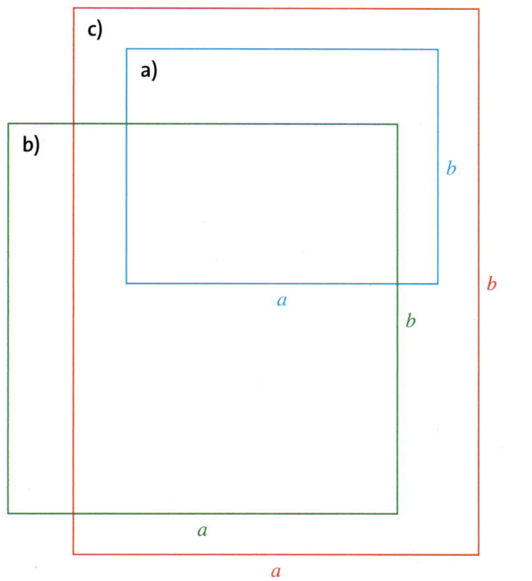

4 a) 26 cm   b) 126 cm   c) 56 cm = 560 mm

5 a) 444 m   b) 896 mm

6 a) 16 cm   b) 51 m

7 Es werden 280 m Maschendrahtzaun benötigt.

8 a) > c) > b)

9 a) 31 m^2 b) 405 cm^2
c) 656 cm^2 d) 553 dm^2

10 a) 1 000 cm^2; 11 500 m^2; 6 500 cm^2; 4 400 ha
b) 800 ha; 10 000 cm^2; 20 200 mm^2; 2 200 dm^2
c) 1 500 mm^2; 3 700 dm^2; 36 800 mm^2; 1 200 dm^2

11 12 cm^2; 150 mm^2; 120 m^2; 800 dm^2

12 a) 49 cm^2 b) 1 225 m^2 c) 8 100 km^2

13 a) $b = 12$ m   b) $b = 11$ cm
c) $b = 13$ dm   d) $b = 12$ mm

Seite 176/177

2 z. B.: Griechenland (oben links): acht Rechtecke, zwei Sechsecke, ein Sechszehneck
Tschechien (oben Mitte): ein Dreieck und zwei Vierecke
Bosnien-Herzegowina (oben rechts): ein Dreieck, ein Rechteck, sieben Zehnecke (Sterne), ein Fünfeck, ein Siebeneck
Großbritannien (unten links): acht Dreiecke, vier Vierecke, ein Zwölfeck (weiße Flächen nicht benannt)
Schweden: vier Rechtecke, ein Zwölfeck
Portugal: zwei Rechtecke, Kreis

3

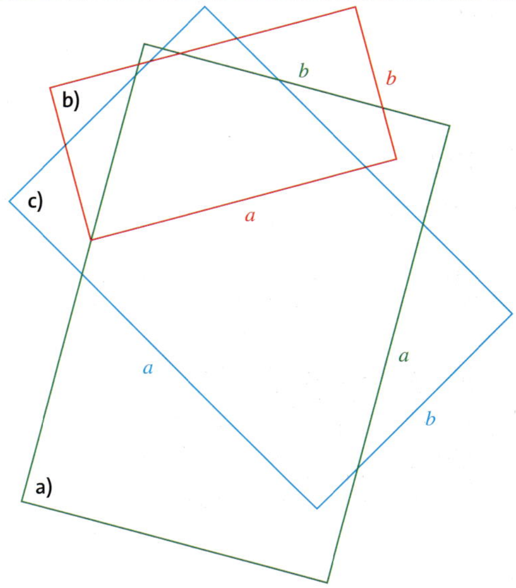

4 a) 16 cm = 160 mm   b) 16,8 cm = 168 mm
c) 16,8 cm = 168 mm

5 a) 1 340 mm   b) 1 244 mm

6 a) 571 mm = 5,71 dm   b) 24 dm = 2,4 m

7 Es werden 1 532 cm = 15,32 m Fußleisten benötigt.

8 b) > c) > a)

9 a) 3 dm^2 b) 64 dm^2 c) 785 mm^2 d) 2009 cm^2

10 a) 533 800 cm^2; 8 500 m^2; 2 300 a; 654 400 ha
b) 100 dm^2; 1 010 200 a; 29 800 mm^2; 78 500 dm^2
c) 235 600 cm^2; 414 200 cm^2; 29 000 dm^2

11 750 cm^2; 420 mm^2; 608 dm^2; 13 200 mm^2

12 a) 37 210 000 m^2 b) 678 976 dm^2

13 a) $b = 8$ mm   b) $b = 40$ cm
c) $b = 33$ km   d) $b = 70$ m

Teste dich!

Seite 182

1

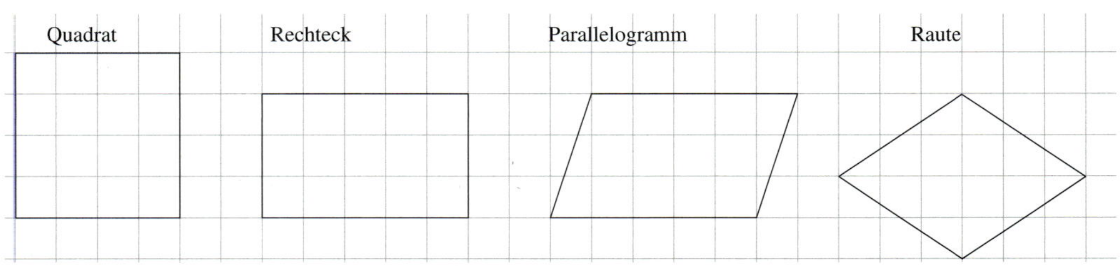

Seite 182

2 a) falsch b) richtig c) richtig d) falsch

3 a) Die Figuren A und B haben den selben Flächeninhalt. b) Die Figuren A und C sowie B und D haben jeweils den gleichen Flächeninhalt.

4 a) $10\,m^2$ b) $0{,}45\,m^2$ c) $0{,}041\,m^2$ d) $176\,000\,000\,m^2$
e) $440\,m^2$ f) $635\,m^2$ g) $300\,m^2$ h) $120\,000\,m^2$

5 a) $2\,800\,dm^2$ b) $30\,000\,dm^2$ c) $200\,dm^2$ d) $8\,km^2$
e) $28{,}5\,cm^2$ f) $13\,500\,cm^2$ g) 2a h) 3300ha

6 a) $13\,700\,dm^2$ b) $383\,cm^2$ c) $21\,420\,m^2$ d) $16\,502\,930\,cm^2$ e) $31\,800\,mm^2$ f) $12\,172\,000\,m^2$

7 a) Weide 2 hat den größeren Flächeninhalt (Weide 1: $12\,000\,m^2$, Weide 2: $12\,800\,m^2$).
b) Für Weide 1 werden 520m Zaun benötigt, für Weide 2 werden 480m Zaun benötigt.

8 a) Familie Nowak muss $33\,m^2$ Teppichboden kaufen.
b) Es müssen 26,40m Fußleisten gekauft werden.

Bruchteile

Seite 184

Noch fit?

1 a) 8 b) 1 c) 10 d) 11 e) 13 f) 30

1 a) 14 b) 6 c) 12 d) 700 e) 41 f) 7

2 (ohne Überschlag)
a) 98 b) 24 c) 57 d) 975

2 (ohne Überschlag)
a) 1357 b) 3030 c) 10203 d) 7410

3 a) 12h b) 6 Monate c) 1500g

3 a) 45min b) 150cm

4 a) Jeder bekommt 6 Stücke.
b) Jeder bekommt 4 Stücke.

4 a) Er darf noch 4 Stücke essen.
b) Er darf keines mehr essen.

5 a) 1000g b) 100cm c) 1000ml
d) 60min e) 235ct f) 180min

5 a) 5000kg b) 3000mm c) 5h
d) 4500g e) 1850ct f) 1500ml

6 a) Jedes Kind erhält 1,25€.
b) Es gilt „Punkt vor Strich“. 14 + 21 : 7 = 14 + 3 = 17
c) individuelle Antwort
d) auf Tausender 35000; auf Hunderter 34500; auf Zehner 34510

Seite 194/195

Klar so weit?

1 (rot/blau)
a) $\frac{1}{2}$ | $\frac{1}{2}$ b) $\frac{1}{4}$ | $\frac{3}{4}$ c) $\frac{1}{4}$ | $\frac{3}{4}$ d) $\frac{1}{9}$ | $\frac{8}{9}$ e) $\frac{3}{8}$ | $\frac{5}{8}$
f) $\frac{7}{18}$ | $\frac{11}{18}$ g) $\frac{3}{4}$ | $\frac{1}{4}$ h) $\frac{5}{16}$ | $\frac{11}{16}$ i) $\frac{11}{12}$ | $\frac{1}{12}$

2 ungefähr $\frac{1}{12}$

2 a) blau $\frac{5}{10}$, pink $\frac{3}{10}$, orange $\frac{2}{10}$
b) blau $\frac{7}{12}$, pink $\frac{3}{12}$, orange $\frac{2}{12}$

3 a) $\frac{4}{12}$ $\left(\text{oder } \frac{1}{3}\right)$ b) $\frac{10}{24}$ $\left(\text{oder } \frac{5}{12}\right)$
c) $\frac{4}{12}$ $\left(\text{oder } \frac{1}{3}\right)$ d) $\frac{6}{24}$ $\left(\text{oder } \frac{1}{4}\right)$

3 a) $\frac{2}{8}$ $\left(\text{oder } \frac{1}{4}\right)$ b) $\frac{3}{8}$ c) $\frac{1}{4}$ d) $\frac{3}{8}$

4 Anzahl gefärbter Kästchen:
a) 9 b) 24 c) 36 d) 30
e) 9 f) 36 g) 5 h) 28
i) 18 j) 10

4 Anzahl gefärbter Kästchen:
a) 18 b) 21 c) 10 d) 25
e) 30 f) 26 g) 17 h) 20
i) 15 j) 30

5 a) 7 Bonbons b) 9 Nüsse
c) 9 Erdbeeren d) 5 Perlen

5 a) 9 Bleistifte b) 4 Flugzeuge
c) 63 Erdbeeren d) 24€

6 a) 15min b) 400g c) 75cm d) 45min
e) 6mm f) 875m g) 32s h) 1600g
i) 2500g j) 90min k) 165min l) 6800m

6 a) 5dm b) 200kg c) 15min d) 2500mg
e) 1250g f) 28dm g) 225s h) 2400m
i) 36mm j) 90min k) 2250mg l) 8750m

Seite 194/195

7 a) 9 kg b) 12 € c) 40 cm d) 45 min
e) 14 km f) 6 € g) 100 g h) 21 t
i) 16 s j) 70 €

8 a) Der Tischtennisschläger kostet 16 €.
b) Ein Fußballspiel dauert 90 Minuten.
c) Ein Eishockeyspiel dauert 60 Minuten.

9 a) $\frac{1}{3}$ von 30 kg ist mehr. Begründung:
Bei gleichem Bruchteil erhält man von der größeren Menge mehr als von der kleineren Menge.

b) $\frac{3}{5}$ von 20 € ist mehr. Begründung:
Bei gleicher Menge ist $\frac{3}{5}$ ein größerer Anteil als $\frac{3}{10}$.

7 a) 5 kg b) $\frac{1}{5}$ c) 15 m
d) 4 cm e) $\frac{1}{3}$

8 Sie braucht nur 10 Minuten für die Atlantiküberquerung.

9 a) $\frac{3}{8}$ m b) $\frac{1}{2}$ t c) $\frac{3}{4}$ h d) $\frac{2}{100}$ €

Teste dich!

Seite 200

1 gelb: $\frac{1}{2}$; blau: $\frac{1}{4}$; rot: $\frac{1}{4}$

2 (farbig/weiß) a) $\frac{2}{7}$ | $\frac{5}{7}$ b) $\frac{6}{16}$ | $\frac{10}{16}$ c) $\frac{1}{3}$ | $\frac{2}{3}$ d) $\frac{4}{5}$ | $\frac{1}{5}$

3 individuelle Lösungen

4 a) $\frac{3}{9}$ $\left(\text{oder } \frac{1}{3}\right)$ b) $\frac{4}{18}$ c) $\frac{9}{27}$ $\left(\text{oder } \frac{1}{3}\right)$

5 a) 500 g b) 200 kg c) 45 min d) 30 ct
e) 90 s f) 5 750 m g) $\frac{3}{5}$ m $\left(\text{oder } \frac{6}{10}\text{ m bzw. } \frac{60}{100}\text{ m}\right)$ h) $\frac{1}{3}$ h

6 a) 22 Gläser b) 27 kg c) 310 m d) 60 €
e) 33 t f) 76 d g) 12 € h) 10 Monate

7 a) Wie viele Jungen (Mädchen) sind in der Klasse? 16 Jungen (8 Mädchen)
b) Wie viele Mädchen (Jungen) sind in der Klasse? 4 Mädchen (16 Jungen)
c) Wie viele Schüler kommen mit (ohne) Fahrrad zur Schule? 450 Schüler (150 Schüler)
d) Wie viele Fahrräder waren nicht verkehrssicher (verkehrssicher)? 75 Fahrräder (175 Fahrräder)
e) Wie viel Geld erhält Bastian von seiner Oma Doris? Bastian erhält 210 €.

Methoden zur Partner- und Gruppenarbeit

Bevor ihr in Partnerarbeit oder Gruppenarbeit arbeitet, solltet ihr gemeinsam mit der Klasse **Regeln für eine Zusammenarbeit** erstellen. Haltet die Regeln zum Beispiel auf einem Plakat fest, so dass ihr immer wieder darauf zurückgreifen könnt.

> **Regeln für die Zusammenarbeit**
> - leise sprechen
> - jeder hilft jedem
> - andere ausreden lassen
> - gut zuhören
> - jeder macht mit
> - ...

Methode: Gruppenarbeit

Legt vor der **Gruppenarbeit** verschiedene Rollen fest.
Überlegt zuerst zu zweit, welche Rollen es gibt und welche Aufgabe die einzelnen Rollen übernehmen können. Diskutiert anschließend die Rollen in der Klasse und haltet die Ergebnisse fest.
Mögliche Rollen sind z. B.:

Gesprächsleiter/in | Regelbeobachter/in | Zeitwächter/in | Schreiber/in | Präsentator/in

Wechselt nach jeder Gruppenarbeit eure Rolle, so dass ihr jede Rolle einmal übernehmt.

1. Vorbereitung
- Rollen verteilen.
- Lest die Aufgabenstellung gut durch und besprecht eure Vorgehensweise.
- Schätzt den Zeitbedarf und erstellt einen Zeitplan.

2. Durchführung
- Arbeitet zügig und beachtet die erarbeiteten Regeln zur Zusammenarbeit.
- Überprüft gelegentlich euren Arbeitsstand und achtet auf eure Restzeit.
- Notiert eure Ergebnisse und bereitet rechtzeitig eure Präsentation vor.

3. Präsentation/Auswertung
- Verteilt die Präsentationsaufgaben im Team.
- Legt den Ablauf der Präsentation fest.

4. Rückmeldung zur Zusammenarbeit
- Wurden alle Regeln für die Zusammenarbeit eingehalten?
- Was hat gut funktioniert?
- Was macht ihr beim nächsten Mal besser?

Methode: Think – Pair – Share

Arbeitet in drei Schritten

1. **Think** – Denkt zuerst alleine über die Aufgabe nach.
2. **Pair** – Arbeitet zu zweit. Erklärt euch gegenseitig eure Ideen zum Lösungsweg. Der Partner macht sich jeweils Notizen. Einigt euch, welchen Lösungsweg ihr präsentieren wollt.
3. **Share** – Stellt euren gemeinsamen Lösungsweg in kleinen Gruppen vor.
   Einigt euch wieder auf einen Lösungsweg und stellt ihn der gesamten Klasse vor.

Methode Sachaufgaben lösen

1. Lies die Aufgabe genau durch.
2. Schreibe eine Frage auf.
3. Überlege, welche Angaben du zum Lösen der Aufgabe benötigst und schreibe sie auf.
4. Suche nach einem geeigneten Lösungsweg und führe die notwendigen Rechnungen durch. Nutze Rechenhilfen, wie z. B. einen Überschlag oder eine Skizze.
5. Überlege, ob das Ergebnis sinnvoll ist. Mache gegebenenfalls eine Probe.
6. Schreibe eine Antwort auf.

Beispiel

Der Berg Mont Blanc ist 4 810 m hoch.
Das Matterhorn ist 332 m niedriger.

Frage: Wie hoch ist das Matterhorn?

Angaben: Mont Blanc: 4 810 m
Matterhorn: 332 m weniger als 4 810 m

Überschlag: 4 800 m – 300 m = 4 500 m

Rechnung: 4 810 m – 332 m = 4 478 m

Das Ergebnis passt zum Überschlag.
Probe: 4 478 m + 332 m = 4 810 m

Antwort: Das Matterhorn ist 4 478 m hoch.

Methode Plakate erstellen

1. Lege Material bereit:
   z. B. Papier oder Tonpapier, verschiedene Stifte, Schere, Klebe, Zeitungen, Zeitschriften
2. Überlege dir eine interessante und aussagekräftige Überschrift und schreibe sie groß und gut sichtbar über das Plakat.
3. Überlege, was du auf dem Plakat abbilden möchtest. Überlege dir kurze Texte.
4. Suche Bilder, Skizzen oder Fotos zur Veranschaulichung deiner Texte.
   Du kannst selber zeichnen oder auch Bilder aus Zeitungen oder Zeitschriften verwenden.
5. Schreibe mit großer deutlicher Schrift auf hellem Papier.
   Du kannst die Texte auch am Computer schreiben (mindestens 16 pt Größe) und ausdrucken.
6. Hebe wichtige Informationen hervor.
   Nutze zum Hervorheben maximal drei Farben.

Mathelexikon und Stichwortverzeichnis

A

abrunden [44, 53] siehe *runden*

Abstand [62, 77] Der Abstand eines Punkts oder einer *Parallelen* zu einer *Geraden* ist die Länge der kürzesten Verbindungsstrecke zur Geraden.

Die Verbindungsstrecke ist *senkrecht* zur Geraden.

Achsenspiegelung [68, 77] Beispiel:

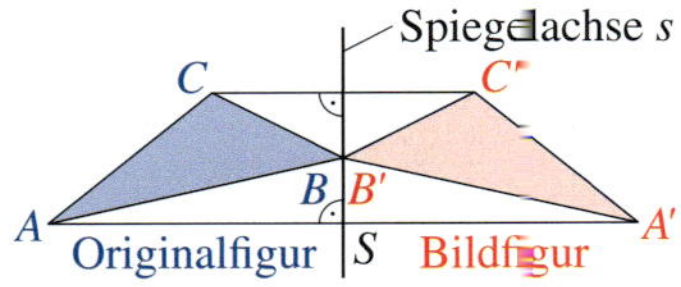

Achsensymmetrie, achsensymmetrisch [68, 77] Eine Figur mit mindestens einer *Symmetrieachse* nennt man achsensymmetrisch.

Addition – **im Kopf [82, 99]**
– **schriftliche [90, 99]**

Summand + Summand = Wert der Summe

Ar (a) [168, 181] $1\,a = 10 \cdot 10\,m^2 = 100\,m^2$

argumentieren [161]

Assoziativgesetz (Verbindungsgesetz)
- **Addition [86, 99]** $(a + b) + c = a + (b + c)$
- **Multiplikation [140, 153]** $(a \cdot b) \cdot c = a \cdot (b \cdot c)$

aufrunden [44, 53] siehe *runden*

B

Balkendiagramm [18, 20, 29] Beispiel:

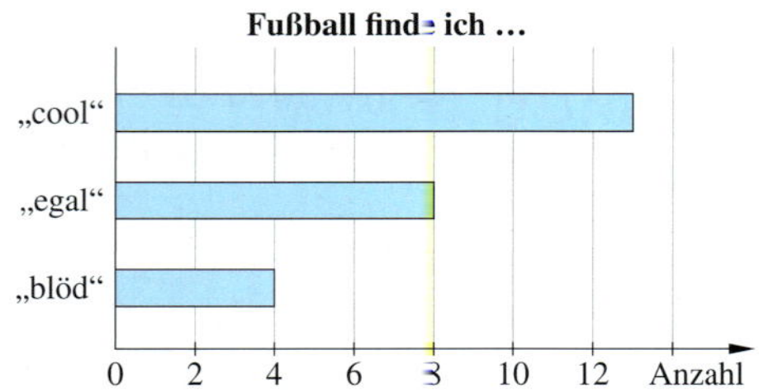

begründen [161]

Bildpunkt [68, 77] siehe *Achsenspiegelung*

Binärsystem [42] auch: Zweiersystem;

Alle natürlichen Zahlen werden mit den Ziffern 0 und 1 dargestellt.

Beispiel: $101_{(2)} = 5$ im *Dezimalsystem*

Bruch, Brüche [186, 190, 199] Teile von Ganzen; Beispiel:

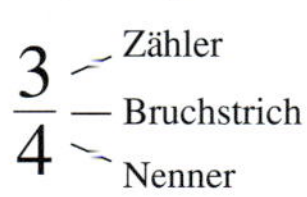

C

Cent (ct) [104, 127] 100 ct = 1 €

D

Daten [10, 29] Ergebnisse von Umfragen, Experimenten, Beobachtungen, …

Dezimalsystem [38, 53] siehe *Zehnersystem*

Dezimeter (dm) [116, 127] 1 dm = 10 cm

Diagonale [162] verbindet in *Vielecken* zwei nicht benachbarte Eckpunkte

Diagramm [18, 20, 23, 29] siehe *Säulendiagramm, Balkendiagramm* und *Figurendiagramm*

Differenz [82, 99] siehe *Subtraktion*

Distributivgesetz (Verteilungsgesetz) [140, 153]

$a \cdot (b + c) = a \cdot b + a \cdot c$

$a \cdot (b - c) = a \cdot b - a \cdot c$

$(a + b) : c = a : c + b : c$

$(a - b) : c = a : c - b : c$

Dividend [132, 153] siehe *Division*

Division – **im Kopf [132, 153]**
– **schriftliche [136, 153]**

Dividend : Divisor = Wert des Quotienten

Divisor [132, 153] siehe *Division*

Dreieck [158] siehe *Vieleck*

Durchmesser [70] siehe *Kreis*

E

Einheit [104, 127] Um *Größen* wie *Länge, Fläche, Masse, Zeit, Geld* usw. anzugeben benutzt man Einheiten wie cm, cm^2, kg, min, €.

Einheitsfläche, Einheitsquadrat [168, 181] Quadrate, mit z. B. 1 cm oder 1 dm Seitenlänge

Euro (€) [104, 127] 100 ct = 1 €

F

Faktor [132, 153] siehe *Multiplikation*

Fermi, Enrico [47] Physiker

Figurendiagramm [18, 20, 29] Beispiel:

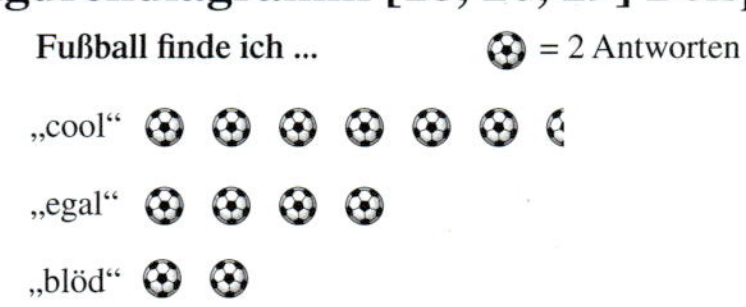

Fläche [158, 168, 181] *Maßeinheiten* der Fläche sind z. B. km^2, ha, a, m^2, dm^2, cm^2, mm^2

Flächeninhalt (*A*) [168, 169, 181]
- **Quadrat [169, 181]** $A = a \cdot a$
- **Rechteck [169, 181]** $A = a \cdot b$

Fragebogen [10, 29]

G

Gegenbeispiel [161]

Geld [104, 127] siehe *Euro* und *Cent*

gemischte Zahl [191, 199] Beispiele: $1\frac{1}{2}$, $3\frac{1}{4}$

Geodreieck [64, 65]

Gerade [62, 77] Eine gerade Linie ohne Anfangs- oder Endpunkt.

gerade Zahl [33] alle natürlichen Zahlen, die durch 2 teilbar sind; Beispiel: 2, 4, 6, 8, 10, 12

Gewicht (Masse) [112, 127] *Maßeinheiten* des Gewichts (der *Masse*) sind z. B. t, kg, g, mg

Gleichung [144, 153] verbindet zwei *Terme* durch ein Gleichheitszeichen „=“;
Eine Zahl ist die Lösung einer Gleichung, wenn die Zahl für die *Variable* in die Gleichung eingesetzt wird und die *Terme* auf beiden Seiten den gleichen *Wert* ergeben.
Beispiel: „6“ ist eine Lösung der Gleichung $5 \cdot x = 30$, denn $5 \cdot 6 = 30$.
„2“ ist keine Lösung der Gleichung $5 \cdot x = 30$, denn $5 \cdot 2 = 10 \neq 30$.

Gramm (g) [112, 127] 1000 g = 1 kg

Größe [104, 127] Eine Größe besteht aus Maßzahl und Maß*einheit*, z. B. 6 €, 30 min, 3,26 kg.
Größen sind z. B. *Länge*, *Fläche*, *Masse*, *Zeit*.

größer als [34] Beispiel: 13 > 11 bedeutet: 13 ist größer als 11

H

Halbgerade [62, 77] Eine gerade Linie, die einen Anfangs-, aber keinen Endpunkt hat.

Häufigkeit [10, 29] Die Anzahl, wie oft eine Art von Ergebnissen bei einer *Daten*erhebung aufgetreten ist (auch: absolute Häufigkeit).

Häufigkeitstabelle [10, 29]

Hektar (ha) [168, 181] $1\,\text{ha} = 100 \cdot 100\,\text{m}^2 = 10\,000\,\text{m}^2$

J

Jahr (a) [108, 127] 1 a = 365 d (Tage)

K

Kenngrößen [14] *Maximum*, *Minimum* und *Spannweite* sind Kenngrößen von *Daten*.

Kilogramm (kg) [112, 127] 1 kg = 1000 g

Kilometer (km) [116, 127] 1 km = 1000 m

Klammer [86, 99] Was in Klammern steht, wird zuerst ausgerechnet. Bsp.: $4 - (1 + 2) = 4 - 3 = 1$

kleiner als [34] Beispiel: 9 < 11 bedeutet: 9 ist kleiner als 11

Kommutativgesetz (Vertauschungsgesetz)
– **Addition [86, 99]** $a + b = b + a$
– **Multiplikation [140, 153]** $a \cdot b = b \cdot a$

Koordinatensystem [58, 77] Zwei zueinander senkrecht stehende *Zahlenstrahlen*, die sich im Nullpunkt (0|0) schneiden.

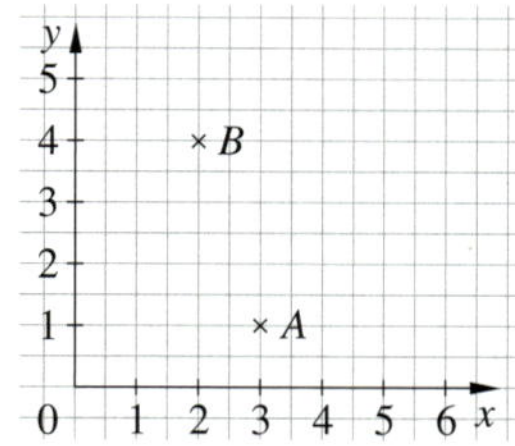

Die Lage eines Punktes im Koordinatensystem wird durch seine Koordinaten angegeben: Beispiel: $A(3|1)$; $B(2|4)$

Kreis [70]

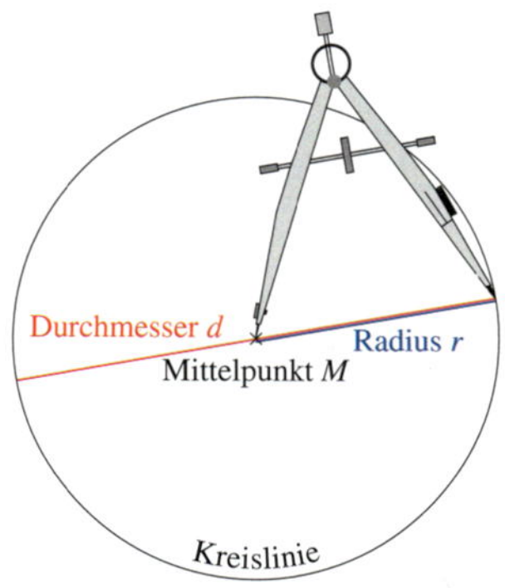

L

Länge [116, 127] *Maßeinheiten* der Länge sind z. B.: km, m, dm, cm, mm

Lichtjahr [117] Ein Lichtjahr ist die Strecke, die das Licht innerhalb eines *Jahres* zurücklegt.

Liter (l) [189] 1 l = 1000 ml (*Milliliter*)

Lösung [144, 153] siehe *Gleichung*

M

magische Zahl, magisches Quadrat [93]

Masse (Gewicht) [112, 127] wissenschaftliche Bezeichnung für die *Größe*, in der man in *Gramm* und *Kilogramm* misst

Maßeinheit [104, 127] siehe *Einheit*

Maßstab [119] Beispiel: Der Maßstab 1 : 10 bedeutet: 1 cm im Bild sind 10 cm in Wirklichkeit.

Maßzahl [104, 127] siehe *Größe*

Maximum [14, 29] der größte Wert einer *Daten*menge

Meter (m) [116, 127] 1 m = 100 cm

Milligramm (mg) [112, 127] 1000 mg = 1 g

Milliliter (ml) [189] 1000 ml = 1 l (Liter)

Millimeter (mm) [116, 127] 10 mm = 1 cm

Minimum [14, 29] der kleinste Wert einer *Daten*menge

Minuend [82, 99] siehe *Subtraktion*

Minute (min) [108, 127] 60 min = 1 h (*Stunde*)

M

Mittelpunkt [70] siehe *Kreis*

Multiplikation – im Kopf [132, 153]
– schriftliche [136, 153]
Faktor · Faktor = Wert des Produkts

N

Nachfolger [34, 53] Beispiel: Der Nachfolger von 9 ist 10.

natürliche Zahl [34, 53] Die Menge der natürlichen Zahlen wird mit $\mathbb{N}$ bezeichnet.
$\mathbb{N} = \{0; 1; 2; 3; 4; \ldots\}$

Nenner [186, 199] siehe *Bruch*

Nullpunkt [58, 77] siehe *Koordinatensystem*

O

Originalpunkt [68, 77] siehe *Achsenspiegelung*

P

parallel, Parallele [62, 64, 77] Zwei *Geraden*, deren *Abstand* zueinander überall gleich bleibt, sind zueinander parallel.
$g \parallel h$ bedeutet: Die Geraden g und h sind zueinander parallel.

Parallelogramm [158, 181] siehe *Viereck*

Potenz [142, 151] Produkte aus gleichen Faktoren; Beispiel $2 \cdot 2 \cdot 2 = 2^3$ (sprich „2 hoch 3")

Probe [90, 136, 153] Das Ergebnis wird z. B. durch eine *Umkehraufgabe* überprüft.

Produkt [132, 153] siehe *Multiplikation*

Q

Quadrat [158, 164, 168, 169, 181] siehe *Viereck*

R

Radius [70] siehe *Kreis*

Rastermethode [44, 53]

Raute [158, 181] siehe *Viereck*

Rechenbaum [147]

Rechteck [158, 164, 168, 169, 181] siehe *Vierecke*

römische Zahlen [41] Zahlen können mit römischen Zahlzeichen dargestellt werden:
I (1), V (5), X (10), L (50), C (100), D (500), M (1000).

runden [44, 53] abrunden: Ist die *Rundungsziffer* 0, 1, 2, 3, 4, bleibt die Ziffer an der *Rundungsstelle* gleich.
aufrunden: Ist die *Rundungsziffer* 5, 6, 7, 8, 9, wird die Ziffer an der *Rundungsstelle* um 1 größer.

Rundungsstelle [44, 53] die Stelle auf die gerundet werden soll

Rundungsziffer [44, 53] steht rechts von der *Rundungsstelle*

S

Säulendiagramm [18, 20, 23, 29] Beispiel:

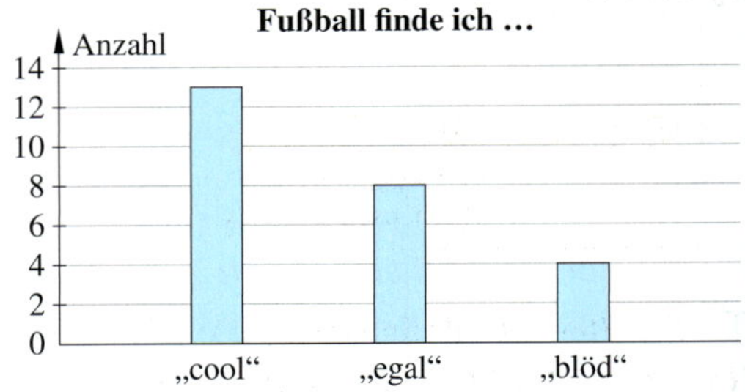

schätzen [44, 53] Beim Schätzen versucht man durch Überlegungen dem genauen Ergebnis möglichst nahe zu kommen.

Sechseck [158, 181] siehe *Vieleck*

Seite [158] Die einzelnen Strecken, die eine Fläche beschränken, nennt man Seiten.

Sekunde (s) [108, 127] 60 s = 1 min (*Minute*)

senkrecht, Senkrechte [62, 65, 77] *Geraden*, die einen rechten Winkel bilden, sind zueinander senkrecht.
$g \perp h$ bedeutet: Die Geraden g und h sind zueinander senkrecht.

Skizze Eine Zeichnung von Hand, die einen groben Überblick verschafft.

Spannweite [14, 29] Unterschied zwischen *Maximum* und *Minimum* einer Datenreihe.

Spiegelachse [68, 77] siehe *Achsenspiegelung*

stellengerecht [90, 99] Einer werden unter Einer geschrieben, Zehner unter Zehner, Hunderter unter Hunderter usw.

Stellenwertsystem [38, 42, 53] Das *Dezimalsystem* und das *Binärsystem* sind z. B. Stellenwertsysteme.

Strecke [62, 77] eine gerade Linie, die einen Anfangs- und einen Endpunkt hat

Strichliste [10, 29] *Häufigkeiten* einer *Datenerhebung* werden mit Strichen angegeben

Stufenzahl [38] Beispiel: im *Zehnersystem* nennt man 10, 100, 1000, … Stufenzahlen

Stunde (h) [108, 127] 1 h = 60 min (Minuten)

Subtrahend [82, 99] siehe *Subtraktion*

Subtraktion **– im Kopf [82, 99]**
– schriftliche [90, 99]
Minuend – Subtrahend = Wert der Differenz

Summand [82, 99] siehe *Addition*

Summe [82, 99] siehe *Addition*

Symmetrieachse [68, 77] Beispiel:

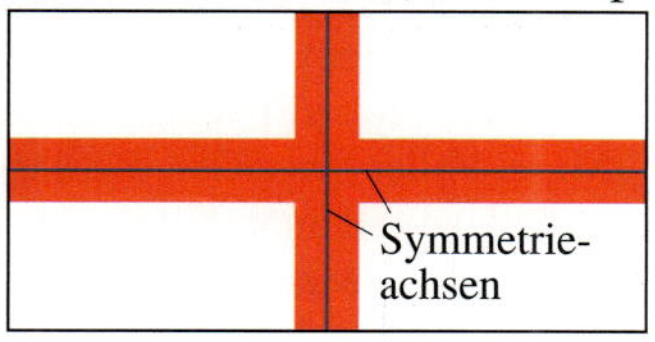

T

Tabellenkalkulationsprogramm [23]

Tag (d) [108, 127] 1 d = 24 h (*Stunden*)

Tangram [170] ein altes Legespiel aus China

Term [144, 153] Ein Rechenausdruck, eine sinnvolle Verbindung von *Variablen*, *Zahlen*, *Größen*, *Klammern* und Rechenzeichen.
Beispiele: 12; x; $12 - (6 + 1)$; $x + 5\,\text{cm}$; $2 \cdot a$

Tonne (t) [112, 127] 1 t = 1000 kg

U

Überschlag [82, 136] Rechnen mit gerundeten Werten

Übertrag [90, 99]

Umfang (*u*) [164, 181] die *Summe* aller *Seiten*längen eines Vielecks

Umkehraufgabe [132] Beispiel: Eine Umkehraufgabe von 5 + 6 = 11 ist 11 – 5 = 6

Umkehrung [82, 99, 132, 153] Die *Subtraktion* ist die Umkehrung der *Addition*, die *Division* ist die Umkehrung der *Multiplikation*.

ungerade Zahl [33] alle natürlichen Zahlen, die nicht durch 2 teilbar sind; Beispiel: 1, 3, 5, 7, 9

Urliste [10, 29] ungeordnete Übersicht der Ergebnisse einer *Daten*erhebung

V

Variable [144, 153] ein Platzhalter, für den man verschiedene Zahlen oder Größen einsetzen kann; Beispiel: a, b, c, x, y, z

Verbindungsgesetz siehe *Assoziativgesetz*

Vertauschungsgesetz siehe *Kommutativgesetz*

Verteilungsgesetz siehe *Distributivgesetz*

Vieleck [158, 181] Beim Vieleck bestimmt die Anzahl der Eckpunkte den Namen der Fläche.
Beispiel: ein Fünfeck hat 5 Eckpunkte

Viereck [158, 181] Beispiele:

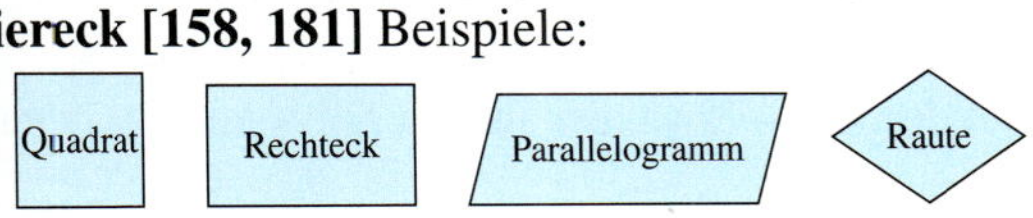

Vorgänger [34, 53] Beispiel: Der Vorgänger von 9 ist 8.

Vorrangregeln [86, 99, 140, 153]
1. Werte in Klammern zuerst berechnen
2. Punktrechnung geht vor Strichrechnung

W

Wert des Terms [144, 153] Setzt man für die Variablen Zahlen ein, kann man den Wert des Terms bestimmen.
Beispiel: Wert des Terms $10 \cdot x + 8$, für $x = 3$:
$10 \cdot 3 + 8 = 38$

X

***x*-Achse [58, 77]** siehe *Koordinatensystem*

***x*-Koordinate [58, 77]** siehe *Koordinatensystem*

Y

***y*-Achse [58, 77]** siehe *Koordinatensystem*

***y*-Koordinate [58, 77]** siehe *Koordinatensystem*

Z

Zahl
– *binäre* **[42]**
– *natürliche* **[34, 36, 53]**
– *römische* **[41]**

Zahlenstrahl [34, 53] Beispiel:

Zähler [186, 199] siehe *Bruch*

Zehnersystem (Dezimalsystem) [38, 53] unser Zahlensystem; Beispiel: Stellenwerttafel im Zehnersystem:

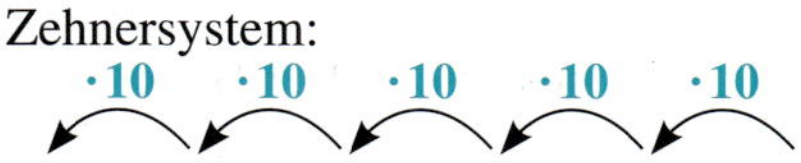

Tausender			Einer		
H	Z	E	H	Z	E
		3	0	6	1

Zeit [108, 127] *Maßeinheiten* der Zeit sind z. B. a (*Jahre*), d (*Tage*), h (*Stunden*), min (*Minuten*), s (*Sekunden*)

Zeitpunkt [108, 127] ein genau festgelegter Termin, z. B. 12:50 Uhr oder der 12. Januar

Zeitspanne [108, 127] die Dauer zwischen zwei Zeitpunkten, z. B. 15 Minuten, 2 Jahre oder von 8:00 Uhr bis 8:45 Uhr

Zentimeter (cm) [116, 127] 1 cm = 10 mm

Ziffer [38, 53] Alle Zahlen bestehen aus den Ziffern 1, 2, 3, 4, 5, 6, 7, 8, 9, 0.

Zirkel [70] Werkzeug zum Zeichnen von *Kreisen*

Bildverzeichnis

Titel Mauritius images/imageBROKER/Michael Runkel; 7 Peter Wirtz, Dormagen; 12/ob.li. Peter Wirtz, Dormagen; 13/Mi.re. Fotolia/Artalis; 16/un.li. (1) Shutterstock/Tatiana Popova; 16/un.re. (2) Shutterstock/Oskar Schuler; 16/un.li. (3) Shutterstock/Studio 1a Photography; 16/un.re. (4) Shutterstock/MrSegui; 22/Mi.li. Fotolia/Iakov Filimonov; 24/un.li. Fotolia/Erwin Wodicka/wodicka@aon.at; 24/un.re. Fotolia/Michael Pettigrew; 25/Mi.li. Fotolia/Bergfee; 25/un.li. (1) Fotolia/Vera Kuttelvaserova; 25/un.li. (2) Fotolia/inkwelldodo; 25/un.li. (3) Fotolia/Anatolii; 25/un.li. (4) Fotolia/dule964; 25/un.re. (5) Fotolia/momentsoutside; 26/ob.re. Fotolia/slalomp; 30/Mi.re. Fotolia/TG Medien-Thomas Glaubitz; 31 Fotolia/Jürgen Fälchle; 36/un.re. Fotolia/paylessimages; 38/ob.li. Fotolia/destina; 39/ob. Shutterstock/wavebreakmedia; 42/ob.re. ClipDealer/Thomas Klee; 43/ob.re. Reuters/mecom; 43/Mi.re. Laif/Jan-Peter Boening/Zenit; 43/un.re. picture-alliance/augenklick/fi; 44/ob.re. Fotolia/Jan Becke; 45/ob.li. Fotolia/cmnaumann; 45/ob.re. Fotolia/Hugo Félix; 45/Mi.li. Shutterstock/Lisaveta; 45/Mi.re. Fotolia/FPWing; 45/un. Döring, V., Hohen Neuendorf; 47/ob.li. Fotolia/Smileus; 47/Mi.li. F1 online; 47/Mi.re. Voller Ernst Gbr, Berlin/Frans Stoppelman; 47/un.li. Cornelsen Schulverlage GmbH; 49/un.re. Fotolia/cmnaumann; 50/un.li. Fotolia/by-studio; 50/un.re. Fotolia/paintingpictures: 51/ob.li. Fotolia/M. Schuppich; 51/un.li. Fotolia/janvier; 52/ob.li. ullstein bild/Meißner; 52/ob.re. Fotolia/Jan Becke; 52/Mi.re. Fotolia/Jürgen Fälchle: 53/un.re. Fotolia/by-studio; 55 picture-alliance/dpa; 57/ob.re. Shutterstock/Rainer Lesniewski; 57/Mi.re. Fotolia/Denis Junker; 61/ob.re. Your photo today. A1 pix - superbild/PM; 61/un.re. Matthias Hamel, Berlin; 67/ob.li. Fotolia/buenaventura13; 67/ob.Mi. Fotolia/sachkov; 67/ob.re. Fotolia/Craig Hosterman; 67/Mi.re. Ekkehard Nitschke, Berlin; 67/un.re. Skip G. Langkafel, Berlin; 68/ob.re. Kerstin Kälberer; 70/ob.li. Jens Schacht, Düsseldorf; 71/un.re. Fotolia/tetyanaustenko; 72/un. Shutterstock/oksana.perkins; 79 Deutsche Bahn AG/Claus Weber; 82/ob.re. Shutterstock/gabczi; 85/Mi.re. Shutterstock/Nicku; 89/ob.re. Michaela Fuchs, Berlin; 92/un.re. Jens Schacht, Düsseldorf; 93/ob. Interfoto/Bildarchiv Hansmann; 96/un.li. Mauritius images/imageBROKER/Holger Weitzel; 98/ob.re. Vario-Images/Norbert Schäfer; 98/Mi.re. Fotolia/Marco2811; 101 Shutterstock/bddigitalimages; 102/un.li. (1) Ludwig Heyder, Berlin; 102/un.li. (2) Shutterstock/Givaga; 102/un.li. (3) Fotolia/schankz; 102/un.li. (4) Shutterstock/MO_SES Premium; 102/un.li. (5) Fotolia/Donovan van Staden; 102/un.re. (6) Fotolia/kotomiti; 102/un.re. (7) Shutterstock/steamroller_blues; 102/un.re. (8) Fotolia/Tobilander; 102/un.re. (9) Fotolia/industrieblick; 103/Mi.li. (1) picture-alliance/dpa; 103/Mi.li. (2) Fotolia/orcea david; 103/Mi.re. (3) Fotolia/sss615; 103/Mi.re. (4) Fotolia/RTimages; 104/ob.re. Shutterstock/bddigitalimages; 104/Mi.li. (1-8) Fotolia/ProMotion; 104/un.li. (9) Fotolia/janvier; 104/un.li. (10) Shutterstock/Asaf; 105/ob.re. picture-alliance/dpa-Sportreport/Gutberlet; 105/Mi.li. (2) Shutterstock/oksana2010; 105/Mi.li. (3) Shutterstock/Dja65; 105/Mi.re. (4) Fotolia/hd-design; 105/Mi.re. (5) Fotolia/wittayabudda; 105/Mi.re. (6) Fotolia/Peter Jobst; 106/un.li. Fotolia/Markus Mainka; 106/un.li. Fotolia/Svetlana Kuznetsova; 106/un.li. Fotolia/VALERIA TARLEVA; 106/un.li. Fotolia/MovingMoment; 106/un.li. Shutterstock/tacar; 106/un.li. Fotolia/ExQuisine; 106/un.li. Fotolia/photocrew; 107/Mi.re. F1 online; 108/ob. Deutsche Bahn AG; 110/ob. Deutsche Bahn AG; 111/ob.li. Fotolia/katz23; 111/ob.re. Shutterstock/Mauro Carli; 111/Mi.re. Fotolia/grafikplusfoto; 111/Mi.re. Fotolia/cynoclub; 113/ob.re. (1) Shutterstock/Dikiiy; 113/ob.re. (2) Fotolia/womue; 113/Mi.re. (3) Fotolia/Werner Fellner; 113/Mi.re. (4) Jens Schacht, Düsseldorf; 113/un.re. (5) Fotolia/TASPP; 113/un.re. (6) Image Source/Monty & Liz Rakusen; 114/ob.re. Mauritius images/Tetra Images; 115/ob. Jens Schacht, Düsseldorf; 115/Mi.re. Fotolia/Judith Dzierzawa; 115/Mi.re. Fotolia/virgonira; 117/ob.re. picture-alliance/blickwinkel/H; 117/Mi.li. (2) Fotolia/Christian Musat; 117/Mi.li. (3) Fotolia/chenhawnan: 117/Mi.li. (4) Fotolia/gerhardalbicker; 117/Mi.re. (5) Fotolia/Olga Kovalenko; 117/Mi.re. (6) Fotolia/fabiosa_93; 117/Mi.re. (7) Fotolia/olganik; 117/Mi.re. (8) Shutterstock/Nattapol Sritongcom; 119/ob.re. Fotolia/Artalis; 119/Mi.re. Fotolia/Robert Wilson; 121/Mi.li. Fotolia/Alex Staroseltsev; 122/un.Mi. Fotolia/Tony Campbell; 129 VISUM/Peter Duddek; 140/ob.li Fotolia/euthymia: 142/Mi.li. Fotolia/photlook; 143/ob.re. Fotolia/markobe; 143/ob.re. Fotolia/hfox; 152/Mi.li. Filmpark Babelsberg/Sebastian Gabsch; 155 Bridgeman/www.bridgemanart.com; 157/ob.li. Victor Vasarely/VG Bild-Kunst, Bonn 2015; 157/ob.re. culture-images/fai; 160/Mi. Ekkehard Nitschke, Berlin; 163/ob.re. Kurt Kalvelage, Erftstadt-Ahrem; 163/Mi.re. Ilona Gabriel, Dinslaken; 163/un.re. Jens Schacht, Düsseldorf; 164/Mi.li. Margarethenhof Jülich/Angi Wittfeld/Foto: Roland Gehrmann; 169/un.li. (4) Fotolia/mirubi; 169/un.li. (3) Mauritius images/imageBROKER/Hans Blossey; 169/un.re. (1) Shutterstock/photobank.ch; 169/un.re. (7) Shutterstock/Chris Warham; 169/un.re. (2) Fotolia/chandlervid85;170/ob.li Fotolia/Alex Stokes; 172/ob.li. Fotolia/Blue Moon; 172/un.re. Jens Schacht, Düsseldorf; 176/Mi.li. Max Bill/VG Bild-Kunst, Bonn 2015; 178/un.li. Mauritius images/mauritius images/imageBROKER/XYZ PICTURES; 178/un.re. Fotolia/ThomBal; 179/un.re. Fotolia/Rony Zmiri; 180/un.li. Mathias Wosczyna; 183 Shutterstock/FHB.cz (Richard Semik); 185/Mi.re. Matthias Hamel, Berlin; 186/ob.re. Jens Schacht, Düsseldorf; 187/Mi. Döring, V., Hohen Neuendorf; 188/un.li. Matthias Hamel, Berlin; 189/ob.li Matthias Hamel, Berlin; 189/un.re. Udo Wennekers, Goch; 194/Mi.li. StockFood/Wolfgang Usbeck; 194/Mi.re. Jens Schacht, Düsseldorf; 195/un.re. picture-alliance/landov; 198/un.re. Shutterstock/Yeko Photo Studio; 201 Mauritius images/imageBROKER/Michael Runkel;

Die Screenshots auf der Seite 23 wurden mit Microsoft®Excel® erstellt. Microsoft®Excel® ist ein eingetragenes Warenzeichen der Microsoft Corporation. Die Screenshots auf der Seite 175 wurden mit der Software GeoGebra erstellt (© 2015 International GeoGebra Institute).